高等院校石油天然气类规划教材

地震数据处理方法

(第二版·富媒体)

陈小宏　李国发　刘　洋　王守东　等编著
崔兴福　主审

石油工业出版社

内 容 提 要

本书是在2007年第一版的基础上修订而成的，系统介绍了地震数据处理的数学变换基础、地震数据预处理、反褶积、动校正、静校正、速度分析、叠加、偏移和噪声压制的原理、方法、流程和参数选择等，还介绍了地震反演以及多波多分量、VSP、井间和时移地震数据的处理方法。同时本书以二维码为纽带，加入富媒体教学资源，为读者提供更为丰富和便利的学习环境。

本书可作为石油、地质类高校勘查技术与工程、地球物理学、资源勘查工程、地质工程等专业的本科生教材，也可供其他高校、科研院所的有关专业教学和石油科技人员自学或参考用书。

图书在版编目（CIP）数据

地震数据处理方法：富媒体/陈小宏等编著.—2版.—北京：石油工业出版社，2021.8（2023.7重印）
高等院校石油天然气类规划教材
ISBN 978-7-5183-4775-9

Ⅰ.①地… Ⅱ.①陈… Ⅲ.①地震数据—数据处理—高等学校—教材 Ⅳ.①P315.63

中国版本图书馆 CIP 数据核字（2021）第 150669 号

出版发行：石油工业出版社
（北京市朝阳区安定门外安华里2区1号楼　100011）
网　　址：www.petropub.com
编辑部：（010）64523697
图书营销中心：（010）64523633
经　　销：全国新华书店
排　　版：三河市聚拓图文制作有限公司
印　　刷：北京中石油彩色印刷有限责任公司

2021年8月第2版　2023年7月第2次印刷
787毫米×1092毫米　开本：1/16　印张：20.75
字数：530千字

定价：52.00元
（如发现印装质量问题，我社图书营销中心负责调换）
版权所有，翻印必究

第二版前言

2007年，牟永光教授在其1981年主编出版的《地震勘探资料数字处理方法》基础上，组织学校几位年轻教师编写出版了《地震数据处理方法》教材。本次编写的《地震数据处理方法》教材是在2007年第一版的基础上修订而成的。本次修订，一方面补充了10余年来国内外地震数据处理领域的新方法、新技术和新成果，另一方面也基于我们十多年来在本课程教学中的体会和经验，以及广大读者对本书的意见和建议，对教材内容进行了调整、增减和优化。

与第一版相比，本次修订中，第一章地震数据处理基础增加了$\tau-p$变换和Hilbert变换的内容。第二章预处理及振幅补偿增加了地震数据记录格式和地表一致性振幅补偿的内容。第三章反褶积和第四章动校正及叠加在结构上进行了优化，使得内容衔接更加合理。第五章静校正增加了实际生产中广泛应用的层析静校正方法，并提到了目前最新的静校正与叠前成像一体化的概念。第六章速度分析与建模增加了目前实际生产广泛需求且学术研究非常活跃的深度域速度建模方法。第七章对偏移方法进行了系统分类，在此基础上删减了原教材的第八章各向异性及黏弹性介质波动方程偏移，增加了近十年来发展起来的逆时偏移等技术。重新修订的第八章则介绍了随机噪声、相干噪声和多次波衰减处理方法。第九章多波多分量地震数据处理、第十章地震反演处理、第十一章开发地震数据处理在第一版基础上进行了完善，增加了部分最新研究成果。本教材第一章至第八章可作为本科生基本教材，第九章至第十一章可作为有关专业本科生专题讲座或研究生教材。

本书由陈小宏、李国发、刘洋、王守东等编著。具体编写分工如下：绪论、第四章、第五章、第六章由陈小宏教授修订，第一、二、三、七章由李国发教授修订，第八章由刘国昌教授、马继涛副教授编写，第九章由刘洋教授修订，第十章由王守东教授修订，第十一章由陈小宏、刘洋教授修订。李生杰教授参与了第一、二、三章的修订，李景叶教授参与了第六章的修订。全书由陈小宏教授统稿。教学视频的主讲教师为陈小宏、李国发、李生杰和李景叶。

在修订过程中，中国石油勘探开发科学研究院地震处理研究室崔兴福高级工程师对全书进行了审阅，并提出了宝贵意见，在此深表感谢。

地震数据处理涉及的内容广泛、方法繁多、发展迅速，且编著者水平有限，难免挂一漏万、以偏概全，不当之处，欢迎广大读者批评指正，提出宝贵意见。

编著者

2021年4月于北京

第一版前言

当前，石油天然气地震勘探正在经历从地表条件较为简单的地区向复杂山地、碳酸盐岩出露等复杂地区发展，从简单构造油气藏勘探向复杂构造油气藏勘探发展，从构造油气藏勘探向地层、岩性和裂缝油气藏勘探发展及从勘探地震向开发地震发展的新阶段。

随着石油天然气地震勘探的发展，目前急需一本与之相适应的地震数据处理新教材。为此，中国石油大学（北京）编写了本教材。

本教材以石油院校有关专业本科生为主要对象，兼顾有关专业的研究生，共分十一章。其中第一章至第七章可作为石油院校本科生基本教材，第八章至第十一章可作为石油院校有关专业本科生专题讲座或研究生教材。

本教材中的绪言、第一章和第三章由牟永光教授编写，第二章、第四章至第八章由李国发副教授编写，第九章由刘洋教授编写，第十章由王守东副教授编写，第十一章由陈小宏教授编写，何兵寿博士参与第八章编写。全书最后由牟永光教授统审定稿。

由于地震数据处理涉及的内容广泛、方法繁多及编著者水平所限，难免挂一漏万、以偏概全，不当之处，欢迎广大读者批评指正，提出宝贵意见。

编著者
2006 年 12 月 24 日于北京

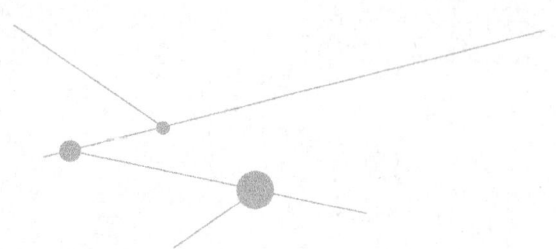

目录

绪论 ·· 1
    第一节　地震数据处理及其意义 ··· 1
    第二节　地震数据处理的发展过程 ··· 2
    第三节　地震数据处理的展望 ··· 3
第一章　地震数据处理基础 ··· 5
    第一节　一维傅里叶变换及其应用 ··· 5
    第二节　二维傅里叶变换及其应用 ··· 39
    第三节　τ–p 变换及其应用 ·· 47
    第四节　Hilbert 变换及其应用 ·· 50
    第五节　基本地质—地球物理模型及其地震数据处理特点 ·· 53
    思考题和习题 ·· 59
    参考文献 ··· 60
第二章　预处理及振幅补偿 ··· 61
    第一节　预处理 ··· 61
    第二节　振幅补偿 ·· 63
    思考题和习题 ·· 71
    参考文献 ··· 71
第三章　反褶积 ·· 72
    第一节　反褶积及褶积模型 ··· 72
    第二节　反滤波 ··· 75
    第三节　最佳维纳滤波及最小平方反褶积 ··· 85
    第四节　脉冲反褶积 ··· 93
    第五节　预测反褶积 ··· 97
    第六节　子波整形反褶积 ··· 105

第七节　同态反褶积 ··· 108
　　第八节　地表一致性反褶积 ·· 111
　　思考题和习题 ··· 114
　　参考文献 ·· 114

第四章　动校正和叠加 ·· 116
　　第一节　动校正 ·· 116
　　第二节　水平叠加 ··· 123
　　第三节　剩余时差及叠加特性 ··· 127
　　思考题和习题 ··· 131
　　参考文献 ·· 131

第五章　静校正 ··· 132
　　第一节　与静校正有关的概念 ··· 132
　　第二节　野外静校正 ·· 134
　　第三节　折射波静校正 ··· 136
　　第四节　层析反演静校正 ·· 139
　　第五节　地表一致性剩余静校正 ·· 146
　　思考题和习题 ··· 151
　　参考文献 ·· 152

第六章　速度分析与建模 ·· 153
　　第一节　速度信息和判别准则 ··· 153
　　第二节　速度谱速度分析 ·· 155
　　第三节　速度分析辅助手段 ·· 159
　　第四节　三维速度分析 ··· 162
　　第五节　深度域速度建模 ·· 164
　　思考题和习题 ··· 169
　　参考文献 ·· 169

第七章　偏移 ·· 171
　　第一节　偏移的概念 ·· 171
　　第二节　射线理论偏移 ··· 172
　　第三节　波动方程偏移的成像原理 ··· 174
　　第四节　叠后地震数据波动方程偏移 ·· 178
　　第五节　叠前时间偏移和倾角时差校正（DMO） ································ 194
　　第六节　深度偏移 ··· 207

思考题和习题 …………………………………………………………………… 214
　　参考文献 ………………………………………………………………………… 215

第八章　噪声压制　217
　第一节　随机噪声压制 …………………………………………………………… 217
　第二节　相干噪声压制 …………………………………………………………… 221
　第三节　多次波压制 ……………………………………………………………… 225
　　思考题和习题 …………………………………………………………………… 229
　　参考文献 ………………………………………………………………………… 229

第九章　多波多分量地震数据处理　231
　第一节　多波多分量地震数据处理的基本概念 ………………………………… 231
　第二节　PS 转换波地震数据处理方法 ………………………………………… 235
　　思考题和习题 …………………………………………………………………… 254
　　参考文献 ………………………………………………………………………… 255

第十章　地震反演处理　258
　第一节　反演的基本概念 ………………………………………………………… 258
　第二节　叠后地震反演 …………………………………………………………… 260
　第三节　叠前地震反演 …………………………………………………………… 268
　第四节　弹性阻抗反演 …………………………………………………………… 277
　　思考题和习题 …………………………………………………………………… 280
　　参考文献 ………………………………………………………………………… 280

第十一章　开发地震数据处理　281
　第一节　VSP 地震数据处理 ……………………………………………………… 281
　第二节　井间地震数据处理 ……………………………………………………… 296
　第三节　时移地震数据处理 ……………………………………………………… 309
　　思考题和习题 …………………………………………………………………… 319
　　参考文献 ………………………………………………………………………… 319

富媒体资源目录

序号	名称	页码
1	视频 0-1 绪论	1
2	视频 1-1 地震记录的频谱分析	5
3	视频 1-2 地震记录的采样与重采样	12
4	视频 1-3 数字滤波系统	16
5	视频 1-4 地震数据一维滤波处理	16
6	视频 1-5 地震数据二维滤波处理	39
7	彩图 1-58 我国东北某地区地震数据处理得到的层速度场剖面图（据 Yilmaz,2001）	58
8	视频 2-1 地震数据预处理	61
9	视频 2-2 地震振幅补偿处理	63
10	视频 3-1 地震记录的褶积模型	73
11	视频 3-2 地震子波	76
12	视频 3-3 维纳滤波	86
13	视频 3-4 脉冲反褶积	93
14	视频 3-5 预测反褶积	99
15	视频 3-6 同态反褶积	108
16	视频 3-7 地表一致性反褶积	111
17	视频 4-1 动校正概念	116
18	视频 4-2 数字动校正	120
19	视频 4-3 水平叠加	123
20	视频 4-4 动校正剩余时差及叠加特性	127
21	视频 5-1 静校正概念	132
22	视频 5-2 初至折射静校正	136
23	视频 5-3 广义线性反演折射静校正	141
24	视频 5-4 剩余静校正	146
25	视频 5-5 互相关法剩余静校正	149
26	视频 6-1 地震处理中的速度信息	153
27	视频 6-2 速度谱	156
28	视频 6-3 辅助速度分析方法	159
29	彩图 6-8 交互速度分析	162

续表

序号	名称	页码
30	彩图 6-9 实时动校正	162
31	视频 7-1 偏移的概念	171
32	视频 7-2 射线理论偏移	172
33	视频 7-3 延拓和成像	174
34	视频 7-4 波动方程偏移	178,185
35	视频 7-5 克希霍夫积分法偏移	181
36	视频 7-6 叠前偏移	194
37	视频 7-7 时间偏移和深度偏移	207
38	彩图 9-4 合成得到的三分量三维水平分量记录	234
39	彩图 9-5 对图 9-4 水平分量记录进行旋转后得到的 R 分量和 T 分量	234
40	彩图 9-10 无迭代方法得到的转换波速度比谱与动校正 CCP 道集	241
41	彩图 9-11 转换波速度分析与动校正道集对比	242
42	彩图 9-21 转换波 DMO 加叠后时间偏移与 POM 叠前时间偏移对比图	251
43	彩图 11-16 井间地震观测中记录到的各种波型(据 Schaack et al,1995)	297
44	彩图 11-47 新(b)、老(a)测线抽相同 CDP 显示剖面	317
45	彩图 11-48 新(b)、老(a)测线抽相同 CDP 后归一化处理剖面	318
46	彩图 11-49 新、老测线归一化处理后差值剖面	318

绪 论

第一节 地震数据处理及其意义

地震勘探是寻找和勘探地下矿藏资源，特别是石油天然气的主要方法。目前地震技术在油气田勘探开发过程中的作用日益突出。地震勘探工作包括地震数据采集、处理和解释三个主要步骤。地震数据采集是利用野外数字地震仪按照事先设计好的观测系统在野外采集地震数据。地震数据处理是在室内利用数字计算机对所采集的地震数据进行各种数字处理，以实现地震数据的高信噪比、高分辨率和高保真度，并对地下构造和地质体成像，以便于进行地质解释。地震资料解释是对地震数据处理的各种数据体进行构造、岩性解释以及储层预测和油气检测，以发现和描述构造、地层和岩性圈闭各类油气藏，增加油气储量，提高油气产量（视频 0-1）。

视频 0-1 绪论

地震勘探的地震数据采集、处理和解释三个环节是互相紧密联结在一起的。地震数据处理以地震数据采集为基础，依赖地震数据采集的质量，其处理结果又直接影响到地震资料解释的正确性和可靠性。地震数据处理的结果取决于地震数据处理方法、处理流程和处理参数选择的正确性和合理性，应该使所选择的处理方法、流程和参数适合勘探地区的地质特点和地质任务。

地震数据处理方法种类繁多，主要有去噪、反褶积、动静校正、速度分析、叠加、偏移、反演和地震监测等八大类。其中最主要的是反褶积、叠加和偏移三类方法。反褶积处理是压缩地震子波提高地震垂向分辨率的主要方法。叠加处理是增强反射波信号、压制规则干扰和随机干扰，提高地震信噪比的主要方法。偏移成像处理是实现反射界面空间归位，恢复反射波的波场特征，提高地震水平分辨率和地震信号保真度的主要方法。当然，上述八类处理方法是紧密联系相互支持的，除了反褶积、叠加和偏移成像处理外，其他每类方法在整个地震处理过程中，也各有其独特的任务，发挥着其他处理方法不可替代的作用。而且在某些情况下，其他处理方法还可能起着关键的作用。例如，在地形和地表条件复杂的山地和沙漠地震勘探中，静校正和剩余静校正处理将起到关键作用等。因而，上述八类处理方法应该根据勘探地区的地质特点及地质任务，选择正确而有效的地震处理方法组成合理的处理流程，并选择适当的处理参数，才能得到高质量的处理成果。

第二节 地震数据处理的发展过程

地震数据处理的发展过程与石油、天然气地震勘探的发展历程紧密相关。自 20 世纪 20 年代初期出现反射法地震勘探以来，石油天然气地震勘探经历了三个发展阶段。

第一个阶段（约 1920 年至 1958 年）为光点地震勘探阶段。在这个阶段利用光点地震仪进行野外地震数据采集，野外地震记录以光点振动记录在照相纸上的形式进行记录。室内地震数据处理极为简单，根据记录的反射波时距曲线计算波的传播速度，再根据波的旅行时和速度计算反射界面的深度和倾角确定反射界面的位置和形态，最后绘制反射界面的构造图。这个阶段的勘探对象以简单的构造油气藏为主。

第二个阶段（约 1958 年至 1968 年）为模拟磁带地震勘探阶段。在这个阶段利用模拟磁带地震仪进行野外地震数据采集，野外地震记录以模拟磁带形式记录在模拟磁带上。室内地震数据处理将野外模拟磁带在模拟磁带回放仪上回放进行模拟滤波和叠加等模拟信号处理。地震处理剖面的质量比第一个阶段有了明显的提高，地震勘探的能力也得到显著增强。这个阶段的勘探对象以较为复杂的构造油气藏为主。

第三个阶段（约 1968 年至现今）为数字地震勘探阶段。进入 20 世纪 60 年代后，随着数字计算机的应用和飞速发展，地震勘探也进入了数字地震勘探阶段。在这个阶段利用数字地震仪在野外进行数字地震采集，野外地震记录以数字磁带（盘）记录方式记录在野外数字磁带（盘）上。室内地震数据处理将野外数字磁带（盘）回放后，输入数字计算机进行数字处理。由于数字计算机的高计算速度、大内存量和海量磁盘存储及数字处理的高度灵活性使地震数据处理得到飞快的发展。

这个阶段地震数据处理的发展主要表现在下述几个方面：

（1）在共中心点（CMP）叠加技术方面，出现了数字动校正（NMO）技术、数字静校正和剩余静校正技术、速度分析技术和共中心点（CMP）叠加或共深度点（CDP）叠加技术，使叠加剖面的地震信噪比显著提高。

（2）在偏移成像技术方面，出现了波动方程偏移。起初，对叠加剖面进行叠后时间偏移，在构造条件比较简单的情况下，不仅完成反射界面空间归位，提高地震水平分辨率，而且使绕射波收敛，使偏移剖面成像的清晰度显著提高。随后，对地质构造复杂、不适宜共中心点叠加的地区，开展了叠前时间偏移。此后，又对地质构造复杂而剧烈、速度横向变化非常急剧的地区，发展了叠前深度偏移处理方法，使油气地震勘探能力进一步增强。

（3）在振幅地震属性的处理和利用方面，从最初单纯利用强振幅和极性反转等特征的亮点技术，发展到利用振幅随偏移距变化以识别岩性和孔隙中流体性质的 AVO 处理技术。

（4）在地震反演方法方面，从较早的叠后声阻抗（AI）技术到目前的叠前弹性阻抗（EI）处理技术，在储层预测、流体检测方面取得了巨大的进展。

（5）依据小波变换、τ-p 变换、（广义）S-变换、人工神经网络和分形技术等新理论形成的一批新技术也不断地为地震数据处理提供一些新的处理方法。

（6）在开发地震方面，高分辨率三维地震处理技术、垂直地震剖面（VSP）处理技术、井间地震处理技术和时移地震处理技术等为油气田开发阶段油气藏管理和动态监测提供了有效的手段。

第三节 地震数据处理的展望

目前，油气勘探开发由常规油气藏向复杂油气藏、由常规油气资源向非常规油气资源不断扩展，研究目标日趋复杂，隐蔽性不断增强。一是地表条件和地下构造更加复杂，复杂山地、黄土塬区、城区等地区勘探已成为常态，推覆构造、盐下和盐间构造、复杂断块准确成像要求更高；二是不断向薄储层、深层进军，对地震分辨率和信噪比要求更高；三是储层品质不断向低孔低渗透延伸，非均质性强，储层与围岩阻抗差异小，储层精细描述难度大；四是非常规油气勘探开发对地震技术需求不断增长，地质甜点和工程甜点的地震预测要求不断提高。恶劣的地表条件、复杂的地下构造和储层储集空间，以及不断扩展的应用领域，对地震技术提出越来越高的要求。

为了获得高精度、高信噪比、高分辨率地震资料，满足复杂构造准确成像、复杂储层精细描述等地质需求，宽频、全方位、超高密度、高灵敏度单点等概念的三维地震采集、可控震源高效混叠地震采集、矢量地震采集等成为高精度三维地震勘探的发展方向。

针对地形起伏剧烈、表层结构多变、地下构造复杂导致的高陡构造准确成像难题，静校正与叠前成像一体化的处理思想将是解决问题的有效途径。针对地下目标储层预测及烃类检测需求，高保真、高分辨率处理技术将成为关键，以高精度三维地震为基础，以地震属性、地震反演为核心手段结合解释性处理将形成精细的油藏描述与监测技术。

目前，在人工智能广泛应用的大背景下，通过人工智能技术的深度应用与规模应用，将可能大幅度提高地球物理数据采集和处理的效率，提高资料分析解释的效果，充分挖掘和融合地质、地球物理资料中的信息和人类知识，大幅度降低油气勘探风险和油气开发成本。

从最近地震数据处理的发展趋势和目前所面临的石油勘探开发任务出发，展望未来的地震数据处理发展方向，总的来说，随着油气勘探开发工作难度越来越大，对地震工作的要求也越来越高。为了完成好复杂构造油气藏和地层、岩性油气藏勘探，开发地震和油气藏动态监测的艰巨任务，必须使地震数据处理向高信噪比、高分辨率和高保真度的"三高"处理方向发展，这也是地震数据处理的根本。具体来说，有下述几个方面的工作：

（1）随着并行集群计算机在地震数据处理中的广泛应用，为高精度地震勘探采集的海量地震数据处理提供了硬件保证和软件基础，开辟了"三高"地震数据处理的广阔前景。

（2）开展实际复杂介质中地震波场传播规律的研究。具体包括黏弹性介质和孔隙弹性介质地震波传播规律的研究，为实现"三高"地震数据处理提供地震理论依据和方法保障。

（3）开展地震采集、处理和解释一体化研究，以保证复杂构造油气藏和地层油气藏目标的照明度，保证地震反射有效信息的采集和利用。

（4）开展复杂地表、复杂地下构造"双复杂"地震处理方法一体化思想的研究与实践，深入开展叠前处理方法的研究，试验探索全深度FWI速度反演、散射波成像、最小二乘偏移成像、弹性波成像等技术，以保证地震数据"三高"处理的实现。

（5）深入开展多波多分量地震数据处理方法研究，加强转换波地震数据的处理和溶洞、裂缝检测技术的研究和应用。

（6）开展油藏地震机理研究，加强地震—油藏融合，提高油气藏空间描述和监测能力，加强油气藏动态监测的地震数据处理研究和应用，以利于寻找剩余油气和提高油气采收率。

（7）加强智能化技术与地震数据采集、处理和分析技术的深度融合，以地震数据的海量特点，探索地震数据自动化、智能化处理，实现人工智能地震处理方法的应用，提高地震勘探的智能化水平，有效推进地震处理技术的进步。

第一章
地震数据处理基础

本章讨论地震数据处理的数学、物理基础及地震数据处理的地质—地球物理基础。首先，叙述地震数据处理的数学基础，包括傅里叶（Fourier）变换、线性 Radon（τ-p）变换和 Hilbert 变换。然后进一步讨论地震数据处理的地质—地球物理模型及其地震数据处理特点。

第一节 一维傅里叶变换及其应用

傅里叶变换是地震数据处理的主要数学基础。它不仅是地震道、地震记录分析和数字滤波的基础，同时在地震数据处理的各个方面都有着广泛的应用，例如，在反褶积处理、叠加处理和偏移处理及地震波场的分析中也都有其重要的应用。

一、一维傅里叶变换及频谱分析（视频 1-1）

在野外地震数据采集中，每一炮在每个检波点所记录的地震道记录表示在该检波点所观测到的地震波场。在数字地震记录中，每个地震道是一个按一定时间采样间隔排列的时间序列，如图 1-1 所示。图中地震道采样间隔为 Δt，按采样时刻 $t = \{\Delta t, 2\Delta t, \cdots, n\Delta t, \cdots\}$ 排列的振幅采样值 $x(t) = \{x_1, x_2, \cdots, x_n, \cdots\}$ 为一个时间序列。

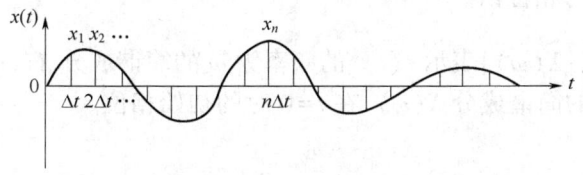

图 1-1 地震道采样时间序列示意图

视频 1-1 地震记录的频谱分析

上述的每一个地震道都可以用一系列具有不同频率和不同振幅、相位的简谐曲线（正弦曲线或余弦曲线）叠加而成。这些具有不同频率和不同振幅、相位的简谐曲线可以看作是地震道的组成成分。应用一维傅里叶正变换可以得到每个地震道的各个简谐成分。相反，应用傅里叶反变换可以将各个简谐成分合成为原来的地震道。

1. 一维傅里叶变换及频谱

如果函数 $x(t)$ 在无穷区间 $(-\infty, \infty)$ 上满足下列条件：

(1) $\int_{-\infty}^{\infty} |x(t)| \mathrm{d}t$ 存在。

(2) 满足狄利克雷（Dirichlet）条件：$x(t)$ 只有有限个极值点和有限个间断点且在间断点 t_0 处，函数 $x(t_0) = \frac{1}{2}[x(t_0+0)+x(t_0-0)]$，则函数 $x(t)$ 的傅里叶变换及反变换存在。这里，函数 $x(t)$ 的傅里叶变换为

$$\widetilde{X}(\omega) = \int_{-\infty}^{\infty} x(t) e^{-i\omega t} dt \qquad (1-1)$$

其相应的反变换为

$$x(t) = \frac{1}{2\pi} \int_{-\infty}^{\infty} \widetilde{X}(\omega) e^{i\omega t} d\omega \qquad (1-2)$$

式中 ω——傅里叶变换变量；

i——虚数单位，$i = \sqrt{-1}$；

$\widetilde{X}(\omega)$——函数 $x(t)$ 的傅里叶变换。

如果变量 t 表示时间，$x(t)$ 表示地震记录道，由于实际地震记录道通常是连续的，满足傅里叶变换存在条件，则利用上述式(1-1)可以得到其傅里叶变换 $\widetilde{X}(\omega)$，其变量 ω 表示圆频率，它与频率 f 之间的关系为 $\omega = 2\pi f$，$\widetilde{X}(\omega)$ 称为地震道 $x(t)$ 的频谱。

由于傅里叶变换是可逆的，如果已知地震道的频谱 $\widetilde{X}(\omega)$，则利用傅里叶反变换式(1-2)可以得到原来的地震道函数 $x(t)$。

通常由傅里叶变换式(1-1)得到的频谱为一个复函数，称为复数谱。它可以写成指数形式

$$\widetilde{X}(\omega) = |\widetilde{X}(\omega)| e^{i\phi(\omega)} = A(\omega) e^{i\phi(\omega)} \qquad (1-3)$$

式中 $A(\omega)$——复数的模，称为振幅谱；

$\phi(\omega)$——复数的幅角，称为相位谱。

函数 $x(t)$ 的振幅谱 $A(\omega)$ 或 $|\widetilde{X}(\omega)|$ 表示 $x(t)$ 的频率为 ω 的简谐成分 $X(\omega)$ 振幅值，其相位谱 $\phi(\omega)$ 则表示频率为 ω 的简谐成分 $X(\omega)$ 在 $t=0$ 时的初始相位。

复数谱也可以表示为

$$\widetilde{X}(\omega) = X_r(\omega) + iX_i(\omega) \qquad (1-4)$$

式中 $X_r(\omega)$ 和 $X_i(\omega)$——$\widetilde{X}(\omega)$ 的实部和虚部。

于是，得到

$$A(\omega) = \sqrt{X_r^2(\omega) + X_i^2(\omega)} \qquad (1-5)$$

和

$$\phi(\omega) = \arctan \frac{X_i(\omega)}{X_r(\omega)} \qquad (1-6)$$

上面讨论的是当函数 $x(t)$ 为 t 的连续函数时的傅里叶变换及其反变换的情况。现在进一步讨论 $x(t)$ 为离散函数时的傅里叶变换及反变换。

假设时间采样间隔为 Δt，变量 $t=n\Delta t$，则函数 $x(t)$ 的离散形式为

$$x(t) = x(n\Delta t) \quad (n = 0, \pm 1, \pm 2, \cdots, \pm N) \tag{1-7}$$

另外，频率采样间隔为 Δf，频率 $f=m\Delta f$，$\omega = 2\pi m\Delta f$，则 $\widetilde{X}(\omega)$ 的离散形式为

$$\widetilde{X}(\omega) = \widetilde{X}(2\pi m\Delta f) \quad (m = 0, \pm 1, \pm 2, \cdots) \tag{1-8}$$

在 $\Delta f \cdot \Delta t = \dfrac{1}{2N+1}$ 条件下，离散傅里叶变换为

$$\widetilde{X}(\omega) = \Delta t \sum_{n=-N}^{N} x(n\Delta t) \, \mathrm{e}^{-2\pi \mathrm{i} f n \Delta t} \tag{1-9}$$

其相应的反变换为

$$x(t) = \Delta f \sum_{m=-N}^{N} \widetilde{X}(2\pi m\Delta f) \, \mathrm{e}^{2\pi \mathrm{i} t m \Delta f} \tag{1-10}$$

其离散复数谱为

$$\widetilde{X}(2\pi m\Delta f) = A(2\pi m\Delta f) \, \mathrm{e}^{\mathrm{i}\phi(2\pi m\Delta f)} \tag{1-11}$$

或

$$\widetilde{X}(2\pi m\Delta f) = X_{\mathrm{r}}(2\pi m\Delta f) + \mathrm{i} X_{\mathrm{i}}(2\pi m\Delta f) \tag{1-12}$$

于是，得到

$$A(2\pi m\Delta f) = \sqrt{X_{\mathrm{r}}^2(2\pi m\Delta f) + X_{\mathrm{i}}^2(2\pi m\Delta f)} \tag{1-13}$$

和

$$\phi(2\pi m\Delta f) = \arctan \frac{X_{\mathrm{i}}(2\pi m\Delta f)}{X_{\mathrm{r}}(2\pi m\Delta f)} \tag{1-14}$$

作为地震记录 $x(t)$ 的傅里叶变换得到的振幅谱 $A(\omega)$ 和相位谱 $\phi(\omega)$ 的一个实例，图1-2中给出了一个地震子波及其傅里叶变换后得到的振幅谱和相位谱。

图1-3显示了由图1-2地震子波的振幅谱和相位谱所确定的各个频率成分，图中的频率采样间隔 Δf 为 0.5Hz。图1-3中地震子波各频率成分的振幅和初始相位与图1-2中地震子波的振幅谱和相位谱是一致的。

由图1-3中的各个频率成分沿频率相加，即对地震子波的复数谱进行傅里叶反变换，就可以得到原来的地震子波，示于图1-3的最左端。

2. 傅里叶变换的几个基本性质

在傅里叶变换的实际应用中，经常会用到下列一些傅里叶变换的基本性质。

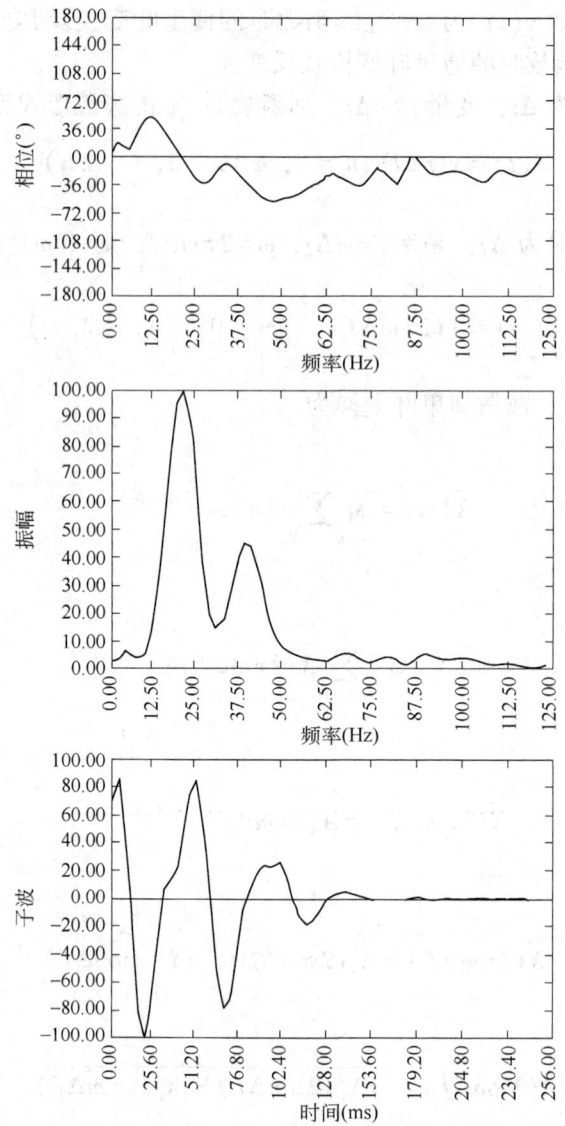

图 1-2 地震子波及其振幅谱和相位谱（据 Yilmaz，2001）

1）线性

假设

$$x(t) = a_1 x_1(t) + a_2 x_2(t) \tag{1-15}$$

其中 a_1，a_2 是常数，如果 $x_1(t)$ 和 $x_2(t)$ 的傅里叶变换分别是 $\widetilde{X_1}(\omega)$ 和 $\widetilde{X_2}(\omega)$，则 $x(t)$ 的傅里叶变换为

$$\begin{aligned}
\widetilde{X}(\omega) &= \int_{-\infty}^{\infty} x(t) e^{-i\omega t} dt = \int_{-\infty}^{\infty} [a_1 x_1(t) + a_2 x_2(t)] e^{-i\omega t} dt \\
&= a_1 \int_{-\infty}^{\infty} x_1(t) e^{-i\omega t} dt + a_2 \int_{-\infty}^{\infty} x_2(t) e^{-i\omega t} dt \\
&= a_1 \widetilde{X_1}(\omega) + a_2 \widetilde{X_2}(\omega)
\end{aligned} \tag{1-16}$$

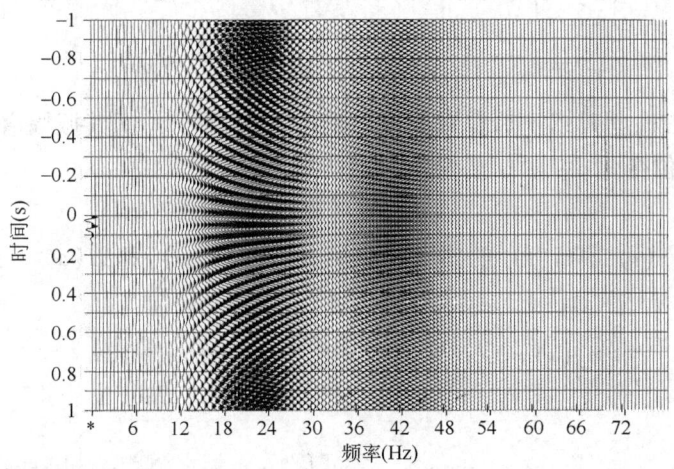

图 1-3　图 1-2 中地震子波的各频率成分及地震子波波形（据 Yilmaz，2001）

这表明傅里叶变换为线性变换。

2）翻转

函数 $x(-t)$ 与 $x(t)$ 的图形是关于 x 轴互为翻转的，如果 $x(t)$ 的傅里叶变换为 $\widetilde{X}(\omega)$，则 $x(-t)$ 的傅里叶变换为

$$\widetilde{X}'(\omega) = \int_{-\infty}^{\infty} x(-t) e^{-i\omega t} dt = -\int_{\infty}^{-\infty} x(t') e^{i\omega t'} dt'$$

$$= \int_{-\infty}^{\infty} x(t') e^{-i(-\omega)t'} dt' = \widetilde{X}(-\omega) \tag{1-17}$$

这表明在时间域函数是翻转的，在频率域其频谱也是翻转的。其翻转频谱与原来频谱的振幅谱相同，相位谱符号相反。

3）共轭

设 $x'(t)$ 是 $x(t)$ 的共轭复数，即 $x'(t) = \overline{x(t)}$，如果 $x(t)$ 的傅里叶变换为 $\widetilde{X}(\omega)$，则 $x'(t)$ 的傅里叶变换为

$$\widetilde{X}'(\omega) = \int_{-\infty}^{\infty} \overline{x(t)} e^{-i\omega t} dt = \int_{-\infty}^{\infty} \overline{x(t) e^{i\omega t}} dt$$

$$= \overline{\int_{-\infty}^{\infty} x(t) e^{i\omega t} dt} = \overline{\int_{-\infty}^{\infty} x(t) e^{-i(-\omega)t} dt}$$

$$= \overline{\widetilde{X}(-\omega)} \tag{1-18}$$

这表明 $x(t)$ 的共轭复数 $\overline{x(t)}$ 的频谱是 $x(t)$ 的频谱 $\widetilde{X}(\omega)$ 的复共轭翻转谱。

4）时移

函数 $x(t-\tau)$ 是将 $x(t)$ 沿 t 轴延迟 τ 得到的。如果 $x(t)$ 的傅里叶变换为 $\widetilde{X}(\omega)$，则 $x(t-\tau)$ 的傅里叶变换为

$$\widetilde{X}'(\omega) = \int_{-\infty}^{\infty} x(t-\tau) e^{-i\omega t} dt = \int_{-\infty}^{\infty} x(t') e^{-i\omega(t'+\tau)} dt'$$

$$= e^{-i\omega\tau} \int_{-\infty}^{\infty} x(t') e^{-i\omega t'} dt' = e^{-i\omega\tau} \widetilde{X}(\omega) \qquad (1-19)$$

这表明 $x(t)$ 在时间延迟 τ 后,其频谱要乘以 $e^{-i\omega\tau}$ 因子,即其振幅谱不变,仅其相位谱发生 $(-\omega\tau)$ 的相位变化。

5) 褶积

如有两个函数 $x(t)$ 和 $h(t)$ 的傅里叶变换分别为 $\widetilde{X}(\omega)$ 和 $\widetilde{H}(\omega)$,这两个函数在时间域的褶积

$$y(t) = h(t) * x(t) = \int_{-\infty}^{\infty} h(t-\tau) x(\tau) d\tau \qquad (1-20)$$

的傅里叶变换为

$$\widetilde{Y}(\omega) = \int_{-\infty}^{\infty} y(t) e^{-i\omega t} dt = \int_{-\infty}^{\infty} \left[\int_{-\infty}^{\infty} h(t-\tau) x(\tau) d\tau \right] e^{-i\omega t} dt$$

$$= \int_{-\infty}^{\infty} x(\tau) \left[\int_{-\infty}^{\infty} h(t-\tau) e^{-i\omega t} dt \right] d\tau$$

根据时移公式(1-19),得到

$$\widetilde{Y}(\omega) = \int_{-\infty}^{\infty} x(\tau) [\widetilde{H}(\omega) e^{-i\omega\tau}] d\tau = \widetilde{H}(\omega) \int_{-\infty}^{\infty} x(\tau) e^{-i\omega\tau} d\tau$$

$$= \widetilde{H}(\omega) \cdot \widetilde{X}(\omega) \qquad (1-21)$$

上式表明两个时间函数在时间域褶积的频谱等于两个函数的频谱在频率域的乘积。这样就可以将函数在时间域复杂的褶积运算通过傅里叶变换变为其频谱在频率域的乘积运算。这种转变在地震数据处理过程中是经常会遇到的,并且是非常方便和有用的。

6) 相关

如有一函数 $x(t)$ 的傅里叶变换为 $\widetilde{X}(\omega)$,其自相关函数

$$r_{xx}(\tau) = \int_{-\infty}^{\infty} x(t) x(t+\tau) dt \qquad (1-22)$$

的傅里叶变换为

$$\widetilde{R}_{xx}(\omega) = \int_{-\infty}^{\infty} r_{xx}(\tau) e^{-i\omega\tau} d\tau$$

$$= \int_{-\infty}^{\infty} \left[\int_{-\infty}^{\infty} x(t) x(t+\tau) dt \right] e^{-i\omega\tau} d\tau$$

$$= \int_{-\infty}^{\infty} x(t) \left[\int_{-\infty}^{\infty} x(t+\tau) e^{-i\omega(t+\tau)} d\tau \right] e^{-i(-\omega)t} dt$$

$$= \widetilde{X}(\omega) \int_{-\infty}^{\infty} x(t) e^{-i(-\omega)t} dt$$

$$= \widetilde{X}(\omega) \cdot \widetilde{X}(-\omega) \qquad (1-23)$$

由式(1-3)及翻转频谱可知

$$\widetilde{X}(\omega) = |\widetilde{X}(\omega)| e^{i\phi(\omega)} \tag{1-24}$$

和

$$\widetilde{X}(-\omega) = |\widetilde{X}(-\omega)| e^{-i\phi(\omega)} \tag{1-25}$$

由式(1-23)可以得到

$$\widetilde{R}_{xx}(\omega) = |\widetilde{R}_{xx}(\omega)| e^{i\phi_{xx}(\omega)} = |\widetilde{X}(\omega)| e^{i\phi(\omega)} \cdot |\widetilde{X}(\omega)| e^{-i\phi(\omega)}$$

$$= |\widetilde{X}(\omega)|^2 \tag{1-26}$$

上式表明一个函数的自相关函数的振幅谱是该函数振幅谱的平方,称为功率谱,而自相关函数的相位谱则为零。

如有两个函数 $x(t)$ 和 $y(t)$,其傅里叶变换分别为 $\widetilde{X}(\omega)$ 和 $\widetilde{Y}(\omega)$,两函数的互相关函数

$$r_{xy}(\tau) = \int_{-\infty}^{\infty} y(t) x(t+\tau) dt \tag{1-27}$$

的傅里叶变换为

$$\widetilde{R}_{xy}(\omega) = \int_{-\infty}^{\infty} r_{xy}(\tau) e^{-i\omega\tau} d\tau = \int_{-\infty}^{\infty} \left[\int_{-\infty}^{\infty} y(t) x(t+\tau) dt \right] e^{-i\omega\tau} d\tau$$

$$= \int_{-\infty}^{\infty} y(t) \left[\int_{-\infty}^{\infty} x(t+\tau) e^{-i\omega(t+\tau)} d\tau \right] e^{-i(-\omega)t} dt$$

$$= \widetilde{X}(\omega) \int_{-\infty}^{\infty} y(t) e^{-i(-\omega)t} dt$$

$$= \widetilde{X}(\omega) \cdot \widetilde{Y}(-\omega) \tag{1-28}$$

由式(1-3)及翻转频谱可知

$$\widetilde{X}(\omega) = |\widetilde{X}(\omega)| e^{i\phi_x(\omega)}$$

$$\widetilde{Y}(-\omega) = |\widetilde{Y}(\omega)| e^{-i\phi_y(\omega)}$$

由式(1-28)可以得到

$$\widetilde{R}_{xy}(\omega) = |\widetilde{R}_{xy}(\omega)| e^{i\phi_{xy}(\omega)} = |\widetilde{X}(\omega)| e^{i\phi_x(\omega)} \cdot |\widetilde{Y}(\omega)| e^{-i\phi_y(\omega)}$$

$$= |\widetilde{X}(\omega)| |\widetilde{Y}(\omega)| e^{i[\phi_x(\omega) - \phi_y(\omega)]} \tag{1-29}$$

上式表明两个函数的互相关函数的振幅谱是这两个函数振幅谱的乘积,而互相关函数相位谱则为两个函数的相位谱之差。

3. Z 变换

由一维傅里叶变换可以得到 Z 变换。对于一个离散时间序列 $x(n\Delta t)$ ($n = 0,1,2,\cdots,N-1$)

即
$$x(n\Delta t) = \{x(0), x(\Delta t), x(2\Delta t), \cdots, x[(N-1)\Delta t]\}$$
或简写成
$$x_n = \{x_0, x_1, x_2, \cdots, x_{N-1}\}$$

由式(1-9)，此 $x(n\Delta t)$ 的频谱为

$$\widetilde{X}(m\Delta f) = \Delta t \sum_{n=0}^{N-1} x(n\Delta t) e^{-i2\pi m\Delta f n\Delta t} \quad (m, n = 0, 1, 2, \cdots, N-1) \quad (1-30)$$

令
$$z = e^{-i2\pi m\Delta f \Delta t}$$
或
$$z = e^{-i\omega\Delta t}$$

令 $\Delta t = 1$，则 $z = e^{-i\omega}$，这时 $x(n\Delta t)$ 的频谱 $\widetilde{X}(m\Delta f)$ 可以写成以 z 为变量的多项式

$$X(z) = x_0 + x_1 z + x_2 z^2 + \cdots + x_{N-1} z^{N-1} \quad (1-31)$$

式中，$X(z)$ 称为离散时间序列 $x(n\Delta t)$ 的 Z 变换。对于离散时间序列的分析，Z 变换比离散傅里叶变换更方便。

二、采样及假频（视频1-2）

1. 采样及采样定理

视频1-2
地震记录的
采样与重采样

我们所记录的地震道反映了检波点地震波场的振动情况，传播到检波点的地震信号所引起的检波点振动本来是随时间连续振动的。因而，地震信号本来是一个连续的时间函数，称为模拟地震信号。在数字地震记录中，对连续的模拟地震信号按照一个固定的时间间隔进行离散化，将连续的时间函数变成一个按时间顺序排列的离散时间序列（图1-1），称为数字地震信号，这个从模拟地震信号到数字地震信号的过程，称为采样过程，采样所用的时间间隔称为采样间隔或采样率。在石油天然气反射地震勘探中，通常所用的采样间隔为1ms、2ms或4ms，在高分辨率地震勘探中，采样可以小到0.5ms或0.25ms。

采样间隔是野外地震数据采集中一个非常重要的因素，也是地震数据处理中的一个重要参数。下面讨论采样间隔的意义和作用。图1-4(a)表示一个连续的模拟地震信号。从图中可以看到频率较低的地震信号A和一些频率较高的地震信号B以及频率较高的干扰波或随机噪声存在。将该模拟地震信号用低频地震信号视周期的⅓左右，且与高频地震信号的视周期大致相同的采样率进行采样，得到图1-4(b)所示的离散数字地震信号。最后，用图1-4(b)所示的离散数字信号重建模拟地震信号，得到图1-4(c)所示的模拟地震信号。将图1-4(c)中采样后重建的模拟地震信号与图1-4(a)中采样前的原始模拟地震信号比较，可以清楚地看到原来的模拟地震信号中低频信号在采样后重建的模拟地震信号中得到保持和恢复，而原来模拟地震信号中的高频信号在采样后重建的地震信号中则有明显的衰减和压制而几乎消逝。

那么，在地震信号采样的过程中，应该遵循什么原则来选择采样间隔呢？如果不遵循这个原则，将对采样的结果带来什么样的问题呢？

在采样过程中，应遵循的原则就是所谓的采样定理。

在采样过程中，用采样间隔 Δt 对一个连续时间函数 $x(t)$ 离散化为一个离散时间序列

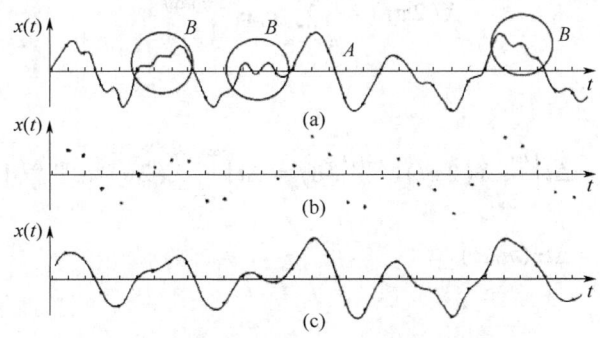

图 1-4 采样率对不同频率成分的影响
（a）连续模拟地震信号；（b）离散数字地震信号；
（c）由离散数字地震信号重建的模拟地震信号

$$x(n\Delta t) \quad (n = 0, \pm 1, \pm 2, \cdots)$$

或

$$x(n\Delta t) = \{\cdots, x(-2\Delta t), x(-\Delta t), x(0), x(\Delta t), x(2\Delta t), \cdots\} \tag{1-32}$$

显然，所得到的离散时间序列 $x(n\Delta t)$ 与所用的采样间隔 Δt 有关。对一个连续时间函数 $x(t)$，用不同的采样间隔 Δt 离散化，会得到不同的离散时间序列 $x(n\Delta t)$。于是，就产生这样的问题，用某一个采样间隔 Δt 对一个时间函数 $x(t)$ 离散化得到的离散时间序列 $x(n\Delta t)$ 是否能够代表原来的连续时间函数 $x(t)$？很明显，当采样间隔 Δt 一定时，所得到离散时间序列 $x(n\Delta t)$ 并不一定能代表时间函数 $x(t)$，因为在相邻的两个采样点 $n\Delta t$ 与 $(n+1)\Delta t$ 之间的函数 $x(t)$ 值是未定的。如果缩小采样间隔 Δt，将会减少这种不确定性。那么应该将采样间隔 Δt 减小到什么程度才能使所得到的离散时间序列 $x(n\Delta t)$ 能够确定时间函数 $x(t)$ 呢？答案是如果时间函数 $x(t)$ 的频谱 $\widetilde{X}(\omega)$ 在频率 f 区间 $\left[-\dfrac{1}{2\Delta t}, \dfrac{1}{2\Delta t}\right]$ 之内存在，而在这个区间之外为零，则离散时间序列 $x(n\Delta t)$ 就能完全确定函数 $x(t)$。证明如下：

假定函数 $x(t)$ 的频谱 $\widetilde{X}(\omega)$ 满足

$$\widetilde{X}(\omega) = 0, \quad \text{当} |f| > \frac{1}{2\Delta t} \tag{1-33}$$

则

$$\begin{aligned}
x(t) &= \frac{1}{2\pi}\int_{-\infty}^{\infty}\widetilde{X}(\omega)e^{i\omega t}d\omega \\
&= \int_{-\infty}^{\infty}\widetilde{X}(2\pi f)e^{2\pi ift}df \\
&= \int_{-\frac{1}{2\Delta t}}^{\frac{1}{2\Delta t}}\widetilde{X}(2\pi f)e^{2\pi ift}df
\end{aligned} \tag{1-34}$$

在区间 $\left[-\dfrac{1}{2\Delta t}, \dfrac{1}{2\Delta t}\right]$ 上，将 $\widetilde{X}(2\pi f)$ 展成傅里叶级数，得到

$$\widetilde{X}(2\pi f) = \sum_{n=-\infty}^{\infty} c_n e^{-2\pi i n \Delta t f} \tag{1-35}$$

其中

$$c_n = \Delta t \int_{-\frac{1}{2\Delta t}}^{\frac{1}{2\Delta t}} \widetilde{X}(2\pi f) e^{2\pi i n \Delta t f} df = \Delta t \int_{-\infty}^{\infty} \widetilde{X}(2\pi f) e^{2\pi i n \Delta t f} df$$

$$= \Delta t x(n\Delta t) \tag{1-36}$$

代入式(1-35)，得到

$$\widetilde{X}(2\pi f) = \Delta t \sum_{n=-\infty}^{\infty} x(n\Delta t) e^{-2\pi i n \Delta t f} \tag{1-37}$$

代入式(1-34)，得到

$$x(t) = \Delta t \int_{-\frac{1}{2\Delta t}}^{\frac{1}{2\Delta t}} \sum_{n=-\infty}^{\infty} x(n\Delta t) e^{-2\pi i n \Delta t f} e^{2\pi i f t} df$$

$$= \Delta t \sum_{n=-\infty}^{\infty} x(n\Delta t) \int_{-\frac{1}{2\Delta t}}^{\frac{1}{2\Delta t}} e^{2\pi i (t-n\Delta t) f} df$$

$$= \Delta t \sum_{n=-\infty}^{\infty} x(n\Delta t) \left[\frac{e^{2\pi i (t-n\Delta t) f}}{2\pi i (t-n\Delta t)} \right]_{-\frac{1}{2\Delta t}}^{\frac{1}{2\Delta t}}$$

最后得到

$$x(t) = \frac{\Delta t}{\pi} \sum_{n=-\infty}^{\infty} x(n\Delta t) \frac{\sin \frac{\pi}{\Delta t}(t-n\Delta t)}{t-n\Delta t} \tag{1-38}$$

上述式(1-38) 用离散时间序列 $x(n\Delta t)$ 将时间函数 $x(t)$ 完全表示出来。

上述采样规律称为采样定理，其中的最高采样频率

$$f_N = \frac{1}{2\Delta t} \tag{1-39}$$

称为尼奎斯特（Nyquist）频率。

2. 假频

在上节中，证明了在采样过程中，如果所选择的采样间隔 Δt 满足采样定理时，使式(1-39) 所定义的尼奎斯特频率

$$f_N = \frac{1}{2\Delta t}$$

大于等于时间函数 $x(t)$ 的频谱 $X(\omega)$ 的频率上限 $f_{\max}$，这时的采样间隔

$$\Delta t = \frac{1}{2f_N} \leqslant \frac{1}{2f_{\max}} \tag{1-40}$$

这样的采样所得到的离散时间序列 $x(n\Delta t)$ 就能代表原来的时间函数 $x(t)$。反之，如果所选

取的采样间隔 Δt 不满足采样定理，即当尼奎斯特频率 f_N 小于 $x(t)$ 的频谱频率上限 f_{max}，这时采样间隔

$$\Delta t = \frac{1}{2f_N} > \frac{1}{2f_{max}} \qquad (1-41)$$

这样采样所得到的离散时间序列 $x(n\Delta t)$ 便不能代表原来的时间函数 $x(t)$。而且，$x(t)$ 的频谱 $\widetilde{X}(\omega)$ 中简谐成分频率 f 高于尼奎斯特频率 f_N 的高频成分，还会产生以尼奎斯特频率 f_N 为中心向低频折叠的假的低频成分，称为假频，如图 1-5 所示。

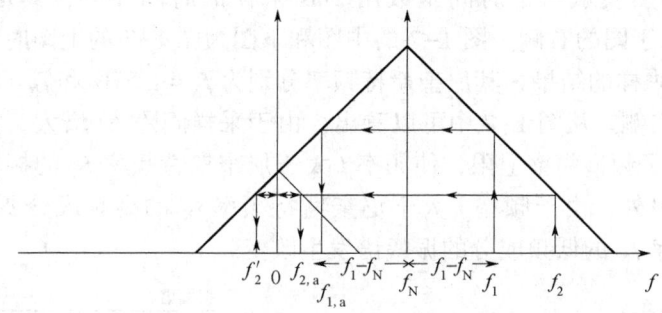

图 1-5　假频折叠示意图

如图 1-5 所示，图中有一频率为 f_1 的高频成分，它以尼奎斯特频率 f_N 为中心，向低频方向折叠至 $f_{1,a}$ 位置，产生的假频为 $f_{1,a}$。图中频率为 f_2 的高频成分以 f_N 为中心，向低频方向折叠至 f_2' 位置，由于 $f_2'<0$，它再以 $f=0$ 为中心，向正频率方向折叠至 $f_{2,a}$ 位置，产生的假频为 $f_{2,a}$。有的高频成分 f 由于频率较高，可能经过以 f_N 轴和 $f=0$ 轴为中心的多次折叠，最终落在 [$0, f_N$] 区间上的 f_a 位置，产生的假频为 f_a。

图 1-6 中的上图表示一个频率为 75Hz 的简谐成分，用 2ms 的采样间隔采样，其相应的尼奎斯特频率 f_N = 250Hz，满足采样定理，其振幅谱示于图的右侧。图 1-6 中的中图表示图 1-6 中上图的 75Hz 简谐成分用 4ms 重新采样的结果，由于 4ms 采样相应的尼奎斯特频率 f_N = 125Hz，仍然满足采样定理，其振幅谱仍然没有改变。图 1-6 中的下图表示图 1-6 中上

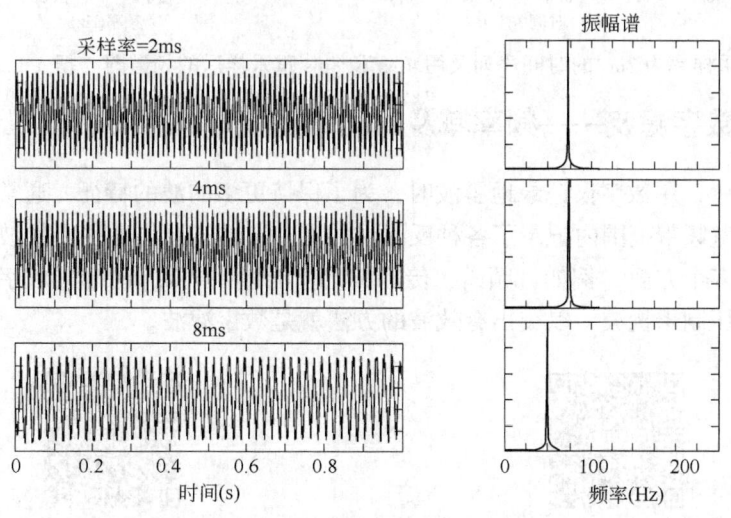

图 1-6　75Hz 简谐成分以 8ms 重采样后产生 50Hz 假频（据 Yilmaz, 2001）

图 75Hz 简谐成分用 8ms 重新采样的结果，但是，由于 8ms 采样相应的尼奎斯特频率 f_N = 62.5Hz，75Hz 简谐成分的频率 f 大于 f_N，不满足采样定理，由图 1-5 中假频折叠关系可知，此时产生了 50Hz 的假频，其振幅谱示于图的右侧。

为了计算假频的频率 f_a，也可以用下面的公式进行计算

$$f_a = |2mf_N - f_s| \qquad (1-42)$$

式中　f_N——尼奎斯特频率，也可称为折叠频率；

　　　f_s——信号频率；

　　　m——某一使 $f_a < f_N$ 的正整数。

图 1-7 中的上图表示一个时间函数用 2ms 采样的时间序列，其尼奎斯特频率 f_N = 250Hz，其振幅谱示于图的右侧。图 1-7 的中图和下图为图 1-7 的上图时间序列用采样间隔为 4ms 和 8ms 重新采样的结果，其尼奎斯特频率分别为 f_N = 125Hz 和 f_N = 62.5Hz，相应的振幅谱分别示于图的右侧。从图 1-7 中可以看出，由于采样间隔 Δt 增大，其相应的尼奎斯特频率 f_N 减小，限制了频谱频率上限，使频率 f 大于尼奎斯特频率 f_N 的振幅谱为零，其相应的频率成分消失。另外，由于频率 f 大于尼奎斯特频率 f_N 的高频成分所产生的假频存在，使低于尼奎斯特频率 f_N 的低频成分的振幅谱发生改变。

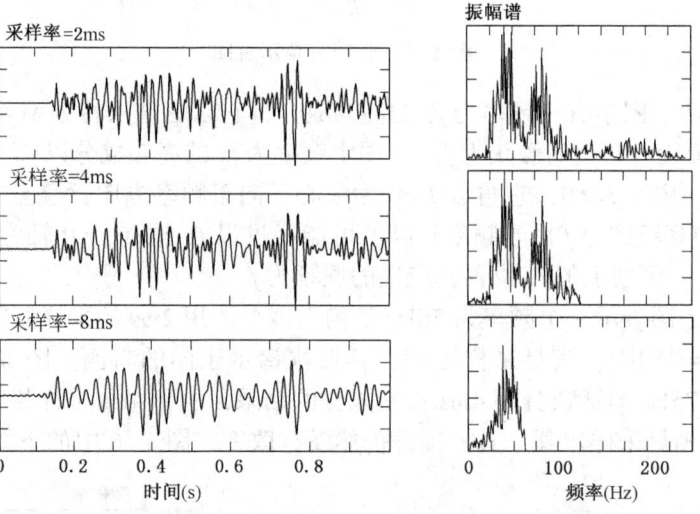

图 1-7　采样率为 2ms 的时间序列及用 4ms 和 8ms 重采样后的频谱图（据 Yilmaz，2001）

三、一维数字滤波——频率域及时间域滤波（视频 1-3、视频 1-4）

在地震勘探中，用数字仪记录地震波时，为了保持更多的波的特征，通常利用宽频带进行记录，因此，在宽频带范围内记录了各种反射波的同时，也记录了各种干扰波。有效波和干扰波的差异表现在多个方面（例如，频谱、传播方向、能量……）。在地震数字处理中，利用频谱特征的不同来压制干扰波，以突出有效波的方法就是数字滤波。

视频 1-3　数字滤波系统　　　　　　　　　视频 1-4　地震数据—维滤波处理

数字滤波是数字处理中的一种重要手段,它的原理也是研究地震数字处理方法的基础。本节将介绍频率域滤波原理、时间域滤波原理、数字滤波的特殊性质,以及相关滤波。

1. 频率域滤波原理

设有一滤波器如图 1-8 所示,其滤波器时间函数或滤波因子 $h(t)$ 的频谱 $\widetilde{H}(\omega)$ 称为滤波器的频率特性,输入信号 $x(t)$ 的频谱为 $\widetilde{X}(\omega)$,输出信号 $\hat{x}(t)$ 的频谱为 $\hat{X}(\omega)$。根据滤波理论,在线性滤波条件下,滤波器输出信号的频谱 $\hat{X}(\omega)$ 为输入信号的频谱 $\widetilde{X}(\omega)$ 与滤波器频率特性 $\widetilde{H}(\omega)$ 的乘积,即

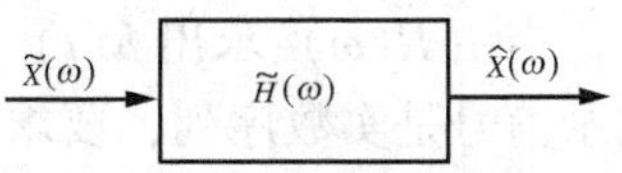

$$\hat{X}(\omega) = \widetilde{X}(\omega)\widetilde{H}(\omega) \qquad (1-43)$$

图 1-8 频率域滤波原理图

频率域滤波就是利用这个方程进行运算,已知两个量就可以求另一个量。一般是输入记录已知,滤波器是根据需要设计的,而要求的则是经过滤波后的输出。为此将输入信号的频谱 $\widetilde{X}(\omega)$ 和滤波器的频率特性 $\widetilde{H}(\omega)$ 相乘即可求出。

1) 对滤波器振幅频率特性和相位频率特性的要求

(1) 当信号通过滤波器时,输出信号的振幅谱和相位谱与输入信号的振幅谱和相位谱以及滤波器的振幅频率特性和相位频率特性之间的关系:

设输入信号的频谱为

$$\widetilde{X}(\omega) = |\widetilde{X}(\omega)| e^{i\Phi_x(\omega)}$$

输出信号的频谱为

$$\hat{X}(\omega) = |\hat{X}(\omega)| e^{i\Phi_{\hat{x}}(\omega)}$$

滤波器频率特性为

$$\widetilde{H}(\omega) = |\widetilde{H}(\omega)| e^{i\Phi_H(\omega)}$$

由线性滤波方程有

$$|\hat{X}(\omega)| = |\widetilde{X}(\omega)| \cdot |\widetilde{H}(\omega)| \qquad (1-44)$$

$$\Phi_{\hat{x}}(\omega) = \Phi_x(\omega) + \Phi_H(\omega) \qquad (1-45)$$

上两式表明,输出信号的振幅谱等于输入信号的振幅谱与滤波器的振幅频率特性的乘积,输出信号的相位谱等于输入信号的相位谱与滤波器相位特性之和。

(2) 对滤波器 $\widetilde{H}(\omega)$ 的要求。

① 突出有效信号,压制干扰信号。

如果有效波的频谱是在 $\omega_1 \sim \omega_2$ 的频率范围,则滤波器的振幅频率特性在 $\omega_1 \sim \omega_2$ 范围内应为常数(一般取为1),即

$$|\widetilde{H}(\omega)| = 1, \omega_1 \leq \omega \leq \omega_2 \qquad (1-46)$$

② 滤波器应该是零相位的,这样没有相位畸变,即

$$\Phi_H(\omega) = 0 \qquad (1-47)$$

以上两个条件可表示为

$$\widetilde{H}(\omega) = |\widetilde{H}(\omega)| e^{i\Phi_H(\omega)} = |\widetilde{H}(\omega)| \geqslant 0 \qquad (1-48)$$

就是说，要设计零相位滤波器，则要求 $\widetilde{H}(\omega)$ 是非负的实函数。

③ 滤波器的频谱 $\widetilde{H}(\omega)$ 应该是非负的实偶函数，其滤波因子 $h(t)$ 是实函数。

当由 $\widetilde{H}(\omega)$ 求出 $h(t)$ 时，$h(t)$ 可能是复数，但在实际地震数字处理中，输入的地震记录信号是实数序列，要求处理后的输出地震记录信号也是实数序列，因此，滤波器应是实参数的，即其滤波因子 $h(t)$ 是实数。而其频谱 $\widetilde{H}(\omega)$ 则必须是非负的实偶函数。现举一例说明如下，设

$$\widetilde{H}(\omega) = \begin{cases} 1, & 0 \leqslant \omega \leqslant \Delta\omega \\ 0, & \text{其他} \end{cases} \qquad (1-49)$$

见图 1-9，由 $\widetilde{H}(\omega)$ 计算相应的 $h(t)$，根据傅里叶反变换公式有

$$h(t) = \frac{1}{2\pi}\int_{-\infty}^{\infty} \widetilde{H}(\omega) e^{i\omega t} d\omega = \frac{1}{2\pi}\int_{0}^{\Delta\omega} 1 e^{i\omega t} d\omega$$

$$= \frac{1}{2\pi}\int_{0}^{\Delta\omega} (\cos\omega t + i\sin\omega t) d\omega$$

$$= \frac{1}{2\pi t}\sin\Delta\omega t + i\frac{1}{2\pi t}(1 - \cos\Delta\omega t)$$

可见，算出的 $h(t)$ 中还有虚部，$h(t)$ 是复函数，为了使 $h(t)$ 是实函数，就要使虚部为零，因而就要使积分区间对称，这是因为当积分区间对称时，上式右边第二项积分 $i\frac{1}{2\pi}\int_{-\Delta\omega}^{\Delta\omega} \sin\omega t d\omega$ 等于零。

要使积分区间对称，就必须要求 $\widetilde{H}(\omega)$ 是一个偶函数，见图 1-10。

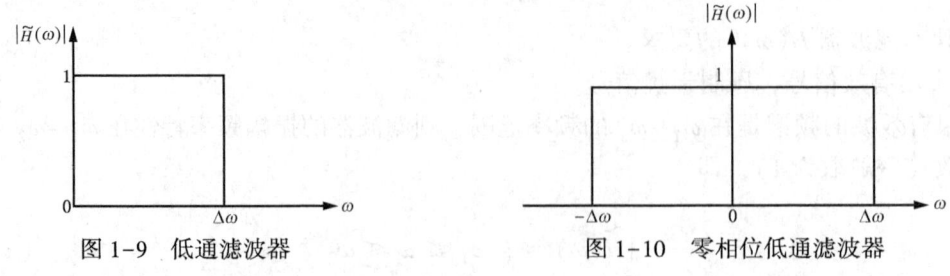

图 1-9 低通滤波器　　　　图 1-10 零相位低通滤波器

这种使在规定的频率范围内，各种频率成分毫无畸变地通过的零相位滤波器，称为理想滤波器，这种滤波器的频率特性曲线是一个矩形，像门一样，所以也称为门式滤波。

2) 频率域滤波的步骤

（1）对已知地震记录道进行频谱分析：设已知一个地震记录道 $x(t)$，一般来说，$x(t)$ 里包含有效波 $s(t)$ 和干扰波 $n(t)$（图 1-11），对此地震记录道进行频谱分析，设某地区的有效波主要频率成分在 $\omega_1 \sim \omega_2$ 范围，干扰波主要频率成分在 $\omega_3 \sim \omega_4$ 范围，两者基本上是分开的（图 1-12）。

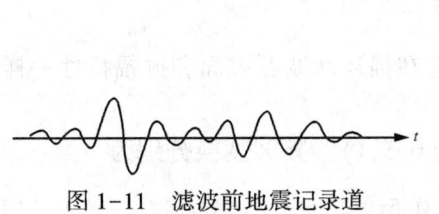

图 1-11　滤波前地震记录道

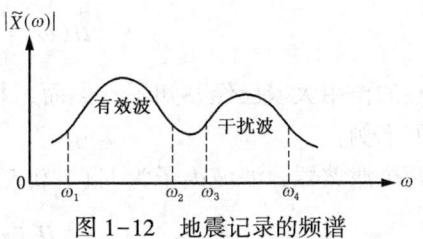

图 1-12　地震记录的频谱

（2）设计合适的滤波器：为了滤去干扰波的频谱成分，应当设计一个带通滤波器，即在频率范围 $\omega_1 \sim \omega_2$ 内，$|\widetilde{H}(\omega)|$ 的值为 1，在其他频率范围中 $|\widetilde{H}(\omega)|$ 的值为零，这个滤波器的 $|\widetilde{H}(\omega)|$ 可表示如下：

$$|\widetilde{H}(\omega)| = \begin{cases} 1, & \omega_1 \leq \omega \leq \omega_2 \\ 0, & \text{其他} \end{cases} \tag{1-50}$$

设计这样的滤波器（图 1-13）能保留有效波频率成分，滤掉干扰波频率成分。

（3）进行滤波运算：根据滤波方程，对地震记录道 $x(t)$ 进行滤波，相当于令 $x(t)$ 的频谱 $\widetilde{X}(\omega)$ 与滤波器的频率特性 $\widetilde{H}(\omega)$ 相乘，得到 $\hat{X}(\omega) = \widetilde{X}(\omega) \cdot \widetilde{H}(\omega)$，在相乘后所得到的频谱 $\hat{X}(\omega)$ 中，已经消除了干扰波的频谱成分（图 1-14）。

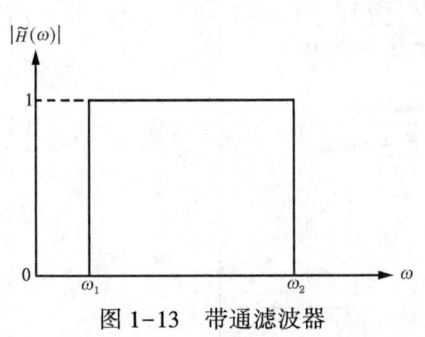

图 1-13　带通滤波器

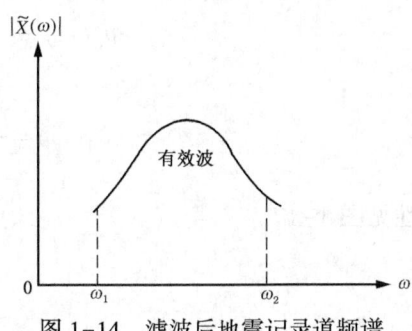

图 1-14　滤波后地震记录道频谱

（4）对输出信号谱 $\hat{X}(\omega)$ 进行傅里叶反变换，便得到滤波后的输出 $\hat{x}(t)$（图 1-15）。频率滤波的整个过程可以归结为下列的数学运算：

$$x(t) \xrightarrow{\text{傅里叶变换}} \widetilde{X}(\omega) \xrightarrow{\widetilde{X}(\omega) \cdot \widetilde{H}(\omega)} \hat{X}(\omega) \xrightarrow{\text{傅里叶反变换}} \hat{x}(t)$$

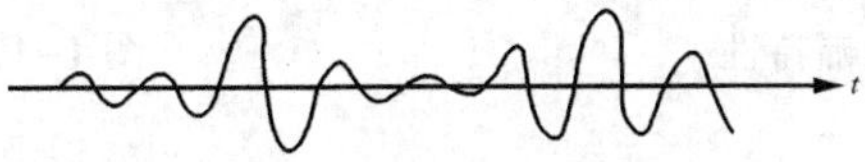

图 1-15　滤波后地震记录道

3) 相位性质

相位概念在数字滤波理论和应用中都很重要。最小相位也叫最小相位滞后或最小能量延迟，实际上，最小相位滞后是指频率域，而最小能量延迟则是指时间域而言。

复变谱 $\widetilde{H}(\omega)$ 是由振幅谱 $|\widetilde{H}(\omega)|$ 和相位谱 $\Phi(\omega)$ 来表示的，可写成

$$\widetilde{H}(\omega) = |\widetilde{H}(\omega)| e^{i\Phi(\omega)}$$

振幅特性的作用大家已经熟知了。然而，相位特性在描述滤波器方面和振幅特性一样具有重要性，见下例：

有两个滤波器，滤波因子为 $h_0(1,0.5)$ 和 $h_1(0.5,1)$，其 Z 变换分别为

$$H_0(z) = 1 + 0.5z \tag{1-51}$$

和

$$H_1(z) = 0.5 + z \tag{1-52}$$

求出 $H_0(z)$ 和 $H_1(z)$ 滤波器的振幅特性为 $|\widetilde{H}_0(\omega)|$ 和 $|\widetilde{H}_1(\omega)|$：

$$|\widetilde{H}_0(\omega)| = \sqrt{1.25 + \cos\omega} \tag{1-53}$$

$$|\widetilde{H}_1(\omega)| = \sqrt{1.25 + \cos\omega} \tag{1-54}$$

由上两式可知，两个滤波器的振幅特性相同（图 1-16）。

两个滤波器的相位特性 $\Phi_0(\omega)$ 和 $\Phi_1(\omega)$：

$$\Phi_0(\omega) = -\arctan\frac{0.5\sin\omega}{1 + 0.5\cos\omega} \tag{1-55}$$

$$\Phi_1(\omega) = -\arctan\frac{\sin\omega}{0.5 + \cos\omega} \tag{1-56}$$

相位特性见图 1-17。

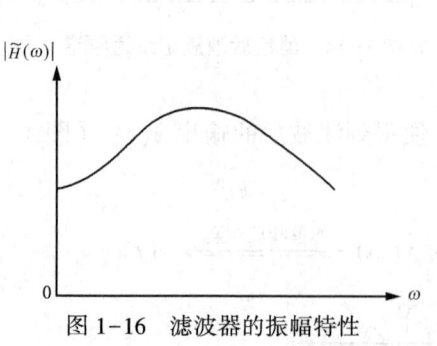

图 1-16 滤波器的振幅特性

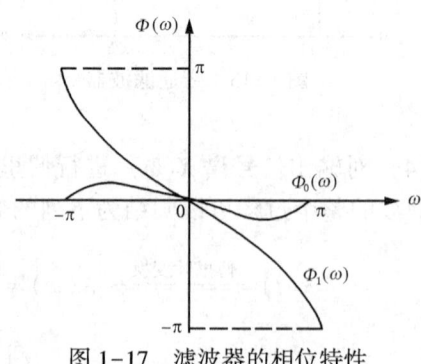

图 1-17 滤波器的相位特性

这里用负相位 $-\Phi(\omega)$ 代替 $\Phi(\omega)$，$-\Phi(\omega)$ 叫"相位滞后"，滤波器 $H_0(z)$ 和 $H_1(z)$

的相位滞后特性是

$$-\Phi_0(\omega) = \arctan \frac{0.5\sin\omega}{1 + 0.5\cos\omega} \tag{1-57}$$

$$-\Phi_1(\omega) = \arctan \frac{\sin\omega}{0.5 + \cos\omega} \tag{1-58}$$

由上式看出,相位滞后和相位一样是圆频率 ω 的函数,作出 $0 \leq \omega \leq \pi$ 之间的相位滞后图形,见图 1-18。比较这两条曲线可以看到,曲线 $-\Phi_0(\omega)$ 在曲线 $-\Phi_1(\omega)$ 之下,在 $0 \leq \omega \leq \pi$ 范围内,$H_0(z)$ 的相位滞后特性小于 $H_1(z)$ 的相位滞后特性,在 $\omega=0$ 时,$H_0(z)$ 和 $H_1(z)$ 的相位滞后都是零。

在滤波器组 $\{H_0(z), H_1(z)\}$ 中,具有相同的振幅特征,但 $H_0(z)$ 具有最小相位滞后特征,$H_1(z)$ 叫最小相位滤波。这个概念同样可以应用到一组 n 个的延迟滤波器中,如果已知其振幅谱是 $|\widetilde{H}(\omega)|$ 时,那么要设计这样一个振幅谱的滤波器,可以设计多少个呢?当然可以设计许多个,其复变谱为

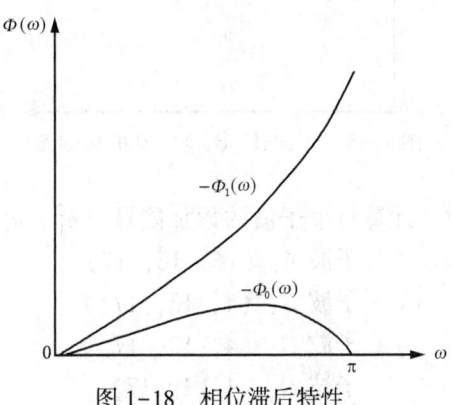

图 1-18 相位滞后特性

$$\widetilde{H}_1(\omega) = |\widetilde{H}(\omega)| e^{i\Phi_1(\omega)}$$
$$\widetilde{H}_2(\omega) = |\widetilde{H}(\omega)| e^{i\Phi_2(\omega)}$$
$$\vdots$$
$$\widetilde{H}_n(\omega) = |\widetilde{H}(\omega)| e^{i\Phi_n(\omega)}$$

在这 n 个滤波器中,它们的振幅谱相同,都是 $|\widetilde{H}(\omega)|$,但是相位谱各不相同,分别是 $\Phi_1(\omega), \Phi_2(\omega), \cdots, \Phi_n(\omega)$,这些不相同的相位谱,它们表示了不同的相位性质,即不同的相位滞后性质。

在前面说过最小相位滞后和最小能量延迟的概念相同,下面从最小能量延迟来讨论这个概念。

设一组子波相应三点的离散值为 (a_0, a_1, a_2),即

子波 A:(4, 0, -1)

子波 B:(2, 3, -2)

子波 C:(-2, 3, 2)

子波 D:(-1, 0, 4)

它们的振幅谱相同(图 1-19),而相位滞后特性不同(图 1-20),由图 1-20 中可看出,A 是最小相位滞后,D 是最大相位滞后,B、C 是在二者之间。

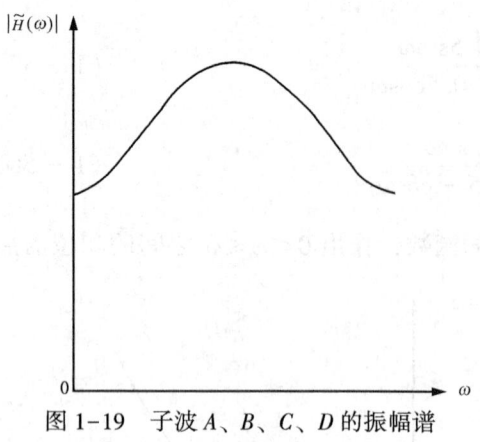

图 1-19 子波 A、B、C、D 的振幅谱

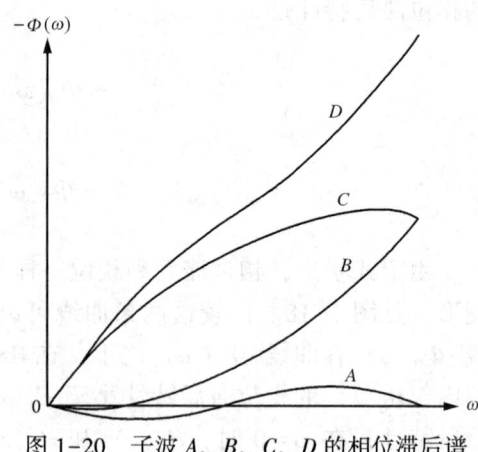

图 1-20 子波 A、B、C、D 的相位滞后谱

计算每个子波的累加能量（a_0^2，$a_0^2+a_1^2$，$a_0^2+a_1^2+a_2^2$），即

子波 A：(16, 16, 17)

子波 B：(4, 13, 17)

子波 C：(4, 13, 17)

子波 D：(1, 1, 17)

由此可见，子波 A 很快聚集了能量，能量聚集在首部，这是最小能量延迟子波；而子波 D 较慢地聚集了能量，大多数能量聚集在尾部，这是最大能量延迟子波；而子波 B、C 能量聚集在中部，是混合延迟子波。

总之，可以把它们归纳成三种，一种是最小相位（或最小延迟），一种是最大相位（或最大延迟），一种是混合相位（或混合延迟）（图 1-21），其中最小相位性质往往是设计滤波器时经常要用到的。

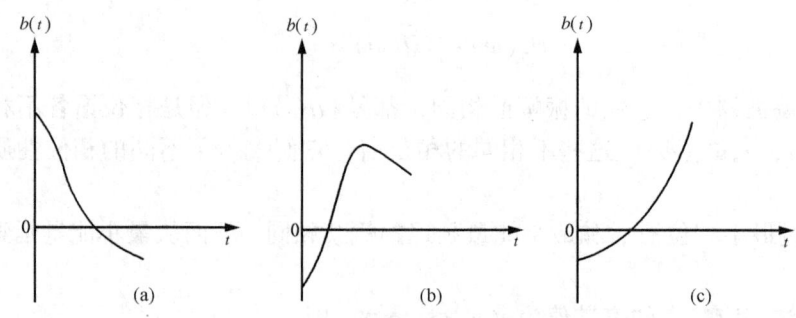

图 1-21 不同延迟信号的能量分布
（a）最小延迟；（b）混合延迟；（c）最大延迟

对于 Z 变换为

$$H(z) = a_0 + a_1 z + \cdots + a_n z^n \tag{1-59}$$

的滤波器，当 $H(z)$ 在单位圆内没有根时，$H(z)$ 是最小延迟或最小相位；当 $H(z)$ 在单位圆外没有根时，是最大延迟或最大相位；当 $H(z)$ 在单位圆内和单位圆外都有根时，是混合延迟或混合相位。

对 Z 变换为有理分式

$$H(z) = \frac{a_0 + a_1 z + a_2 z + \cdots + a_n z^n}{b_0 + b_1 z + b_2 z + \cdots + b_n z^n} \tag{1-60}$$

是物理可实现的，分母 $b_0+b_1z+\cdots+b_nz^n$ 在单位圆内及单位圆上没有根，分子多项式 $a_0+a_1z+\cdots+a_nz^n$ 在单位圆内没有根时，$H(z)$ 是最小相位。

4）关于用离散傅里叶变换（DFT）进行滤波的几个问题

（1）周期性：设 $f(n)$ 为离散时间序列，由式(1-30) 离散傅里叶变换公式可知

$$\widetilde{F}(m) = \Delta t \sum_{n=0}^{N-1} f(n) e^{-i2\pi mn/N} \tag{1-61}$$

N 是时间域的采样点个数，也是计算出的频谱的频率采样个数，在由连续傅里叶变换过渡到离散傅里叶变换时，应用了

$$\Delta t \Delta f = \frac{1}{N} \tag{1-62}$$

式(1-62) 是完成一对 DFT 的条件，否则就不能进行傅里叶正、反变换的对应计算。

可以计算出，N 就是式(1-30) 中 $\widetilde{F}(m\Delta f)$ 的频率采样点周期，由式(1-61) 可写出

$$\widetilde{F}(m+N) = \Delta t \sum_{n=0}^{N-1} f(n) e^{-i2\pi(m+N)n/N} = \Delta t \sum_{n=0}^{N-1} f(n) e^{-i2\pi mn/N} e^{-i2\pi n}$$

由于

$$e^{-i2\pi n} = 1$$

所以

$$\widetilde{F}(m+N) = \Delta t \sum_{n=0}^{N-1} f(n) e^{-i2\pi mn/N} = \widetilde{F}(m) \tag{1-63}$$

式(1-63)表示 $\widetilde{F}(m)$ 确是以 N 为频率采样点数的周期，它表示按式(1-61) 计算 $\widetilde{F}(m)$ 时，如果给定的 $f(n)$ 是 N 个值，那么只要计算 N 个 $\widetilde{F}(m)$ 值就行了，再多计算就重复了（图1-22）。

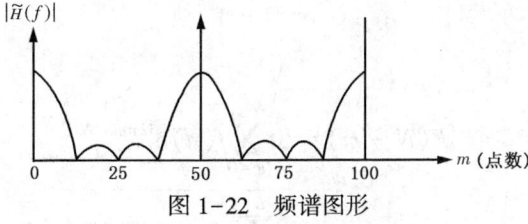

图 1-22 频谱图形

例如当 $N=50$ 时

$$\widetilde{F}(0) = \widetilde{F}(50)$$

$$\widetilde{F}(1) = \widetilde{F}(51)$$
$$\widetilde{F}(2) = \widetilde{F}(52)$$
$$\vdots$$
$$\widetilde{F}(49) = \widetilde{F}(99)$$

在 $m=0\sim49$ 一段是计算出的 $\widetilde{F}(m)$ 值，由于以 $N=50$ 为频率采样点数的周期，$m=50\sim99$ 的一段与 $m=0\sim49$ 一段是重复的，这样就出现和本节后文中滤波因子因离散而出现的伪门一样的现象。因此，对式(1-61)中的参数 N，在编制程序时要选择好，应既是 $f(n)$ 值的采样个数，也是计算 $\widetilde{F}(m)$ 的个数，又是频率采样个数的周期，它必须满足条件式(1-62)。

再次说明，当由连续傅里叶变换过渡到 DFT 时，用了条件

$$\Delta t \Delta f = \frac{1}{N}$$

在编制程序计算 $\widetilde{F}(m)$ 或 $f(n)$ 时，选择参数 Δt、Δf 和 N 也必须满足以上关系，否则不能进行 DFT 的正、反变换的对应计算。在进行 DFT 和快速傅里叶变换（FFT）计算时，都必须注意这个问题。

（2）对称性。当 $f(n)$ 是实数序列时，计算出的频谱具有对称性。

上面讨论 DFT 的周期性时得到一个重要的结论，即进行 FFT 时，只要计算 N 个值就行了，再多计算就重复了。进一步分析，当 $f(n)$ 是实数序列时，计算出的频谱还有对称性质，即

$$\widetilde{F}(N-m) = \overline{\widetilde{F}(m)} \qquad (1-64)$$

证明：根据式(1-61)可知

$$\widetilde{F}(N-m) = \Delta t \sum_{n=0}^{N-1} f(n) e^{-i2\pi(N-m)n/N}$$
$$= \Delta t \sum_{n=0}^{N-1} f(n) e^{i2\pi mn/N} e^{-i2\pi n}$$

由于

$$e^{i2\pi n} = 1$$

所以得到

$$\widetilde{F}(N-m) = \Delta t \sum_{n=0}^{N-1} f(n) e^{i2\pi mn/N}$$
$$= \overline{\Delta t \sum_{n=0}^{N-1} f(n) e^{-i2\pi mn/N}} = \overline{\widetilde{F}(m)}$$

上式表明，N-m 点处频率对应的频谱值 $\widetilde{F}(N-m)$ 和 m 点处频率对应的频谱值 $\widetilde{F}(m)$ 是共轭关系。$\widetilde{F}(m)$ 和 $\widetilde{F}(N-m)$ 共轭，其模是相等的

$$|\widetilde{F}(N-m)|=|\widetilde{F}(m)| \qquad (1-65)$$

即它们的振幅谱是相等的。例如当 $N=50$，$m=0,1,2,\cdots,N-1$ 时有

$$|\widetilde{F}(50)|=|\widetilde{F}(0)|$$

$$|\widetilde{F}(49)|=|\widetilde{F}(1)|$$

$$|\widetilde{F}(48)|=|\widetilde{F}(2)|$$

$$\vdots$$

$$|\widetilde{F}(26)|=|\widetilde{F}(24)|$$

当 $N=50$ 时，$m=26\sim50$ 一段的 $|\widetilde{F}(m)|$ 值与 $m=0\sim24$ 一段的 $|\widetilde{F}(m)|$ 值形状对称。这说明当 $f(n)$ 取实数序列时，复变谱共轭，振幅谱对称于 $N/2$ 点处（图1-22）。

2. 时间域滤波原理

在地震勘探中，野外记录下来的是地震波振幅随时间而变化的信号。在前一节里所讲的频率滤波是将这个信号进行傅里叶变换，在频率域里滤波后再进行反变换为时间序列。能否对记录下来的时间序列信号不经变换而直接进行频率滤波呢？这就是所谓时间域里实现频率滤波的问题。

设滤波器的频率特性是 $\widetilde{H}(\omega)$，$\widetilde{H}(\omega)$ 的反变换是 $h(t)$，$h(t)$ 称为滤波器的时间特性或滤波因子，它和 $\widetilde{H}(\omega)$ 一样描述了滤波器的性质。如果输入记录为 $x(t)$，滤波后的输出为 $\hat{x}(t)$，则时间域滤波方程可表示为

$$\hat{x}(t)=\int_{-\infty}^{\infty}h(\tau)x(t-\tau)\mathrm{d}\tau \qquad (1-66)$$

这是一种褶积运算，所以在时间域的滤波也叫褶积滤波。频率域的滤波振幅特性 $\widetilde{H}(\omega)$ 一般比较直观，从振幅频率特性 $\widetilde{H}(\omega)$—ω 图形中直接可看出压制哪些频率成分，保持哪些频率成分。但我们对褶积滤波的滤波时间特性 $h(t)$ 是不熟悉的，因此本节专门讨论褶积滤波。

1）褶积滤波的物理意义

为了说明褶积滤波的物理意义，要用到滤波器的单位脉冲响应的概念。

（1）单位脉冲响应：在时间域的表示方法中，令一个单位脉冲通过一个滤波器，然后观测滤波器的输出，这个滤波器输出的自然过程曲线称为滤波器的"脉冲响应"，也称滤波器的时间特性。单位脉冲通过滤波器产生的脉冲响应如图1-23所示。

（2）褶积滤波的物理意义：相当于把地震信息 $x(t)$ 分解为起始时间、极性、幅度各不相同的脉冲序列，令这些脉冲按时间顺序依次通过滤波器，这样在滤波器的输出端就得到对输入脉冲序列的脉冲响应，这些脉冲响应有不同的起始时间、不同的极性和不同的幅度（这个幅度是与引起它的输入脉冲幅度成正比的），将它们叠加起来就得到滤波后的输出

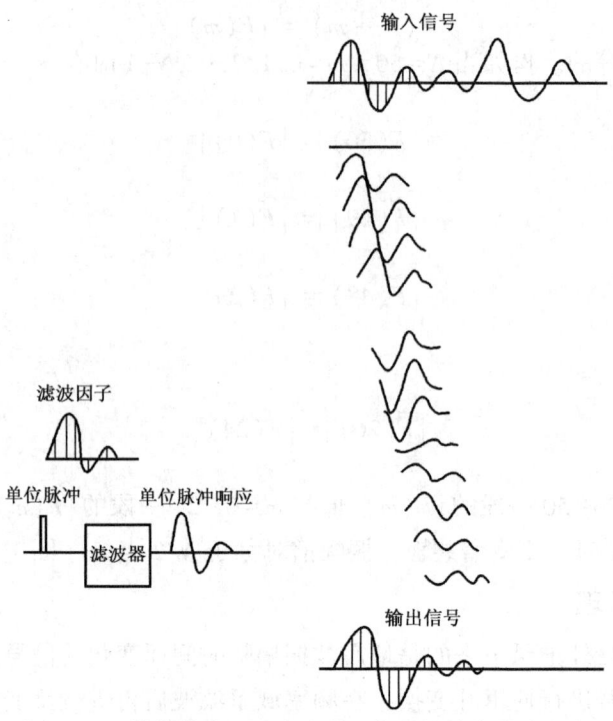

图 1-23 单位脉冲通过滤波器所产生的单位脉冲响应

$\hat{x}(t)$。上述叠加过程如图 1-23 所示。输出 $\hat{x}(t)$ 是与输入地震信息 $x(t)$ 和滤波器的时间特性 $h(t)$ 的褶积运算结果完全相同的。设对 $x(t)$ 离散采样得 $x(1), x(2), x(3), \cdots, x(N)$,对 $h(t)$ 离散采样得 $h(1), h(2), h(3), h(4), h(5)$ (滤波因子的采样点数为 $s=5$),并且两者的采样间隔是相等的,这时上述叠加的物理过程可表示于表 1-1,每个脉冲响应可用 5 个离散值表示,输出 $\hat{x}(n)$ 的值就是在相应的时刻各个脉冲相应的离散值之和,得到

$$\hat{x}(1) = x(1)h(1)$$

$$\hat{x}(2) = x(1)h(2) + x(2)h(1)$$

$$\hat{x}(3) = x(1)h(3) + x(2)h(2) + x(3)h(1)$$

$$\hat{x}(4) = x(1)h(4) + x(2)h(3) + x(3)h(2) + x(4)h(1)$$

$$\hat{x}(5) = x(1)h(5) + x(2)h(4) + x(3)h(3) + x(4)h(2) + x(5)h(1)$$

....

表 1-1 脉冲叠加的物理过程

采样顺序号	1	2	3	4	5	6	7	8	9
$x(n)$	$x(1)$	$x(2)$	$x(3)$	$x(4)$	$x(5)$				
$h(n)$	$h(1)$	$h(2)$	$h(3)$	$h(4)$	$h(5)$				
$\hat{x}(n)$	$\hat{x}(1)$	$\hat{x}(2)$	$\hat{x}(3)$	$\hat{x}(4)$	$\hat{x}(5)$				
$x(1)h(n)$	$x(1)h(1)$	$x(1)h(2)$	$x(1)h(3)$	$x(1)h(4)$	$x(1)h(5)$				

续表

采样顺序号	1	2	3	4	5	6	7	8	9
$x(2)h(n)$		$x(2)h(1)$	$x(2)h(2)$	$x(2)h(3)$	$x(2)h(4)$	$x(2)h(5)$			
$x(3)h(n)$			$x(3)h(1)$	$x(3)h(2)$	$x(3)h(3)$	$x(3)h(4)$	$x(3)h(5)$		
$x(4)h(n)$				$x(4)h(1)$	$x(4)h(2)$	$x(4)h(3)$	$x(4)h(4)$	$x(4)h(5)$	
$x(5)h(n)$					$x(5)h(1)$	$x(5)h(2)$	$x(5)h(3)$	$x(5)h(4)$	$x(5)h(5)$

2) 对滤波因子 $h(t)$ 的要求

对滤波因子 $h(t)$ 的要求如下：

（1） $h(t)$ 是实参数的，这个要求在本节前面设计 $\widetilde{H}(\omega)$ 中已经讨论过了。

（2） 前面已经指出，为了保证滤波器是零相位，要求 $\widetilde{H}(\omega)$ 是一个实函数，为此，要求 $h(t)$ 是一个偶函数。因为

$$\widetilde{H}(\omega) = \int_{-\infty}^{\infty} h(t) e^{i\omega t} dt = \int_{-\infty}^{\infty} h(t)(\cos\omega t - i\sin\omega t) dt$$

同前面的讨论一样，如果 $h(t)$ 要求是实数，则 $\widetilde{H}(\omega)$ 必须是偶函数。现在要求 $\widetilde{H}(\omega)$ 是实数，则 $h(t)$ 也应当是偶函数。由此可见，滤波因子 $h(t)$ 必须是以 $t=0$ 轴对称的，即要求是双边的，而不是单边的。

3) 理想低通滤波器时间特性的计算

理想低通滤波器的设计是设计其他理想滤波器的基础。

设理想低通滤波器的频率特性为

$$\widetilde{H}(\omega) = \begin{cases} 1, & |\omega| \leq \Delta\omega \\ 0, & |\omega| > \Delta\omega \end{cases} \tag{1-67}$$

它的频率特性曲线见图1-10，利用傅里叶变换可求出这个滤波器的时间特性，其图形见图1-24。

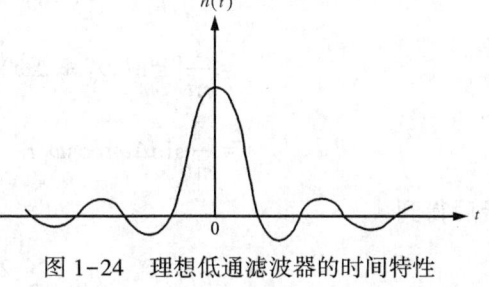

图1-24 理想低通滤波器的时间特性

$$\begin{aligned} h(t) &= \frac{1}{2\pi}\int_{-\infty}^{\infty} \widetilde{H}(\omega) e^{i\omega t} d\omega = \frac{1}{2\pi}\int_{-\Delta\omega}^{\Delta\omega} e^{i\omega t} d\omega \\ &= \frac{1}{2\pi}\int_{-\Delta\omega}^{\Delta\omega} \cos\omega t d\omega + i\frac{1}{2\pi}\int_{-\Delta\omega}^{\Delta\omega} \sin\omega t d\omega \\ &= \frac{\sin\Delta\omega t}{\pi t} \end{aligned} \tag{1-68}$$

将被滤波的地震信号与式(1-68)作褶积运算，就相当于使地震信号通过了一个其频率特性曲线由式(1-67)表示的滤波器。

4) 理想带通滤波器时间特性的计算

设理想带通滤波器的频率特性为

$$\widetilde{H}(\omega) = \begin{cases} 1, & \text{当 } \omega_0 - \Delta\omega < \omega < \omega_0 + \Delta\omega, -\omega_0 - \Delta\omega < \omega < -\omega_0 + \Delta\omega \\ 0, & \text{其他} \end{cases} \tag{1-69}$$

它的频率特性曲线见图1-25。设计这种滤波器的方法很多。为了方便起见，可利用推导出

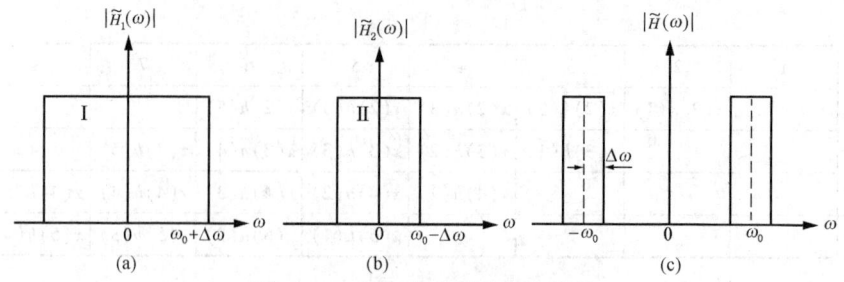

图 1-25 理想滤波器的频率特性
(a)、(b) 低通滤波器;(c) 带通滤波器

的低通滤波器的时间特性公式,用两个低通滤波器时间特性相减,求出带通滤波器的时间特性。因为根据频谱定理,理想带通滤波器的频率特性等于两个理想低通滤波器的频率特性之差[图 1-25(c)],其中 ω_0 为带通滤波器通频带的中心频率,$\Delta\omega$ 为通频带的宽度之半。在图 1-25 上理想低通滤波器 I 的时间特性为

$$h_1(t) = \frac{\omega_0 + \Delta\omega}{\pi} \frac{\sin(\omega_0 + \Delta\omega)t}{(\omega_0 + \Delta\omega)t} \qquad (1-70)$$

理想低通滤波器 II 的时间特性为

$$h_2(t) = \frac{\omega_0 - \Delta\omega}{\pi} \frac{\sin(\omega_0 - \Delta\omega)t}{(\omega_0 - \Delta\omega)t} \qquad (1-71)$$

理想带通滤波器的时间特性为

$$h(t) = h_1(t) - h_2(t)$$

所以

$$\begin{aligned} h(t) &= \frac{\omega_0 + \Delta\omega}{\pi} \frac{\sin(\omega_0 + \Delta\omega)t}{(\omega_0 + \Delta\omega)t} - \frac{\omega_0 - \Delta\omega}{\pi} \frac{\sin(\omega_0 - \Delta\omega)t}{(\omega_0 - \Delta\omega)t} \\ &= \frac{1}{\pi t}[\sin(\omega_0 + \Delta\omega)t - \sin(\omega_0 - \Delta\omega)t] \\ &= \frac{2}{\pi t}\sin\Delta\omega t \cos\omega_0 t \end{aligned}$$

最后得到

$$h(t) = \frac{2}{\pi t}\sin 2\pi\Delta f t \cos 2\pi f_0 t \qquad (1-72)$$

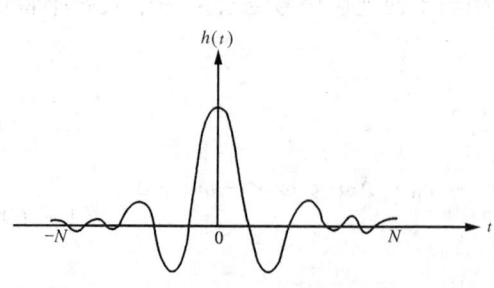

图 1-26 理想带通滤波器的时间特性

理想带通滤波器的时间特性见图 1-26。

除了理想低通滤波器和理想带通滤波器外,还可设计理想高通滤波器,方法是类似的。

5) 褶积滤波的具体计算

褶积滤波的具体计算步骤如下:

(1) 对地震记录进行频谱分析,确定通频带中心频率 f_0 和带宽 $2\Delta f$。

(2) 确定滤波因子长度 N。理论上,滤波

因子是无限长的。实际上，要在计算机上计算，不可能取无限长，而是取某一长度 N。滤波因子长度 N 的选取很重要，既要使滤波效果较好，又要节省计算工作量。一般根据试验工作来确定，现在多用 $N=101$。

（3）求滤波因子，如采用带通滤波器，则将式（1-72）写成离散形式

$$h(n\Delta t)=\frac{2}{\pi(n\Delta t)}\sin(2\pi\Delta f n\Delta t)\cos(2\pi f_0 n\Delta t) \qquad (1-73)$$

根据式（1-73）编制程序求出 $h(n\Delta t)$，其中采样间隔 Δt 可取 $1,2,3,4,\cdots$，单位为 ms。为了保证滤波器为零相位，取 $n=0,\pm1,\pm2,\cdots,\pm\frac{N-1}{2}$。

（4）将式（1-66）

$$\hat{x}(t)=\int_{-\infty}^{\infty}h(\tau)x(t-\tau)\mathrm{d}\tau$$

写成离散形式

$$\hat{x}(n\Delta t)=\sum_{m=-\frac{N-1}{2}}^{\frac{N-1}{2}}x(n\Delta t-m\Delta\tau)h(m\Delta\tau)\Delta\tau \qquad (1-74)$$

式中　$\hat{x}(n\Delta t)$——滤波后的输出地震信号；
　　　Δt——输入地震信号的采样间隔；
　　　n——输入地震信号的采样序号；
　　　$\Delta\tau$——滤波因子的采样间隔，取 $\Delta\tau$ 等于 Δt 或 Δt 的整数倍；
　　　m——滤波因子的采样序号，对理想带通或低通滤波，滤波因子是以 $\tau=0$ 对称的，m 有正负；
　　　N——滤波因子的采样总点数，应当是奇数。

用式（1-74）编制程序，对地震记录道可进行单道滤波。在实际运算时，应根据滤波因子的长度对滤波前的地震信号的前后补适当个数的零值。

6）时间域上的快速滤波方法——递归滤波

递归滤波可以达到一般褶积滤波效果，而且工作效率高，是常规处理中经常用到的一种滤波方法。本节讨论它的基本原理、实现方法，但目前递归滤波中还存在一些问题，有待在实践中不断改进。

（1）褶积滤波的工作量及递归滤波的提出：在时间域上进行滤波时，是在时间域上将输入地震记录 x_n 和滤波因子 h_n 作褶积，得到输出地震记录 $\hat{x}_n$，有

$$\hat{x}_n=\sum_{r=-m}^{m}h_r x_{n-r} \qquad (1-75)$$

式中，h_r 是零相位滤波因子，设 h_r 的长度是 $2m+1=101$，地震记录采样间隔是 4ms，那么对 4s 长的有效记录每道就有 1000 个采样点，即 $n=1,2,3,\cdots,1000$，这时计算一个输出 $\hat{x}_n$

需要101次乘加,而计算一道记录则要乘加101000次,一张1000道记录其乘加次数就高达1.01亿次,其计算工作量是很大的。如何提高效率呢?现在有两个途径:一是给计算机配上专用设备"褶积器",以提高乘加运算的速度;二是在计算方法上改进,减少乘加次数以提高工作效率,这就是递归滤波方法。

递归滤波方法是在分析了褶积运算过程的特点后而提出的。现举例说明如下:设滤波因子 h_r 的长度是21个采样点

$$h_r = (h_{-10}, h_{-9}, \cdots, h_{-2}, h_{-1}, h_0, h_1, h_2 \cdots, h_9, h_{10})$$

输入记录为

$$x_n = (x_1, x_2, \cdots, x_{100})$$

输出记录为

$$\hat{x}_n = (\hat{x}_1, \hat{x}_2, \cdots, \hat{x}_{100})$$

不需计算全部过程,只看一下计算 $\hat{x}_k$ 和 $\hat{x}_{k+1}$ 之间的关系,例如,为了计算 $\hat{x}_{11}$ 和 $\hat{x}_{12}$,要分别进行21次乘加运算。

$$\hat{x}_{11} = h_{10}x_1 + h_9 x_2 + h_8 x_3 + \cdots + h_1 x_{10} + h_0 x_{11} + h_{-1} x_{12} + \cdots + h_{-9} x_{20} + h_{-10} x_{21}$$

$$\hat{x}_{12} = h_{10}x_2 + h_9 x_3 + h_8 x_4 + \cdots + h_1 x_{11} + h_0 x_{12} + h_{-1} x_{13} + \cdots + h_{-9} x_{21} + h_{-10} x_{22}$$

从以上计算过程中发现,计算 $\hat{x}_{11}$ 或 $\hat{x}_{12}$ 显然是独立的,但它们之间有一定规律,即:计算 $\hat{x}_{11}$ 时是用 $x_1, x_2, \cdots, x_{21}$ 与滤波因子依次乘加,计算 $\hat{x}_{12}$ 时是用 $x_2, x_3, \cdots, x_{22}$ 与滤波因子依次乘加。可否在计算 $\hat{x}_{12}$ 时,利用以前运算结果 $\hat{x}_{11}, \hat{x}_{10}, \hat{x}_9 \cdots$,而不必再作多次乘加呢?回答是肯定的。为此可用下面的方程来计算 $\hat{x}_t$

$$\hat{x}_t = a_0 x_{t-0} + a_1 x_{t-1} + a_2 x_{t-2} + a_3 x_{t-3} + \cdots + a_n x_{t-n}$$
$$- (b_1 \hat{x}_{t-1} + b_2 \hat{x}_{t-2} + b_3 \hat{x}_{t-3} + \cdots + b_m \hat{x}_{t-m}) \quad (1-76)$$

式(1-76)是递归滤波方程,式中 $a_0, a_1, \cdots, a_n$ 和 $b_0, b_1, \cdots, b_m$ 是递归滤波系数,它是由给定的褶积滤波因子或滤波的频率特性决定的。计算一个输出 $\hat{x}(t)$ 时只需要进行 $n+m+1$ 次乘加即可,一般 $n+m+1<K$ (K 是滤波因子的点数),所以计算工作量减小。

(2) 递归滤波的基本原理:上面未经推导就给出了递归滤波方程(1-76),现在先说明它的物理意义,再讨论它的频率特性,将式(1-76)所表示的递归滤波图示于图1-27中,图中表示 $x(t)$ 经滤波器Ⅰ后得到输出 $\hat{x}_1(t)$,再将 $\hat{x}_1(t)$ 一部分经过滤波器Ⅱ后得到 $\hat{x}_2(t)$,反馈(加或减)到 $\hat{x}_1(t)$ 上,得到输出 $\hat{x}(t)$。这个过程像电滤波器中的反馈滤波一样,它是将一段时间滤波器Ⅰ的输出一部分经滤波器Ⅱ后反馈到后一段时间滤波器Ⅰ的输出上,而得

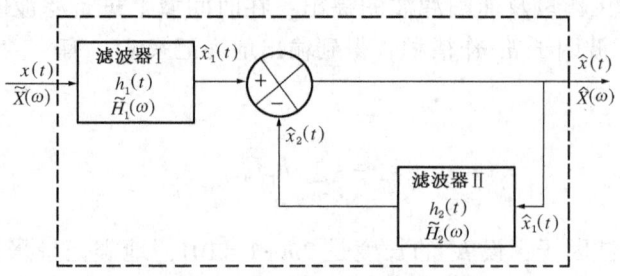

图1-27 递归滤波器原理图

到最后的输出。因此，递归滤波在数学上是建立一个递推公式，其物理意义就是无线电中所说的反馈。在图1-27虚框中的递归滤波器包含了两个滤波器（滤波器Ⅰ和滤波器Ⅱ）。那么递归滤波的 $h(t)$、$\widetilde{H}(\omega)$ 和滤波器Ⅰ的 $h_1(t)$、$\widetilde{H_1}(\omega)$ 及滤波器Ⅱ的 $h_2(t)$、$\widetilde{H_2}(\omega)$ 有什么关系呢？用递归滤波来代替褶积滤波时，如何确定递归滤波的系数呢？下面就根据图1-27和式(1-76)来讨论，从式(1-76)知

$$\hat{x}_t = a_0 x_{t-0} + a_1 x_{t-1} + \cdots + a_n x_{t-n} - (b_1 \hat{x}_{t-1} + b_2 \hat{x}_{t-2} + \cdots + b_m \hat{x}_{t-m})$$

为了讨论问题方便，设

$$f(t) = a_0 x_{t-0} + a_1 x_{t-1} + \cdots + a_n x_{t-n} \tag{1-77}$$

$$g(t) = b_1 \hat{x}_{t-1} + b_2 \hat{x}_{t-2} + \cdots + b_m \hat{x}_{t-m} \tag{1-78}$$

则式(1-76)可写成

$$\hat{x}_t = f(t) - g(t) \tag{1-79}$$

设 x_t、$\hat{x}_t$、$f(t)$ 和 $g(t)$ 对应的频谱为

$$\widetilde{X}(\omega), \hat{X}(\omega), \widetilde{F}(\omega) \text{ 和 } \widetilde{G}(\omega)$$

则对式(1-77)作傅里叶变换，并根据时延定理（1-19）得到（此处令 $\Delta t = 1$）

$$\widetilde{F}(\omega) = a_0 \widetilde{X}(\omega) + a_1 \widetilde{X}(\omega) e^{-i\omega} + \cdots + a_n \widetilde{X}(\omega) e^{-in\omega}$$

$$= (a_0 + a_1 e^{-i\omega} + \cdots + a_n e^{-in\omega}) \widetilde{X}(\omega)$$

$$= \sum_{r=0}^{n} a_r e^{-i\omega r} \widetilde{X}(\omega) \tag{1-80}$$

令

$$\widetilde{H_1}(\omega) = \sum_{r=0}^{n} a_r e^{-i\omega r}$$

它表示滤波器Ⅰ的频谱。同理对式(1-78)作傅里叶变换，并用时延定理得到

$$\widetilde{G}(\omega) = b_1 \hat{X}(\omega) e^{-i\omega} + b_2 \hat{X}(\omega) e^{-i2\omega} + \cdots + b_m \hat{X}(\omega) e^{-im\omega}$$

$$= (b_1 e^{-i\omega} + b_2 e^{-i2\omega} + \cdots + b_m e^{-im\omega}) \hat{X}(\omega)$$

$$= \sum_{r=1}^{m} b_r e^{-i\omega r} \hat{X}(\omega) \tag{1-81}$$

令

$$\widetilde{H_2}(\omega) = \sum_{r=1}^{m} b_r e^{-i\omega r}$$

它表示滤波器Ⅱ的频谱。对式(1-79)作傅里叶变换，并将式(1-80)和式(1-81)两式代入

$$\hat{X}(\omega) = \widetilde{F}(\omega) - \widetilde{G}(\omega)$$

$$= \sum_{r=0}^{m} a_r e^{-i\omega r} \widetilde{X}(\omega) - \sum_{r=1}^{m} b_r e^{-i\omega r} \hat{X}(\omega)$$

整理上式得

$$\hat{X}(\omega) = \frac{\sum_{r=0}^{m} a_r e^{-i\omega r}}{1 + \sum_{r=1}^{m} b_r e^{-i\omega r}} \widetilde{X}(\omega) \qquad (1-82)$$

式(1-82) 表示了递归滤波的频率域关系。递归滤波的频率特性 $\widetilde{H}(\omega)$ 是

$$\widetilde{H}(\omega) = \frac{\sum_{r=0}^{n} a_r e^{-i\omega r}}{1 + \sum_{r=1}^{m} b_r e^{-i\omega r}} = \frac{\widetilde{H}_1(\omega)}{1 + \widetilde{H}_2(\omega)} \qquad (1-83)$$

式(1-83) 既表示了递归滤波 $\widetilde{H}(\omega)$ 与 $\widetilde{H}_1(\omega)$ 和 $\widetilde{H}_2(\omega)$ 的关系，也表示了 $\widetilde{H}(\omega)$ 与递归滤波系数 a_r，b_r 的关系。式(1-82) 是递归滤波的频率域表示式，式(1-83) 表示了递归滤波器的频率特性。对地震信号进行递归滤波就相当于地震信号经过了一个如式(1-83) 的滤波器。式(1-76) 和式(1-82) 是对应的，式(1-76) 表示递归滤波的时间域关系，式(1-82) 表示频率域关系。

3. 数字滤波的特殊性质

这里讨论数字滤波的两个特殊性质——离散性与有限性。数字滤波是对离散的信号进行运算，这是所谓的离散性；在数字计算机上进行计算时，滤波因子不可能取无穷项，而是取有限项，这是所谓的有限性。

1) 由于离散性产生的伪门及其对数字频率滤波的影响

对连续的滤波因子 $h(t)$ 用时间采样间隔 Δt 离散采样后，得到 $h(n\Delta t)$。如果，再按 $h(n\Delta t)$ 计算出与它相应的滤波器的频率特性，这时在频率特性的图形上，除了有同原来的 $\widetilde{H}(\omega)$ 对应的"门"外，还会周期性地重复出现很多"门"，这些门称为"伪门"。产生"伪门"的原因就是由于对 $h(t)$ 离散采样造成的。可以证明"伪门"在频率域出现的周期为 $\frac{1}{\Delta t}$（图 1-28）。根据离散傅里叶变换，$h(n\Delta t)$ 的谱为

$$\widetilde{H}'(f) = \Delta t \sum_{n=-\infty}^{\infty} h(n\Delta t) e^{-i2\pi f n \Delta t} \qquad (1-84)$$

为了证明 $\widetilde{H}'(f)$ 具有周期性，且周期为 $\frac{1}{\Delta t}$，可进行下面的运算，即计算 $\widetilde{H}'\left(f + \frac{1}{\Delta t}\right)$，根据式(1-84) 有

$$\widetilde{H}'\left(f + \frac{1}{\Delta t}\right) = \Delta t \sum_{n=-\infty}^{\infty} h(n\Delta t) e^{-2\pi i \left(f + \frac{1}{\Delta t}\right) n \Delta t} = \Delta t \sum_{n=-\infty}^{\infty} h(n\Delta t) e^{-2\pi i f n \Delta t} e^{-2\pi i n}$$

因为 n 是整数，故

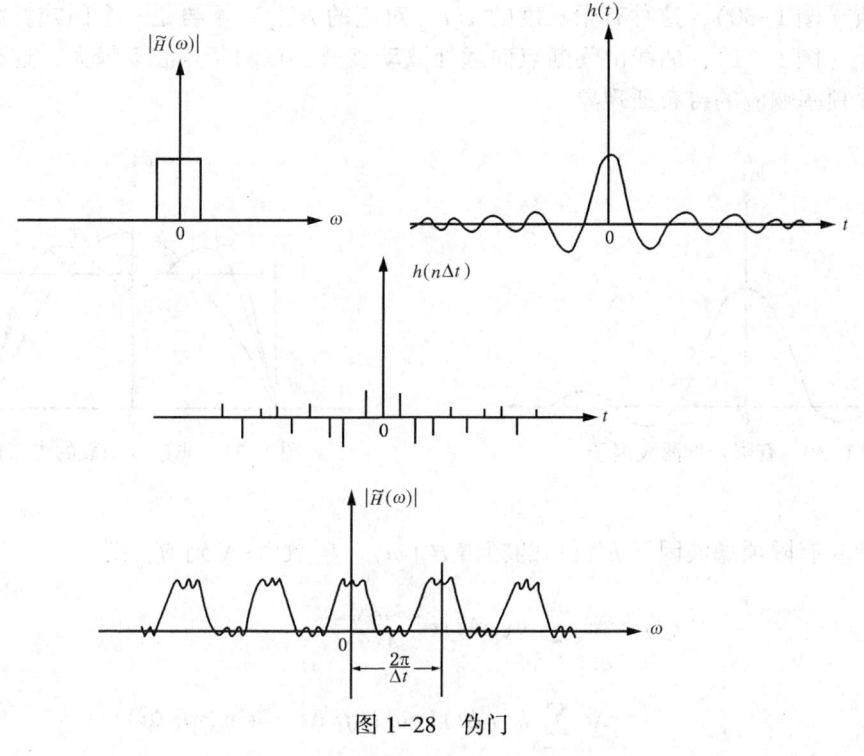

图 1-28 伪门

$$e^{-2\pi in} = 1$$

所以

$$\widetilde{H}'\left(f + \frac{1}{\Delta t}\right) = \Delta t \sum_{n=-\infty}^{\infty} h(n\Delta t) e^{-i2\pi fn\Delta t} = \widetilde{H}'(f) \quad (1-85)$$

由此可见，由于离散化，使数字频率滤波器的频率特性具有周期性，其周期是采样间隔 Δt 的倒数 $\frac{1}{\Delta t}$。

由于伪门的出现，在数字滤波中，干扰波有可能通过伪门而保留下来。为了避免"伪门"造成的影响，可以适当地选择采样间隔 Δt 使第一个"伪门"出现在干扰波的频谱范围之外。

2) 当频率特性曲线是不连续函数而对滤波因子取有限项时，将产生吉布斯（Gibbs）现象

当设计的是理想低通滤波器时，频率特性 $\widetilde{H}(\omega)$ 满足条件

$$\widetilde{H}(\omega) = \begin{cases} 1, & -\Delta\omega \leq \omega \leq \Delta\omega \\ 0, & \text{其他} \end{cases} \quad (1-86)$$

由图 1-29 可看出 $|\widetilde{H}(\omega)|$ 在数学上是一个有间断点的函数。对于这类函数，在进行时间域滤波即由 $\widetilde{H}(\omega)$ 计算 $h(t)$ 时，算出的时间特性 $h(t)$ 的长度应是无穷长的。但是，实际上不可能计算到无穷，而只计算到有限长度，即 $h(t)$ 只

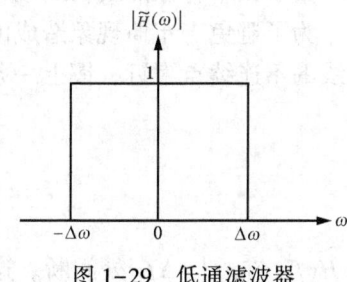

图 1-29 低通滤波器

能取有限项（图1-30），这种有限长度的 $h(t)$ 对应的 $\widetilde{H}'(f)$ 不再是一个门式滤波，而是有波动的曲线（图1-31），曲线由间断点向远处波动衰减，在间断点波动最大，这种现象称为非连续函数频率响应的吉布斯现象。

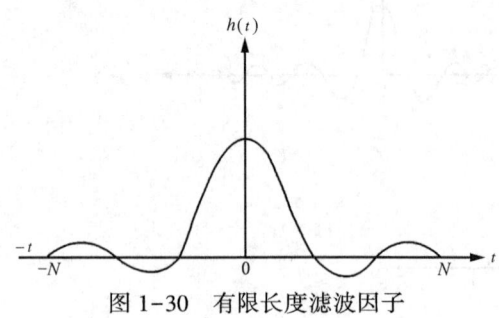

图1-30　有限长度滤波因子

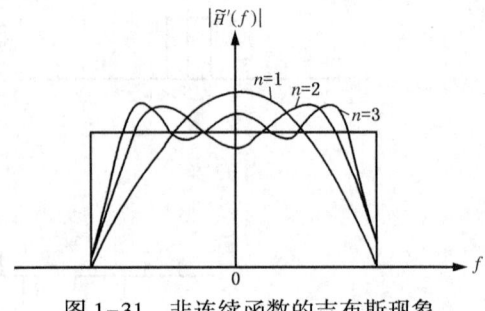

图1-31　非连续函数的吉布斯现象

下面计算有限项滤波因子 $h'(t)$ 的频谱 $\widetilde{H}'(\omega)$，项数由 $-N$ 到 N，则

$$\widetilde{H}'(f) = \Delta t \sum_{n=-N}^{N} h(n\Delta t) e^{-i2\pi fn\Delta t}$$

$$= \Delta t \sum_{n=-N}^{N} h(n\Delta t)(\cos 2\pi fn\Delta t - i\sin 2\pi fn\Delta t) \qquad (1-87)$$

由于从 $-N$ 到 N 求和区间是对称的，所以对奇函数 $\sin\alpha$ 有

$$i \sum_{n=-N}^{N} h(n\Delta t)\sin 2\pi fn\Delta t = 0$$

最后得到

$$\widetilde{H}'(f) = \Delta t \sum_{n=-N}^{N} h(n\Delta t)\cos 2\pi fn\Delta t$$

$$= \Delta t h(0) + 2\Delta t \sum_{n=1}^{N} h(n\Delta t)\cos 2\pi fn\Delta t \qquad (1-88)$$

这是一个常数项和 N 个余弦函数项的和，无论 N 取多大，这些余弦的和也不会叠加成一个有间断点的函数，这时只能得到一条连续光滑的有波动的曲线。数学上证明，当取的项数很大时，最大波动幅度约等于原矩形幅度的9%，并从不连续点开始，以上下振荡的形式逐渐衰减下去（图1-31）。

由于频率特性曲线在通频带以内是波动的曲线，这种滤波器会造成有效波的畸变。

为了避免吉布斯现象造成的影响，可采用一些办法，其中之一是镶边法，即在频率特性曲线的不连续点附近，镶上一条连续的边，例如对于

$$\widetilde{H}(f) = \begin{cases} 1, & |f| \leq \Delta f_1 \\ 0, & \text{其他} \end{cases} \qquad (1-89)$$

则 $\widetilde{H}(f)$ 在 $|f|=\Delta f_1$ 处间断。这时可用另一函数 $\widetilde{H}^*(f)$ 代替 $\widetilde{H}(f)$，也即在 $\widetilde{H}(f)$ 两边不连

续处镶上一条连续的边（图1-32），$\widetilde{H}^*(f)$ 的公式为

$$\widetilde{H}^*(f) = \begin{cases} 1, & |f| \leq \Delta f_1 - \delta \\ (\Delta f_1 + \delta - |f|)/2\delta, & \Delta f_1 - \delta < |f| < \Delta f_1 + \delta \\ 0, & |f| \geq \Delta f_1 + \delta \end{cases} \quad (1-90)$$

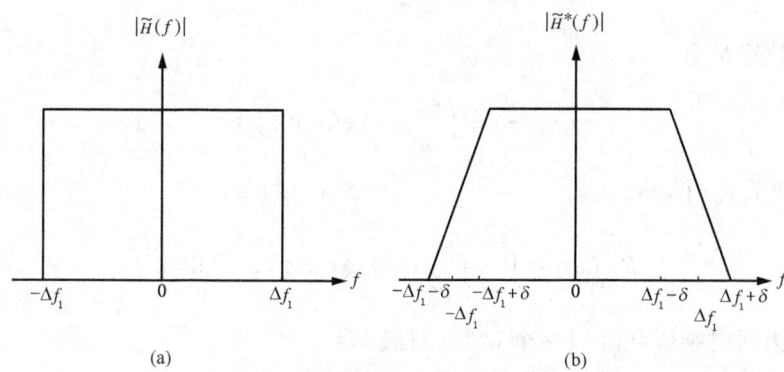

图1-32 镶边后的滤波器频率特性

通过计算可以得出，与 $\widetilde{H}(f)$ 对应的滤波因子为

$$h(t) = \frac{\sin 2\pi \Delta f_1 t}{\pi t} \quad (1-91)$$

与 $\widetilde{H}^*(f)$ 对应的滤波因子为

$$h^*(t) = \frac{\sin 2\pi \Delta f_1 t}{\pi t} \frac{\sin 2\pi \delta t}{\pi t} \quad (1-92)$$

这种做法克服了频率特性曲线的波动问题，但是，这时频率特性曲线的陡度也减小了，这对地震数据滤波处理来说使滤波器的频率选择性变差。从另一方面来看，地震波是脉冲波，是由无数多个不同频率成分的简谐波所组成，为了保留地震波的频谱成分，往往不宜用门式滤波，而适合用镶边后的滤波器。

4. 相关滤波

相关分析是地震数据处理中一种基本的分析与运算方法，同时，它本身也是一种线性滤波。下面分述自相关滤波和互相关滤波。

1) 自相关滤波

设有一函数 $x(t)$，其自相关函数为 $r_{xx}(\tau)$。现在看 $r_{xx}(\tau)$ 和 $x(t)$ 有什么差别。设 $x(t)$ 的复变谱是 $\widetilde{X}(\omega)$，振幅谱是 $|\widetilde{X}(\omega)|$，相位谱是 $\varPhi_x(\omega)$，则

$$\widetilde{X}(\omega) = |\widetilde{X}(\omega)| e^{i\varPhi_x(\omega)} \quad (1-93)$$

设 $r_{xx}(\tau)$ 的复变谱是 $\widetilde{R}_{xx}(\omega)$，振幅谱是 $|\widetilde{R}_{xx}(\omega)|$，相位谱是 $\Phi_{xx}(\omega)$，有

$$\widetilde{R}_{xx}(\omega) = |\widetilde{R}_{xx}(\omega)| e^{i\Phi_{xx}(\omega)} \tag{1-94}$$

首先，研究它们谱之间的关系，即 $\widetilde{X}(\omega)$ 和 $\widetilde{R}_{xx}(\omega)$ 之间的关系，根据傅里叶变换

$$\widetilde{R}_{xx}(\omega) = \int_{-\infty}^{\infty} r_{xx}(\tau) e^{-i\omega\tau} d\tau \tag{1-95}$$

根据自相关函数定义有

$$r_{xx}(\tau) = \int_{-\infty}^{\infty} x(t) x(t+\tau) dt \tag{1-96}$$

将式(1-96) 代入式(1-95)，有

$$\widetilde{R}_{xx}(\omega) = \int_{-\infty}^{\infty} \int_{-\infty}^{\infty} x(t) x(t+\tau) e^{-i\omega\tau} d\tau dt$$

将上面等式右边同时乘以和除以一个 $e^{i\omega t}$，写成

$$\widetilde{R}_{xx}(\omega) = \int_{-\infty}^{\infty} \left[\int_{-\infty}^{\infty} x(t+\tau) e^{-i\omega(\tau+t)} d\tau \right] x(t) e^{-i(-\omega)t} dt$$

所以

$$\widetilde{R}_{xx}(\omega) = \widetilde{X}(\omega) \widetilde{X}(-\omega) \tag{1-97}$$

式(1-97) 表示了 $\widetilde{R}_{xx}(\omega)$ 和 $\widetilde{X}(\omega)$ 之间的关系，再进一步看振幅谱和相位谱之间的关系，以说明其物理意义。将式(1-93)和式(1-94)代入式(1-97)

$$|\widetilde{R}_{xx}(\omega)| e^{i\Phi_{xx}(\omega)} = |\widetilde{X}(\omega)| e^{i\Phi_x(\omega)} |\widetilde{X}(\omega)| e^{i\Phi_x(-\omega)} = |\widetilde{X}(\omega)|^2 e^{i[\Phi_x(\omega) - \Phi_x(\omega)]}$$

显然有

$$\left. \begin{array}{l} |\widetilde{R}_{xx}(\omega)| = |\widetilde{X}(\omega)|^2 \\ \Phi_{xx}(\omega) = \Phi_x(\omega) - \Phi_x(\omega) = 0 \end{array} \right\} \tag{1-98}$$

式(1-98) 表示地震信号 $x(t)$ 自相关函数的振幅谱是 $x(t)$ 的振幅谱的平方，称为功率谱。其相位谱则恒为"零"。下面讨论自相关的滤波作用，对于地震信号 $x(t)$ 通过滤波因子为 $h(t)$ 的滤波器进行线性滤波，得到输出 $\hat{x}(t)$ 的滤波过程，有

$$\left. \begin{array}{l} \hat{X}(\omega) = \widetilde{X}(\omega) \cdot \widetilde{H}(\omega) \\ |\hat{X}(\omega)| = |\widetilde{X}(\omega)| \cdot |\widetilde{H}(\omega)| \\ \hat{\Phi}_x(\omega) = \Phi_x(\omega) + \Phi_H(\omega) \\ \hat{x}(t) = \int_{-\infty}^{\infty} h(\tau) x(t-\tau) d\tau \end{array} \right\} \tag{1-99}$$

滤波过程示于图1-33中。

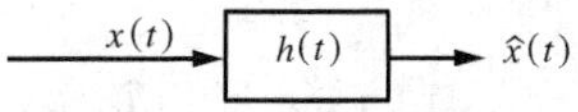

$$x(t) \longrightarrow \boxed{h(t)} \longrightarrow \hat{x}(t)$$

图 1-33　滤波过程

对于自相关有

$$\left.\begin{array}{l} \widetilde{R}_{xx}(\omega) = \widetilde{X}(\omega) \cdot \widetilde{X}(-\omega) \\ |\widetilde{R}_{xx}(\omega)| = |\widetilde{X}(\omega) \cdot \widetilde{X}(\omega)| \\ \Phi_{xx}(\omega) = \Phi_x(\omega) - \Phi_x(\omega) = 0 \\ r_{xx}(\tau) = \int_{-\infty}^{\infty} x(t) x(t+\tau) \mathrm{d}t \end{array}\right\} \quad (1-100)$$

自相关也可类似滤波过程表示为图 1-34。

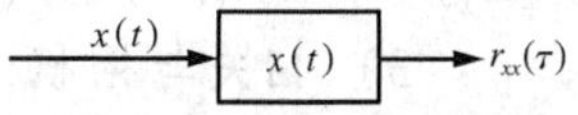

$$x(t) \longrightarrow \boxed{x(t)} \longrightarrow r_{xx}(\tau)$$

图 1-34　自相关计算过程

对比式(1-99) 和式(1-100)，可以看到自相关相当于令 $x(t)$ 通过这样一个滤波器，它的振幅频率特性是 $x(t)$ 的振幅谱 $|\widetilde{X}(\omega)|$，相位频率特性是 $x(t)$ 的相位谱加负号。

2) 互相关滤波

设有两个地震信号 $x(t)$ 和 $y(t)$ 作互相关，互相关函数为 $r_{xy}(\tau)$，有

$$r_{xy}(\tau) = \int_{-\infty}^{\infty} y(t) x(t+\tau) \mathrm{d}t \quad (1-101)$$

用前面同样的方法来讨论，设 $x(t)$ 的频谱是

$$\widetilde{X}(\omega) = |\widetilde{X}(\omega)| \mathrm{e}^{\mathrm{i}\Phi_x(\omega)}$$

$y(t)$ 的频谱是

$$\widetilde{Y}(\omega) = |\widetilde{Y}(\omega)| \mathrm{e}^{\mathrm{i}\Phi_y(\omega)}$$

互相关函数的频谱 $\widetilde{R}_{xy}(\omega)$ 为

$$\widetilde{R}_{xy}(\omega) = |\widetilde{R}_{xy}(\omega)| \mathrm{e}^{\mathrm{i}\Phi_{xy}(\omega)}$$

根据傅里叶变换，可写出

$$\widetilde{R}_{xy}(\omega) = \int_{-\infty}^{\infty} r_{xy}(\tau) \mathrm{e}^{-\mathrm{i}\omega\tau} \mathrm{d}\tau \quad (1-102)$$

将式(1-101) 代入式(1-102)，有

$$\widetilde{R}_{xy}(\omega) = \int_{-\infty}^{\infty} \int_{-\infty}^{\infty} y(t) x(t+\tau) \mathrm{e}^{-\mathrm{i}\omega\tau} \mathrm{d}\tau \mathrm{d}t = \int_{-\infty}^{\infty} \left[\int_{-\infty}^{\infty} x(t+\tau) \mathrm{e}^{-\mathrm{i}\omega(t+\tau)} \mathrm{d}\tau\right] y(t) \mathrm{e}^{\mathrm{i}\omega t} \mathrm{d}t$$

$$= \widetilde{X}(\omega) \widetilde{Y}(-\omega) \quad (1-103)$$

对于振幅谱和相位谱有

$$\left.\begin{array}{l}|\widetilde{R}_{xy}(\omega)|=|\widetilde{X}(\omega)||\widetilde{Y}(\omega)| \\ \Phi_{xy}(\omega)=\Phi_x(\omega)-\Phi_y(\omega)\end{array}\right\} \tag{1-104}$$

根据上面同样的道理，$x(t)$ 和 $y(t)$ 作互相关，相当于令 $x(t)$ 通过这样一个滤波器，其振幅频率特性是 $|\widetilde{Y}(\omega)|$，相位频率特性是 $-\Phi_y(\omega)$。或者说令 $y(t)$ 通过这样一个滤波器，其振幅频率特性是 $|\widetilde{X}(\omega)|$，相位频率特性是 $-\Phi_x(\omega)$。这样，互相关函数 $r_{xy}(\tau)$ 就包含了两个地震信号 $x(t)$ 和 $y(t)$ 共有的频率成分，如果 $x(t)$ 频谱 $\widetilde{X}(\omega)$ 的频率范围在 $\omega_1 \sim \omega_2$ 之间，$y(t)$ 的频谱 $\widetilde{Y}(\omega)$ 在 $\omega_3 \sim \omega_4$ 之间，则 $r_{xy}(\tau)$ 的频谱 $\widetilde{R}_{xy}(\omega)$ 的频率成分在 $\omega_3 \sim \omega_2$ 之间（图 1-35）。

3) 相关与褶积

从以上的讨论中，得知相关与褶积都是一种线性滤波，那么它们之间有什么区别呢？

褶积公式是

$$\hat{x}(t)=\int_{-\infty}^{\infty} h(\tau) x(t-\tau) \mathrm{d}\tau$$

它是对 τ 的积分，输出是 t 的函数，而相关公式是

$$r_{xy}(\tau)=\int_{-\infty}^{\infty} y(t) x(t+\tau) \mathrm{d}t$$

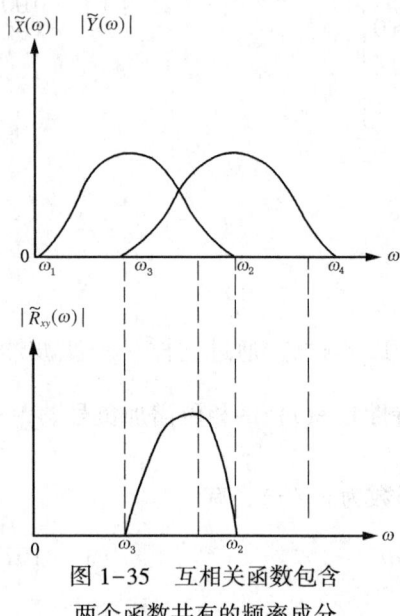

图 1-35 互相关函数包含两个函数共有的频率成分

它是对 t 的积分，输出是 τ 的函数。

将褶积公式和相关公式写成离散形式，对于褶积有

$$\hat{x}(n\Delta t)=\sum_{m=0}^{M} h(m\Delta t) x(n\Delta t-m\Delta t)$$

进行计算时是交叉相乘、相加。而对相关有

$$r(m\Delta t)=\sum_{n=0}^{N} h(n\Delta t) x(n\Delta t+m\Delta t)$$

进行计算时是对应相乘、相加（图 1-36）。

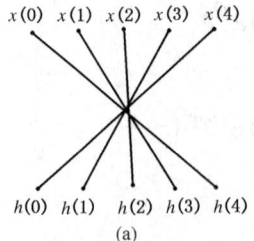
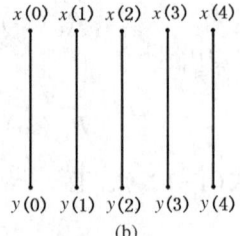

图 1-36 褶积运算和相关运算

(a) 褶积运算交叉相乘、相加；(b) 相关运算对应相乘、相加

由式

$$\hat{X}(\omega) = \widetilde{X}(\omega)\widetilde{H}(\omega)$$

和

$$\widetilde{R}_{xy}(\omega) = \widetilde{X}(\omega)\widetilde{Y}(-\omega)$$

比较可知，当

$$\widetilde{H}(\omega) = \widetilde{Y}(-\omega)$$

时，二者的振幅谱相同，但相位谱差一负号。

$$|\widetilde{H}(\omega)| = |\widetilde{Y}(-\omega)|$$
$$\Phi_H(\omega) = -\Phi_y(\omega)$$

第二节 二维傅里叶变换及其应用

在上一节中讨论了一维傅里叶变换及一维数字滤波——频率域及时间域滤波的应用。本节将进一步讨论二维傅里叶变换及其在二维数字滤波——频率—波数域滤波中的应用（视频1-5）。

一、二维傅里叶变换及二维频—波谱分析

如果有一个二维函数 $X(t,x)$，只要

$$\int_{-\infty}^{\infty}\int_{-\infty}^{\infty}|X(t,x)|\mathrm{d}t\mathrm{d}x \qquad (1-105)$$

视频1-5　地震数据二维滤波处理

存在，则函数 $X(t,x)$ 的二维傅里叶变换存在。这时，函数 $X(t,x)$ 的二维傅里叶变换为

$$\widetilde{X}(\omega,k) = \int_{-\infty}^{\infty}\int_{-\infty}^{\infty} X(t,x)\mathrm{e}^{-\mathrm{i}(\omega t - kx)}\mathrm{d}t\mathrm{d}x \qquad (1-106)$$

相应的二维傅里叶反变换为

$$X(t,x) = \frac{1}{(2\pi)^2}\int_{-\infty}^{\infty}\int_{-\infty}^{\infty} \widetilde{X}(\omega,k)\mathrm{e}^{\mathrm{i}(\omega t - kx)}\mathrm{d}\omega\mathrm{d}k \qquad (1-107)$$

其中

$$k = 2\pi k_o; \quad k_o = \frac{1}{\lambda}$$

式中　k——圆波数；

　　　k_o——波数；

　　　λ——波长。

二维频率—波数域中的二维频率—波数谱（简称二维频—波谱）分析是对地震波场进行分析的重要手段，它是建立在二维傅里叶变换的基础上。由上述二维傅里叶变换可知，对于二维的波场函数 $X(t,x)$，可以利用式（1-106）对其进行二维傅里叶变换，得到 $\widetilde{X}(\omega,k)$，它是频率 f 和波数 k_o 的函数。如同一维傅里叶变换中，函数 $x(t)$ 的变换 $\widetilde{X}(\omega)$ 表示了函数 $x(t)$ 的各个简谐频率成分 f 的频谱 $\widetilde{X}(f)$ 一样，二维波场函数 $X(t,x)$ 的二维傅里叶变换

$\tilde{X}(\omega,k)$，表明了二维波场函数 $X(t,x)$ 的各个频率(f)—波数(k_o)简谐成分的频—波谱。而频—波谱 $\tilde{X}(\omega,k)$ 利用式(1-107)进行二维傅里叶反变换，可以得到函数 $X(t,x)$，表明了由 $\tilde{X}(\omega,k)$ 这些频率(f)—波数(k_o)的简谐成分叠加即可恢复原来的波场函数 $X(t,x)$。二维傅里叶变换 $X(\omega,k)$ 称为二维函数 $X(t,x)$ 的频—波谱。其模量 $|\tilde{X}(\omega,k)|$ 为函数 $X(t,x)$ 的振幅谱。

图 1-37(a) 表示 6 个零炮检距自激自收地震记录剖面，每个剖面有 24 个记录道，道间距为 25m，地震信号为频率 12Hz 的简谐波，相邻道间的倾斜时差分别为 0ms/道、3ms/道、6ms/道、9ms/道、12ms/道和 15ms/道。图 1-37(b) 分别为相应剖面记录的地震信号的频—波谱的振幅谱。从图 1-37 中可以看出，同一频率的地震信号，随着同相轴倾角增大，其频—波振幅谱中的波数也随之增大。正如式(1-39)表示的时间采样中存在尼奎斯特频率 f_N 一样，在空间采样中，也存在尼奎斯特波数

$$k_{oN} = \frac{1}{2\Delta x} \tag{1-108}$$

式中 Δx——空间采样间隔。

当波数 $k_o > k_{oN}$ 时，将产生空间假频。图 1-37 中的尼奎斯特波数 k_{oN} 为 20 周/km，图中各频—波振幅谱的波数 k_o 均小于 k_{oN}，因而未产生空间假频。

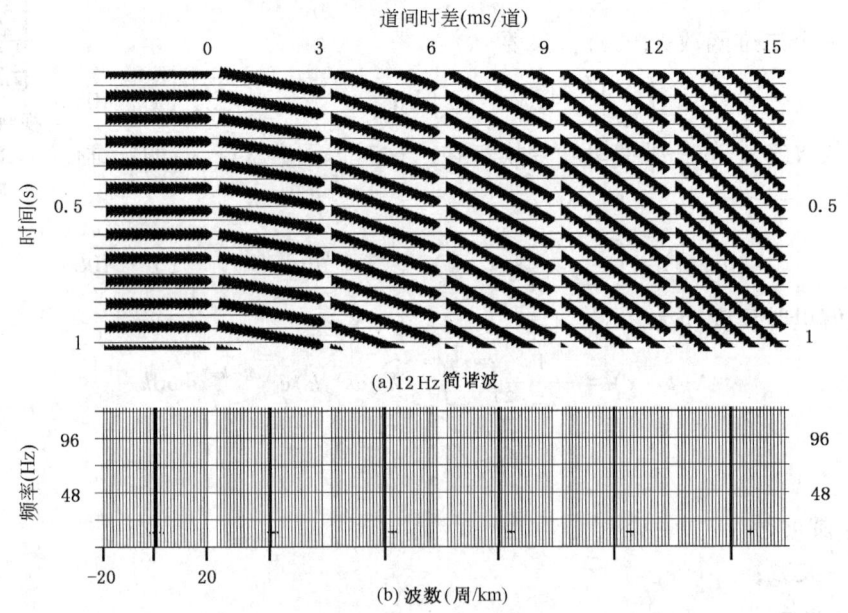

图 1-37 简单二维地震信号及其频—波振幅谱（据 Yilmaz, 2001）

图 1-38 为与图 1-37 类似的 6 个零炮检距自激自收剖面，不同之处是每个剖面的地震信号分别为由频率 12Hz、24Hz、36Hz、48Hz、60Hz 和 72Hz 的简谐波叠加而成。从图 1-38 中可以看出每一个频—波振幅谱均在视速度为

$$v^* = \frac{f}{k_o} \tag{1-109}$$

的直线上，随着同相轴倾角增大，其频—波振幅谱中的波数也增大，$v^* = \dfrac{f}{k_o}$直线斜率变缓。

随着频率f增大，频—波振幅谱波数k_o也随之增大，当波数k_o大于尼奎斯特波数k_{oN}（图1-38中为20周/km）时，将产生空间假频，波数变为负值，其相应的频—波振幅谱由f-k_o平面的第一象限转移到第四象限。第四象限的负波数区表明剖面记录中的地震信号同相轴的倾斜方向向相反的方向倾斜。

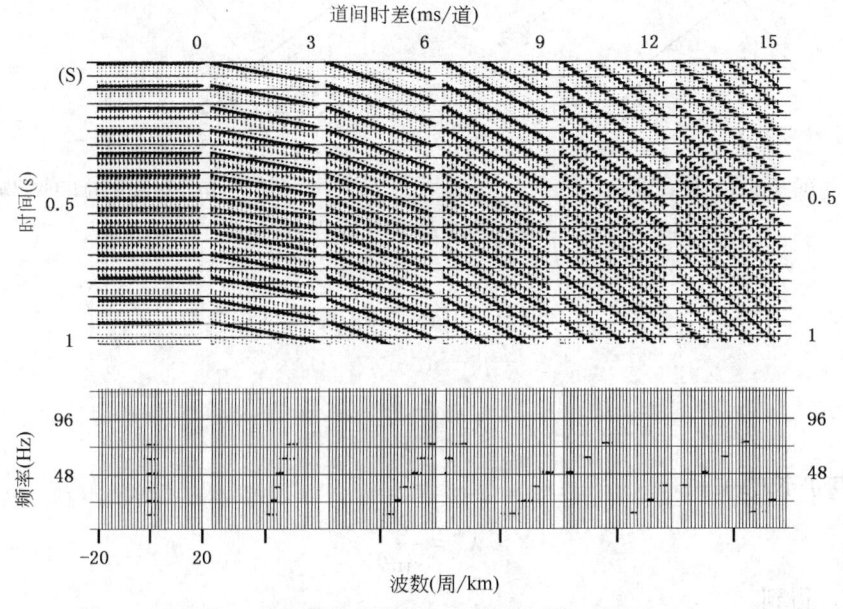

图1-38 复杂二维地震信号及其频—波振幅谱（据Yilmaz，2001）

二、空间假频

从图1-38中可以看出，当地震信号的频率f一定时，地震信号倾斜时差δt越大，其频—波振幅谱中的波数k_o也越大。而当地震信号的频率f增大时，具有相同倾斜时差δt的地震信号的频—波振幅谱中的波数k_o也随之增大，当频率f增大到某一个门槛频率f_{max}时，便开始产生空间假频。那么，已知地震信号的倾斜时差δt，如何确定这个开始产生空间假频的门槛频率f_{max}呢？

首先来看当一个频率为f的平面简谐波入射到地面测线x上的相邻两个观测点G_1和G_2的情况。如图1-39（a）所示，波前面的倾角为θ，得到

$$\sin\theta = \dfrac{v\delta t}{\Delta x} \tag{1-110}$$

式中 δt——平面波到达相邻两个检波点G_1、G_2的时间差；
v——地震波传播速度；
Δx——检波点间隔。

将沿测线x上检波点间隔Δx看作是沿空间x方向的空间采样间隔。按照本章第一节中的采样定理，为了沿着x测线以Δx为空间采样间隔进行空间采样不产生空间假频，则必须使沿x方向每个视波长λ^*采集两个以上的样值，就必须满足式(1-108)，即使沿x方向的视波数k_o^*满足下式

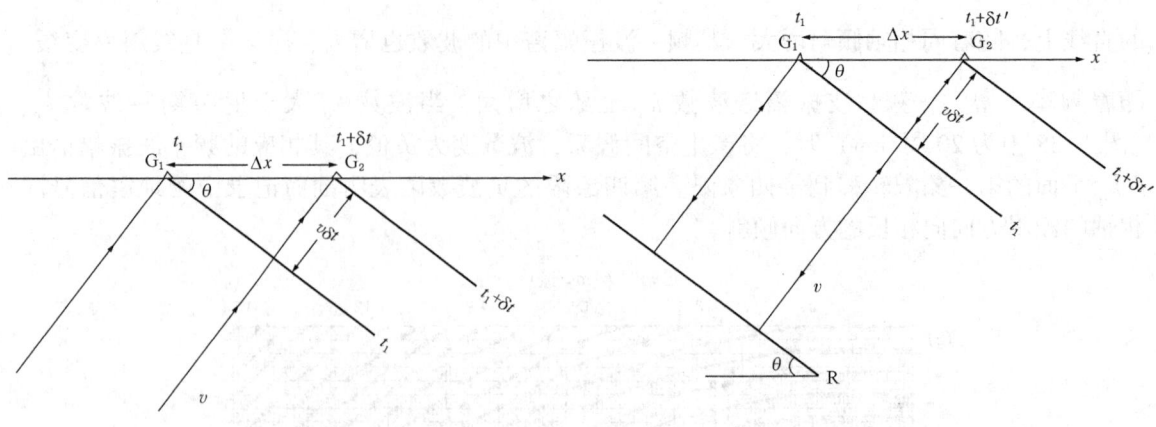

(a) 平面波共炮点记录示意图　　　　　　　　(b) 零炮检距自激自收记录

图 1-39　平面波共炮点和零炮检距自激自收记录

$$k_o^* \leqslant k_{oN} = \frac{1}{2\Delta x} \quad (1-111)$$

由于

$$k_o^* = \frac{1}{\lambda^*} \quad (1-112)$$

根据视波长与波长的关系

$$\lambda^* = \frac{\lambda}{\sin\theta} \quad (1-113)$$

由式(1-110)得到

$$k_o^* = \frac{v\delta t}{\lambda \Delta x} \quad (1-114)$$

代入式(1-111)，得到

$$\frac{v\delta t}{\lambda \Delta x} \leqslant \frac{1}{2\Delta x} \quad (1-115)$$

由于

$$\frac{v}{\lambda} = f \quad (1-116)$$

代入式(1-115)，得到

$$f \leqslant \frac{1}{2\delta t} \quad (1-117)$$

将式(1-110)代入式(1-117)，得到

$$f_{\max} = \frac{v}{2\Delta x \sin\theta} \quad (1-118)$$

利用上式，在已知检波点间隔 Δx、地震波速度 v 和波前面倾角 θ 的情况下，即可计算出地震共炮点记录出现空间假频的门槛频率 $f_{\max}$。在对共炮点记录进行多道处理时必须注意空间假频问题。

空间假频不仅是叠前多道滤波处理应注意的问题，同时也是叠后处理特别是偏移处理应该关心的问题。对于叠后处理，下面介绍零炮检距自激自收的情况。如图 1-39(b) 所示为来自倾斜反射界面 R 的反射波零炮检距自激自收记录情况，这时，与上面讨论的平面波共炮点记录的情况相似，不同的是，相邻检波点 G_1 与 G_2 之间的记录时差 $\delta t'$ 为双程时差，即

$$\delta t' = 2\delta t \tag{1-119}$$

将上式代入式(1-117)得到

$$f \leq \frac{1}{4\delta t} \tag{1-120}$$

最后得到

$$f'_{\max} = \frac{v}{4\Delta x \sin\theta} \tag{1-121}$$

利用上式即可计算出零炮检距自激自收地震记录出现空间假频的门槛频率 $f'_{\max}$。比较式(1-121)与式(1-118) 可以清楚地看出，叠后剖面的门槛频率为叠前门槛频率的一半，即

$$f'_{\max} = \frac{1}{2}f_{\max} \tag{1-122}$$

上式表明叠后剖面的处理，特别是叠后偏移比叠前处理要求更小的道间距。当地震波的传播速度及波前面的倾角一定时，叠后处理的道间距约为叠前处理的一半，道间距过大将产生假频。

三、二维数字滤波——频率—波数（$f\text{-}k$）域滤波

1. 一维滤波存在的问题和二维滤波的提出

既然可以进行单独的频率滤波，又可单独进行波数滤波，为什么还要提出二维滤波呢？这是因为单独的一维（频率或波数）滤波存在一些不足，即在进行频率滤波时改变了波剖面的形状，而波数滤波时改变振动图的形状。现在先讨论频率滤波时如何改变波剖面的形状，由于

$$k_{\text{o}} = \frac{f}{v}$$

对一定类型的波和特定的介质，v 是常数，这样，对频率 f 不同的简谐波，其相应的简谐波剖面的波数 k_{o} 也是不同的，因此，对一个由许多不同频率成分简谐波组成的地震脉冲波，经过频率滤波后，组成这个脉冲的简谐成分发生了变化，譬如某些频率成分被滤掉了。于是，组成原来波剖面不同波数的简谐波成分也必然发生变化，譬如某些简谐波剖面被滤掉了，因而整个波剖面的形状也要发生变化。至于波数滤波时改变了振动图的形状，这是由于组合对频率有畸变作用。显然从方向效应上说组合可以突出有效波、压制干扰波，但由于有频率畸变作用，对有效波的有用频谱也压制了，改变了振动图形的形状。

因此，单独的频率域滤波和单独的波数域滤波都存在不足，只有根据二者内在的联系组成频率—波数域滤波，才能做到在所希望的频率间隔内、视速度为某一范围的有效波得到加强；同时，可对这个频带内的视速度为另一范围的干扰波进行压制。

和一维的情况相似，有效波和干扰波的频波成分是不同的，这可以在 $f\text{-}k$ 平面上表示出来，通过原点的几条直线的斜率就是视速度（图1-40），图中Ⅰ区是高速干扰区，Ⅱ区是有效信号区，Ⅲ区是低速干扰区，$f_1 \sim f_2$ 表示有效信号的频率范围，在此以外是干扰频率的范围。可以看出，在 $f\text{-}k$ 平面上，有效信号和干扰信号在频率

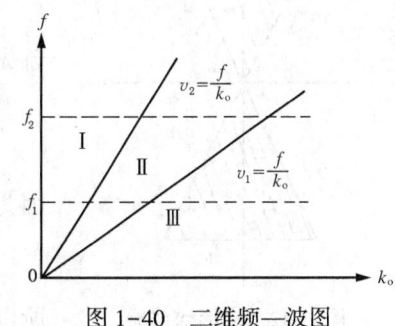

图1-40 二维频—波图

上和视速度上可以清楚地区分开来，因此，利用频率—波数域滤波可以压制各种频率、波数的干扰。

2. 一般二维滤波

一般二维滤波是指对于波动函数 $X(t,x)$ 所进行的频率—波数域滤波。这时设计的滤波因子是时间—空间的函数 $h(t,x)$，滤波过程类似一维滤波（图1-41），在时间—空间域，可用二维褶积公式表示

$$\hat{X}(t,x) = \int_{-\infty}^{\infty} \int_{-\infty}^{\infty} h(t,\xi) X(t-\tau, x-\xi) \mathrm{d}\tau \mathrm{d}\xi \qquad (1-123)$$

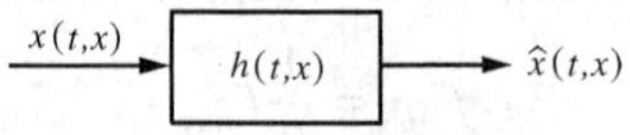

图1-41 二维滤波过程

在频率—波数域，输出的频—波谱同样是输入的频—波谱与滤波器的频—波响应相乘。设 $\hat{X}(f,k_o)$，$\widetilde{H}(f,k_o)$，$\widetilde{X}(f,k_o)$ 是对应 $\hat{X}(t,x)$，$h(t,x)$，$X(t,x)$ 的频—波谱，则有

$$\hat{X}(f, k_o) = \widetilde{H}(f, k_o) \widetilde{X}(f, k_o) \qquad (1-124)$$

离散化的二维数字滤波公式如下

$$\hat{X}(n\Delta t, m\Delta x) = \Delta\tau\Delta\xi \sum_{q=-M}^{M} \sum_{p=-N}^{N} h(p\Delta\tau, q\Delta\xi) X(n\Delta t - p\Delta\tau, m\Delta x - q\Delta\xi)$$

$$(1-125)$$

式中 Δt, Δx——时间和空间的采样间隔；

$\Delta \tau$, $\Delta \xi$——滤波因子在时间和空间的采样间隔。

从式(1-123)和式(1-125)可知，二维数字滤波也是线性滤波。

3. 带通扇形滤波

这是一种常用的二维滤波，它能滤去低速干扰，滤波器的频—波响应是

$$\widetilde{H}(f, k_o) = \begin{cases} 1, & \text{当} \left|\dfrac{f}{k_o}\right| \geq v, \ |f| \leq f_N \\ 0, & \text{其他} \end{cases} \qquad (1-126)$$

见图1-42，根据二维傅里叶变换，可以求出其对应的扇形滤波因子

$$h(t, x) = \int_{-f_N}^{f_N} \int_{-\frac{|f|}{v}}^{\frac{|f|}{v}} 1 \mathrm{e}^{\mathrm{i}2\pi(ft-k_o x)} \mathrm{d}k_o \mathrm{d}f \qquad (1-127)$$

首先，固定 f，计算内层积分，内层积分用 $G(f,x)$ 表示，则

$$G(f, x) = \int_{-\frac{|f|}{v}}^{\frac{|f|}{v}} \mathrm{e}^{-\mathrm{i}2\pi k_o x} \mathrm{d}k_o$$

因为

$$\mathrm{e}^{-\mathrm{i}2\pi k_o x} = \cos 2\pi k_o x - \mathrm{i}\sin 2\pi k_o x$$

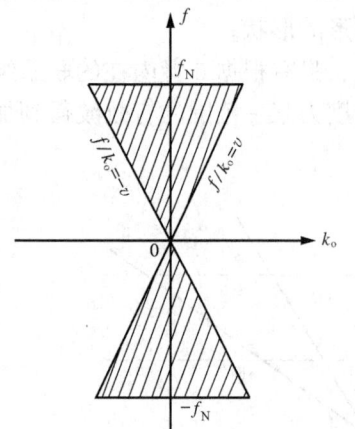

图1-42 扇形滤波器

所以

$$G(f, x) = 2\int_0^{\frac{|f|}{v}} \cos 2\pi k_o x \mathrm{d}k_o = 2 \left. \frac{\sin 2\pi k_o x}{2\pi x}\right|_0^{\frac{|f|}{v}} = \frac{\sin 2\pi \frac{|f|}{v} x}{\pi x}$$

然后，再计算外层积分

$$h(t, x) = \int_{-f_N}^{f_N} \frac{1}{\pi x} \sin 2\pi x \frac{|f|}{v} e^{i2\pi ft} \mathrm{d}f$$

$$= \frac{1}{\pi x}\int_{-f_N}^{f_N} \sin 2\pi x \frac{|f|}{v}(\cos 2\pi ft + i\sin 2\pi ft)\mathrm{d}f$$

由于

$$\int_{-f_N}^{f_N} \sin 2\pi x \frac{|f|}{v} \sin 2\pi ft \mathrm{d}f = 0$$

因而

$$h(t, x) = \frac{1}{\pi x}\int_0^{f_N}\left[\sin 2\pi f\left(\frac{x}{v}+t\right) + \sin 2\pi f\left(\frac{x}{v}-t\right)\right]\mathrm{d}f$$

$$= \frac{1}{\pi x}\left[\frac{1}{2\pi\left(\frac{x}{v}+t\right)}\cos 2\pi\left(\frac{x}{v}+t\right)f + \right.$$

$$\left. \frac{1}{2\pi\left(\frac{x}{v}-t\right)}\cos 2\pi\left(\frac{x}{v}-t\right)f\right]\bigg|_{f_N}^{0}$$

$$= \frac{1}{\pi x}\left\{\frac{1}{2\pi\left(\frac{x}{v}+t\right)}\left[1-\cos 2\pi\left(\frac{x}{v}+t\right)f_N\right] + \right.$$

$$\left. \frac{1}{2\pi\left(\frac{x}{v}-t\right)}\left[1-\cos 2\pi\left(\frac{x}{v}-t\right)f_N\right]\right\} \qquad (1-128)$$

当在计算机上实现其运算时，要离散化，时间采样间隔 Δt，$t_n = n\Delta t$，$\Delta t = \frac{1}{2f_N}$，$n = 0$，$\pm 1$，$\pm 2$，…，空间采样间隔为 Δx，$x_m = \frac{1}{2}(2\mu-1)\Delta x$，$\Delta x = \frac{1}{2k_{oN}}$，$\mu = 0$，$\pm 1$，$\pm 2$，…，这种空间采样间隔可用图 1-43 表示如下：x_m 表示空间各道至输出道的距离，它是奇数，而且是 $\frac{1}{2}$，$\frac{3}{2}$，…，在下面将看到这种规定使扇形滤波因子形式简洁。又

$$k_{oN} = \frac{f_N}{v}, \quad \frac{\Delta x}{\Delta t} = v$$

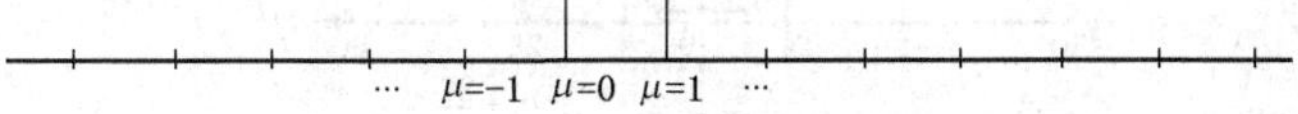

图 1-43 采样间隔示意图

现在，计算式(1-128) 中自变量表达式

$$2\pi\left(\frac{x}{v}+t\right)=2\pi\left[\frac{1}{v}\frac{1}{2}(2\mu-1)\Delta x+n\Delta t\right]$$

因为

$$v=\frac{\Delta x}{\Delta t}$$

所以

$$2\pi\left(\frac{x}{v}+t\right)=2\pi\left[\frac{1}{2}(2\mu-1)+n\right]\Delta t$$

同理

$$2\pi\left(\frac{x}{v}-t\right)=2\pi\left[\frac{1}{2}(2\mu-1)-n\right]\Delta t$$

将上面的结果代入式(1-128)，得到

$$h(t_n,x_m)=\frac{\Delta x \Delta t}{\pi\frac{1}{2}(2\mu-1)\Delta x}\left\{\frac{1}{2\pi\left[\frac{1}{2}(2\mu-1)+n\right]\Delta t}+\frac{1}{2\pi\left[\frac{1}{2}(2\mu-1)-n\right]\Delta t}\right\}$$

$$=\frac{1}{\pi^2\left\{\left[\frac{1}{2}(2\mu-1)\right]^2-n^2\right\}} \qquad (1-129)$$

这就是扇形滤波的时空域滤波因子表达式。式中（$2\mu-1$）是奇数，由式(1-129)可以看出这个滤波因子 $h(t_n,x_m)$ 是一个二元函数，既是 m 的函数，又是 n 的函数。因此是多条曲线，可以固定 m 作出若干条曲线（图1-44），例如规定 $m=\frac{1}{2}$，$\frac{3}{2}$，$\frac{5}{2}$，…，可得若干条曲线，但曲线是成对的。

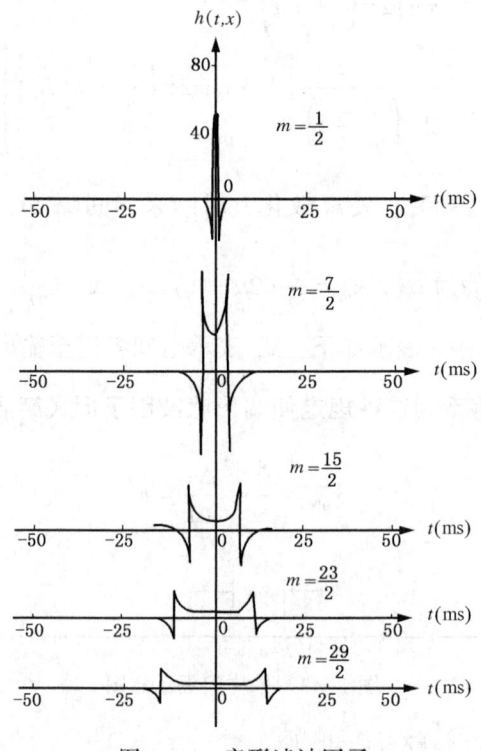

图1-44 扇形滤波因子

第三节　τ-p 变换及其应用

前面讲述的二维傅里叶变换将地震波场分解为不同频率和不同波数的简谐平面波，下面讨论另一种平面波分解方法——τ-p 变换。

一、τ-p 变换

τ-p 变换又称为线性 Radon 变换，它将定义在二维平面上的一个函数沿着平面上的任意一条直线做线积分，相当于对函数做 CT 扫描。设有地震波场 $u(x, t)$，其 τ-p 变换表示为

$$s(p, \tau) = \sum_{x} u(x, t = \tau + px) \quad (1-130)$$

其中，τ 为截距时间，p 为斜率（慢度）。其反变换表示为

$$u(x, t) = \sum_{p} s(p, \tau = t - px) \quad (1-131)$$

τ-p 域中的每个地震道代表一组不同时刻激发，但具有相同慢度的平面波。在实际地震勘探中，通常采用点震源进行激发，其波场为球面波。但可以采用下面的方法模拟平面波。假设沿直线等间距布设了多个炮点，炮检距为 Δx，这些炮点在某一时刻同时激发，各个炮点的球面波在传播过程中彼此干涉和叠加，由此形成一个波前面与地表平行的平面波。如图 1-45 所示，假设各个炮点并不是同时激发，而是依次延迟激发，相邻炮点的延迟时间为 $\Delta t = p\Delta x$，则不同炮点激发的球面波相互叠加形成一个水平慢度为 p 的倾斜平面波。

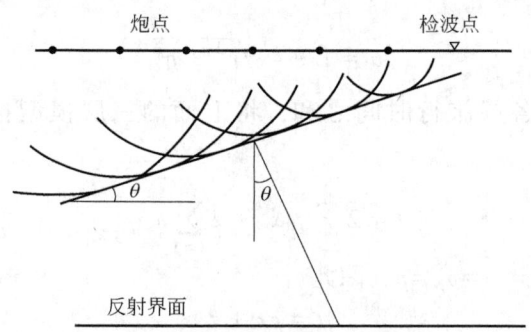

图 1-45　不同炮点延迟激发形成的平面波

前面讨论了多个炮点延迟激发所产生的平面波，按照炮点和检波点的互换原理，共炮点道集也可以分解为若干不同视速度的平面波。

下面从另外一个角度讨论参数 τ 和参数 p 的性质。如图 1-46(a) 所示，假设一个由三个地层构成的水平层状介质模型。速度依次是 v_1、v_2 和 v_3，厚度依次是 z_1、z_2 和 z_3。有一平面波从震源 S 出发，其初始传播方向与垂直方向的夹角为 θ，地震波分别在 A 点位置和 B 点位置穿过第一个界面和第二个界面，遇到第三个界面之后被反射回来，反射波向上传播，在 R 点被地表检波器接收。在界面位置，地震波的传播方向按照斯奈尔定律发生改变，但其水平慢度 $p = \sin\theta / v$ 保持不变。

如图 1-46(b) 所示，将图 1-46(a) 左上方的三角形进行放大，有

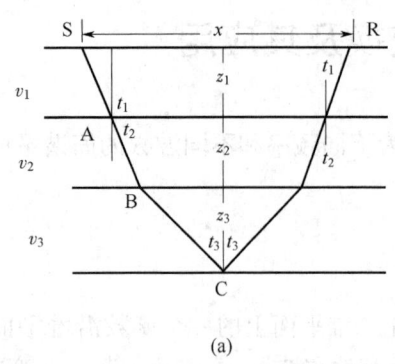 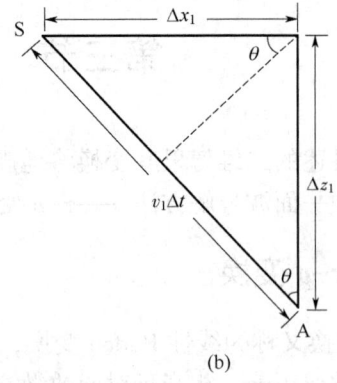

图 1-46 将慢度分解为水平慢度和垂直慢度
(a) 三层水平层状介质模型；(b) 慢度分解

$$\overline{SA} = v_1 \Delta t$$

式中，Δt 是地震波从 S 点到 A 点的旅行时间。将 $\overline{SA}$ 分解为水平分量和垂直分量，有

$$\Delta x_1 = v_1 \Delta t \sin\theta$$

$$\Delta z_1 = v_1 \Delta t \cos\theta$$

则旅行时 Δt 也可以表示为

$$\Delta t = p_1 \Delta x_1 + q_1 \Delta z_1$$

其中，$p_1 = \sin\theta / v_1$ 是第一层的水平视慢度，$q_1 = \cos\theta / v_1$ 是第一层的垂直视慢度。地震波的慢度（速度的倒数）u 可写为

$$u = 1/v = \sqrt{p^2 + q^2}$$

地震波旅行时间是各层旅行时间之和，将上面的三层模型推广到 N 层水平层状介质，则

$$t = 2\sum_{i=1}^{N} p_i x_i + 2\sum_{i=1}^{N} q_i z_i$$

根据斯奈尔定律，$p_1 = p_2 = \cdots = p_N = p$，因此

$$t = px + \tau$$

其中，$\tau = 2\sum_{i=1}^{N} q_i z_i$ 是地震波在垂直方向的双程旅行时间，即截距时间。

二、τ-p 滤波

τ-p 变换沿某一斜率对地震波场进行叠加，因此又称为倾斜叠加处理。很显然，地震记录中的线性同相轴经过 τ-p 变换之后，在 τ-p 域聚焦为一点。对于水平层状介质，地震反射在共炮点道集和共中心点道集上呈现双曲线形态，下面讨论双曲线同相轴经过 τ-p 变换之后，在 τ-p 域的具体形态。

反射波时距曲线方程为

$$t = \frac{1}{v}\sqrt{x^2 + 4h^2} \tag{1-132}$$

式中，x 是炮检距，h 是界面深度。反射时间 t 对炮检距 x 求导数，有

$$p = \frac{\mathrm{d}t}{\mathrm{d}x} = \frac{x}{v\sqrt{x^2 + 4h^2}} \tag{1-133}$$

从上式中解出 x 的值，并代入下式

$$\tau = t - px = \frac{2h}{v\sqrt{1-p^2v^2}} - \frac{2hvp^2}{\sqrt{1-p^2v^2}} \tag{1-134}$$

令 $t_0 = 2h/v$ 为零炮检距反射时间，则上式可整理为

$$\tau = t - px = t_0\sqrt{1-p^2v^2} \tag{1-135}$$

有

$$\frac{\tau^2}{t_0^2} + \frac{p^2}{(1/v)^2} = 1 \tag{1-136}$$

由此可以看出，时空域的双曲线，经过 τ-p 变换之后，在 τ-p 域呈现椭圆形态。该椭圆的两个半轴分别为地震波的慢度 $1/v$ 和零炮检距时间 t_0。

图 1-47 示意性地展示了 τ-p 变换将时空域双曲线映射为 τ-p 域椭圆的过程，零炮检距地震反射 A 的水平慢度为零，映射为 (τ, p) 平面上 A′点。非零炮检距地震反射 B，映射为 (τ, p) 平面上 B′点。当炮检距趋于无穷大时，地震反射的水平慢度趋于 $1/v$，映射为 (τ, p) 平面上 C′点。

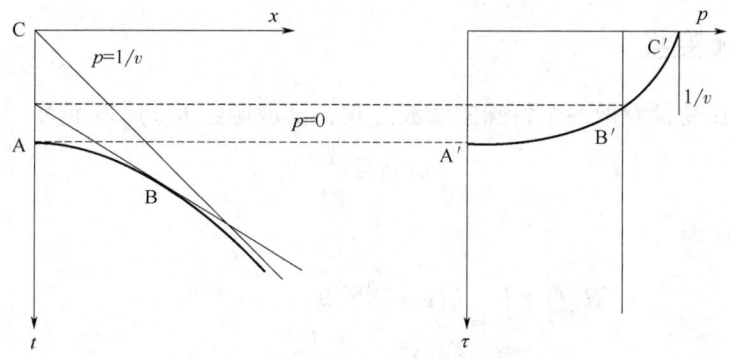

图 1-47　τ-p 变换将双曲线映射为椭圆

图 1-48(a) 是由三个双曲线地震反射和两个线性干扰构成的地震记录，图 1-48(b) 是 τ-p 变换的结果。三个双曲线反射映射为三个椭圆，两个线性干扰映射为两个点。τ-p 变换实现了地震反射和噪声干扰的有效分离，在 τ-p 域对线性干涉的两个点进行切除，再反变换到时空域，则可以消除线性干扰对地震反射的影响，这就是 τ-p 滤波压制噪声的基本原理。

基于信号和噪声在视速度上的差异，利用 τ-p 变换很容易实现倾角滤波处理。且通过在 τ-p 域定义与时间有关的滤波参数，能够很方便地实现时变倾角滤波处理。与 f-k 滤波相比，τ-p 滤波并不要求地震数据为规则空间采样，在规则噪声压制处理中具有更好的适应性。

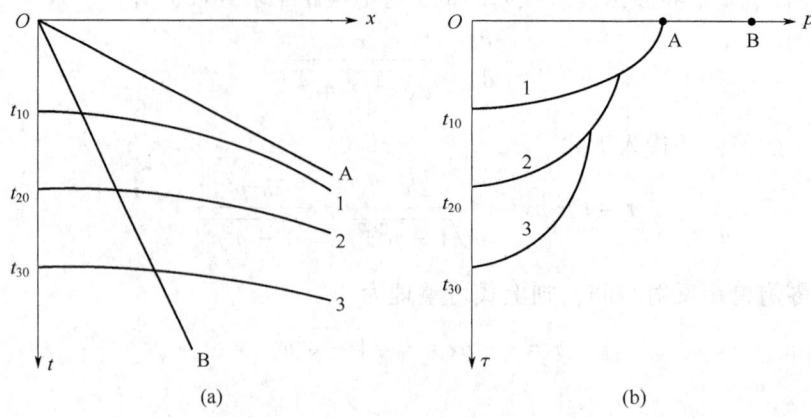

图 1-48　利用 τ-p 变换实现信噪分离
(a) 包含三个反射波（1、2、3）和两个线性干扰（A、B）的地震记录；
(b) τ-p 域的三个椭圆信号（1、2、3）和收敛为两点的线性干扰（A、B）

第四节　Hilbert 变换及其应用

Hilbert 变换（希尔伯特变换）也是一种重要的数字信号分析方法，该变换在复地震道分析和最小相位子波估算等地震信号处理中有广泛应用。

一、Hilbert 变换

可以将 Hilbert 变换看做一个特殊的滤波过程，滤波函数 $h(t)$ 表示为

$$h(t) = \frac{1}{\pi t} \tag{1-137}$$

其频率响应 $H(f)$ 为

$$\begin{aligned}
H(f) &= \int_{-\infty}^{\infty} h(t) \mathrm{e}^{-\mathrm{i}2\pi ft} \mathrm{d}t \\
&= \frac{1}{\pi} \int_{-\infty}^{\infty} \frac{1}{t} \mathrm{e}^{-\mathrm{i}2\pi ft} \mathrm{d}t \\
&= \frac{1}{\pi} \left(\int_{-\infty}^{\infty} \frac{1}{t} \cos 2\pi ft \mathrm{d}t - \mathrm{i} \int_{-\infty}^{\infty} \frac{1}{t} \sin 2\pi ft \mathrm{d}t \right) \\
&= -\mathrm{i}\frac{2}{\pi} \int_{0}^{\infty} \frac{1}{t} \sin 2\pi ft \mathrm{d}t \\
&= \begin{cases} \mathrm{i}, & f < 0 \\ 0, & f = 0 \\ -\mathrm{i}, & f > 0 \end{cases}
\end{aligned} \tag{1-138}$$

或

$$H(f) = \mathrm{e}^{\mathrm{i}\phi(f)}$$

其中

$$\phi(f) = \begin{cases} \dfrac{\pi}{2}, f < 0 \\ 0, f = 0 \\ -\dfrac{\pi}{2}, f > 0 \end{cases} \qquad (1-139)$$

由上式可知，一个实信号经过希尔伯特变换后，相位谱将要发生90°相移。因此，希尔伯特变换又称为90°相移滤波。

虽然负频率成分没有物理意义，但对于实地震信号而言，其频谱包含正的和负的频率成分。下面利用Hilbert变换构建一个复地震信号，使得该复地震信号只有正的频率分量，而不存在负的频率成分，这样的信号也称为解析信号。

已知实地震信号$x(t)$，其频谱为$X(f)$。构造一复数地震信号$z(t)$，使得

$$z(t) = x(t) + iH[x(t)] \qquad (1-140)$$

式中，$H[x(t)]$表示实信号$x(t)$的Hilbert变换。该复信号$z(t)$的频谱为

$$\begin{aligned} Z(f) &= X(f) + iH(f)X(f) \\ &= X(f)[1 + iH(f)] \\ &= X(f)H_1(f) \\ &= \begin{cases} 0, f < 0 \\ X(f), f = 0 \\ 2X(f), f > 0 \end{cases} \end{aligned} \qquad (1-141)$$

其中，$H_1(f)$是将实地震信号转换为复数解析信号的滤波器，且

$$H_1(f) = \begin{cases} 0, f < 0 \\ 1, f = 0 \\ 2, f > 0 \end{cases} \qquad (1-142)$$

可以看出，由以上方式构建的复数地震信号没有负的频率成分。

二、三瞬属性

Hilbert变换在地震数据处理有诸多不同形式的应用。基于该变换可以由振幅谱构建最小相位子波，关于这部分内容将在后续的章节中进行介绍。下面简要介绍一下基于Hilbert变换的复地震道分析技术以及与之相关的瞬时振幅、瞬时频率和瞬时相位等三个瞬时地震属性。

假设有一个简谐信号

$$x(t) = A\cos(2\pi f_0 t + \varphi_0)$$

它的希尔伯特变换为

$$\hat{x}(t) = A\sin(2\pi f_0 t + \varphi_0)$$

这个简谐信号的包络，即反射振幅为

$$A(t) = \sqrt{x^2(t) + \hat{x}^2(t)}$$

其相位为

$$\theta(t) = 2\pi f_0 t + \varphi_0 = \omega_0 t + \varphi_0 = \arctan \frac{\hat{x}(t)}{x(t)}$$

其频率为

$$\omega(t) = 2\pi f_0 = \omega_0 = \frac{\mathrm{d}\theta(t)}{\mathrm{d}t}$$

这些概念可以推广到复地震记录道。假设有一个实地震信号

$$x(t) = A(t)\cos[2\pi f(t)t + \varphi_0] \tag{1-143}$$

它的希尔伯特变换为

$$\hat{x}(t) = A(t)\sin[2\pi f(t)t + \varphi_0] \tag{1-144}$$

其复地震信号

$$Z(t) = x(t) + i\hat{x}(t) = A(t)e^{i[2\pi f(t)t + \varphi_0]}$$

从式(1-143)和式(1-144)得到

$$A(t) = \sqrt{x^2(t) + \hat{x}^2(t)}$$

式中，$A(t)$ 为瞬时振幅。

同时，得到

$$\theta(t) = 2\pi f(t)t + \varphi_0 = \omega(t)t + \varphi_0$$

$$= \arctan \frac{\hat{x}(t)}{x(t)}$$

及

$$\omega(t) = 2\pi f(t)$$

$$= \frac{\mathrm{d}\theta(t)}{\mathrm{d}t}$$

式中，$\theta(t)$ 为瞬时相位；$\omega(t)$ 为瞬时频率。

图 1-49 是构建复数地震道的示意图，瞬时振幅代表了地震道振幅变化的包络趋势，较地震道振幅本身能够更好地表征反射振幅的变化趋势。另外，地震数据经过傅里叶变换之后，其频率和相位代表了整个地震道的频率特征和相位变化，不能表征某一时刻附近频率和相位的变化，不具备空间上的局域性。相对而言，瞬时频率和瞬时相位能够更好地表征地震信号的频率和相位随时间的变化情况。复地震道技术和三瞬属性在地震信号分析和岩性解释中具有重要的应用价值。

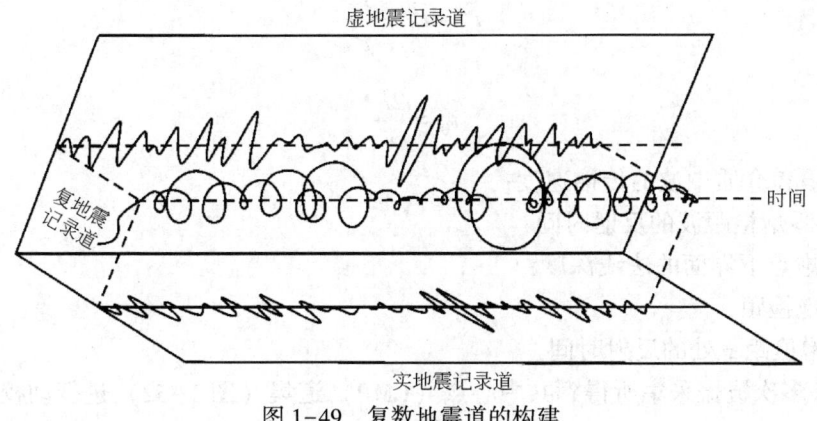

图 1-49 复数地震道的构建

第五节 基本地质—地球物理模型及其地震数据处理特点

前面几节讨论了地震数据处理重要的数学基础——傅里叶变换、$\tau-p$ 变换和 Hilbert 变换及其在地震数据处理中的应用。本节将讨论地震数据处理的另一个重要的基础，即基本地质—地球物理模型及其地震数据处理的特点。

一、水平层状介质模型及其地震数据处理特点

1. 水平层状介质模型

在应用反射波法地震进行石油天然气勘探的初期，地球物理勘探学家就建立了简单的地质—地球物理模型，即水平层状介质模型，如图 1-50 所示。

图中 v_i 表示第 i 层的波速，h_i 表示第 i 层的厚度，R_i 表示地下第 i 个反射界面，震源 S 与检波点 G 之间的距离为 x，其中心点为 M，地下反射点为 D。这种水平层状介质模型的特点是地层介质为水平层，反射界面为水平面。地层的厚度不变，地层的波速沿水平方向也不变。这种模型虽然简单，但它却是稳定沉积、构造运动不太剧烈地区较为普遍适用的一种地质—地球物理模型。特别是在 20 世纪 60 年代以后，由于野外地震数

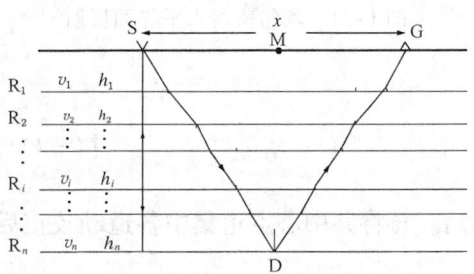

图 1-50 水平层状介质模型

据采集采用了多次覆盖技术，室内地震数据处理应用共中心点（CMP）水平叠加技术之后，这种水平层状介质模型更得到了广泛的应用。

2. 水平层状介质模型地震数据处理的特点

上述水平层状介质地质—地球物理模型地震反射的特点可归结为均匀覆盖介质水平界面反射这个最简单的地震反射问题。如图 1-51 所示，其反射时距曲线为一极小点在震源处的双曲线

$$t^2 = t_0^2 + \frac{x^2}{v^2} \quad (1-145)$$

其中
$$t_0 = \frac{2h}{v}$$

式中 v——覆盖介质中波的传播速度；
t_0——零炮检距波的反射时间；
h——炮点下界面的法线深度；
x——炮检距；
t——炮检距 x 处的反射时间。

对于野外多次覆盖采集所得到共中心点（CMP）道集（图 1-52）进行动校正

$$t - \delta t = \sqrt{t_0^2 + \frac{x^2}{v^2}} - \delta t = t_0 \quad (1-146)$$

式中 δt——动校正量。

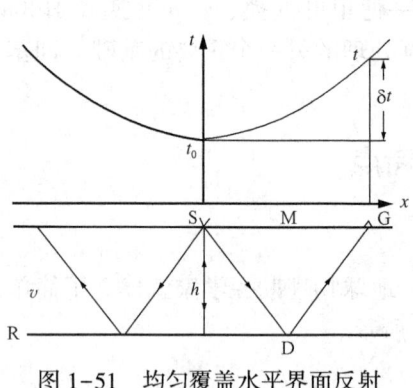
图 1-51 均匀覆盖水平界面反射

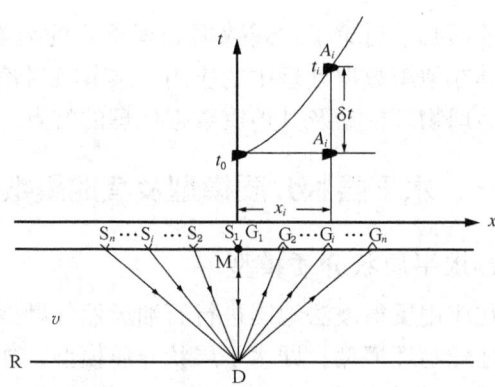
图 1-52 共中心点（CMP）道集

$$\delta t = t - t_0 = \sqrt{t_0^2 + \frac{x^2}{v^2}} - t_0 \quad (1-147)$$

然后，再将共中心点道集中各道动校正后的振幅进行叠加

$$A_{\text{st}} = \sum_{i=1}^{n} A_i(t - \delta t) \quad (1-148)$$

便得到共中心点水平叠加剖面。共中心点水平叠加是水平层状介质模型地震数据处理的核心。其他后续的各种处理包括时间偏移和深度偏移都是在水平叠加剖面基础上进行的，称为叠后时间偏移和叠后深度偏移等叠后处理。其基本处理流程如图 1-53 所示。

共中心点水平叠加得到的叠加剖面相对于单次覆盖的地震剖面来说其地震剖面的质量有了本质的提高。这是因为共中心点叠加具有下述的一些优点：

（1）压制多次波。由于多次反射波的视速度小于一次反射波的视速度，因此，当一次反射波动校正后，同相轴被校正为一条水平线，多次反射波处于校正不足状态，叠加后受到压制。

（2）压制规则干扰波。与压制多次波相类似，如果规则干扰波的视速度与一次反射波的视速度不同，则当一次反射波被校正为一条水平线时，视速度小的规则干扰波处于校正不足状态，视速度大的规则干扰波则处于过校正状态，叠加后，这两种规则干扰波都将受到压制。

（3）压制随机噪声。由于共中心点叠加具有统计效应，因此，当一次反射波被校正为一条水平线同相叠加，其振幅随叠加次数呈线性增大 n 倍时，随机干扰则由于其随机性，其振幅只增大 $\sqrt{n}$ 倍，因此，随机噪声相对于一次反射波其振幅受到 $\sqrt{n}$ 倍压制。

综上所述，共中心点水平叠加可以有效地压制各种干扰波，增强有效波，使地震剖面的信噪比明显提高，显著改善地震剖面的质量。图 1-54 表明共中心点水平叠加剖面与单次覆盖地震剖面的对比。从图中可以明显地看出共中心点水平叠加剖面的质量远高于单次覆盖地震剖面的质量，当然，由于两者采集时间不同，这其中也包含了整个地震勘探技术的进步。

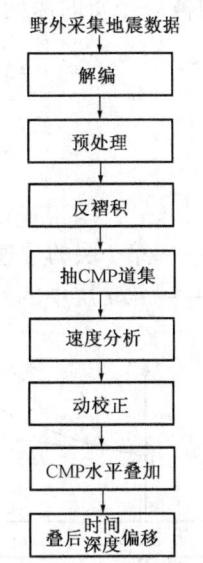

图 1-53 共中心点（CMP）叠加及叠后处理基本处理流程图

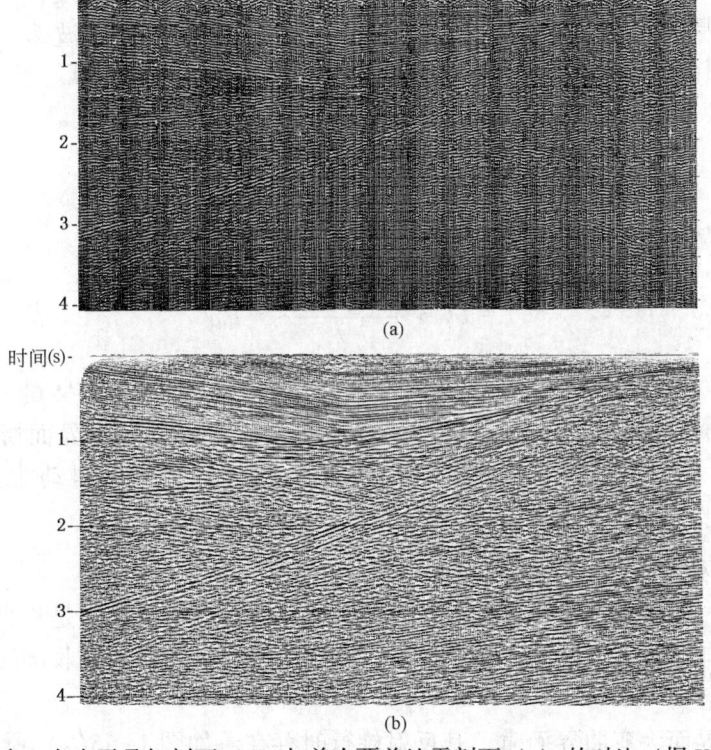

图 1-54 共中心点水平叠加剖面（b）与单次覆盖地震剖面（a）的对比（据 Yilmaz, 2001）

共中心点水平叠加不仅适用于图 1-51 中所示的均匀覆盖水平界面反射的情况，同时也适用于图 1-50 所示的水平层状介质模型情况。这时只需用水平层状介质的均方根速度 v_{rms}

代替均匀覆盖介质的速度 v。均方根速度为

$$v_{\rm rms} = \sqrt{\frac{\sum_{i=1}^{n} v_i^2 \tau_i}{\sum_{i=1}^{n} \tau_i}} \qquad (1-149)$$

式中　v_i——第 i 层的层速度；
　　　τ_i——第 i 层中的双程旅行时。

共中心点水平叠加不仅适用于均匀覆盖水平界面反射情况，也在一定情况下可以用于均匀覆盖倾斜界面反射情况。如图 1-55 所示，均匀覆盖倾斜界面反射旅行时

$$t = \frac{\sqrt{(x \pm 2h\sin\varphi)^2 + (2h\cos\varphi)^2}}{v} \qquad (1-150)$$

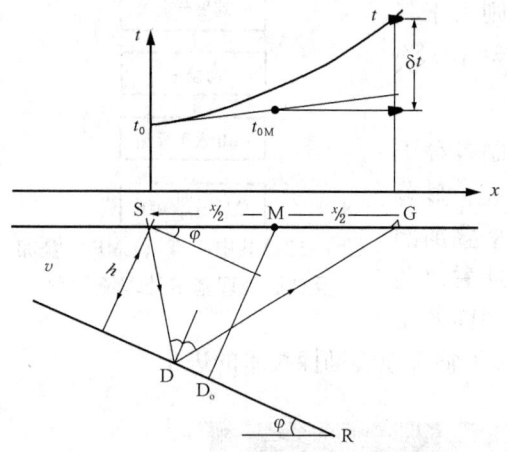

图 1-55　均匀覆盖倾斜界面反射动校正

式中　x——炮检距；
　　　φ——反射界面的倾角；
　　　h——界面法线深度；
　　　v——覆盖介质的波速。

当利用式(1-132)水平界面动校正公式进行校正时

$$\delta t = \frac{\sqrt{x^2 + 4h^2} - 2h}{v} \qquad (1-151)$$

当反射倾角 φ 不太大时，动校正后的时间

$$t - \delta t \approx \frac{x\sin\varphi + 2h}{v} = t_{0M} \qquad (1-152)$$

从图 1-55 中可以看出，这个动校正后的时间恰好近似等于共中心点 M 的 t_0 时间这一规律，使共中心点（CMP）水平叠加的适用范围向界面倾角不太大的倾斜界面情况扩展。当反射界面倾角较大时，则应在水平界面动校正（NMO）之后再采用倾斜动校正（DMO）进行校正。

3. 共中心点水平叠加存在的问题

经过共中心点水平叠加处理后得到的水平叠加剖面，通常被认为是相当于零偏移距自激自收记录剖面。但是必须认识这种水平叠加剖面并非是真正的自激自收剖面，它存在着下述的一些主要的问题：

（1）当反射界面为弯曲界面时，其反射旅行时存在着如图 1-56(a) 所示的畸变。
（2）当反射界面为平界面断层时，其反射旅行时发生如图 1-56(b) 所示的畸变。
（3）当覆盖介质速度横向变化时，其反射旅行时发生如图 1-56(c) 所示的畸变。
（4）当覆盖介质速度各向异性时，其反射旅行时将产生如图 1-56(d) 所示的畸变。

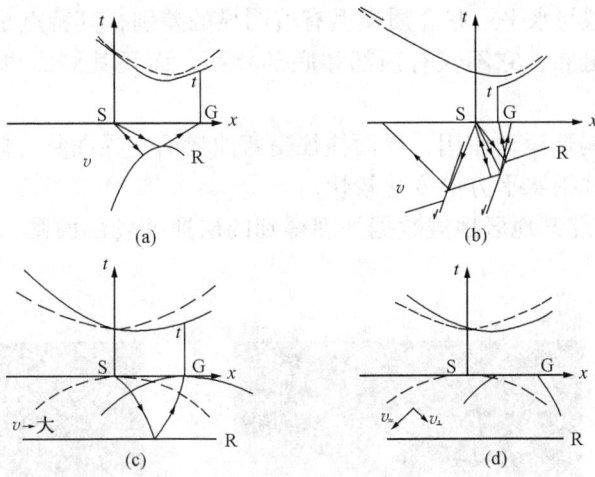

图 1-56 影响共中心点水平叠加的反射旅行时畸变
(a) 弯曲界面;(b) 平界面断层;
(c) 覆盖介质速度横向变化;(d) 覆盖介质速度各向异性;
图中实线表示反射旅行时曲线,虚线表示参考反射旅行时曲线

上述各种情况所产生的反射旅行时的畸变都会引起反射动校正的时差,从而最终使共中心点水平叠加剖面上的反射同相轴产生畸变或变得模糊。

二、复杂介质模型及其地震数据处理特点

1. 复杂介质模型

随着石油天然气勘探的发展,人们从寻找和勘探简单构造油气藏发展到勘探和开发复杂构造油气藏和地层岩性油气藏。相应地,基本地质—地球物理模型也从上述的简单的水平层状介质模型发展到复杂的块状介质模型(图 1-57)。

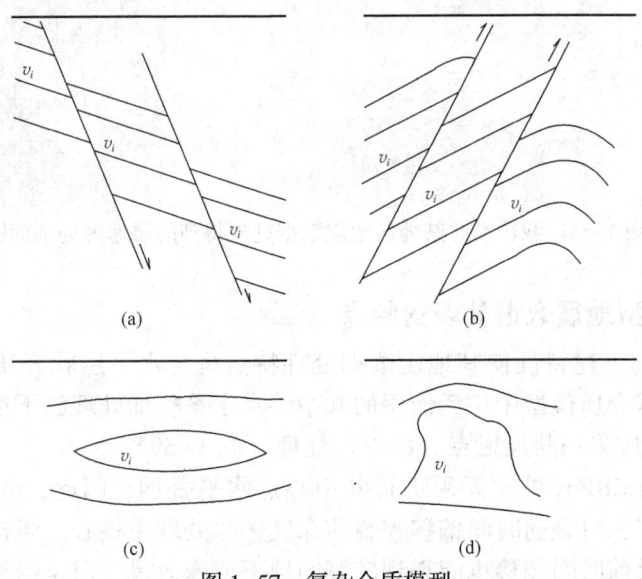

图 1-57 复杂介质模型
(a) 正断层模型;(b) 逆掩断裂带模型;(c) 砂岩透镜体模型;(d) 盐丘模型

这种复杂介质模型与水平层状介质模型有着明显的差别，其特点是：

（1）介质呈块状分布，它不仅有顶部和底部界面，而且其侧面也由断层面或岩层界面所封闭。

（2）由于剧烈的构造运动作用，界面往往呈弯曲界面，界面陡、倾角较大。

（3）介质速度往往沿水平方向变化较快。

图1-58为我国东北某地区地震数据处理得到的层速度场剖面图，表明地下介质呈复杂块状模型。

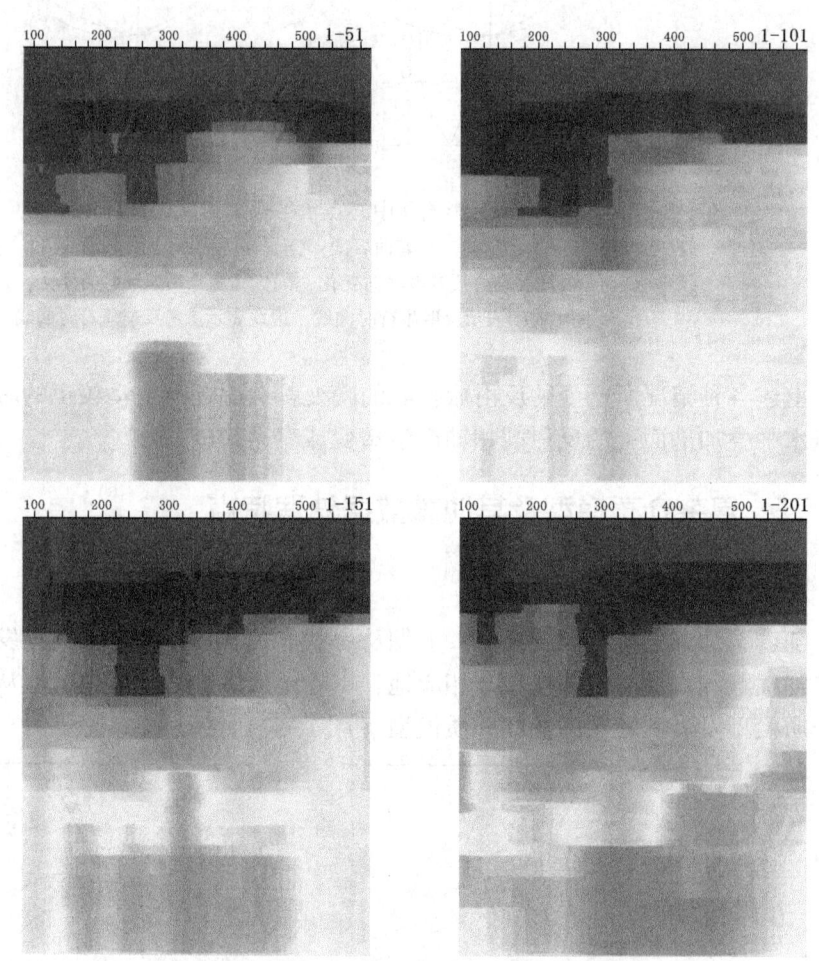

彩图1-58　　图1-58　我国东北某地区地震数据处理得到的层速度场剖面图（据Yilmaz，2001）

2. 复杂介质模型地震数据处理的特点

复杂介质模型的上述特性使其地震数据处理特点也与水平层状介质模型有着明显的差异。首先，水平层状介质模型中广泛使用的共中心点水平叠加处理已不适用，代替共中心点（CMP）叠加处理，应采用共反射点（CRP）处理（图1-59）。

由于共反射点（CRP）处理无须进行共中心点水平叠加，因此，共反射点处理是以叠前处理为其主要特点，以叠前时间偏移和叠前深度偏移处理为核心。当构造较为平缓、速度横向变化不大时，叠前时间偏移也能得到较好的地下成像效果。但是当构造剧烈、速度横向变化较大时叠前深度偏移才能够获得地下较为精确的成像结果。对于叠前深度偏移，建立良好的层速度—深度模型是非常关键的一个环节。共反射点（CRP）叠前处理基本处理流程图如图 1-60 所示。

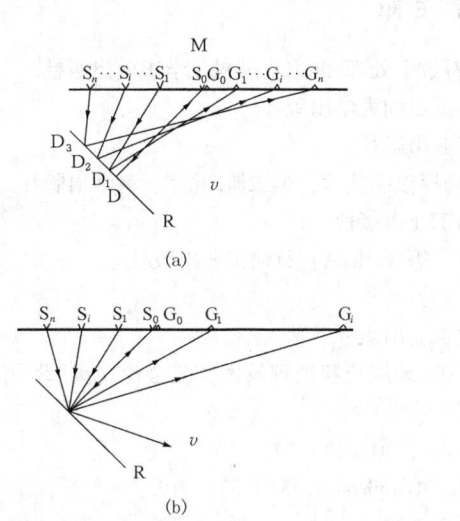

图 1-59　共反射点（CRP）与共中心点（CMP）比较
（a）共中心点（CMP）；（b）共反射点（CRP）

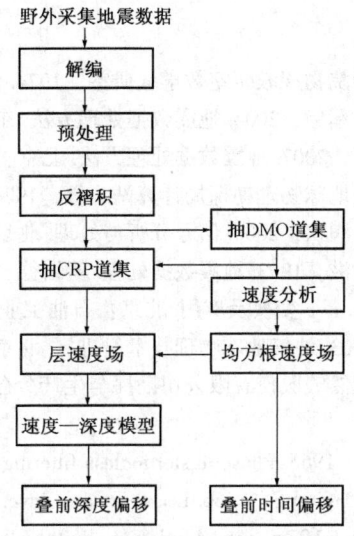

图 1-60　共反射点（CRP）叠前处理基本处理流程图

思考题和习题

1. 如果有两个时间函数 $x(t)$ 和 $y(t)$，它们的频谱分别为 $\tilde{X}(\omega)$ 和 $\tilde{Y}(\omega)$，试证明它们在时间域的乘积 $x(t) \cdot y(t)$ 的频谱为 $\tilde{X}(\omega) * \tilde{Y}(\omega)$。

2. 如果有一个信号，它的主频为 180Hz，经采样时间间隔 Δt 分别为 2ms、4ms 和 8ms 采样后，哪些 Δt 采样后的时间序列会出现假频？其假频各为多少赫兹？

3. 如果有如图 1-61 所示的地震反射波、面波和噪声干扰频谱，反射波和面波的视速度分别为 3000~10000m/s 和 800~2000m/s。试设计一个 f-k 滤波器，以有效地突出反射波，压制面波和噪声干扰。

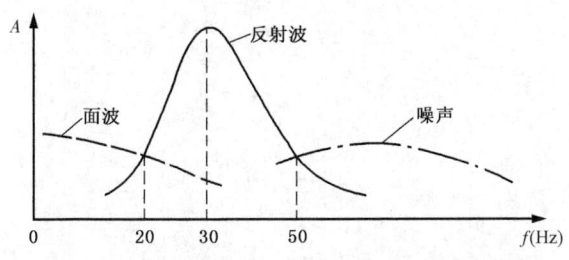

图 1-61　地震反射波、面波和噪声干扰频谱图

4. 试用 FORTRAN 或 C 语言编写快速傅里叶变换（FFT）程序。
5. 试用 FORTRAN 或 C 语言编写褶积计算程序。

6. 时间空间域的双曲线同相轴变换到 $\tau-p$ 域之后其轨迹为椭圆形态，请给出证明。

7. 试证明实因果信号傅里叶变换的虚部是其实部的 Hilbert 变换。

参 考 文 献

华东石油学院物探教研室数学教研室，1974. 地震资料数字处理. 北京：燃料化学工业出版社.

李振春，张军华，2004. 地震数据处理方法. 东营：中国石油大学出版社.

牟永光，等，2007. 地震数据处理方法. 北京：石油工业出版社.

燃化部石油地球物理勘探局计算站，等，1974. 地震勘探数字技术：第二册. 北京：科学出版社.

王云专，王润秋，2006. 信号分析与处理. 北京：石油工业出版社.

渥·伊尔马滋，1993. 地震数据处理. 黄绪德，袁明德，等译. 北京：石油工业出版社.

吴律，1993. $\tau-p$ 变换及应用. 北京：石油工业出版社.

张永刚，2003. 油气地球物理技术新进展. 北京：石油工业出版社.

中国石油天然气股份有限公司勘探与生产分公司，2002. 地震资料处理技术交流会论文集. 北京：石油工业出版社.

Domenico S, 1965. Phase-distortionless filtering. Geophysics, 30 (1): 37.

Ford W T, Treitel S, 1966. Least-squares inverse filtering. Geophysics, 31 (5): 919.

Kulhanek O, 1976. Introduction to digital filtering in Geophysics. Amsterdam: Elsevier Scientific Publishing Company.

Robinson E A, 1996. Multichannel Z-transforms and minimum-delay. Geophysics, 31 (3): 484-486.

Robinson E A, et al, 1964. Principles of digital filtering. Geophysics, 29 (3): 402-404.

Taner M T, Koehler F, Sheriff R E, 1979. Complex seismic trace analysis. Geophysics, 44 (6): 1041-1063.

Yilmaz O, 2001. Seismic Data Analysis. Society of Exploration Geophysicists.

Yilmaz O, 1987. Seismic Data Processing. Society of Exploration Geophysicists.

第二章 预处理及振幅补偿

预处理，顾名思义是指地震数据处理前的准备工作，是地震数据处理中重要的基础工作，一般定义为将野外采集的地震数据正确加载到地震资料处理系统，进行观测系统定义，并对地震数据进行编辑和校正的过程。

振幅补偿，是消除激发、接收、近地表结构、几何扩散、地层吸收等因素对地震波振幅的影响，恢复与反射界面有关的实际振幅变化，保证地震数据后续处理的质量。

第一节 预处理

预处理（视频 2-1）是地震数据处理过程中重要的基础工作，为保证预处理工作正常进行，在进行预处理之前，要对野外施工设计、采集班报、观测系统、高程及野外静校正数据、磁带记录标签等进行仔细的检查与核对。

预处理主要包括数据加载、道编辑、野外观测系统定义和质控等工作。

一、数据加载

在地震数据采集过程中，地震数据按照一定的记录格式记录在磁带或磁盘等介质上。当完成整个工区的地震数据采集工作之后，这些数据传送到地震数据处理中心，开展后续的处理工作。因此，地震数据处理的首要步骤是将野外采集的地震数据读入到地震数据处理系统。数据加载就是将野外地震数据按照其记录格式读出来，再按照处理系统所要求的格式写入并保存到地震数据处理系统。地震数据有多种不同的数据记录格式，目前应用最为广泛的是 SEG-Y 格式。下面以 SEG-Y 格式为例，对地震数据的记录格式进行简要描述。

视频 2-1 地震数据预处理

如图 2-1 所示，SEG-Y 数据的第一部分称为卷头，共有 3600 个字节。卷头又分为两部分，3200 个字节的 EBCDIC 卷头和 400 个字节的二进制卷头，卷头中记录了与整个数据体有关的信息。EBCDIC（Extended Binary Coded Decimal Interchange Code）码为 IBM 公司在 1963 年前后推出的字符编码表，其类似于目前应用更为广泛的 ASCII（American Standard Code for Information Interchange）字符集编码。EBCDIC 卷头里记录了地震数据所在的工区、采集日期和采集队伍等信息。二进制卷头里面记录了采样间隔、采样个数、数据格式等信息。EBCDIC 卷头和二进制卷头除了数据格式的差异之外，EBCDIC 卷头对信息记录的具体位置不做要求，二进制卷头则规定了采样间隔等这些信息记录的具体位置。

3600 个字节的卷头之后是逐道记录的地震数据。每一道地震数据又分为两部分，一部

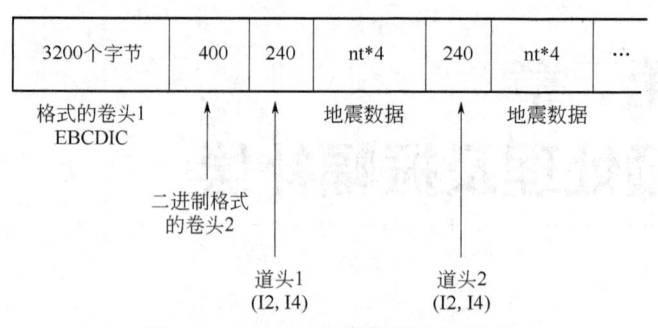

图 2-1 SEG-Y 地震数据记录格式

分是 240 字节的地震数据道头，另外一部分是地震数据本身的样点值。在地震数据道头中记录了与该地震道有关的信息，如该地震道的炮号、道号、炮点坐标、检波点坐标、高程、水深等信息。这些信息都有规定的具体位置，如炮号记录在 240 个字节道头中的第 9 个字节位置，道号记录在道头中的第 14 个字节位置等。240 个字节的道头之后开始记录该地震道本身的样点值。如地震数据的采样个数为 N，采用 4 个字节的浮点格式，则地震数据本身将占据 $4N$ 个字节长度。在完成第一个地震道的记录之后，记录下一个地震道，以此类推，直到最后一个地震道。

二、道编辑

道编辑是对地震记录中的不正常地震道进行编辑和校正的处理。由于采集因素、设备因素、地表因素和环境噪声等因素的影响，实际地震记录中往往存在一些噪声污染较为严重的地震道，这些地震道具有较大的振幅异常和频率异常，需要在预处理阶段进行编辑和剔除。如图 2-2 所示，地震记录中存在一个由于检波器性能异常导致的强干扰地震道，若该地震道不在预处理阶段进行压制和剔除，将会对后续处理产生不利影响。另外，极性反转也是道编辑阶段需要注意的问题。由于数据记录的原因，有些地震道的极性可能会出现反转，这些也需要在预处理阶段校正过来。

早期的道编辑是地震资料处理人员手工实现的，费时费力，十分繁琐，且道编辑的质量依赖于处理人员的主观经验。随着人工智能技术的发展和计算机处理能力的不断改善，出现了许多自动道编辑处理技术，大大提高了地震数据道编辑的效率和质量。

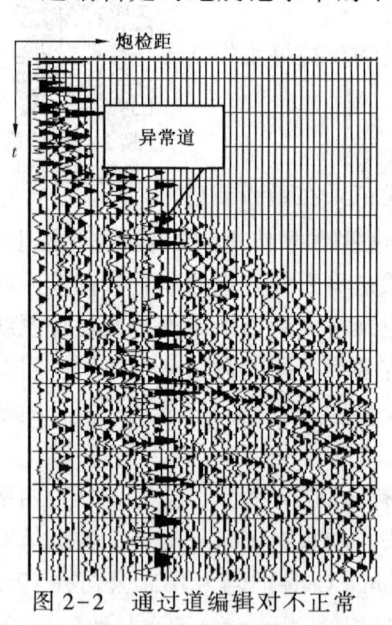

图 2-2 通过道编辑对不正常的道进行剔除或压制

三、野外观测系统定义和质控

地震数据处理中的许多工作是基于地震道的炮点坐标、检波点坐标，以及根据这些坐标所定义的处理网格进行的。野外地震数据的道头中记录了每一个地震道的野外文件号

(FFID）和道号（channel number），炮点和检波点的坐标信息记录在野外班报中。观测系统定义就是以野外文件号和记录道号为索引，赋予每一个地震道正确的炮点坐标、检波点坐标，以及由此计算的中心点坐标和面元序号，并将这些数据记录在地震道头上或观测系统数据库中。观测系统定义一般由炮点定义、检波点定义和炮点与检波点关系模版定义三部分组成。

观测系统定义是地震数据处理中重要的基础工作。不同的处理系统，观测系统定义方式不同，总体而言比较繁琐，特别是当野外采集条件复杂，观测系统变化较大，偏离设计位置的炮点、检波点数目较多时，很容易产生错误，因此需要有相应的质量控制手段对观测系统进行检查。首先参照施工设计对基于观测系统绘制的炮点位置分布图、检波点位置分布图（图 2-3）、覆盖次数分布图进行检查，然后对地震记录的初至波进行线性动校正，以共炮点、共检波点和共偏移距显示初至时间变化情况，对初至异常变化地震道所涉及的观测系统参数进行检查和更正。

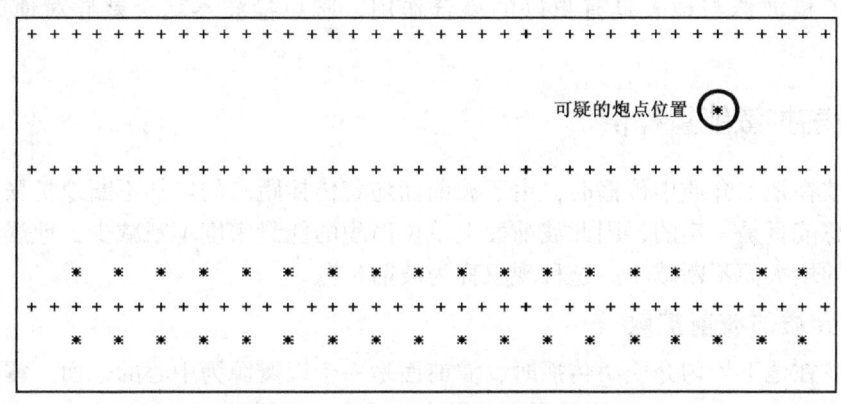

图 2-3　炮点（∗）和检波点（+）位置分布图（局部）
通过炮点和检波点位置分布图对观测系统定义进行检查

第二节　振幅补偿

地表地震记录的振幅不仅反映了地层界面的反射系数，而且还与地震波的激发、传播和接收等因素有关。这些因素包括地震波的激发条件、接收条件、波前扩散、吸收、散射、透射损失、微曲多次波、入射角的变化、波的干涉和噪声等。振幅补偿的目的是尽量对地震波能量的衰减和畸变进行补偿和校正，使得反射振幅能够较好地反映波阻抗界面的实际反射系数。振幅补偿主要包括波前扩散能量补偿、地层吸收能量补偿和地表一致性振幅补偿（视频 2-2）。

视频 2-2　地震振幅补偿处理

一、影响振幅的因素

地震波经历了激发、传播和接收的过程，在这个过程中，地震波的能量和振幅会受到诸多因素的影响。地震数据的振幅异常不仅影响了地震资料处理质量，也降低了后续地震数据解释和储层预测的精度。

就激发因素而言，震源类型、地表条件、激发环境等因素都影响着地震波能量。在山地勘探中，爆炸造成的岩石破碎消耗了很大一部分激发能量，在很大程度上减弱了地震波向下传播的有效能量。在平原地区进行地震勘探，潜水面之下激发较潜水点之上激发具有更强的能量。海上地震勘探一般采用气枪震源进行激发，气枪型号、气体压力、沉放深度等因素也影响着激发子波的能量。可控震源在沙漠地震勘探中得到了广泛应用，可控震源的机械参数和地表条件也严重影响了地震记录的能量。

地震波在激发之后向下传播，遇到反射界面之后被反射回来，以反射波的形式向上传播。地震波的传播过程可以看作一个复杂的大地滤波过程，波前扩散、地层吸收、界面透射、异常体散射、薄层调谐、波型转换等因素不断地改变着地震波的能量。在原始地震记录上，地震信号的振幅浅层强、深层弱，在纵向上存在明显差异，两者差异可达数十分贝。

地震波返回地表之后被检波器接收。检波器类型、频率响应、灵敏度和耦合效应也对地震信号的能量产生影响。野外施工要求检波器埋置满足平、稳、正、直、紧等规范要求，其目的就是为了检波器与地表具有更好的耦合作用，避免检波器耦合差异对地震波振幅的影响。

二、波前扩散能量补偿

当地震波在地下介质中传播时，由于波前面随着传播距离的增加不断地扩张。而地震波激发产生的总能量是一定的，因此波前面上单位面积的能量密度不断减少，地震波的振幅随着传播距离的增大而不断减小。这种现象称为波前扩散。

1. 均匀介质的波前扩散

当地震波在地下均匀介质中传播时，波前面是一个以震源为中心的球面，震源发出的总能量逐渐分散在一个面积不断扩大的球面上，单位面积上的能量密度逐渐减小，地震波振幅不断减弱。

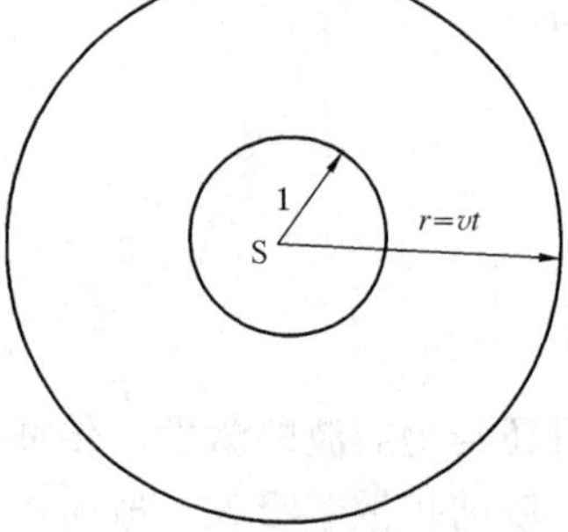

如图 2-4 所示，从震源发出的地震波在任意时刻的波前面上的能量密度 e 为

$$e = \frac{E}{4\pi r^2} = \frac{E}{4\pi v^2 t^2} \qquad (2-1)$$

式中　E——总能量；
　　　r——波的传播距离；
　　　v——波的传播速度；
　　　t——波的传播时间。

图 2-4　均匀介质球面扩散

取距震源单位距离（$r=1$）处的波前面的能量密度

$$e_0 = \frac{E}{4\pi} \qquad (2-2)$$

为标准，从式(2-1) 和式(2-2) 得到

$$\frac{e}{e_0} = \frac{1}{r^2} = \frac{1}{v^2 t^2} \qquad (2-3)$$

由于地震波振幅与能量密度的平方根成正比，因而得到任意 t 时刻的地震波振幅 A 与离开震源单位距离处的振幅 A_0 之比 D_d 为

$$D_d = \frac{A}{A_0} = \frac{1}{r} = \frac{1}{vt} \quad (2-4)$$

这就是均匀介质中波前扩散所引起的地震波振幅衰减因子，简称为波前扩散因子。

波前扩散补偿的目的就是通过下式恢复波前扩散对地震波振幅的影响

$$A' = \frac{A}{D_d} \quad (2-5)$$

式中，A' 表示波前扩散补偿后地震波的振幅。

2. 层状介质的波前扩散

当地震波在水平层状介质中传播时，其波前面不再是一个球面。因而，在层状介质中，由波前扩散所引起的反射振幅的衰减规律与均匀介质的衰减规律有所不同。

假设地下有 n 层水平层状介质（图 2-5），其中任意第 i 层的厚度为 h_i，速度为 v_i，由震源 S 发出的地震波 SP 在第 n 层的底面反射后，到达接收点 G，入射波由震源发出的入射角为 θ_s，反射波的出射角为 θ_r，相应的炮检距为 s。另外，与入射射线 SP 相邻取一射线 SP'，其入射角增量为 $\delta\theta_s$，相应的反射射线 P'G' 的出射点的炮检距增量为 δx。

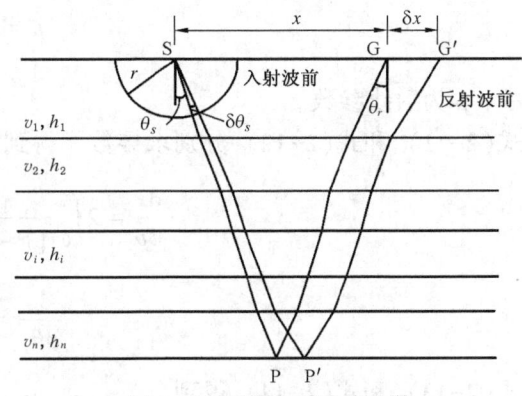

图 2-5 层状介质波前发散

与均匀介质相似，这里规定地震波的振幅与垂直地震波传播方向单位面积上能量密度的平方根成正比。如果用 A_i 表示入射波在震源附近半径为 r 的球面上的振幅，A_r 表示通过接收点 G 的反射波波前面上的振幅，S_i 表示入射线 SP 和 SP' 绕通过震源的铅直线旋转在距离震源半径为 r 的球面上所夹的环形面积，S_r 表示反射线 PG 和 P'G' 绕通过震源的铅直线旋转在反射波波前上所夹的环形面积。由于波通过环形面积 S_i 的能量（如果不考虑其他能量损失的话）将全部流过环形面积 S_r，地震波的振幅与其能量所流过面积的平方根成反比，得到

$$\frac{A_r}{A_i} = \left(\frac{S_i}{S_r}\right)^{\frac{1}{2}} \quad (2-6)$$

由图 2-5 可知

$$S_i = 2\pi r^2 \delta\theta_s \sin\theta_s \quad (2-7)$$
$$S_r = 2\pi x \delta x \cos\theta_r \quad (2-8)$$

代入式(2-6)，得到

$$\frac{A_r}{A_i} = \left(\frac{r^2 \sin\theta_s \delta\theta_s}{x\cos\theta_r \delta x}\right)^{\frac{1}{2}} \quad (2-9)$$

如果震源和接收点都在第一层介质中，由于各层都是水平的，则 $\theta_s = \theta_r = \theta_1$，取 $r=1$ 单位距离，得到

$$D_d = \frac{A_r}{A_i} = \left(\frac{\tan\theta_1}{x}\frac{\delta\theta_1}{\delta x}\right)^{\frac{1}{2}} \tag{2-10}$$

式中，D_d 为层状介质中从震源到达炮检距为 x 的接收点的反射波由波前扩散所形成的振幅衰减因子。

为了计算波前扩散因子 D_d，考虑速度随深度变化的函数 $v(z)$，对任意一条射线，其反射波出射点到炮点的距离为

$$x = 2\int_0^z \frac{pv(z)}{[1-p^2v^2(z)]^{1/2}}dz \tag{2-11}$$

$$p = \frac{\sin\theta_1}{v_1} \tag{2-12}$$

式中，p 为射线参数。

对式(2-11) 和式(2-12) 分别求导数，得到

$$\frac{dx}{dp} = 2\int_0^z \frac{v(z)}{[1-p^2v^2(z)]^{3/2}}dz \tag{2-13}$$

$$\frac{dp}{d\theta_1} = \frac{\cos\theta_1}{v_1} \tag{2-14}$$

由式(2-13) 和式(2-14) 得到

$$\frac{d\theta_1}{dx} = \frac{v_1}{2\cos\theta_1}\frac{1}{\int_0^z \frac{v(z)}{[1-p^2v^2(z)]^{3/2}}dz} \tag{2-15}$$

将式(2-15) 代入式(2-10)，得到波前扩散因子

$$D_d = \left\{\frac{v_1\tan\theta_1}{2x\cos\theta_1}\left\{\int_0^z \frac{v(z)}{[1-p^2v^2(z)]^{3/2}}dz\right\}^{-1}\right\}^{1/2} \tag{2-16}$$

在水平层状介质情况下，式(2-16) 中的积分变为求和

$$\int_0^z \frac{v(z)}{[1-p^2v^2(z)]^{3/2}}dz = \sum_{i=1}^n \frac{v_ih_i}{(1-p^2v_i^2)^{3/2}} = \frac{v_1}{\sin\theta_1}\sum_{i=1}^n \frac{h_i\sin\theta_i}{\cos^3\theta_i} \tag{2-17}$$

于是，得到波前扩散因子

$$D_d = \left[\frac{\tan^2\theta_1}{2x}\left(\sum_{i=1}^n \frac{h_i\sin\theta_i}{\cos^3\theta_i}\right)^{-1}\right]^{\frac{1}{2}} \tag{2-18}$$

当地震波沿垂直界面的方向入射和传播时，$\theta_1 = \theta_i = 0$，则 $p \to 0$，$\cos\theta_i \to 1$。将 $\tan\theta_1 = \frac{pv_1}{\cos\theta_1}$，

$\sin\theta_1 = pv_1$ 和 $x = 2p\sum_{i=1}^{n}\dfrac{h_i v_i}{\cos\theta_i}$ 代入式(2-18)，然后令 $p \to 0$，$\cos\theta_i \to 1$，得到垂直入射即炮检距为零时的层状介质波前扩散因子

$$D_d = \frac{v_1}{2\sum_{i=1}^{n} h_i v_i} = \frac{v_1}{\sum_{i=1}^{n} t_i v_i^2} \tag{2-19}$$

式中 t_i——地震波在第 i 层中的双程垂向旅行时间。

将均方根速度

$$v_{\text{rms}}^2 = \frac{\sum_{i=1}^{n} t_i v_i^2}{\sum_{i=1}^{n} t_i} \tag{2-20}$$

代入式(2-19)，最后得到

$$D_d = \frac{v_1}{v_{\text{rms}}^2 t} \tag{2-21}$$

式中 t——垂直入射的反射波旅行时间；

v_1——第一层介质的速度；

v_{rms}——对应于反射波旅行时间 t 的均方根速度。

三、地层吸收能量补偿

当地震波在地下介质中传播时，由于实际的岩层并非完全弹性，岩层的非完全弹性使得地震波的弹性能量不可逆转地转化为热能而发生消耗，因此使得地震波的振幅产生衰减，这种由于介质的非完全弹性而引起的地震波振幅衰减现象称为吸收。

1. 均匀介质的吸收

根据黏滞弹性理论可知，由均匀的非完全弹性介质所产生的吸收作用，将使地震波的振幅随着传播距离的增大呈指数衰减。令 A_0 为震源发出地震波的初始振幅，A 为地震波传播离开震源距离 r 处的振幅，α 为介质的吸收系数，则有

$$A = A_0 e^{-\alpha r} \tag{2-22}$$

因而，得到由于岩层的吸收作用所引起的地震波振幅的衰减因子为

$$D_a = \frac{A}{A_0} = e^{-\alpha r} = e^{-\beta t} \tag{2-23}$$

其中

$$\beta = \alpha v \tag{2-24}$$

式中 t——地震波传播 r 距离的旅行时间；

β——介质的衰减系数；

v——地震波在介质中的传播速度。

实际地震资料处理中常用品质因子 Q 来描述地震波的衰减，其意义是地震波在传播一个波长 λ 距离后，原来储存的能量 E 与所消耗能量 ΔE 之比，即

$$Q = 2\pi \frac{E}{\Delta E} = 2\pi \frac{A_0^2}{A_0^2 - A_\lambda^2} = 2\pi \frac{1}{1 - e^{-2\alpha\lambda}} \qquad (2-25)$$

将上式展开，并舍去高次项，得到品质因子 Q 与吸收系数的关系为

$$Q = \frac{\pi}{\alpha\lambda} = \frac{\pi f}{\alpha v} \qquad (2-26)$$

式中 f——地震波频率。

由式(2-23)和式(2-26)得到由品质因子表示的衰减因子

$$D_a = e^{-\alpha r} = e^{-\beta t} = e^{-\frac{\pi f}{Q}t} \qquad (2-27)$$

可见在非完全弹性介质中，地震波的高频成分比低频成分衰减得要快。

2. 层状介质的吸收

如果地下有 n 层水平层状介质，地震波从震源出发相继通过各层介质，设第 i 层的品质因子为 Q_i，速度为 v_i，传播时间为 t_i，则地震波通过第 i 层时，该层的吸收因子为

$$D_{ai} = e^{-\frac{\pi f}{Q_i}t_i} \qquad (2-28)$$

当地震波相继通过所有 n 层介质时，整个地层的吸收因子为

$$D_a = \prod_{i=1}^{n} D_{ai} = \prod_{i=1}^{n} e^{-\frac{\pi f}{Q_i}t_i} = e^{-\pi f \sum_{i=1}^{n} \frac{t_i}{Q_i}} \qquad (2-29)$$

引入新的变量 Q_{eff} 作为等效品质因子

$$Q_{\text{eff}} = \frac{\sum_{i=1}^{n} t_i}{\sum_{i=1}^{n} \frac{t_i}{Q_i}} \qquad (2-30)$$

则式(2-29)改写为与式(2-27)相似的形式

$$D_a = e^{-\frac{\pi f t}{Q_{\text{eff}}}} \qquad (2-31)$$

其中 $t = \sum_{i=1}^{n} t_i$ 为地震波通过所有 n 层介质的传播时间。

需要注意的是，等效品质因子 Q_{eff} 并不是一个常数，而是一个随传播时间变化的量。

3. 地层吸收补偿

从式(2-31)可以看出，地层吸收对地震波振幅的影响不同于波前扩散对地震波振幅的影响，地震波振幅的衰减与频率有关，频率越高，振幅衰减越严重。地层吸收不仅造成地震

波振幅的衰减,而且对地震波产生低通滤波作用。其振幅谱 $A(f)$ 为

$$A(f) = e^{-\frac{\pi ft}{Q}} \quad (2-32)$$

如果将地层对地震波的滤波作用看作一个最小相位滤波过程,则可以利用 Hilbert 变换,根据振幅谱 $A(f)$ 得到相位谱

$$\phi(f) = H[\ln A(f)] = -\frac{\pi t}{Q}H(f) \quad (2-33)$$

式中符号 $H(\cdot)$ 表示 Hilbert 变换,大地吸收低通滤波器的复频谱 $D(f,t)$ 表示为

$$D(f,t) = A(f)e^{i\phi(f)} = e^{-\frac{\pi t}{Q}[f+iH(f)]} \quad (2-34)$$

式(2-34)表明,地震波在非完全弹性介质中的衰减与频率 f、时间 t 和品质因子 Q 有关。地层吸收补偿应该是地层吸收滤波的反滤波过程,因此地层吸收补偿因子可表示为

$$D^{-1}(f,t) = e^{\frac{\pi t}{Q}G(f)} \quad (2-35)$$

其中

$$G(f) = f + iH(f) \quad (2-36)$$

利用傅里叶变换可以得到时间域的地层吸收补偿因子

$$h(t,\tau) = \int_{-\infty}^{+\infty} e^{\frac{\pi t}{Q}G(f)} e^{i2\pi f\tau} df \quad (2-37)$$

假定地表记录的地震数据为 $x(t)$,利用 $x(t)$ 与 $h(t,\tau)$ 的褶积可以得到地层吸收补偿后的地震数据 $y(t)$

$$y(t) = x(t) * h(t,\tau) \quad (2-38)$$

上式的褶积不同于一般的褶积关系式,滤波因子随时间是逐点变化的,无法求得上式的精确解,在实际应用中需要做一些适当的近似。

四、地表一致性振幅补偿

除了由于波前扩散和地层吸收引起的反射振幅随时间的衰减之外,激发、接收和近地表差异也会导致反射振幅在空间上的异常变化。因此,在完成时间方向的振幅补偿之后,还有对反射振幅的空间异常进行补偿,即地表一致性振幅补偿。

地表一致性的含义是,对地震记录的影响因素只与炮点和检波点的空间位置有关,而与反射时间和传播路径没有关系。具体到地表一致性振幅补偿,是指对于同一个共炮点道集的所有地震道,激发因素和激发环境对所有地震道振幅的影响是一个常量。对于共检波点道集中的所有地震道,接收因素和接收环境对所有地震道振幅的影响也是一个常量。

基于以上假设,对于第 i 炮激发,第 j 道接收的地震道 $x_{ij}(t)$,可以近似分解为

$$x_{ij}(t) = s_i(t) * h_l(t) * e_k(t) * g_j(t) \quad (2-39)$$

其中,$l=|i-j|$ 为炮检距序号;$k=(i+j)/2$ 为中心点序号;$s_i(t)$ 是激发点对地震道的影响,称为炮点响应;$g_j(t)$ 是接收点对地震道的影响,称为检波点响应;$e_k(t)$ 是中心点对地震道的影响,称为中心点响应;$h_l(t)$ 是炮检距对地震道的影响,称为炮检距响应。将上式变

换到频率域，有

$$X_{ij}(\omega) = S_i(\omega)H_l(\omega)E_k(\omega)G_j(\omega) \qquad (2-40)$$

取对数之后，有

$$\ln X_{ij}(\omega) = \ln S_i(\omega) + \ln H_l(\omega) + \ln E_k(\omega) + \ln G_j(\omega) \qquad (2-41)$$

将上式分解为振幅谱和相位谱两部分，有

$$\ln|X_{ij}(\omega)| = \ln|S_i(\omega)| + \ln|H_l(\omega)| + \ln|E_k(\omega)| + \ln|G_j(\omega)| \qquad (2-42)$$

和

$$\phi[X_{ij}(\omega)] = \phi[S_i(\omega)] + \phi[H_l(\omega)] + \phi[E_k(\omega)] + \phi[G_j(\omega)] \qquad (2-43)$$

理论上讲，以上四个因素对地震道的影响是与频率有关的。也就是说，激发、接收和近地表因素不仅影响了地震记录的振幅特性，也影响了地震记录的频谱特征。基于方程式(2-42)可以就以上因素对地震数据频率特性的影响进行补偿和校正，这属于后续章节地表一致性反褶积要讨论的内容。基于方程（2-43）可以就以上因素对地震数据相位特性的影响进行补偿和校正，这属于地表一致性相位校正的研究内容。这里只讨论以上因素对反射振幅的影响。

地震记录振幅谱在有效频带内的平均值可以近似代表地震记录的振幅变化，因此，若只考虑振幅的影响，则方程（2-43）可近似为

$$\hat{x}_{ij} = \hat{s}_i + \hat{h}_l + \hat{e}_k + \hat{g}_j \qquad (2-44)$$

式中，$\hat{x}_{ij}$是地震道均方根振幅的自然对数；$\hat{s}_i$、$\hat{h}_l$、$\hat{e}_k$和$\hat{g}_j$分别是炮点、炮检距、中心点和检波点振幅影响因子的自然对数。这些因子只与炮点和检波点的位置有关，而与反射时间和频率无关。每一个地震道都对应这样一个方程，由此会构成一个庞大的线性代数方程组。假设工区内有N_s炮地震记录，每炮有N_c个地震道接收，则方程的个数为$N_a = N_s N_c$。未知数的个数N_b是所有炮点N_s、所有检波点N_g、所有中心点N_e和所有炮检距N_h之和，即

$$N_b = N_s + N_g + N_e + N_h$$

由于采用了地表一致性假设，对于多次覆盖采集的地震数据，有$N_a > N_b$，线性代数方程组是超定的，其矩阵形式表示为

$$\boldsymbol{X} = \boldsymbol{CP} \qquad (2-45)$$

式中，$\boldsymbol{X}$是所有地震道的均方根振幅自然对数$\hat{x}_{ij}$构成的向量；$\boldsymbol{C}$是系数矩阵，维数为$N_a \times N_b$，它的每一行只有4个元素为1，其他元素均为零，非零元素的位置取决于炮点和检波点的空间位置；$\boldsymbol{P}$是由4个振幅分量$\hat{s}_i$、$\hat{h}_l$、$\hat{e}_k$和$\hat{g}_j$组成的向量。方程（2-45）的解可以表示为

$$\boldsymbol{P} = (\boldsymbol{C}^{\mathrm{T}}\boldsymbol{C})^{-1}\boldsymbol{C}^{\mathrm{T}}\boldsymbol{X} \qquad (2-46)$$

由于矩阵的维数很大，直接用上式求解可能对计算机能力和计算机资源提出过高要求，因此，工业界一般采用高斯—赛德尔（Gauss-Seidel）迭代法进行求解。

在利用上述方法得到每个地震道振幅变化的炮点分量、检波点分量、炮检距分量和中心

点分量之后，将所有地震道的炮点振幅和检波点振幅分别进行统一化处理，由此消除激发因素、接收因素和近地表变化对反射振幅的影响，实现反射振幅空间异常的地表一致性处理。

图 2-6 展示了地表一致性振幅补偿的应用效果。（a）图是地表一致性补偿之前的共炮点道集，由于检波器耦合和地表因素的影响，箭头所指示地震道的振幅明显低于周围地震道的振幅。（b）图是应用地表一致性振幅补偿之后的结果，很好地消除了不同地震道振幅在空间上的异常变化。

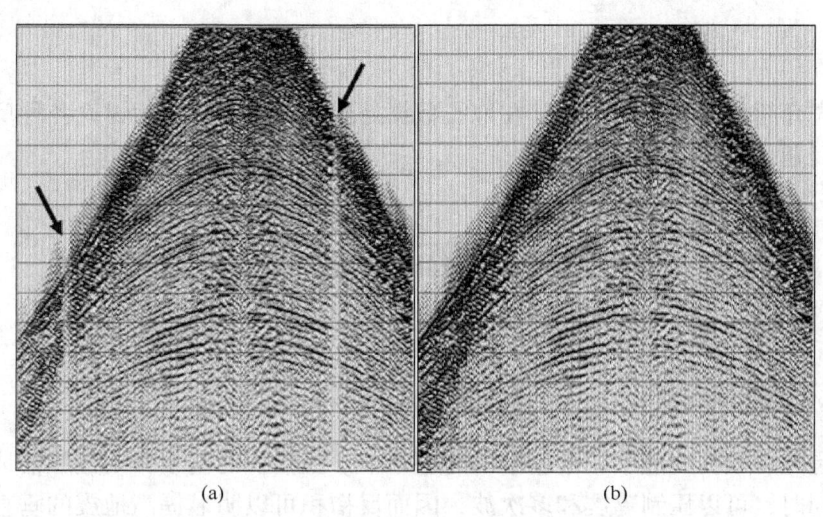

图 2-6　地表一致性振幅补偿前（a）、后（b）的共炮点道集

思考题和习题

1. 地震数据预处理主要包括哪几项工作？
2. 观测系统定义的主要工作是什么？有哪几项质量控制手段？
3. 影响地震波振幅的主要因素有哪些？
4. 地层的品质因子 $Q=30$，速度为 3000m/s，谐波频率分别为 10Hz 和 50Hz，计算地震波传播 1s 之后的波前发散衰减因子和吸收衰减因子。
5. 黏弹性地层对地震波的吸收作用相当于一个滤波器，试简述这个滤波器的特点。

参 考 文 献

牟永光，等，2007. 地震数据处理方法. 北京：石油工业出版社.
熊翥，1993. 地震数据数字处理应用技术. 北京：石油工业出版社.
熊翥，1986. 地震数据的衰减与补偿. 物探科技通报，4（1）：28-40.
Sheriff R O，1975. Factors affecting seismic amplitudes. Geophysical Prospecting，23（1）：125-138.
Taner M T，Koehler F，1981. Surface consistent correction. Geophysics，46：17-22.
Yilmaz O，2001. Seismic data analysis. Society of Exploration Geophysicists.

第三章 反褶积

本章首先介绍反褶积的概念及其在地震数据处理中的作用,然后讨论各种反褶积方法原理及其实现问题。

第一节 反褶积及褶积模型

一、反褶积的概念

反褶积是地震数据处理中一个基本的处理环节。反褶积的基本作用是压缩地震记录中的地震子波,同时,可以压制鸣震和多次波,因而反褶积可以明显提高地震的垂直分辨率。反褶积通常是用于叠前地震数据处理,也可以用于叠后数据处理,通常在一个地震数据处理流程中,为了提高地震数据垂向分辨率,在叠前和叠后不止一次用到反褶积处理。

反褶积处理是褶积处理的反过程,因而称为反褶积。在前面第一章第一节中曾讲过,一个滤波器的滤波过程在时间域的输出是输入信号与滤波器滤波因子的褶积。因此,时间域的褶积处理就相当于一个滤波过程。而反褶积则相当于时间域的一个反滤波过程。

地震记录可以看作是地震子波与地层脉冲响应的褶积,即

$$x(t) = w(t) * e(t) \tag{3-1}$$

式中 $x(t)$——地震记录;
$w(t)$——地震子波;
$e(t)$——地层滤波响应,它是震源为单位脉冲 $\delta(t)$ 时零炮检距自激自收的地震记录。

式(3-1)可视为一个滤波过程,如图 3-1 所示。

图 3-1 褶积滤波过程

这个滤波过程的输入为地震子波 $w(t)$,滤波器的滤波因子为地层脉冲响应 $e(t)$,输出为地震道记录 $x(t)$。或者输入为地层脉冲响应 $e(t)$,滤波器滤波因子为子波 $w(t)$,输出为

地震道记录 $x(t)$。

如果设计一个滤波器，其滤波因子 $w'(t)$ 具有与滤波器 $w(t)$ 恰好相反的性质，即当输入为地震道记录 $x(t)$ 时，其输出为地层脉冲响应 $e(t)$，称这个反过程为反滤波或反褶积，如图 3-2 所示。

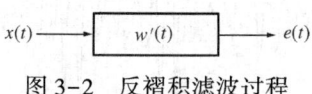

图 3-2　反褶积滤波过程

二、褶积模型

反褶积是以地震褶积模型为基础的（视频 3-1）。图 3-3 所示为地震褶积过程图。图 3-3(a) 为一段声波测井曲线，表明该井处的地层层速度 $v(z)$ 随深度而变化。图 3-3(b) 表示图 3-3(a) 得到的反射系数随深度的变化 $r(z)$，计算时假定平面波垂直入射，并忽略了地层密度的变化。图 3-3(c)
视频 3-1　地震记录的褶积模型

表示图 3-3(b) 中的反射系数随深度变化 $r(z)$ 利用图 3-3(a) 的速度信息进行深度—时间转换后，得到的反射系数随双程旅行时变化 $r(t)$。图 3-3(d) 表示由图 3-3(c) 的反射系数序列 $r(t)$ 得到的地层脉冲响应，其中包括一次反射和各种多次波的响应。最后，图 3-3(e) 为图 3-3(d) 的地层脉冲响应与图 3-4 中的震源子波按式(3-1) 褶积得到的人工合成地震记录。

式(3-1) 所表示的地震道记录 $x(t)$ 是不包含随机环境噪声的。为了得到更真实的人工合成地震记录，则需要在式(3-1) 中加入适量的随机环境噪声 $n(t)$。这时，人工合成地震记录的褶积公式为

$$x(t) = w(t) * e(t) + n(t) \quad (3-2)$$

式中　$n(t)$——随机环境噪声。

整个人工合成地震记录褶积过程如图 3-4 所示。而反褶积过程则与之相反，试图由所得到的地震记录 $x(t)$ 恢复地层脉冲响应 $e(t)$ 或反射系数序列 $r(t)$。

由式(3-2) 可以得到

$$\widetilde{X}(\omega) = \widetilde{W}(\omega) \cdot \widetilde{E}(\omega) + \widetilde{N}(\omega) \quad (3-3)$$

式中　$\widetilde{X}(\omega)$、$\widetilde{W}(\omega)$、$\widetilde{E}(\omega)$ 和 $\widetilde{N}(\omega)$——$x(t)$、$w(t)$、$e(t)$ 和 $n(t)$ 的频谱。

由于随机噪声 $n(t)$ 和地层脉冲响应两者均接近白噪声，它们的振幅谱 $|\widetilde{N}(\omega)|$ 和 $|\widetilde{E}(\omega)|$ 在接近全频带范围内是近似于相对平坦的，因而地震子波的振幅谱 $|W(\omega)|$ 近似于光滑后的地震记录的振幅谱 $|X(\omega)|$，两者的自相关函数 $r_{ww}(\tau)$ 与 $r_{xx}(\tau)$ 也是近似的，这一性质对后面将讨论的一些反褶积方法是重要的。

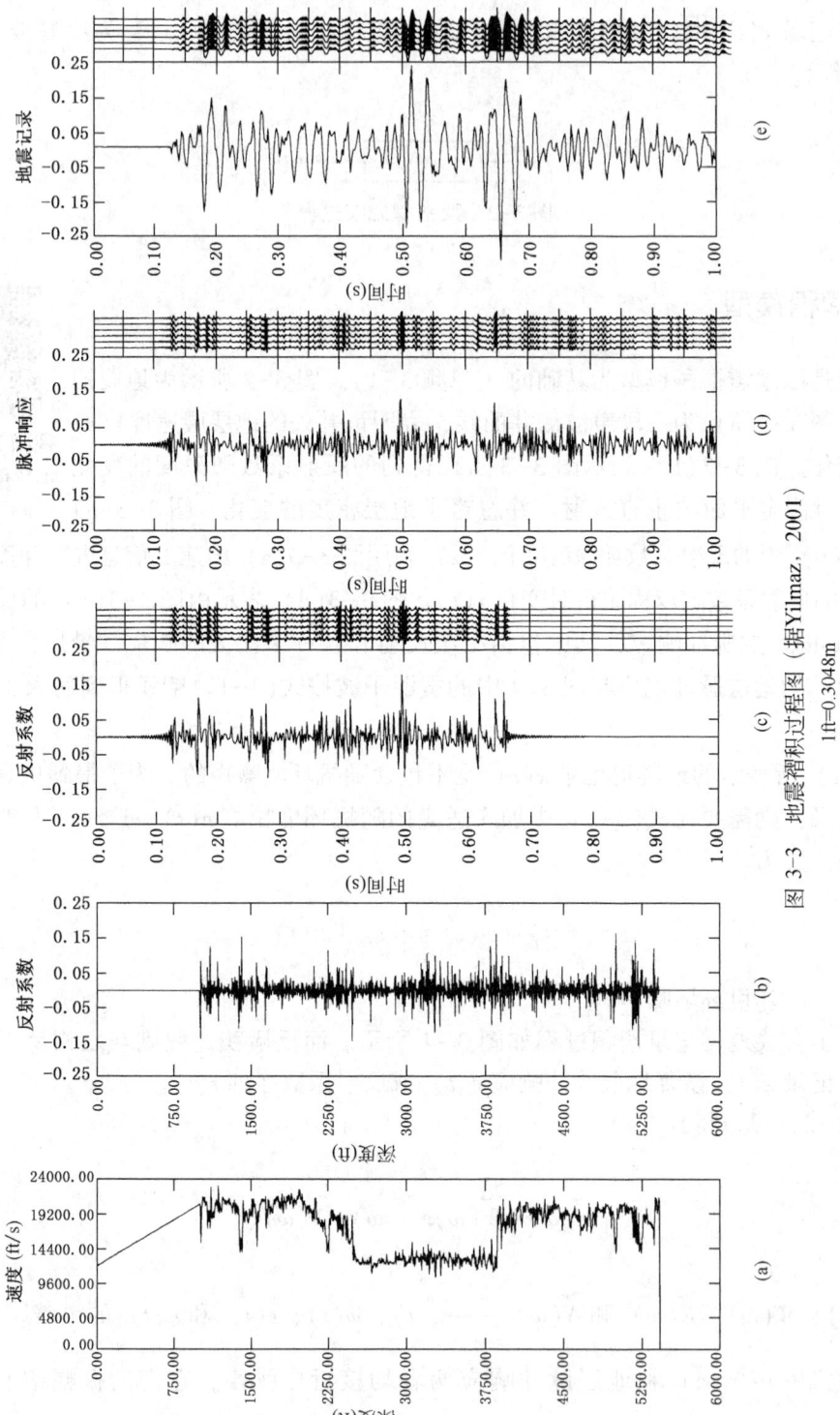

图 3-3 地震褶积过程图（据Yilmaz，2001）
1ft=0.3048m

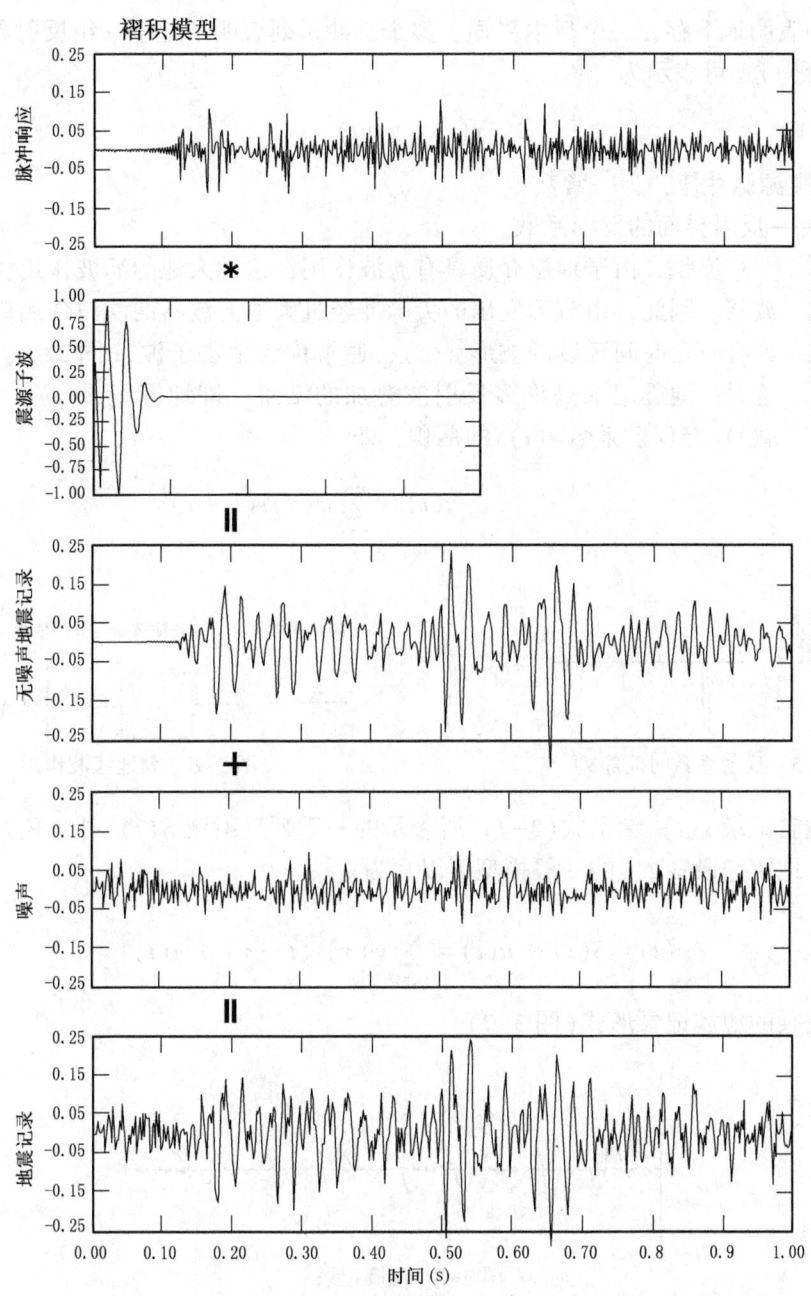

图 3-4　加有噪声的人工合成地震记录（据 Yilmaz，2001）

第二节　反滤波

一、反滤波的概念

在反射波法地震勘探中，由炸药爆炸等震源产生一个尖锐的脉冲，在地层介质中传播，并经反射界面反射后返回地面，其理想的地震记录应该是如图 3-5 所示的一系列尖脉冲，

其中每个脉冲表明地下存在一个反射界面,整个脉冲系列表明了地下一组反射界面。这种理想的地震记录 $x(t)$ 可表示为

$$x(t) = wr(t)$$

式中　w——震源脉冲值,为一常数;
　　　$r(t)$——反射界面的反射系数。

视频 3-2
地震子波

但是,由于地层介质具有滤波作用,这种大地的滤波作用相当于一个滤波器。因此,由震源发出的尖脉冲经过大地滤波器的滤波作用后,变成一个具有一定时间延续的波形 $w(t)$,通常称为地震子波(图 3-6、视频 3-2)。这时,地震记录是许多反射波叠加的结果,即地震记录 $x(t)$ 是地震子波 $w(t)$ 与反射系数 $r(t)$ 的褶积,即

$$x(t) = \sum_{\tau=0}^{\infty} w(\tau) r(t-\tau) \tag{3-4}$$

图 3-5　反射系数时间序列

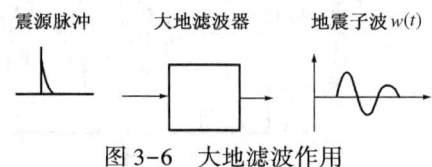

图 3-6　大地滤波作用

实际的地震记录 $x(t)$ 除了式(3-4) 所表示的一系列反射波 $S(t)$ 外,还存在着干扰波 $n(t)$,因此,地震记录 $x(t)$ 的一般模型可以写为

$$x(t) = S(t) + n(t) = \sum_{\tau=0}^{\infty} w(\tau) r(t-\tau) + n(t) \tag{3-5}$$

其结果为一复杂的地震记录形式(图 3-7)。

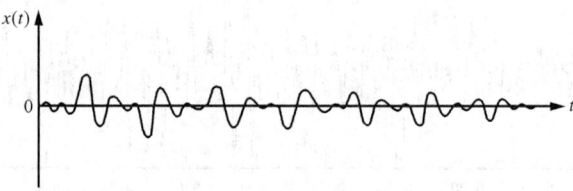

图 3-7　地震记录

在普通的地震记录上,一个界面的反射波一般是一个延续时间为几十毫秒的波形。由于地下反射界面一般是相距为几米至几十米的密集层,它们的到达时间差仅为几毫秒至几十毫秒,因此,在反射地震记录上它们彼此干涉,难于区分开来。

为了提高反射地震记录的分辨能力,希望在所得到的地震记录上,每个界面的反射波表现为一个窄脉冲,每个脉冲的强弱与界面的反射系数的大小成正比,而脉冲的极性反映界面反射系数的符号。

那么,怎样把延续几十毫秒的地震子波 $w(t)$ 压缩成为一个反映反射系数 $r(t)$ 的窄脉冲呢?这就是反褶积所要解决的问题。

如果地震记录是式(3-4)所表示的地震子波 $w(t)$ 与反射系数 $r(t)$ 的褶积,即地震记

录中只有反射波 $S(t)$，而没有干扰波 $n(t)$。这时反褶积问题很简单。

根据式(3-4)，在频率域相应有

$$\widetilde{X}(\omega) = \widetilde{W}(\omega)\widetilde{R}(\omega) \qquad (3-6)$$

式中，$\widetilde{X}(\omega)$、$\widetilde{W}(\omega)$ 和 $\widetilde{R}(\omega)$ 分别是地震记录 $x(t)$、地震子波 $w(t)$ 和反射系数 $r(t)$ 的频谱。

显然

$$\widetilde{R}(\omega) = \frac{1}{\widetilde{W}(\omega)}\widetilde{X}(\omega) \qquad (3-7)$$

如果令

$$\widetilde{W'}(\omega) = \frac{1}{\widetilde{W}(\omega)} \qquad (3-8)$$

则得到

$$\widetilde{R}(\omega) = \widetilde{W'}(\omega)\widetilde{X}(\omega) \qquad (3-9)$$

在时间域，得到

$$r(t) = w'(t) * x(t) = w'(t) * w(t) * r(t) \qquad (3-10)$$

式中，$w'(t)$ 是 $\widetilde{W'}(\omega)$ 的时间函数。

由式(3-10) 得到

$$w'(t) * w(t) = \delta(t) \qquad (3-11)$$

$w'(t)$ 叫作反子波或逆子波。

由此可知，已知地震子波 $w(t)$，求出反子波 $w'(t)$，利用式(3-10)，将反子波 $w'(t)$ 与地震记录 $x(t)$ 褶积，即可求出反射系数

$$r(t) = \sum_{\tau} w'(\tau)x(t-\tau) \qquad (3-12)$$

这个过程叫作反褶积（图3-8）。

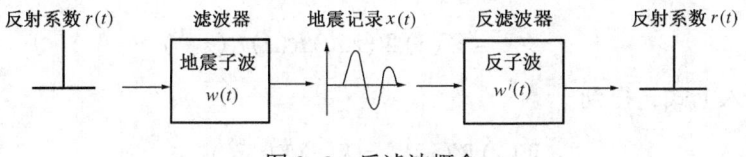

图 3-8 反滤波概念

因而，所谓的反褶积或反滤波实际上就是一个滤波过程，只不过这种滤波过程其作用恰好与某个滤波过程的作用相反。

二、地震子波的求取

在进行反褶积处理时，通常必须知道地震子波 $w(t)$ 的形状。地震子波求取得是否准确对反褶积结果的影响很大，求取地震子波的方法较多，这里只讲在反褶积处理中常用的几种求取地震子波的方法。

1. 直接观测法

这种方法是用专门布置在震源附近的检波器直接记录地震子波 $w(t)$，此方法只适用于海上地震勘探。

在某些地区的海上地震勘探中，在地震记录上海底反射波到达之前曾记录到一个地震波。经过分析知道这是由于海水含盐量有分层性所形成的。由于海水的含盐量有分层性使海水明显地分成上下两层。下层的含盐量较上层含盐量高，形成了一个较为清楚的界面。由震源出发的地震波到达这个界面引起反射返回到海面下的检波器，被记录下来。由于这个波没有与其他波干涉，所以可以作为地震子波 $w(t)$。使用这样求取的地震子波进行反褶积，得到了良好的效果。

2. 自相关法

对某个地震记录道选记录质量高的一段，取时窗起点为时间起点，时窗长度为 T，则该段地震记录

$$x(t), t = 1, 2, 3, \cdots, T$$

其 Z 变换为

$$X(z) = \sum_{n=1}^{T} x(n) z^n$$

假设反射系数 $r(t)$ 为白噪声，其 Z 变换为 $R(z)$，则 $r(t)$ 自相关 $r_a(\tau)$ 的 Z 变换

$$Ra(z) = R(z) R(z^{-1}) = 1 \tag{3-13}$$

从式(3-4)，可知地震记录 $x(t)$ 的 Z 变换

$$X(z) = W(z) R(z) \tag{3-14}$$

式中 $W(z)$——地震子波 $w(t)$ 的 Z 变换。

地震记录 $x(t)$ 自相关 $r_{xx}(\tau)$ 的 Z 变换为

$$\begin{aligned} R_{xx}(z) &= X(z) X(z^{-1}) \\ &= W(z) W(z^{-1}) R(z) R(z^{-1}) \end{aligned} \tag{3-15}$$

将式(3-13)代入上式，得到

$$W(z) W(z^{-1}) = X(z) X(z^{-1}) \tag{3-16}$$

将 $z = e^{-i\omega}$ 代入上式，得到

$$W(e^{i\omega}) W(e^{-i\omega}) = X(e^{i\omega}) X(e^{-i\omega})$$

由于 $W(z)$ 和 $X(z)$ 的系数 $w(t)$ 和 $x(t)$ 都是实数，因而

$$W(\mathrm{e}^{-\mathrm{i}\omega}) = \overline{W(\mathrm{e}^{\mathrm{i}\omega})}$$

$$X(\mathrm{e}^{-\mathrm{i}\omega}) = \overline{X(\mathrm{e}^{\mathrm{i}\omega})}$$

其中 $\overline{W(\mathrm{e}^{\mathrm{i}\omega})}$ 和 $\overline{X(\mathrm{e}^{\mathrm{i}\omega})}$ 分别是 $W(\mathrm{e}^{\mathrm{i}\omega})$ 和 $X(\mathrm{e}^{\mathrm{i}\omega})$ 的共轭复数。由于

$$W(\mathrm{e}^{\mathrm{i}\omega})W(\mathrm{e}^{-\mathrm{i}\omega}) = |W(\mathrm{e}^{\mathrm{i}\omega})|^2$$

$$X(\mathrm{e}^{\mathrm{i}\omega})X(\mathrm{e}^{-\mathrm{i}\omega}) = |X(\mathrm{e}^{\mathrm{i}\omega})|^2 \tag{3-17}$$

因而,由式(3-16)得到

$$|W(\mathrm{e}^{\mathrm{i}\omega})|^2 = |X(\mathrm{e}^{\mathrm{i}\omega})|^2 \tag{3-18}$$

所以

$$W(\mathrm{e}^{\mathrm{i}\omega}) = |X(\mathrm{e}^{\mathrm{i}\omega})|\mathrm{e}^{\mathrm{i}\phi(\mathrm{e}^{\mathrm{i}\omega})} \tag{3-19}$$

式中,$\phi(\mathrm{e}^{\mathrm{i}\omega})$ 是未知的。现在要确定出 $\phi(\mathrm{e}^{\mathrm{i}\omega})$。

假设地震子波 $w(t)$ 是最小相位的,则地震子波 $w(t)$ 满足因果关系,即其 Z 变换

$$W(z) = w(0) + w(1)z + w(2)z^2 + \cdots$$

地震子波 $w(t)$ 还满足稳定性条件,即

$$\sum_{t=-\infty}^{\infty} |w(t)| < \infty$$

地震子波 $w(t)$ 的 Z 变换 $W(z)$ 在单位圆内没有根,即当 $|z| \leq 1$ 时

$$W(z) \neq 0$$

在上述条件下,对式(3-19)两边取对数,得到

$$\ln W(z) = \ln|X(z)| + \mathrm{i}\phi(z) \tag{3-20}$$

令

$$\alpha(z) = \ln|X(z)| \text{ 或 } \alpha(\mathrm{e}^{\mathrm{i}\omega}) = \ln|X(\mathrm{e}^{\mathrm{i}\omega})|$$

$$\alpha(\mathrm{e}^{-\mathrm{i}\omega}) = \ln|X(\mathrm{e}^{-\mathrm{i}\omega})| = \ln|X(\mathrm{e}^{\mathrm{i}\omega})|$$

因而得到

$$\alpha(\mathrm{e}^{\mathrm{i}\omega}) = \alpha(\mathrm{e}^{-\mathrm{i}\omega})$$

根据复变函数理论,

$$\phi(\mathrm{e}^{\mathrm{i}\omega}) = \frac{1}{2\pi}\int_{-\pi}^{\pi} \alpha(\mathrm{e}^{\mathrm{i}u})Q(\omega - u)\mathrm{d}u + c \tag{3-21}$$

其中,c 是常数,

$$Q(\omega) = \mathrm{Im}\frac{1 + \mathrm{e}^{\mathrm{i}\omega}}{1 - \mathrm{e}^{\mathrm{i}\omega}} \tag{3-22}$$

利用式(3-21) 求出 $\phi(e^{i\omega})$ 后,代入式(3-19),可以求出 $W(e^{i\omega})$,再利用

$$w(t) = \frac{1}{2\pi}\int_{-\pi}^{\pi} W(e^{i\omega}) e^{i\omega t} d\omega \qquad (3-23)$$

$$\approx \frac{1}{2M+1}\sum_{l=-M}^{M} |X(e^{2\pi i l/2M+1})| e^{i\phi(2\pi i l/2M+1)+2\pi i l/2M+1} \qquad (3-24)$$

其中,M 要求取的足够大。由此可求出地震子波 $w(t)$。

如果地震子波 $w(t)$ 不是最小相位的,而是零相位的。假设反射系数 $r(t)$ 为白噪声,则其振幅谱

$$|\widetilde{R}(\omega)| = 1 \qquad (3-25)$$

地震记录 $x(t)$ 的振幅谱

$$|\widetilde{X}(\omega)| = |\widetilde{W}(\omega)||\widetilde{R}(\omega)| = |\widetilde{W}(\omega)| \qquad (3-26)$$

这时地震记录的振幅谱 $|\widetilde{X}(\omega)|$ 与地震子波的振幅谱 $|\widetilde{W}(\omega)|$ 相同。

据此,可以对地震记录 $x(t)$ 求自相关

$$r_{xx}(\tau) = \sum_{t=1}^{T} x(t)x(t+\tau) \qquad (3-27)$$

再计算其频谱

$$\widetilde{R}_{xx}(\omega) = \widetilde{X}(\omega)\overline{\widetilde{X}(\omega)} = |\widetilde{X}(\omega)|^2 \qquad (3-28)$$

由于当反射系数 $r(t)$ 为白噪声时,

$$\widetilde{W}(\omega)\overline{\widetilde{W}(\omega)} = \widetilde{X}(\omega)\overline{\widetilde{X}(\omega)} \qquad (3-29)$$

即可得到地震子波 $w(t)$ 的功率谱

$$|\widetilde{W}(\omega)|^2 = |\widetilde{X}(\omega)|^2 \qquad (3-30)$$

由此得到地震子波的振幅谱 $|\widetilde{W}(\omega)|$。当地震子波 $w(t)$ 为零相位时,$\phi(\omega)=0$,其频谱

$$\widetilde{W}(\omega) = |\widetilde{W}(\omega)|e^{i\phi(\omega)} = |\widetilde{W}(\omega)| = |\widetilde{X}(\omega)| \qquad (3-31)$$

上式也可由式(3-19)中,令 $\phi=0$,直接得出。

将所得到的地震子波的频谱 $\widetilde{W}(\omega)$ 进行傅里叶反变换,得到

$$w(t) = \frac{1}{2\pi}\int_{-\pi}^{\pi} \widetilde{W}(\omega) e^{i\omega t} d\omega$$

$$= \frac{1}{2\pi}\int_{-\pi}^{\pi} |\widetilde{X}(\omega)| e^{i\omega t} d\omega \qquad (3-32)$$

因而，当地震子波 $w(t)$ 为零相位时，对地震记录 $x(t)$ 的自相关进行傅里叶变换，求出其振幅谱 $|\widetilde{X}(\omega)|$ 后，利用式(3-32)，再对 $|\widetilde{X}(\omega)|$ 进行傅里叶反变换，即可求出地震子波 $w(t)$。

3. 多项式求根法

对某个地震记录道选择地震记录质量较好的一段

$$x(t)(t=1,2,3,\cdots,T)$$

假设反射系数 $r(t)$ 为白噪声，即

$$E[r(t)]=0$$

且

$$E[r(s)r(t)]=\begin{cases}1,\text{当 } t=s\\ 0,\text{当 } t\neq s\end{cases}$$

其中，E 表示数学期望。

则由地震记录

$$x(t)=w(t)*r(t)=\sum_{s=0}^{\infty}w(s)r(t-s)$$

可知其自相关函数

$$r_{xx}(\tau)=E[x(t)x(t+\tau)]=E\left[\sum_{s=0}^{\infty}w(s)r(t-s)\times\sum_{s'=0}^{\infty}w(s')r(t+\tau-s')\right]$$

$$=\sum_{s=0}^{\infty}\sum_{s'=0}^{\infty}w(s)w(s')E[r(t-s)r(t+\tau-s')]$$

$$=\sum_{s=0}^{\infty}\sum_{s'=0}^{\infty}w(s)w(s')\delta(\tau-s'+s)$$

$$=\sum_{s=0}^{\infty}w(s)w(s+\tau)$$

$$=r_{ww}(\tau) \tag{3-33}$$

即地震记录 $x(t)$ 的自相关函数与地震子波 $w(t)$ 的自相关函数相同，即

$$r_{xx}(\tau)=r_{ww}(\tau)=r(\tau)(\tau=0,\pm 1,\pm 2,\cdots,\pm M)$$

并且

$$r(\tau)=r(-\tau)$$

其 Z 变换为

$$R(z) = W(z)W(z^{-1}) = \sum_{\tau=-M}^{M} r(\tau)z^\tau \tag{3-34}$$

将上式两边同乘以 z^M，得到

$$R(z)z^M = \sum_{\tau=-M}^{M} r(\tau)z^{\tau+M} \tag{3-35}$$

对上式进行因式分解，即可求出多项式(3-35) 的 $2M$ 个根，在这 $2M$ 个根中，共有 M 对互为倒数的根。设在这 $2M$ 个根中有 M 个模大于 1 的根 $(z_1, z_2, \cdots, z_M)$。

如果假设地震子波 $w(t)$ 是最小相位的，则它的 Z 变换 $W(z)$ 的根都在单位圆外，因而，得到最小相位的地震子波的 Z 变换为

$$W(z) = w_M(z - z_1)(z - z_2)\cdots(z - z_M) \tag{3-36}$$

因此，式(3-34) 可以写成

$$R(z) = W(z)W(z^{-1})$$
$$= w_M^2(z - z_1)(z - z_2)\cdots(z - z_M) \times$$
$$(z^{-1} - z_1)(z^{-1} - z_2)\cdots(z^{-1} - z_M)$$

则式(3-35) 可以写成

$$R(z)z^M = w_M^2(z - z_1)(z - z_2)\cdots(z - z_M) \times (1 - z_1 z)(1 - z_2 z)\cdots(1 - z_M z)$$
$$= \sum_{\tau=-M}^{M} r(\tau)z^{\tau+M} = \sum_{\sigma=0}^{2M} r(\sigma - M)z^\sigma$$

令 $z=0$，得到

$$w_M^2(-1)^M z_1 z_2 \cdots z_M = r(-M) = r(M)$$

因而

$$w_M^2 = \frac{r(M)}{(-1)^M z_1 z_2 \cdots z_M}$$

即

$$w_M = \left| \frac{r(M)}{z_1 z_2 \cdots z_M} \right|^{1/2} \tag{3-37}$$

将上式所得到的 w_M 代入式(3-36)，得到

$$W(z) = w_M(z - z_1)(z - z_2)\cdots(z - z_M)$$
$$= \left| \frac{r(M)}{z_1 z_2 \cdots z_M} \right|^{1/2} (z - z_1)(z - z_2)\cdots(z - z_M)$$
$$= w_0 + w_1 z + w_2 z^2 + \cdots + w_M z^M$$

由此得出最小相位的地震子波

$$w(t) = (w_0, w_1, w_2, \cdots, w_M)$$

4. 利用测井资料求子波的方法

这种方法要求有良好的声波测井和密度测井资料,并且在井旁有质量较高的地震记录。

其方法是根据声波测井和密度测井资料得到声速曲线 $v(H)$ 和密度曲线 $\rho(H)$,因而求出声阻抗曲线 $\rho v(H)$,把深度 H 转换成垂直双程旅行时,则

$$t = 2\sum_{i=1}^{I} \frac{\Delta h}{v(i\Delta h)} \tag{3-38}$$

其中,$H = I\Delta h$,得到随反射时间变化的声阻抗曲线 $\rho v(t)$。然后利用反射系数公式

$$r(t) = \frac{\rho v(t + \Delta t) - \rho v(t)}{\rho v(t + \Delta t) + \rho v(t)} \tag{3-39}$$

计算出反射系数 $r(t)$,从井旁的地震记录得到 $x(t)$。

利用傅里叶变换,求出反射系数 $r(t)$ 和地震记录 $x(t)$ 的频谱 $\widetilde{R}(\omega)$ 和 $\widetilde{X}(\omega)$,因为地震记录的频谱

$$\widetilde{X}(\omega) = \widetilde{W}(\omega)\widetilde{R}(\omega) \tag{3-40}$$

得到地震子波的频谱

$$\widetilde{W}(\omega) = \frac{\widetilde{X}(\omega)}{\widetilde{R}(\omega)} \tag{3-41}$$

最后,对 $\widetilde{W}(\omega)$ 进行傅里叶反变换,就得到地震子波

$$w(t) = \frac{1}{2\pi}\int_{-\pi}^{\pi} \widetilde{W}(\omega) e^{i\omega t} d\omega \tag{3-42}$$

这种方法不必假设反射系数是白噪声,也不必预先知道地震子波的相位特性。

5. 对数分解法

这种方法也不需要假设反射系数是白噪声和地震子波是最小相位的。

假设地震记录 $x(t)$ 是地震子波 $w(t)$ 与反射系数 $r(t)$ 褶积的结果,即

$$x(t) = w(t) * r(t)$$

在频率域,则有

$$\widetilde{X}(\omega) = \widetilde{W}(\omega)\widetilde{R}(\omega)$$

为了将地震子波 $w(t)$ 和反射系数 $r(t)$ 从地震记录 $x(t)$ 中分离开来,对上式等式两端取对数,得到

$$\ln\widetilde{X}(\omega) = \ln\widetilde{W}(\omega) + \ln\widetilde{R}(\omega) \tag{3-43}$$

频谱的对数叫作对数谱。上式表明频谱 $\widetilde{W}(\omega)$ 与 $\widetilde{R}(\omega)$ 的乘积在对数谱中变成 $\hat{W}(\omega) = \ln\widetilde{W}(\omega)$ 与 $\hat{R}(\omega) = \ln\widetilde{R}(\omega)$ 相加。

因为对数谱是频率 ω 的函数，$\hat{X}(\omega) = \ln\widetilde{X}(\omega)$ 可以用傅里叶反变换，求出相应的时间序列

$$\hat{x}(t) = \frac{1}{2\pi}\int_{-\pi}^{\pi} \hat{X}(\omega)\mathrm{e}^{\mathrm{i}\omega t}\mathrm{d}\omega \tag{3-44}$$

对数谱的时间序列叫作对数谱序列。由式(3-43)得到

$$\hat{x}(t) = \hat{w}(t) + \hat{r}(t) \tag{3-45}$$

上式表明，地震记录 $x(t)$ 的对数谱序列 $\hat{x}(t)$ 是地震子波对数谱序列 $\hat{w}(t)$ 和反射系数对数谱序列 $\hat{r}(t)$ 之和。但是，$\hat{w}(t)$ 与 $\hat{r}(t)$ 两者在时间轴上分布的位置是不同的。地震子波对数谱序列 $\hat{w}(t)$ 分布在时间轴靠近原点附近，而反射系数对数谱序列 $\hat{r}(t)$ 分布在离时间轴原点较远的区域。

因此，对对数谱序列 $\hat{x}(t)$ 在时间轴上进行低通滤波。选择时间域低通滤波器的时间特性为

$$\hat{h}(t) = \begin{cases} 1, & -l \leq t \leq l \\ 0, & \text{其他} \end{cases} \tag{3-46}$$

其中，l 是滤波门限时间，则滤波后的输出

$$\hat{y}(t) = \hat{h}(t)\hat{x}(t) = \begin{cases} \hat{x}(t), & \text{当} -l \leq t \leq l \\ 0, & \text{其他} \end{cases} \tag{3-47}$$

如果地震子波的对数谱序列 $\hat{w}(t)$ 与反射系数对数谱序列 $\hat{r}(t)$ 在时间轴上分离较好，适当选择时间域低通滤波门限时间 l，使它接近于地震子波对数谱序列 $\hat{w}(t)$ 在时间轴分布区间的上限，则滤波后的结果将非常接近地震子波对数谱序列 $\hat{w}(t)$，即

$$\hat{y}(t) = \begin{cases} \hat{x}(t) \approx \hat{w}(t), & \text{当} -l \leq t \leq l \\ 0, & \text{其他} \end{cases} \tag{3-48}$$

根据滤波后的结果所得到的地震子波对数谱序列 $\hat{w}(t)$ 即可计算出地震子波 $w(t)$。为此，首先对 $\hat{w}(t)$ 进行傅里叶变换，求出 $w(t)$ 的对数谱

$$\hat{W}(\omega) = \sum_{t=-\infty}^{\infty} \hat{w}(t)\mathrm{e}^{-\mathrm{i}\omega t} \tag{3-49}$$

再对对数谱 $\hat{W}(\omega)$ 取指数，得到 $w(t)$ 的频谱

$$\widetilde{W}(\omega) = \mathrm{e}^{\hat{W}(\omega)} \tag{3-50}$$

然后，再对频谱 $\widetilde{W}(\omega)$ 进行傅里叶反变换，就可以得到地震子波 $w(t)$

$$w(t) = \frac{1}{2\pi} \int_{-\pi}^{\pi} \widetilde{W}(\omega) e^{i\omega t} d\omega \tag{3-51}$$

但是，由于难于准确确定地震子波对数谱序列 $\hat{w}(t)$ 在时间轴上分布的区域，进行时间域低通滤波的门限时间 l 不易选择得很适当，再加上随机噪声的干扰对对数分解法求取子波的影响很大，实践证明，即使较低的噪声干扰水平（例如信号与噪声的振幅比为 10）也可以对这种方法所求取的子波的结果产生较为严重的影响。因此，在用对数分解法求取地震子波时，要注意选择记录质量好的地震记录进行计算。

三、反滤波的实现

在应用上面各种方法获得地震子波 $w(t)$ 之后，反子波频谱为地震子波频谱的倒数，即

$$\widetilde{W'}(\omega) = \frac{1}{\widetilde{W}(\omega)}$$

对应的 Z 变换表示为

$$W'(z) = \frac{1}{W(z)} \tag{3-52}$$

首先，根据地震子波时间序列

$$w(t) = \{w_0, w_1, w_2, \cdots, w_n\}$$

得到其 Z 变换

$$W(z) = w_0 + w_1 z + w_2 z^2 + \cdots + w_n z^n \tag{3-53}$$

然后，反子波 $w'(t)$ 的 Z 变换为

$$W'(z) = \frac{1}{W(z)} = w'_0 + w'_1 z + w'_2 z^2 + \cdots + w'_m z^m \tag{3-54}$$

从而得到反子波时间序列

$$w'(t) = \{w'_0, w'_1, w'_2, \cdots, w'_m\}$$

将反子波 $w'(t)$ 作为反滤波的滤波因子，与输入的地震记录 $x(t)$ 褶积，即可得到反射系数序列

$$r(t) = \sum_{\tau} w'(\tau) x(t-\tau)$$

当地震子波 $w(t)$ 是最小相位时，其反子波 $w'(t)$ 也是最小相位的。这时，反滤波因子的系数为一收敛序列，反滤波器是稳定的。否则，如果地震子波 $w(t)$ 是最大相位或混合相位的，则其反滤波因子 $w'(t)$ 的系数是发散的。这时，反滤波器是不稳定的。

第三节 最佳维纳滤波及最小平方反褶积

最佳维纳滤波又称为最小平方滤波，它是信号处理中最为重要的滤波方法。本节的最小

平方反褶积可以通过最佳维纳滤波来实现，后续的脉冲反褶积和预测反褶积都可以看作最小平方反褶积的特例。

一、最佳维纳滤波（视频 3-3）

视频 3-3
维纳滤波

最佳维纳滤波就是在已知输入信号和期望输出信号的情况下，设计一个滤波器，使得输入信号经过该滤波器之后的实际输出与期望输出在最小平方意义下最为接近。因此，最佳维纳滤波也称为最小平方滤波，其数学过程如下：

已知输入为

$$b(t) = \{b(0), b(1), b(2), \cdots, b(n)\}$$

现在要求设计一个滤波器，其滤波因子为

$$a(t) = \{a(0), a(1), a(2), \cdots, a(m)\}$$

使得滤波后的实际输出为

$$y(t) = a(t) * b(t) = \sum_{\tau=0}^{m} a(\tau) * b(t-\tau)$$

与期望输出

$$d(t) = \{d(0), d(1), d(2), \cdots, d(m+n)\}$$

在最小平方意义下最接近。即使滤波器的实际输出 $y(t)$ 与期望输出 $d(t)$ 的误差平方和

$$Q = \sum_{t=0}^{m+n} [y(t) - d(t)]^2 = \sum_{t=0}^{m+n} \Big[\sum_{\tau=0}^{m} a(\tau)b(t-\tau) - d(t)\Big]^2 \qquad (3-55)$$

为最小，滤波因子 $a(\tau)$ 应满足

$$\frac{\partial Q}{\partial a(s)} = \frac{\partial}{\partial a(s)} \sum_{t=0}^{m+n} \Big[\sum_{\tau=0}^{m} a(\tau)b(t-\tau) - d(t)\Big]^2$$

$$= \sum_{t=0}^{m+n} \frac{\partial}{\partial a(s)} \Big[\sum_{\tau=0}^{m} a(\tau)b(t-\tau) - d(t)\Big]^2$$

$$= 2\sum_{t=0}^{m+n} \Big[\sum_{\tau=0}^{m} a(\tau)b(t-\tau) - d(t)\Big] b(t-s) = 0$$

由此得出

$$\sum_{\tau=0}^{m} a(\tau) \sum_{t=0}^{m+n} b(t-\tau)b(t-s) = \sum_{t=0}^{m+n} d(t)b(t-s), s = 0, 1, \cdots, m \qquad (3-56)$$

令

$$r_{bb}(\tau - s) = \sum_{t=0}^{m+n} b(t-\tau)b(t-s)$$

$$r_{db}(s) = \sum_{t=0}^{m+n} d(t)b(t-s)$$

其中，$r_{bb}(\tau-s)$ 是时间延迟为 $\tau-s$ 的输入 $b(t)$ 的自相关，$r_{db}(s)$ 是时间延迟为 s 的输入 $b(t)$ 与期望输出 $d(t)$ 的互相关。

于是，式(3-56) 可以写成

$$\sum_{\tau=0}^{m} r_{bb}(\tau-s)\,a(\tau) = r_{db}(s), s=0,1,\cdots,m \tag{3-57}$$

或写成矩阵形式 $[r_{bb}(\tau-s)]\,a(\tau) = r_{db}(s)$，即

$$\begin{pmatrix} r_{bb}(0) & r_{bb}(1) & \cdots & r_{bb}(m) \\ r_{bb}(1) & r_{bb}(0) & \cdots & r_{bb}(m-1) \\ \vdots & \vdots & & \vdots \\ r_{bb}(m) & r_{bb}(m-1) & \cdots & r_{bb}(0) \end{pmatrix} \begin{pmatrix} a(0) \\ a(1) \\ \vdots \\ a(m) \end{pmatrix} = \begin{pmatrix} r_{db}(0) \\ r_{db}(1) \\ \vdots \\ r_{db}(m) \end{pmatrix} \tag{3-58}$$

解方程组（3-57）或解矩阵方程（3-58），得到滤波因子

$$a(\tau) = \sum_{s=0}^{m} \varphi(\tau-s)\,r_{db}(s) \tag{3-59}$$

其中

$$[\varphi(\tau-s)] = [r_{bb}(\tau-s)]^{-1} \tag{3-60}$$

是矩阵 $[r_{bb}(\tau-s)]$ 的逆矩阵。

式(3-58) 左端的输入 $b(t)$ 的自相关矩阵为一对称矩阵，称为托布里兹（Toeplitz）矩阵。该矩阵的特点是矩阵元素沿对角线方向相等，且关于主对角线对称。求解这种矩阵方程的方法很多，其中莱文森（Levinson）递推算法可对其快速求解，从而得到最佳维纳滤波器的滤波因子 $a(t)$。将输入 $b(t)$ 经滤波器 $a(t)$ 作用后，得到输出为

$$y(t) = a(t) * b(t) = \sum_{\tau=0}^{m} a(\tau)b(t-\tau) \tag{3-61}$$

此输出 $y(t)$ 与设计维纳滤波器的期望输出 $d(t)$ 在最小平方意义下最为接近。

图 3-9 是维纳滤波的原理框图，其实现过程为：

（1）计算输入信号的自相关函数，构成托布里兹矩阵；
（2）计算期望输出信号与输入信号的互相关函数；
（3）求解维纳滤波方程得到最小平方滤波器；
（4）对输入信号进行维纳滤波得到实际输出信号。

下面计算维纳滤波之后的能量误差并讨论其性质。预测误差为

$$Q_{\min} = \sum_{t=0}^{m+n} (d_t - y_t)^2 = E[(d_t - y_t)^2]$$
$$= E\left[\left(d_t - \sum_{\tau=0}^{m} a_\tau b_{t-\tau}\right)^2\right]$$

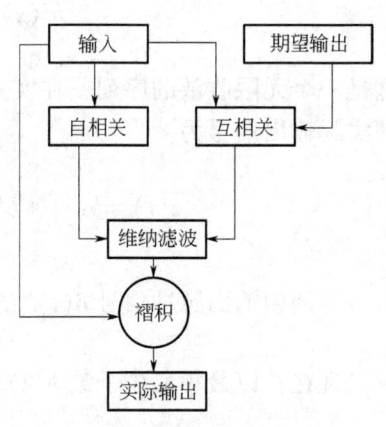

图 3-9　维纳滤波原理框图

$$= E(d_t^2) - 2\sum_{\tau=0}^{m} a_\tau E(d_t b_{t-\tau}) + \sum_{\tau=0}^{m} a_\tau \sum_{\mu=0}^{m} a_\mu E(b_{t-\tau} b_{t-\mu})$$

$$= r_{dd}(0) - 2\sum_{\tau=0}^{m} a_\tau r_{db}(\tau) + \sum_{\tau=0}^{m} a_\tau \sum_{\mu=0}^{m} a_\mu r_{bb}(\mu-\tau)$$

$$= r_{dd}(0) - \sum_{\tau=0}^{m} a_\tau r_{db}(\tau) \tag{3-62}$$

表示为相对误差，则

$$J = \frac{Q_{\min}}{r_{dd}(0)} = 1 - \frac{1}{r_{dd}(0)}\sum_{\tau=0}^{m} a_\tau r_{db}(\tau) \tag{3-63}$$

由于 J 是误差平方求和，它不可能是负值。当维纳滤波器的各个元素为 0 时，$J=1.0$ 为最大值。所以 J 的范围为

$$0 \leqslant J \leqslant 1.0$$

当 $J=0$ 时，代表实际输出与期望输出完全一致。

最小平方误差 $Q_{\min}(m)$ 是滤波器长度 m 的非增函数（略去证明），即

$$\lim_{m\to\infty} Q(m) = Q_c$$

上式表明 $Q_{\min}(m)$ 存在极限值，但是其极限值不一定为零。只有当输入信号为最小相位时，其极限值才能趋于零。

前面还介绍了利用 Z 变换求逆确定反滤波的方法，下面就这两种方法的预测误差进行对比分析。

假设有一最小相位子波 $b(t) = \left(1, -\dfrac{1}{2}\right)$，它的 Z 变换表示为

$$b(z) = 1 - \frac{1}{2}z$$

其反子波的 Z 变换为

$$b'(z) = 1/b(z) = 1 + \frac{1}{2}z + \frac{1}{4}z^2 + \cdots$$

这是一个无限收敛的序列，在实际应用中需要截断处理。截断前两项之后与输入子波褶积，则实际输出信号为

$$z(t) = b(t) * b'(t) = \left(1, -\frac{1}{2}\right) * \left(1, \frac{1}{2}\right) = \left(1, 0, -\frac{1}{4}\right)$$

与期望输出脉冲信号 $\delta(t)$ 的误差为 $Q_f = \dfrac{1}{16}$。

现在，以最小相位子波 $b(t) = \left(1, -\dfrac{1}{2}\right)$ 为输入信号，以单位脉冲函数 $\delta(t)$ 为期望输出信号，由此构建的维纳滤波方程为

$$\begin{bmatrix} \dfrac{5}{4} & -\dfrac{1}{2} \\ -\dfrac{1}{2} & \dfrac{5}{4} \end{bmatrix} \begin{bmatrix} a(0) \\ a(1) \end{bmatrix} = \begin{bmatrix} 1 \\ 0 \end{bmatrix}$$

解上面的维纳滤波方程，有

$$a(t) = \left(\frac{20}{21}, \frac{8}{21}\right)$$

该维纳滤波器与输入信号褶积，有

$$y(t) = b(t) * a(t) = \left(1, -\frac{1}{2}\right) * \left(\frac{20}{21}, \frac{8}{21}\right) = \left(\frac{20}{21}, -\frac{2}{21}, -\frac{4}{21}\right)$$

与期望输出脉冲信号 $\delta(t)$ 的误差为 $Q_w = \dfrac{1}{21}$。

从两种方法滤波之后的误差可以看出，对于相同长度的滤波器而言，维纳滤波器较其他方法构建的滤波器能够取得更好的滤波效果。

二、最小平方反褶积

将上述最佳维纳滤波原理应用于反褶积（反滤波）问题，就可以得到最小平方反褶积（反滤波）方法。最小平方反褶积方法原理叙述如下。

已知地震记录

$$x(t) = \{x(0), x(1), x(2), \cdots, x(n)\}$$

假设地震记录 $x(t)$ 为

$$\begin{aligned} x(t) &= w(t) * r(t) + n(t) \\ &= \sum_{\tau=0}^{n} w(\tau) r(t-\tau) + n(t) \end{aligned} \quad (3-64)$$

现在，要求设计一个滤波器

$$a(t) = \{a(0), a(1), a(2), \cdots, a(m)\}$$

使地震子波 $w(t)$ 变成窄脉冲

$$d(t) = \{d(0), d(1), d(2), \cdots, d(m)\}$$

同时，使干扰 $n(t)$ 得到最大限度的压制。

和前述一样，在确定滤波器 $a(t)$ 时，使地震记录 $x(t)$ 经过滤波器 $a(t)$ 作用后的实际输出

$$y(t) = a(t) * x(t) = \sum_{\tau=0}^{m} a(\tau) x(t-\tau) \quad (3-65)$$

与期望输出一列窄脉冲

$$z(t) = d(t) * r(t) = \sum_{k=0}^{m} d(k) r(t-k) \qquad (3-66)$$

的误差平方和

$$Q = \sum_{t=0}^{m+n} [y(t) - z(t)]^2 = \sum_{t=0}^{m+n} \left[\sum_{\tau=0}^{m} a(\tau) x(t-\tau) - \sum_{k=0}^{m} d(k) r(t-k) \right]^2 \qquad (3-67)$$

为最小,则

$$\frac{\partial Q}{\partial a(s)} = \frac{\partial}{\partial a(s)} \sum_{t=0}^{m+n} \left[\sum_{\tau=0}^{m} a(\tau) x(t-\tau) - \sum_{k=0}^{m} d(k) r(t-k) \right]^2$$
$$= 0$$

由此得出

$$\sum_{\tau=0}^{m} a(\tau) \sum_{t=0}^{m+n} x(t-\tau) x(t-s) = \sum_{t=0}^{m+n} z(t) x(t-s)$$
$$(s = 0, 1, \cdots, m) \qquad (3-68)$$

令

$$r_{xx}(\tau - s) = \sum_{t=0}^{m+n} x(t-\tau) x(t-s)$$

$$r_{zx}(s) = \sum_{t=0}^{m+n} z(t) x(t-s)$$

其中,$r_{xx}(\tau-s)$ 是时间延迟为 $\tau-s$ 的地震记录自相关,$r_{zx}(s)$ 是时间延迟为 s 的地震记录与期望输出的互相关。

于是,式(3-68)可以写成

$$\sum_{\tau=0}^{m} r_{xx}(\tau-s) a(\tau) = r_{zx}(s), s = 0, 1, \cdots, m \qquad (3-69)$$

现在,来计算地震记录 $x(t)$ 的自相关函数。假设,反射系数 $r(t)$ 为白噪声,它满足

$$E[r(t)] = 0$$

$$E[r(s)r(t)] = \begin{cases} 1, \text{当 } t = s \\ 0, \text{当 } t \neq s \end{cases}$$

随机噪声 $n(t)$ 与反射系数 $r(t)$ 不相关,即满足

$$E[n(t)r(s)] = 0 \quad (\text{当 } t = s \text{ 或 } t \neq s)$$

在上述假设条件下,地震记录 $x(t)$ 的自相关

$$r_{xx}(l) = E[x(t)x(t+l)]$$
$$= E\left[\sum_{\lambda=0}^{n} w(\lambda) r(t-\lambda) + n(t) \right] \left[\sum_{k=0}^{n} w(k) r(t+l-k) + n(t+l) \right]$$

$$= \sum_{k=0}^{n} w(k) \sum_{\lambda=0}^{n} w(\lambda) E[r(t-\lambda)r(t+l-k)] + E[n(t)n(t+l)]$$

$$= \sum_{k=0}^{n} w(k) w(k-l) + E[n(t)n(t+l)]$$

$$= r_{ww}(-l) + r_{nn}(l) = r_{ww}(l) + r_{nn}(l) \tag{3-70}$$

其中

$$r_{ww}(l) = \sum_{k=0}^{n} w(k) w(k-l), \quad r_{nn}(l) = E[n(t)n(t+l)]$$

分别表示地震子波 $w(t)$ 的自相关函数和干扰 $n(t)$ 的自相关函数。

由此得到，地震记录 $x(t)$ 的自相关函数等于地震子波 $w(t)$ 的自相关函数和干扰 $n(t)$ 的自相关函数之和。

如果假设随机干扰 $n(t)$ 也是白噪声，即

$$E[n(s)n(t)] = \begin{cases} e, & \text{当 } t = s \\ 0, & \text{当 } t \neq s \end{cases}$$

其中，e 是表示噪声干扰水平的一个常数。

上式或写成

$$r_{nn}(l) = \begin{cases} e, & \text{当 } l = 0 \\ 0, & \text{当 } l \neq 0 \end{cases} \tag{3-71}$$

因而，得到

$$r_{xx}(l) = \begin{cases} r_{ww}(0) + e, & \text{当 } l = 0 \\ r_{ww}(l), & \text{当 } l \neq 0 \end{cases} \tag{3-72}$$

令

$$\varepsilon = \frac{e}{r_{ww}(0)}, \quad \text{则 } r_{xx}(0) = r_{ww}(0)(1+\varepsilon)。$$

再来计算地震记录 $x(t)$ 与期望输出 $z(t)$ 的互相关函数。

$$r_{zx}(j) = E[z(t)x(t-j)]$$

$$= E\left\{ \left[\sum_{\lambda=0}^{m} d(\lambda) r(t-\lambda)\right] \left[\sum_{k=0}^{n} w(k) r(t-k-j) + n(t-j)\right] \right\}$$

$$= \sum_{\lambda=0}^{m} d(\lambda) \sum_{k=0}^{n} w(k) E[r(t-\lambda)r(t-k-j)]$$

$$= \sum_{\lambda=0}^{m} d(\lambda) w(\lambda-j)$$

$$= r_{dw}(j) \tag{3-73}$$

令式(3-70)中的 $l=\tau-s$，式(3-73)中的 $j=s$，并代入式(3-69)中，得到方程组

$$\sum_{\tau=0}^{m}[r_{ww}(\tau-s)+r_{nn}(\tau-s)]a(\tau)=r_{dw}(s)\quad(s=0,1,\cdots,m) \quad (3-74)$$

将上面的方程组写成矩阵形式，得到

$$\begin{pmatrix} r_{xx}(0) & r_{xx}(1) & \cdots & r_{xx}(m) \\ r_{xx}(1) & r_{xx}(0) & \cdots & r_{xx}(m-1) \\ \vdots & \vdots & & \vdots \\ r_{xx}(m) & r_{xx}(m-1) & \cdots & r_{xx}(0) \end{pmatrix} \begin{pmatrix} a(0) \\ a(1) \\ \vdots \\ a(m) \end{pmatrix} = \begin{pmatrix} r_{dw}(0) \\ r_{dw}(1) \\ \vdots \\ r_{dw}(m) \end{pmatrix} \quad (3-75)$$

或

$$\begin{pmatrix} r_{ww}(0)(1+\varepsilon) & r_{ww}(1) & \cdots & r_{ww}(m) \\ r_{ww}(1) & r_{ww}(0)(1+\varepsilon) & \cdots & r_{ww}(m-1) \\ \vdots & \vdots & & \vdots \\ r_{ww}(m) & r_{ww}(m-1) & \cdots & r_{ww}(0)(1+\varepsilon) \end{pmatrix} \begin{pmatrix} a(0) \\ a(1) \\ \vdots \\ a(m) \end{pmatrix} = \begin{pmatrix} r_{dw}(0) \\ r_{dw}(1) \\ \vdots \\ r_{dw}(m) \end{pmatrix}$$

$$(3-76)$$

式中，ε 为白噪因子，它来源于地震记录中随机噪声的影响。理论上讲，若地震记录中没有噪声，则 $\varepsilon=0$。实际上，为了增加反褶积算子的稳定性，即使地震记录中没有噪声，也会令 $\varepsilon\neq0$，人为地引入一些随机噪声，这种处理称为预白化处理。下面对预白化处理的必要性进行简要说明。

若已知输入信号 $x(t)$ 和期望输出信号 $y(t)$，则求解最小平方反褶积算子的方程为

$$\sum_{\tau=0}^{m}r_{xx}(t-\tau)a(\tau)=r_{yx}(t)$$

即

$$r_{xx}(t)*a(t)=r_{yx}(t)$$

当反褶积算子的长度较大时，上式在频率域表示为

$$R_{xx}(\omega)A(\omega)=R_{yx}(\omega)$$

频率域反褶积算子为

$$A(\omega)=\frac{R_{yx}(\omega)}{R_{xx}(\omega)}$$

一般采用输出信号的谱除以输入信号的谱来计算频率域滤波算子，即

$$A(\omega)=\frac{Y(\omega)}{X(\omega)}=\frac{Y(\omega)\overline{X}(\omega)}{X(\omega)\overline{X}(\omega)}=\frac{R_{yx}(\omega)}{R_{xx}(\omega)} \quad (3-77)$$

可以看出，当反褶积算子的长度较大时，维纳滤波计算的反褶积算子与以上方法计算的反褶积算子在频率域是等价的。对于频率 $\omega \in (\omega_1, \omega_2)$ 的带限输入信号而言，其频谱在带限之外为零，即

$$X(\omega) = 0, \omega \notin (\omega_1, \omega_2)$$

因此，在计算频率域反褶积算子时，会出现分母为零的情况。为增加反褶积算子的稳定性，在分母中人为地引入一个白噪因子，即

$$A(\omega) = \frac{R_{yx}(\omega)}{R_{xx}(\omega) + \varepsilon r_{xx}(0)} \qquad (3-78)$$

将上述改写为时间域形式，有

$$[r_{xx}(t) + \varepsilon r_{xx}(0)\delta(t)] * a(t) = r_{yx}(t)$$

其对应的维纳滤波方程为

$$\begin{bmatrix} (1+\varepsilon)r_{xx}(0) & r_{xx}(1) & \cdots & r_{xx}(m) \\ r_{xx}(1) & (1+\varepsilon)r_{xx}(0) & \cdots & r_{xx}(m-1) \\ \vdots & \vdots & & \vdots \\ r_{xx}(m) & r_{xx}(m-1) & \cdots & (1+\varepsilon)r_{xx}(0) \end{bmatrix} \begin{bmatrix} a(0) \\ a(1) \\ \vdots \\ a(m) \end{bmatrix} = \begin{bmatrix} r_{yx}(0) \\ r_{yx}(1) \\ \vdots \\ r_{yx}(m) \end{bmatrix}$$

由此可知，维纳滤波方程中的白噪算子起到了增加滤波器稳定性的作用。

第四节 脉冲反褶积

一、脉冲反褶积原理（视频 3-4）

在上节的最小平方反褶积中如果期望输出不是具有一定延续时间的波形 $d(t)$，而是一个尖脉冲

$$\delta(t) = \begin{cases} 1, & \text{当 } t = 0 \\ 0, & \text{当 } t \neq 0 \end{cases}$$

视频 3-4
脉冲反褶积

则地震子波 $w(t)$ 与期望输出 $d(t) = \delta(t)$ 的互相关函数

$$r_{dw}(j) = \sum_{\lambda=0}^{m} d(\lambda)w(\lambda - j)$$

$$= \sum_{\lambda=0}^{m} \delta(\lambda)w(\lambda - j)$$

只有当 $j=0$ 时，$r_{dw}(0) \neq 0$；当 j 为其他各值时，$r_{dw}(1) = r_{dw}(2) = \cdots = r_{dw}(m) = 0$，式(3-75)和式(3-76) 变成

$$\begin{pmatrix} r_{xx}(0) & r_{xx}(1) & \cdots & r_{xx}(m) \\ r_{xx}(1) & r_{xx}(0) & \cdots & r_{xx}(m-1) \\ \vdots & \vdots & & \vdots \\ r_{xx}(m) & r_{xx}(m-1) & \cdots & r_{xx}(0) \end{pmatrix} \begin{pmatrix} a(0) \\ a(1) \\ \vdots \\ a(m) \end{pmatrix} = \begin{pmatrix} 1 \\ 0 \\ \vdots \\ 0 \end{pmatrix} \qquad (3-79)$$

或

$$\begin{pmatrix} r_{ww}(0) & r_{ww}(1) & \cdots & r_{ww}(m) \\ r_{ww}(1) & r_{ww}(0) & \cdots & r_{ww}(m-1) \\ \vdots & \vdots & & \vdots \\ r_{ww}(m) & r_{ww}(m-1) & \cdots & r_{ww}(0) \end{pmatrix} \begin{pmatrix} a(0) \\ a(1) \\ \vdots \\ a(m) \end{pmatrix} = \begin{pmatrix} 1 \\ 0 \\ \vdots \\ 0 \end{pmatrix} \qquad (3-80)$$

解矩阵方程 (3-79) 或矩阵方程 (3-80), 即可得到期望输出为尖脉冲 $\delta(t)$ 的反滤波因子 $a(t)$。

求出反滤波因子 $a(t)$ 之后, 对输入地震记录 $x(t)$ 进行反褶积, 即可得到反滤波后的输出

$$y(t) = x(t) * a(t) = \sum_{\tau=0}^{m} a(\tau) x(t-\tau)$$

在前面的推导中, 假设反褶积算子是实因果序列, 也就是说反褶积算子分布在正轴上, 即

$$a(\tau) = 0, \tau < 0$$

这实际上隐含有输入子波为最小相位的数学假设。下面就脉冲反褶积算子与子波相位的关系进行分析和讨论。

假设有长度为 $n+1$ 的子波 w_i, $i=0,1,\cdots,n$, 其 Z 变换表示为

$$w(z) = \sum_{l=0}^{n} w_l z^l = w_n \prod_{i=1}^{n} (1 - \alpha_i z)$$

式中, $1/\alpha_i$ 是 Z 变换的根。脉冲反褶积算子 (反子波) 的 Z 变换为

$$a(z) = \frac{1}{w(z)} = \frac{1}{w_n \prod\limits_{i=1}^{n} (1 - \alpha_i z)}$$

若 $w(t)$ 是最小相位子波, 则 $|\alpha_i| \leq 1, i=1,2,\cdots,n$。其反子波的 Z 变换可表示为如下的收敛序列

$$a(z) = \frac{1}{w_n} \prod_{i=1}^{n} \left[1 + \sum_{j=1}^{\infty} (\alpha_i z)^j \right] = \frac{1}{w_n} + \sum_{k=1}^{\infty} \mu_k z^k$$

如图 3-10(a) 所示, 最小相位子波的反子波是因果序列, 只分布在正轴上。其对应的维纳滤波方程为

$$\begin{bmatrix} r_{ww}(0) & r_{ww}(1) & \cdots & r_{ww}(m) \\ r_{ww}(1) & r_{ww}(0) & \cdots & r_{ww}(m-1) \\ \vdots & \vdots & & \vdots \\ r_{ww}(m) & r_{ww}(m-1) & \cdots & r_{ww}(0) \end{bmatrix} \begin{bmatrix} a(0) \\ a(1) \\ \vdots \\ a(m) \end{bmatrix} = \begin{bmatrix} w(0) \\ 0 \\ \vdots \\ 0 \end{bmatrix}$$

若 $w(t)$ 是最大相位子波，则 $|\alpha_i|>1$，$i=1,2,\cdots,n$。其反子波的 Z 变换可表示为如下的收敛序列

$$a(z) = \frac{1}{w_n \prod_{i=1}^{n}(1-\alpha_i z)} = \frac{1}{w_n \prod_{i=1}^{n}(-\alpha_i z) \prod_{i=1}^{n}\left(1-\frac{1}{\alpha_i z}\right)}$$

$$= \gamma z^{-n} \prod_{i=1}^{n}\left[1 + \sum_{j=1}^{\infty}(\alpha_i z)^{-j}\right] = \sum_{k=n}^{\infty} \gamma_k z^{-k}$$

如图 3-10(b) 所示，最大相位子波的反子波分布在负轴上，第一个非零样点值出现在 $-n$ 时刻。其对应的维纳滤波方程为

$$\begin{bmatrix} r_{ww}(0) & r_{ww}(1) & \cdots & r_{ww}(m) \\ r_{ww}(1) & r_{ww}(0) & \cdots & r_{ww}(m-1) \\ \vdots & \vdots & & \vdots \\ r_{ww}(m) & r_{ww}(m-1) & \cdots & r_{ww}(0) \end{bmatrix} \begin{bmatrix} a(-n-m) \\ a(-n-m+1) \\ \vdots \\ a(-n) \end{bmatrix} = \begin{bmatrix} 0 \\ 0 \\ \vdots \\ w(n) \end{bmatrix} \quad (3-81)$$

若 $w(t)$ 是混合相位子波，它可以分解最小相位分量和最大相位分量的褶积，如图 3-10(c) 所示，反子波分布在整个坐标轴上。其对应的维纳滤波方程为

$$\begin{bmatrix} r_{ww}(0) & r_{ww}(1) & \cdots & r_{ww}(m) \\ r_{ww}(1) & r_{ww}(0) & \cdots & r_{ww}(m-1) \\ \vdots & \vdots & & \vdots \\ r_{ww}(m) & r_{ww}(m-1) & \cdots & r_{ww}(0) \end{bmatrix} \begin{bmatrix} a(-m_1) \\ a(-m_1+1) \\ \vdots \\ a(-n) \\ \vdots \\ a(0) \\ \vdots \\ a(m_2) \end{bmatrix} = \begin{bmatrix} 0 \\ 0 \\ \vdots \\ w(n) \\ \vdots \\ w(0) \\ \vdots \\ 0 \end{bmatrix} \quad (3-82)$$

从前面的讲述可以看出，在子波未知的情况下对地震记录进行脉冲反褶积至少需要两个

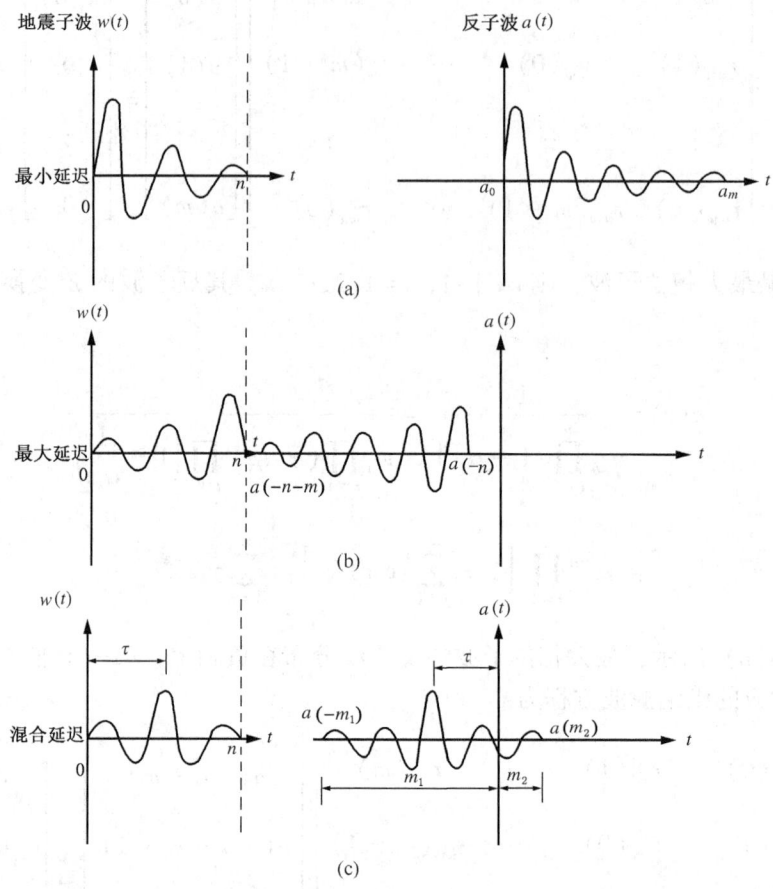

图 3-10 反滤波因子 $a(t)$ 的形状和位置与地震子波 $w(t)$ 之间的关系

基本假设。第一个基本假设是反射系数系列为白噪分布。只有反射系数为白噪时，才能由地震记录的自相关代替子波的自相关，构建维纳滤波方程的托布里兹矩阵。第二个假设是地震子波为最小相位。只有当地震子波为最小相位时，才能在子波未知的情况下求取地震子波与脉冲函数的互相关，得到维纳滤波方程的右端项。

二、参数选择

最小平方反褶积程序中的几个主要参数选择如下：

（1）反滤波算子长度的选择：反滤波算子 $a(t)$ 长度 m 需要通过试验进行选择。一般可以选择为 80ms、120ms、160ms、200ms、240ms 等，计算时要将它们换算为采样点数。

（2）相关时窗长度的选择：相关时窗的长度不应小于反滤波算子长度 m 的 2 倍，最长为地震记录的有效长度。一个地震道可以开多个时窗，计算多个反滤波算子，在相邻两算子之间进行线性内插，对整个地震记录道进行时变反褶积。

（3）白噪因子的选择：当地震记录上干扰较小时，白噪因子 ε 可以选择在 1.0% 左右。对于干扰较为严重的地震记录，白噪因子 ε 可以选择在 5.0%。

第五节 预测反褶积

一、预测滤波基本原理

预测问题就是已知某个物理量的过去值和现在值,通过对已知的信息进行加工处理获得未来某个时刻的预测值。例如,要击毁敌人的导弹,而在发射反导弹时,就不能对准敌弹现在的即时位置。因为当反导弹到达该位置时,敌弹已飞走了,肯定是击不中的。这就要求自动跟踪敌弹的运动,发射反导弹朝着射击目标在未来某个时刻的位置,使发射的反导弹与敌弹在该时刻同时到达空间相同的位置。为此就必须解决预测导弹未来位置的方法问题。预测滤波就可以解决这类问题。根据从实践中和理论上总结出来的规律,可以设计一个算子——预测因子,利用导弹现在和以前的信息(包括位置、速度、加速度等)来预测出它在未来某个时刻的位置。因而,预测滤波就是要设计一个预测因子 $c(t)$,对输入 $x(t)$ 已知的过去值 $x(t-m)$,$x(t-m+1)$,$\cdots$,$x(t-2)$,$x(t-1)$ 和现在值 $x(t)$ 进行滤波处理,获得未来某个时刻 $t+\alpha$ 时的预测值

$$\hat{x}(t+\alpha) = c(t) * x(t) = \sum_{\tau=0}^{m} c(\tau)x(t-\tau) \qquad (3-83)$$

使它与实际的未来值 $x(t+\alpha)$ 的误差——预测误差

$$\varepsilon(t+\alpha) = x(t+\alpha) - \hat{x}(t+\alpha) \qquad (3-84)$$

最小,按照最小平方原理,即使预测误差 $\varepsilon(t+\alpha)$ 的平方和

$$\begin{aligned} Q &= \sum_{t=0}^{T} [x(t+\alpha) - \hat{x}(t+\alpha)]^2 \\ &= \sum_{t=0}^{T} [x(t+\alpha) - \sum_{\tau=0}^{m} c(\tau)x(t-\tau)]^2 \end{aligned}$$

为最小。得到

$$\frac{\partial Q}{\partial c(s)} = 0 \quad (s = 0,1,2,\cdots,m)$$

即

$$\frac{\partial Q}{\partial c(s)} = \frac{\partial}{\partial c(s)} \sum_{t=0}^{T} [x(t+\alpha) - \sum_{\tau=0}^{m} c(\tau)x(t-\tau)]^2 = 0$$

或

$$\sum_{\tau=0}^{m} c(\tau) \sum_{t=0}^{T} x(t-\tau)x(t-s) = \sum_{t=0}^{T} x(t+\alpha)x(t-s) \qquad (3-85)$$

令

$$r_{xx}(\tau - s) = \sum_{t=0}^{T} x(t-\tau)x(t-s)$$

$$r_{xx}(s + \alpha) = \sum_{t=0}^{T} x(t+\alpha)x(t-s)$$

分别表示时间延迟为 $\tau-s$ 和 $s+\alpha$ 的输入 $x(t)$ 的自相关函数，则式(3-85)可以写成

$$\sum_{\tau=0}^{m} r_{xx}(\tau - s)c(\tau) = r_{xx}(s + \alpha) \qquad (s = 0,1,2,\cdots,m) \tag{3-86}$$

得到一个方程组，将上述方程组写成矩阵形式，得到

$$\begin{pmatrix} r_{xx}(0) & r_{xx}(1) & \cdots & r_{xx}(m) \\ r_{xx}(1) & r_{xx}(0) & \cdots & r_{xx}(m-1) \\ \vdots & \vdots & & \vdots \\ r_{xx}(m) & r_{xx}(m-1) & \cdots & r_{xx}(0) \end{pmatrix} \begin{pmatrix} c(0) \\ c(1) \\ \vdots \\ c(m) \end{pmatrix} = \begin{pmatrix} r_{xx}(\alpha) \\ r_{xx}(\alpha+1) \\ \vdots \\ r_{xx}(\alpha+m) \end{pmatrix} \tag{3-87}$$

由输入 $x(t)$ 求出自相关函数 $r_{xx}(\tau)$，解矩阵方程（3-87），即可得到预测滤波的因子 $c(t)$，然后用预测因子 $c(t)$ 对输入 $x(t)$ 进行预测滤波，得到未来的预测值

$$\hat{x}(t + \alpha) = \sum_{\tau=0}^{m} c(\tau)x(t - \tau)$$

这就是利用 $x(t)$ 已知的过去值 $x(t-m)$，$x(t-m+1)$，$\cdots$，$x(t-1)$ 和现在值 $x(t)$ 通过预测滤波所得到的未来 $t+\alpha$ 时的预测值 $\hat{x}(t+\alpha)$，α 称为预测步长。预测误差为

$$e(t + \alpha) = x(t + \alpha) - \sum_{\tau=0}^{m} c(\tau)x(t - \tau)$$

写成 Z 变换形式，有

$$z^{\alpha}E(z) = z^{\alpha}X(z) - C(z)X(z)$$

则

$$E(z) = [1 - z^{-\alpha}C(z)]X(z) = A(z)X(z)$$

在时间域表示为

$$e(t) = a(t) * x(t)$$

式中，$a(t)$ 称为预测误差滤波器，它与预测滤波器 $c(t)$ 的关系表示为

$$a(t) = \{1,0,0,\cdots,0, -c(0), -c(1),\cdots, -c(m)\}$$

预测误差滤波器中有 $\alpha-1$ 个零元素。

预测误差代表了时间序列中的不可预测部分，是非常有意义的信号分量。当利用预测反褶积压制多次波时，它代表一次反射信号。当利用预测反褶积压缩子波提高分辨率时，它代表提高分辨率之后的地震记录。

二、预测反褶积提高分辨率（视频3-5）

视频3-5
预测反褶积

脉冲反褶积通过将最小相位地震子波压缩为尖脉冲来提高地震数据的分辨率。但是，对于实际地震记录而言，高频分量由于地层吸收效应变得很弱，且很容易被高频噪声所污染。脉冲反褶积在增强高频信号的同时，也放大了高频噪声。脉冲反褶积在提高分辨率的同时，严重降低了地震记录的信噪比。如果不是将地震子波压缩为脉冲函数，而是将地震子波做适当压缩，比如说，将地震子波压缩为其到达时附近的某一部分，去掉子波后面的延续振动。在提高分辨率的同时，相对地保持地震记录的信噪比，达到信噪比和分辨率的相对均衡。这就是预测反褶积提高分辨率的基本思路。

如图3-11所示，有一延续时间为T的地震子波$w(t)$。以采样时间α为界，将子波分解为α时刻之前的部分$w_1(t)$和α时刻之后的部分$w_2(t)$。对于地震记录而言，有

$$x(t) = w(t) * r(t) = \sum_{\tau=0}^{T} w(\tau)r(t-\tau)$$

$$= \sum_{\tau=0}^{\alpha-1} w(\tau)r(t-\tau) + \sum_{\tau=\alpha}^{T} w(\tau)r(t-\tau)$$

$$= w_1(t) * r(t) + w_2(t-\alpha) * r(t) = x_1(t) + x_2(t-\alpha) \quad (3-88)$$

式中，$x_1(t)$是由子波的前半部分$w_1(t)$构成的地震记录，$x_2(t)$是由子波的后半部分$w_2(t)$构成的地震记录。由于地震子波$w_1(t)$的延续时间要小于原始地震子波$w(t)$的延续时间，其对应的地震记录$x_1(t)$的分辨率要高于原始地震记录$x(t)$的分辨率。

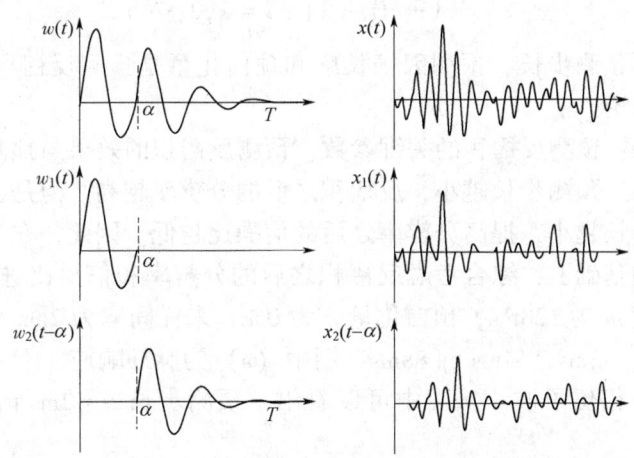

图3-11 预测反褶积压缩子波的基本原理

下面讨论如何由地震子波$w(t)$去预测其后半部分$w_2(t)$。以α为预测步长，按照预测滤波的基本理论，地震子波α时刻之后的样点值可以由当期时刻及其当前时刻之前的样点值进行预测，即

$$\hat{w}(t+\alpha) = \sum_{\tau=0}^{m} c(\tau)w(t-\tau)$$

其中，$c(t)$ 是预测滤波器，满足

$$\begin{pmatrix} r_{ww}(0) & r_{ww}(1) & \cdots & r_{ww}(m) \\ r_{ww}(1) & r_{ww}(0) & \cdots & r_{ww}(m-1) \\ \vdots & \vdots & & \vdots \\ r_{ww}(m) & r_{ww}(m-1) & \cdots & r_{ww}(0) \end{pmatrix} \begin{pmatrix} c(0) \\ c(1) \\ \vdots \\ c(m) \end{pmatrix} = \begin{pmatrix} r_{ww}(\alpha) \\ r_{ww}(\alpha+1) \\ \vdots \\ r_{ww}(\alpha+m) \end{pmatrix} \quad (3-89)$$

该预测滤波器能够由地震子波 $w(t)$ 预测其 α 时刻之后的样点值 $w(t+\alpha)$，也就是说，它能够由地震子波 $w(t)$ 预测其后半部分 $w_2(t)$。

对于实际地震记录而言，我们并不知道地震子波，不能直接计算方程（3-89）所要求的地震子波自相关函数。但是，若假设反射系数为白噪分布，则可以由地震记录的自相关近似代替地震子波的自相关，通过求解方程（3-89）得到预测滤波器 $c(t)$。在得到预测滤波器 $c(t)$ 之后，将其与输入地震记录褶积得到地震记录的可预测部分，将可预测部分由原始地震记录中减去，所得到的预测误差就是提高分辨率之后的地震记录，即

$$x_1(t+l) \approx e(t+l) = x(t+l) - \hat{x}(t+l)$$
$$= x(t+l) - c(t) * x(t) \quad (3-90)$$

可以证明（此处略去），当预测步长为一个样点时，预测反褶积等价于脉冲反褶积，也就是说，脉冲反褶积可以看做预测步长为一个样点时预测反褶积的特例。脉冲反褶积算子 $p(i)$ 与预测滤波算子 $c(i)$ 的关系表示为

$$p(i) = \begin{cases} 1, & i = 0 \\ -c(i-1), & i = 1, 2, \cdots, m \end{cases} \quad (3-91)$$

在实际应用中，预测步长、预测因子长度和预白化量是预测反褶积处理的三个主要参数，下面分别进行讨论。

（1）预测步长 α：预测反褶积的关键参数，预测反褶积的效果与预测步长 α 的选择有很大的关系。一般而言，预测步长越小，反褶积之后的分辨率越高。但是，当地震记录中含有噪声干扰时，预测步长越小，提高分辨率之后的信噪比越低。因此，在实际工作中，预测步长应该在充分实验的基础上，综合考虑反褶积之后的分辨率和信噪比进行确定。如图 3-12 所示，预测因子长度 m 为 128ms，预白化量 ε 为 0%，采样间隔为 2ms，取预测步长 α 分别为 2ms、8ms、20ms、32ms、44ms 和 88ms，图中（a）为脉冲响应，（b）为合成地震记录，地震子波为已知最小相位子波。从图中可以看出，预测步长 α = 2ms 时，预测反褶积效果最好。

（2）预测因子长度 m：对预测反褶积的结果也有明显的影响。总体来说，预测因子长度不能太小，长度太小预测反褶积波形尾部出现明显波动，长度增大，这种尾部波动减弱，反褶积效果较好，达到一定长度时，反褶积效果将趋于稳定。预测因子长度也不能太大，长度太大不仅增加计算量，而且会增加相邻反射及噪声的影响。图 3-13 所示为用合成地震记录确定预测因子长度的试验，预测步长 α 不变为 2ms，预白化量 ε 为 0%，取预测因子长度 m 分别为 20ms、44ms、94ms、128ms、192ms 和 292ms，图中（a）为脉冲响应，（b）为合成地震记录，地震子波为已知最小相位子波。从图中可以看出，当预测因子长度太小（例

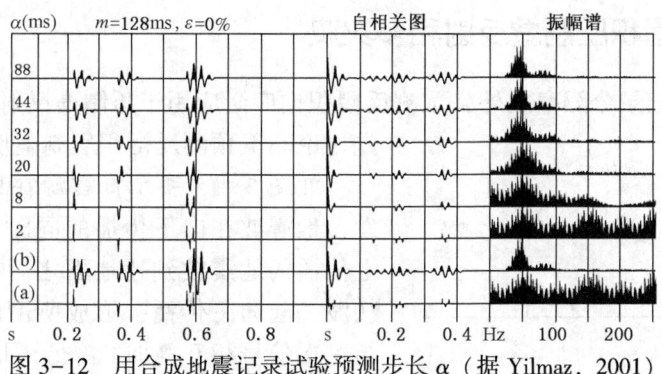

图 3-12　用合成地震记录试验预测步长 α（据 Yilmaz，2001）

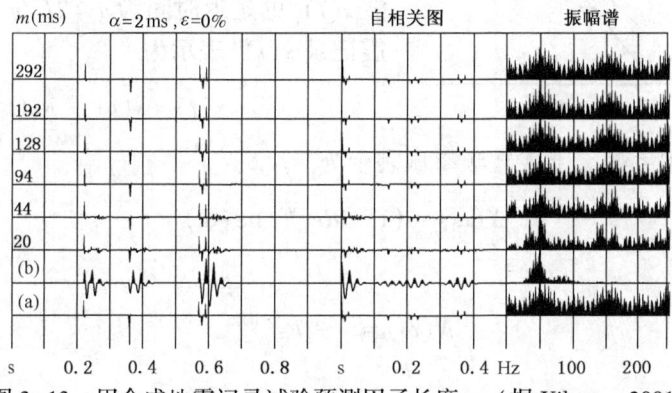

图 3-13　用合成地震记录试验预测因子长度 m（据 Yilmaz，2001）

如 20ms 和 44ms）时，预测反褶积波形尾部波动明显，当预测因子长度达到 $m=128\text{ms}$ 时，预测反褶积效果已经较好。

（3）预白化量 ε：在进行预测反褶积计算预测因子 $c(t)$ 时，为了增加矩阵方程的稳定性，需要根据随机噪声的水平确定预白化量 ε。图 3-14 所示为用合成地震记录确定预白化量的试验，预测步长 α 为 2ms，预测因子长度 m 为 128ms，预白化量分别为 0、0.1%、1%、5%、10% 和 20%，图中（a）为脉冲响应，（b）为合成地震记录，地震子波为已知最小相位子波。从图中可以看出，当预白化量 $\varepsilon=0.1\%$ 时，预测反褶积的输出结果基本不变，而当预白化量很大（$\varepsilon>5\%$），预测反褶积波形尾部波动明显增大，预测反褶积效果明显变差。

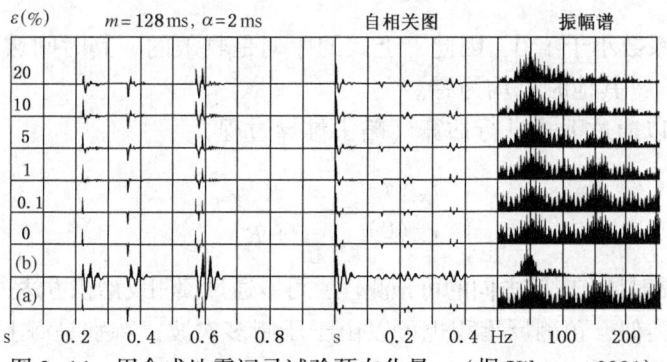

图 3-14　用合成地震记录试验预白化量 ε（据 Yilmaz，2001）

三、预测反褶积压制虚反射和多次波

除了提高地震记录分辨率之外,预测反褶积也广泛应用于压制虚反射和多次波。下面首先讨论一下预测反褶积压制虚反射的基本原理。

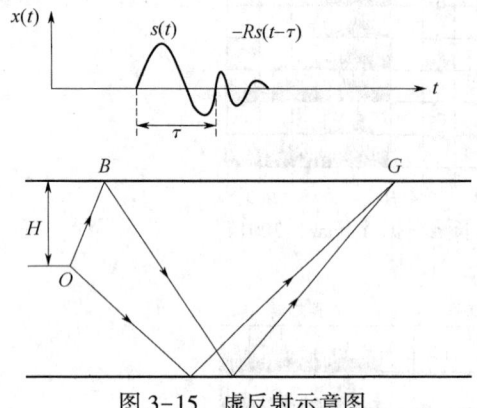

图 3-15 虚反射示意图

如图 3-15 所示,震源在地下或海面之下激发,地震波在向下传播的同时,也向上传播,向上传播的地震波到达地面之后被反射回来,与一次波一起向下传播,形成所谓的虚反射。虚反射与一次信号相互叠加,降低了地震信号的分辨率。

设井深为 H,地表速度为 v,则虚反射较一次波 $s(t)$ 的延迟时间为 $\tau = 2H/v$。含有虚反射的地震记录 $x(t)$ 表示为

$$x(t) = s(t) - Rs(t - \tau) \tag{3-92}$$

式中,R 为地面反射系数。上式在频率域表示为

$$X(\omega) = (1 - Re^{-i\omega\tau})S(\omega) \tag{3-93}$$

令

$$N(\omega) = 1 - Re^{-i\omega\tau} \tag{3-94}$$

有

$$X(\omega) = N(\omega)S(\omega)$$

由此可见,虚反射的影响相对于对一次反射施加了一个频率响应为 $N(\omega)$ 的滤波器,因此,可以通过反滤波消除虚反射的影响。反滤波器的频率响应为

$$A(\omega) = \frac{1}{N(\omega)} = \frac{1}{1 - Re^{-i\omega\tau}} \tag{3-95}$$

其对应的 Z 变换为

$$A(z) = \frac{1}{1 - Rz^\tau} = 1 + Rz^\tau + R^2 z^{2\tau} + \cdots \tag{3-96}$$

由于地表反射系数小于 1.0,因此,上式的序列是收敛的。其时间域响应只在零时刻和 τ 的整数倍时刻有值,其他时刻均为零。

反射系数 R 可以通过下式进行估算(略去推导过程)

$$\frac{r_{xx}(\tau)}{r_{xx}(0)} = -\frac{R}{1 + R^2} \tag{3-97}$$

可以看出,虚反射具有时间方向的可预测性,可以通过预测反褶积方法进行压制和消除。

与压制虚反射类似,预测反褶积也可以由于压制多次波,特别是海上鸣震多次波。下面就该问题进行讨论和分析。

在海上进行地震勘探时,由于海面和海底都具有较大的反射系数,地震波激发之后,产

生在海面和海底之间来回震荡的多次波，这类多次波称为鸣震，也称为交混回响。鸣震还可以进一步划分为一阶鸣震和二级鸣震，下面首先讨论一阶鸣震。

如图 3-16 所示，一阶鸣震是指海底下面的反射波到达海面之后，再在海面和海底之间来回震荡形成的多次波。设海水深度为 H，海水速度为 v，海底的反射系数为 R，海面的反射系数一般在 1.0 左右。如图 3-17 所示，对于一次反射信号 $s(t)$ 而言，包含一阶鸣震的地震记录 $x(t)$ 可表示为

$$x(t) = s(t) + (-1)Rs(t-\tau) + (-1)^2 R^2 s(t-2\tau) + \cdots$$

$$= \sum_{k=0}^{\infty} (-1)^k R^k s(t-k\tau)$$

其中，$\tau = 2H/v$ 是地震波在海水中的双程旅行时间。上式的 Z 变换为

$$X(z) = \left[\sum_{k=0}^{\infty} (-R)^k z^{k\tau}\right] S(z)$$

$$= \frac{1}{1+Rz^\tau} S(z)$$

令

$$N_1(z) = \frac{1}{1+Rz^\tau} \tag{3-98}$$

有

$$X(z) = N_1(z) S(z)$$

$N_1(z)$ 是一阶鸣震滤波器的 Z 变换，其频率响应为

$$N_1(\omega) = \frac{1}{1+Rz^{-i\omega\tau}} \tag{3-99}$$

可以看出，一阶鸣震的影响可以看做一个特殊的滤波过程。下面具体分析一下这个滤波器的频率特性。设 $H = 30\text{m}$，$v = 1500\text{m/s}$，$R = 0.5$。图 3-18 显示了其对应的一阶鸣震滤波器的振幅谱 $|N_1(\omega)|$，一阶鸣震对地震记录的频谱特征产生了较大影响。

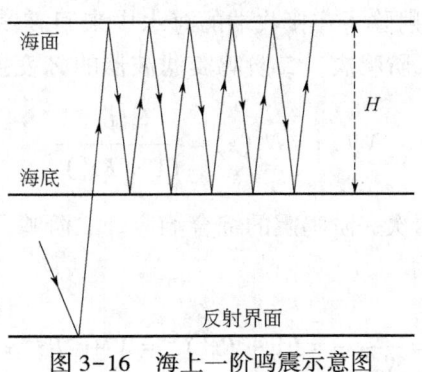

图 3-16　海上一阶鸣震示意图

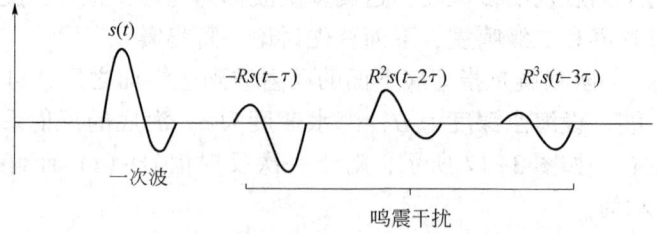

图 3-17 一阶鸣震地震记录示意图

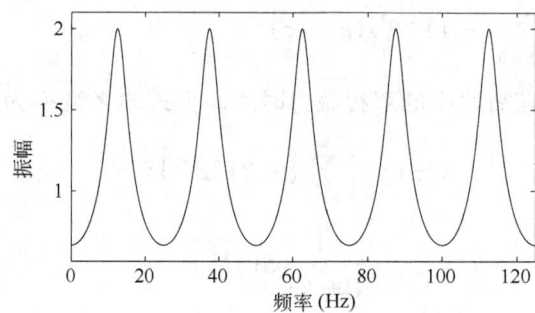

图 3-18 一阶鸣震滤波器的频率特性

可以利用反滤波方法消除一阶鸣震对地震记录的影响，该反滤波器的 Z 变换表示为

$$A_1(z) = \frac{1}{N_1(z)} = 1 + Rz^\tau \qquad (3-100)$$

从含有一阶鸣震的地震记录 $x(t)$ 中恢复一次反射地震记录 $s(t)$ 表示为

$$s(t) = a_1(t) * x(t)$$

式中，$a_1(t)$ 是反滤波器的时间域响应，有

$$a_1(t) = \begin{cases} 1, t = 0 \\ R, t = \tau \\ 0, 其他 \end{cases} \qquad (3-101)$$

如图 3-19 所示，地震反射除了在接收端的海水中来回震荡之外，在激发端的海水中也来回震荡，这种现象称之为二阶鸣震。二阶鸣震滤波器的 Z 变换表示为

$$N_2(z) = N_1^2(z) = \frac{1}{(1+Rz^\tau)^2} \qquad (3-102)$$

上式表明，二阶鸣震是前后两次一阶鸣震的综合响应。二阶鸣震也可以通过反滤波进行压制和消除，反滤波器的 Z 变换为

$$A_2(z) = \frac{1}{N_2(z)} = (1+Rz^\tau)^2 = 1 + 2Rz^\tau + R^2z^{2\tau} \qquad (3-103)$$

它的时间域响应表示为

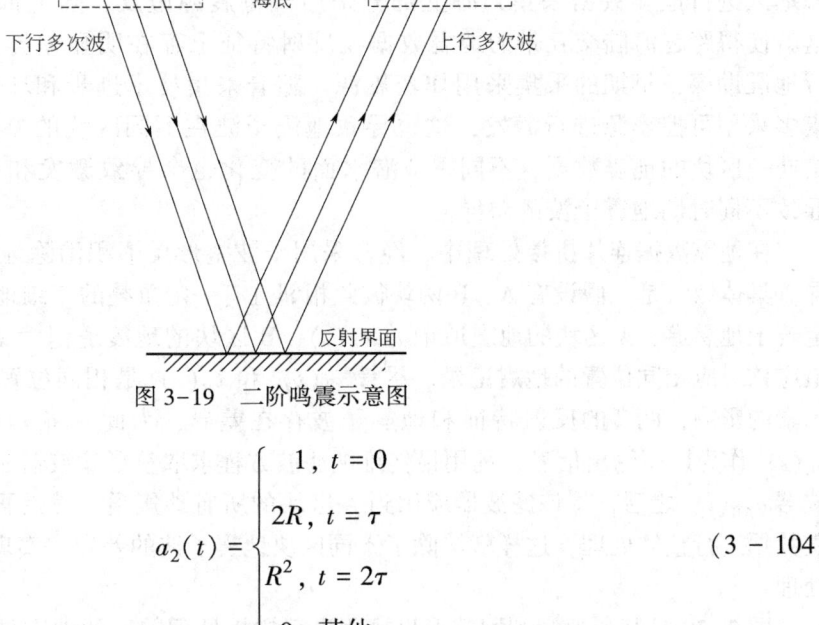

图 3-19 二阶鸣震示意图

$$a_2(t) = \begin{cases} 1, & t = 0 \\ 2R, & t = \tau \\ R^2, & t = 2\tau \\ 0, & \text{其他} \end{cases} \quad (3-104)$$

和一阶鸣震一样，二阶鸣震也可以通过预测反褶积进行压制和消除。需要指出的是，利用预测反褶积方法压制鸣震干扰，并不需要已知海底反射系数 R，只需要大致估算出多次波在海水中的双程旅行时间 τ，将其作为预测步长，求解式（3-87）的预测滤波方程，得到预测滤波器 $c(t)$，将预测结果从原始记录 $x(t)$ 中减去，就得到了消除鸣震之后的一次反射地震记录 $s(t)$，即

$$s(t + \tau) = x(t + \tau) - c(t) * x(t) \quad (3-105)$$

第六节　子波整形反褶积

子波整形反褶积是通过反褶积处理将地震记录中的子波改造为所期望的另外一个子波，从其定义可以看出，子波整形反褶积的本质就是最佳维纳滤波。另外，前面讲述的脉冲反褶积和预测反褶积也可以看作一种特殊形式的整形反褶积。整形反褶积在地震数据处理中有很多不同形式的应用，下面分别以地震数据连片拼接处理、地震子波零相位化处理和混合相位子波脉冲反褶积处理讨论一下子波整形反褶积的具体应用。

一、地震数据连片拼接处理

在实际地震资料处理中经常涉及地震数据的连片拼接处理。所谓的连片拼接处理就是将不同年度采集的三维地震数据作为一个大的数据体进行整体处理。在处理过程中要尽量消除不同三维区块由于采集因素和地表因素造成的地震子波在空间上的差异，特别是相邻区块在重叠部位的差异，实现三维地震数据的"无缝"拼接处理。

在实际地震勘探中，不同三维区块的施工年度、观测方式、地表条件、激发因素和接收因素都有所差异，这些因素使得不同区块的地震子波存在明显差异。例如，在滩浅海地区进行地震数据采集，海上部分采用气枪震源激发，陆上部分采用炸药震源激发，这就使得跨越海陆交互带的地震数据在反射特征上存在明显差异。再如，在沙漠地区进行地震勘探，早期的采集采用炸药震源。随着采集技术进步和环保要求的提高，后期采集多采用可控震源进行激发，这也导致地震子波在不同区块的差异。在有些地区，即使是同一区块的地震数据，不同季节潜水面的变化也会导致激发和接收条件的差异，进而导致不同时期地震子波的差异。

在地震数据连片拼接处理中，经常采用子波整形反褶积消除地震子波在不同区块的差异。具体做法是，假设有 A、B 两块彼此相邻且有一定重叠的三维地震数据，在重叠部位确定若干地震道，A 区块的地震道记为 $x_A(t)$，B 区块的地震道记为 $x_B(t)$，不同区块的地震道应该对应相同位置的地震记录。尽管 $x_A(t)$ 和 $x_B(t)$ 是相同位置的地下反射，由于上述因素的影响，两者的反射特征和地震子波存在差异，为此，将 $x_A(t)$ 作为输入信号，将 $x_B(t)$ 作为期望输出信号，利用最佳维纳滤波方程求取整形滤波器 $c_{AB}(t)$。在确定了整形滤波器 $c_{AB}(t)$ 之后，将该滤波器应用到 A 区块的所有地震道，然后再将 A、B 两个区块的地震数据进行整体处理，这样就消除了不同区块地震子波的差异，实现了不同区块的连片拼接处理。

图 3-20 是某一地区利用整形反褶积进行拼接处理前后的地震剖面，在整形反褶积之前的地震剖面上，两个区块的反射特征存在明显差异。整形反褶积之后，两个区块的反射特征趋于一致，地震剖面更加真实地反映实际地层的空间变化。

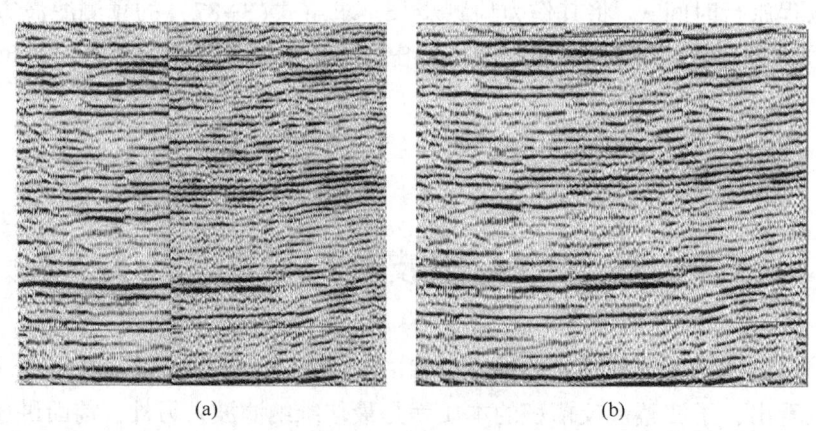

图 3-20 整形反褶积拼接处理前（a）、后（b）的地震剖面

二、地震子波零相位化处理

在所有相同振幅谱、不同相位谱的子波集合里面，零相位子波具有最高的分辨率，且其地震记录尤其适合于地震资料解释工作中的层位标定和层位追踪。因此，在进行地震数据解释工作之前，在不改变振幅谱的情况下，将地震子波的相位转化为零相位，更好地适应地震资料解释工作的要求，该工作称为子波零相位化处理。

图 3-21 显示利用子波整形反褶积将最小相位子波进行零相位化处理的过程。其基本思

路是，首先由地震记录估算脉冲反褶积算子，然后采用相同的方法计算反褶积算子的反滤波器，该反滤波器就是地震记录中的最小相位子波。在得到最小相位子波之后，再基于地震记录的自相关函数计算其对应的零相位子波。最后，以最小相位子波为输入信号，对应的零相位子波为期望输出信号，采样维纳滤波方程求取子波整形滤波器。将该滤波器作用在输入地震记录上，就实现了最小相位子波的零相位化处理。

图 3-21 中（a）表示由地震道得到的自相关图，（b）是（a）平滑后的结果，（c）是（b）的单边曲线，（d）为计算得到的脉冲反褶积因子，（e）是由反褶积因子（d）的逆估算的最小相位子波，（f）是与（e）具有相同振幅谱的零相位子波，（g）是根据零相位子波（f）设计的整形滤波因子，通过整形滤波可以将最小相位子波（e）整形为零相位子波（f），（h）是整形滤波器的实际输出，它与零相位子波期望输出（f）是非常接近的。以上就是最小相位子波整形为零相位子波的整形反褶积过程，在这个过程中，保持地震子波的振幅谱不变，仅仅改变了相位谱。

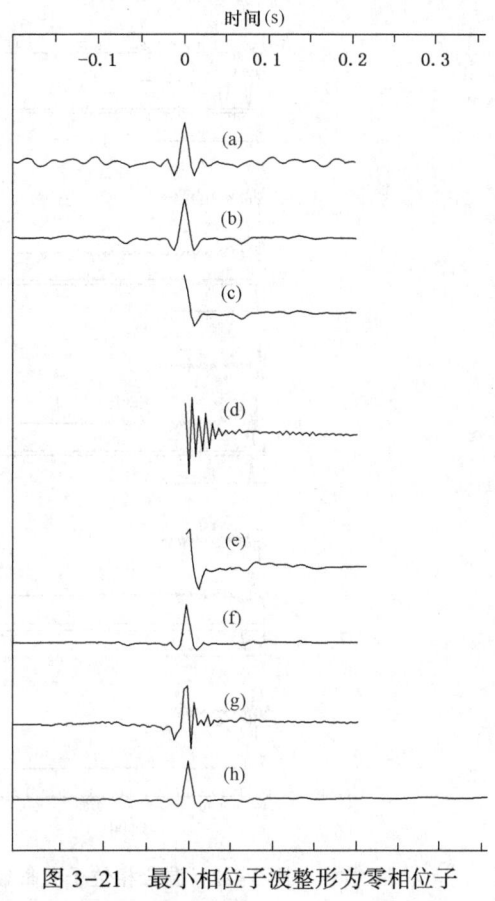

图 3-21 最小相位子波整形为零相位子波整形反褶积试验（据 Yilmaz，2001）

三、混合相位子波脉冲反褶积处理

前面讲述了在子波未知的情况下，对地震记录进行脉冲反褶积的方法。实际上，对于混合相位子波地震记录而言，采用下面的方法也可以将混合相位子波整形为脉冲函数。

对于最小相位子波，其期望输出波形为零延迟脉冲，即 $d(t)=\{1,0,\cdots,0\}$；对于最大相位子波，其期望输出波形为最大延迟脉冲，即 $d(t)=\{0,0,\cdots,1\}$；而对于混合相位子波，其期望输出波形是零延迟脉冲与最大延迟尖脉冲之间的非零延迟脉冲，即 $d(t)=\{0,\cdots,0,1,0,\cdots,0\}$。

图 3-22 显示了用不同延迟尖脉冲作为期望输出 $d(t)$，将混合相位子波进行子波整形脉冲反褶积的结果。图中（0）表示一个混合相位输入子波，（a）~（h）中的 8 个框表示 8 个不同延迟尖脉冲作为期望输出的结果，从（a）至（h）尖脉冲的延迟时间逐渐增大。每个框中的（1）表示不同延迟的期望输出尖脉冲 $d(t)$，（2）表示整形滤波因子 $a(t)$，（3）表示滤波后的实际输出 $y(t)$。目标是整形反褶积的实际输出与不同延迟尖脉冲 $d(t)$ 的误差最小。

从图 3-22 中可以看出，当将 60ms 延迟的尖脉冲作为期望输出时，反褶积的结果最接近于脉冲函数。还可以看出，当延迟时间接近于 60ms 的最佳延迟时间时，延迟时间的改变对整形反褶积结果的影响不甚明显。

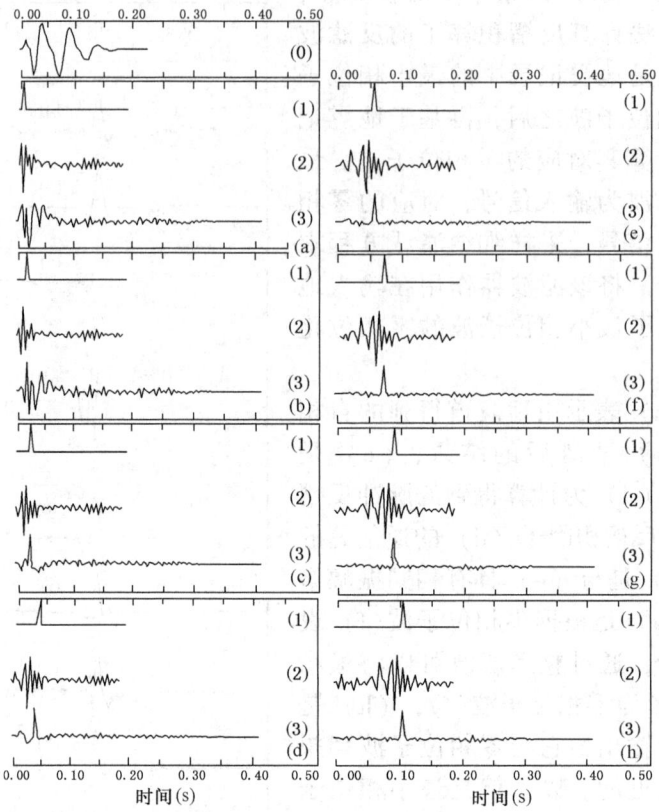

图 3-22 混合相位子波整形反褶积实验分析（据 Yilmaz，2001）

第七节 同态反褶积

视频 3-6 同态反褶积

同态反褶积不同于前面所讲过的最小平方反褶积或预测反褶积方法，它不需要假设地震子波的最小相位延迟性质，也不需要假设反射系数的白噪声性质。同态反褶积可以对任意相位延迟性质的地震子波进行反褶积。它使用同态滤波技术实现地震子波和反射系数的分离，理论上可以同时求取地震子波和确定反射系数。

反射地震记录 $x(t)$ 是地震子波 $w(t)$ 和反射系数 $r(t)$ 的褶积，即

$$x(t) = w(t) * r(t)$$

地震记录是若干时间延迟、振幅缩放的地震子波叠加构成。由于不同反射界面的地震子波相互叠加、彼此干涉，因而很难从地震记录 $x(t)$ 上很好地确定地震子波 $w(t)$ 的形状和反射系数 $r(t)$ 的位置。

利用傅里叶变换将上式由时间域变换到频率域，有

$$\widetilde{X}(\omega) = \widetilde{W}(\omega)\widetilde{R}(\omega) \qquad (3-106)$$

时间域地震子波与反射系数的褶积，在频率域转换为两者相乘的关系。再对上式两边取对

数,则相乘的关系进一步简化为相加的关系,即

$$\hat{X}(\omega) = \hat{W}(\omega) + \hat{R}(\omega) \quad (3-107)$$

其中,$\hat{X}(\omega) = \ln\widetilde{X}(\omega)$,$\hat{W}(\omega) = \ln\widetilde{W}(\omega)$ 和 $\hat{R}(\omega) = \ln\widetilde{R}(\omega)$ 分别是 $x(t)$、$w(t)$ 和 $r(t)$ 的对数谱。利用傅里叶反变换将上式由频率域变换回时间域,则

$$\hat{x}(t) = \hat{w}(t) + \hat{r}(t) \quad (3-108)$$

式中,$\hat{w}(t)$ 和 $\hat{r}(t)$ 分别是 $w(t)$ 和 $r(t)$ 的对数谱序列。由式(3-106)、式(3-107) 和式(3-108) 所构成的变换称为同态变换。

上式表明,地震记录的对数谱序列 $\hat{x}(t)$ 是地震子波对数谱序列 $\hat{w}(t)$ 和反射系数对数谱序列 $\hat{r}(t)$ 之和。同态变换将地震子波与反射系数的褶积转换为其对应的对数谱序列的求和运算,简化了地震子波与反射系数的关系。不仅如此,在时间坐标轴上,两者的对数谱序列还占据了不同位置,具有潜在的可分离性。下面以图 3-23 所示的例子说明这个问题。

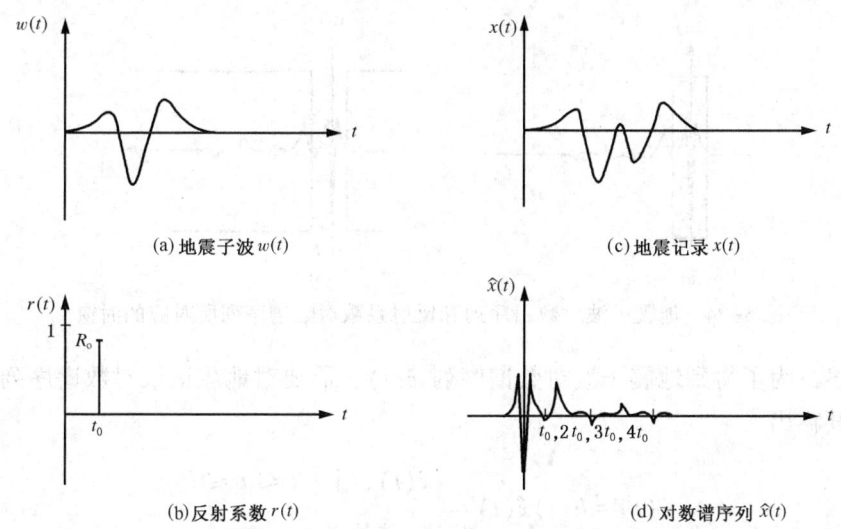

图 3-23 地震子波和反射系数在对数谱序列上的可分离性

图 3-23(a) 是混合相位地震子波 $w(t)$,图 3-23(b) 是由两个脉冲构成的反射系数序列 $R(t)$,且 $R(0) = 1$,$R(t_0) = R_0$。图 3-23(c) 是合成地震记录 $x(t)$,有

$$x(t) = w(t) + R_0 w(t - t_0)$$

上式在频率域表示为

$$\widetilde{X}(\omega) = \widetilde{W}(\omega)(1 + R_0 e^{-i\omega t_0})$$

对数谱为

$$\hat{X}(\omega) = \ln\widetilde{W}(\omega) + \ln(1 + R_0 e^{-i\omega t_0})$$

$$= \ln\widetilde{W}(\omega) + R_0 e^{-i\omega t_0} - \frac{R_0^2}{2} e^{-i\omega 2 t_0} + \frac{R_0^3}{3} e^{-i\omega 3 t_0} - \cdots \quad (3-109)$$

将上式转换到时间域，其对数谱序列为

$$\hat{x}(t) = \hat{w}(t) + R_0\delta(t - t_0) - \frac{R_0^2}{2}\delta(t - 2t_0) + \frac{R_0^3}{3}\delta(t - 3t_0) - \cdots \quad (3-110)$$

图 3-23(d) 展示了上式计算的对数谱序列。可以看出，地震子波的对数谱序列 $\hat{w}(t)$ 集中在原点附近，反射系数的对数谱序列 $\hat{r}(t)$ 则是离原点较远的一系列尖脉冲。地震子波对数谱序列 $\hat{w}(t)$ 与反射系数对数谱序列 $\hat{r}(t)$ 分布在 t 轴的不同位置上，它们在一定程度上是彼此分离的。

如图 3-24 所示，可以在原点附近沿 t 轴开一时窗，时窗长度为 $2l$。如果将时窗 $|t|\leq l$ 里的对数谱序列 $\hat{x}(t)$ 保留，将时窗外面 $|t|>l$ 的对数谱序列 $\hat{x}(t)$ 去掉。这样，只要时窗长度 $2l$ 取得合适，使 $l<t_0$ 而又接近 t_0，就可以使时窗里所保留下来的 $\hat{x}(t)$ 接近于地震子波的对数谱序列。反之，如果将时窗 $|t|\geq l$ 里的 $\hat{x}(t)$ 保留，将时窗外面 $|t|<l$ 的 $\hat{x}(t)$ 去掉，就得到了反射系数的对数谱序列 $\hat{r}(t)$。

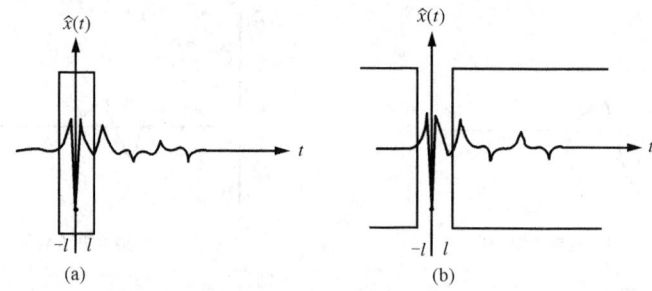

图 3-24 地震子波对数谱序列和反射系数对数谱序列所对应的时窗

如上所述，为了得到地震子波对数谱序列 $\hat{w}(t)$，需要对地震记录对数谱序列 $\hat{x}(t)$ 进行低通滤波，其输出

$$\hat{y}(t) = \hat{h}(t)\hat{x}(t) = \begin{cases} \hat{x}(t), & \text{当} -l \leq t \leq l \\ 0, & \text{其他} \end{cases}$$

而为了得到反射系数对数谱序列 $\hat{r}(t)$，则需要对 $\hat{x}(t)$ 进行高通滤波，其输出

$$\hat{y}(t) = \hat{h}(t)\hat{x}(t) = \begin{cases} \hat{x}(t), & \text{当} |t| \geq l \\ 0, & \text{其他} \end{cases}$$

在利用上述方式分别得到地震子波的对数谱序列 $\hat{w}(t)$ 和反射系数的对数谱序列 $\hat{r}(t)$ 之后，再通过下面的步骤求取地震子波 $w(t)$ 和反射系数 $r(t)$。

对地震子波的对数谱序列 $\hat{w}(t)$ 进行傅里叶变换，求出 $w(t)$ 的对数谱

$$\hat{W}(\omega) = \sum_{t=-\infty}^{\infty} \hat{w}(t)\mathrm{e}^{-\mathrm{i}\omega t} \quad (3-111)$$

然后，对数谱 $\hat{W}(\omega)$ 取指数，得到 $w(t)$ 的频谱

$$\widetilde{W}(\omega) = \mathrm{e}^{\hat{w}(\omega)} \quad (3-112)$$

最后，再对频谱 $\widetilde{W}(\omega)$ 进行傅里叶反变换，得到地震子波 $w(t)$

$$w(t) = \frac{1}{2\pi}\int_{-\pi}^{\pi} \widetilde{W}(\omega) e^{i\omega t} d\omega \qquad (3-113)$$

式(3-111)、式(3-112)和式(3-113)所构成的变换称为同态反变换。类似地，采用该变换也可以由反射系数的对数谱序列 $\hat{r}(t)$ 得到反射系数 $r(t)$。

综上所述，同态反褶积包含三个主要步骤，首先对地震数据进行同态变换，得到对数谱时间序列。然后，在对数谱序列上确定地震子波和反射系数序列的分离点，滤波之后得到地震子波的对数谱序列和反射系数的对数谱序列。最后，分别对地震子波和反射系数的对数谱序列进行同态反变换，得到地震子波和反射系数序列。

该方法对地震子波的相位特征没有特殊要求，理论上能够实现混合相位子波反褶积处理。实际上，由于地震子波和反射系数的对数谱序列或多或少存在部分重叠，并不满足完全意义上的可分离性，另外，在计算地震记录的对数谱时，要求将相位谱展开为连续函数，这个过程也会引入一些算法误差。因此，同态反褶积方法在工业界并未取得大规模的实际应用。

我们知道，白噪反射系数和最小相位子波是脉冲/预测反褶积的两个基本假设。基于反射系数的白噪假设，很容易从地震记录中估算地震子波的振幅谱。作为本节的扩展内容，下面在已知振幅谱的情况下，对如何通过同态变换构建最小相位子波进行分析和讨论。

设有最小相位子波 $w(t)$，其频谱为

$$W(\omega) = A(\omega) e^{i\phi(\omega)}$$

式中，$A(\omega)$ 是振幅谱，$\phi(\omega)$ 是相位谱。

地震子波 $w(t)$ 的对数谱为

$$\hat{W}(\omega) = \ln A(\omega) + i\phi(\omega) = \hat{A}(\omega) + i\phi(\omega) \qquad (3-114)$$

式中，对数谱的虚部是地震子波的相位谱。将对数谱变换到时间域，得到地震子波的对数谱序列 $\hat{w}(t)$。

由于地震子波 $w(t)$ 是最小相位，因此，它的对数谱序列 $\hat{w}(t)$ 是实因果序列。从第一章所讲述的 Hilbert 变换可知，实因果序列的频谱是解析函数，其虚部是实部的 Hilbert 变换。具体到本例，相位谱 $\phi(\omega)$ 是振幅谱对数 $\hat{A}(\omega)$ 的 Hilbert 变换。也就是说，最小相位子波的相位谱等于其振幅谱对数的 Hilbert 变换，即

$$\phi(\omega) = H[\ln A(\omega)]$$

式中，$H[\ ]$ 表示 Hilbert 变换。因此，振幅谱为 $A(\omega)$ 的最小相位子波为

$$w(t) = \text{FFT}^{-1}[A(\omega) e^{iH[\ln A(\omega)]}] \qquad (3-115)$$

第八节　地表一致性反褶积

地表一致性反褶积旨在消除激发、接收近地表因素所导致的地震子波在空间上的差异，实现地表一致性子波处理。

视频 3-7　地表一致性反褶积

第 i 炮激发、第 j 道接收、炮检距为 l、炮检中点为 k 的地震记录可近似表示为

$$x'_{ij}(t) = s_i(t) * h_l(t) * e_k(t) * g_j(t) + n(t) \qquad (3-116)$$

式中，$x'_{ij}(t)$ 是模型记录；$s_i(t)$ 是震源 i 对地震记录的贡献，称为炮点分量；$g_j(t)$ 是检波点 j 对地震记录的贡献，称为检波点分量；$h_l(t)$ 是与炮检距 $l=|i-j|$ 有关的分量，称为炮检距分量；$e_k(t)$ 是与中心点 $k=(i+j)/2$ 有关的分量，称为中心点分量；$n(t)$ 是噪声项。

将式(3-116)与地震记录褶积模型进行比较后，有

$$w(t) = s_i(t) * h_l(t) * g_j(t) \qquad (3-117)$$

上式可以看作是对地震子波的广义表达。

假定式(3-116)中的 $n(t) = 0$，并对其进行傅里叶变换，得到频谱

$$\widetilde{X'_{ij}}(\omega) = \widetilde{S}_i(\omega)\widetilde{H}_l(\omega)\widetilde{E}_k(\omega)\widetilde{G}_j(\omega) \qquad (3-118)$$

其振幅谱

$$A'_{ij}(\omega) = As_i(\omega) Ah_l(\omega) Ae_k(\omega) Ag_j(\omega) \qquad (3-119)$$

其相位谱

$$\varphi'_{ij}(\omega) = \varphi s_i(\omega) + \varphi h_l(\omega) + \varphi e_k(\omega) + \varphi g_j(\omega) \qquad (3-120)$$

假设地震子波是最小相位，只需考虑振幅谱，对式(3-119)两边取对数，并将 $\ln A'_{ij}(\omega)$ 写成 $\hat{A}'_{ij}(\omega)$，得到

$$\hat{A}'_{ij}(\omega) = \hat{A}s_i(\omega) + \hat{A}h_l(\omega) + \hat{A}e_k(\omega) + \hat{A}g_j(\omega) \qquad (3-121)$$

将式(3-119)中 $A'_{ij}(\omega)$ 写成 $\dfrac{A'_{ij}(\omega)}{A'_a(\omega)}$ 的形式，$A'_a(\omega)$ 表示全部记录振幅谱的平均值，则 $\dfrac{A'_{ij}(\omega)}{A'_a(\omega)}$ 表示 $A'_{ij}(\omega)$ 对 $A'_a(\omega)$ 的相对振幅谱。取对数，得到

$$\ln\frac{A'_{ij}(\omega)}{A'_a(\omega)} = \ln A'_{ij}(\omega) - \ln A'_a(\omega) = \hat{A}'_{ij}(\omega) - \hat{A}'_a(\omega) \qquad (3-122)$$

令 $\hat{A}''_{ij}(\omega) = \hat{A}'_{ij}(\omega) - \hat{A}'_a(\omega)$，考虑到 $A'_a(\omega)$ 仅为归一化参量，由式(3-121)仍记

$$\hat{A}''_{ij}(\omega) = \hat{A}s_i(\omega) + \hat{A}h_l(\omega) + \hat{A}e_k(\omega) + \hat{A}g_j(\omega) \qquad (3-123)$$

式(3-123)左端表示振幅谱 $\hat{A}'_{ij}(\omega)$ 相对平均振幅谱 $\hat{A}'_a(\omega)$ 的剩余对数振幅谱，右端各项分别为与震源 i、检波点 j、炮检距 l 和脉冲响应 k 等近地表条件有关的剩余对数振幅谱成分。计算出右端各项的剩余谱成分 $\hat{A}s_i(\omega)$，$\hat{A}g_j(\omega)$，$\hat{A}h_l(\omega)$ 和 $\hat{A}e_k(\omega)$ 及其相应的时间函数 $s_i(t)$，$g_j(t)$，$h_l(t)$ 和 $e_k(t)$，设计反褶积因子 $a(t)$，进行地表一致性反褶积，其结果相当于将变化的近地表条件，化成与平均振幅谱 $\hat{A}'_a(\omega)$ 相一致的近地表条件，消除了因近

地表条件不一致所引起的波形变化。

式(3-123)为一系数为1的线性方程组，对于任意 ω 成分，可以表示为如下的矩阵方程

$$\begin{pmatrix} \ddots & & & & & & & & \\ 0 & \cdots & 010 & \cdots & 010 & \cdots & 010 & \cdots & 010 & \cdots \\ & & & & & & & & & \ddots \end{pmatrix} \begin{pmatrix} \vdots \\ \hat{A}s_i \\ \vdots \\ \hat{A}h_l \\ \vdots \\ \hat{A}e_k \\ \vdots \\ \hat{A}g_j \\ \vdots \end{pmatrix} = \begin{pmatrix} \vdots \\ \hat{A}''_{ij} \\ \vdots \end{pmatrix} \quad (3-124)$$

或

$$CP = A'' \quad (3-125)$$

式中，P 表示式(3-123)右端的振幅谱成分 $\hat{A}s_i$，$\hat{A}h_l$，$\hat{A}e_k$ 和 $\hat{A}g_j$ 向量；A 表示式(3-123)左端的 $\hat{A}''_{ij}=\hat{A}'_{ij}-\hat{A}'_a$ 向量；C 表示系数矩阵，它是一个每行只有4个元素是1、其他元素都是零的稀疏矩阵，其维数为 $(n_s \times n_c) \times (n_s+n_h+n_e+n_r)$。

用最小平方法确定式(3-125)中每一个频率 ω 的振幅谱成分 P，使模型的振幅谱成分 $\hat{A}''_{ij}$ 与实际的振幅谱成分 $\hat{A}_{ij}$ 之间的误差平方和最小。定义误差矢量

$$E = A - A'' = A - CP \quad (3-126)$$

式中　A——实际振幅谱成分矢量；
　　　A''——模型振幅谱成分矢量。

其积累平方误差为

$$v = \overline{E}^T E \quad (3-127)$$

式中，$\overline{E}^T$ 是 E 的复共轭转置。将式(3-126)代入式(3-127)，得到

$$v = (A - CP)^T (A - CP) \quad (3-128)$$

为了使误差 v 达到最小，则要求

$$\frac{\partial v}{\partial \hat{A}s_i} = \frac{\partial v}{\partial \hat{A}h_l} = \frac{\partial v}{\partial \hat{A}e_k} = \frac{\partial v}{\partial \hat{A}g_j} = 0 \quad (3-129)$$

由上式得到式(3-125)的最小平方解

$$P = (C^T C)^{-1} C^T A \quad (3-130)$$

一种实际的求解振幅谱成分 $\hat{A}s_i(\omega)$，$\hat{A}h_l(\omega)$，$\hat{A}e_k(\omega)$ 和 $\hat{A}g_j(\omega)$ 的方法是基于高斯—赛得尔（Gauss-Seidel）迭代法，利用下述递归方程计算

$$\left.\begin{aligned}
\hat{A}s_i^m &= \frac{1}{n_r}\sum_{j=1}^{n_r}(\hat{A}_{ij} - \hat{A}h_l^{m-1} - \hat{A}e_k^{m-1} - \hat{A}g_j^{m-1}) \\
\hat{A}g_j^m &= \frac{1}{n_s}\sum_{i=1}^{n_s}(\hat{A}_{ij} - \hat{A}h_l^{m-1} - \hat{A}e_k^{m-1} - \hat{A}s_i^{m-1}) \\
\hat{A}h_l^m &= \frac{1}{n_e}\sum_{k=1}^{n_e}(\hat{A}_{ij} - \hat{A}s_i^{m-1} - \hat{A}e_k^{m-1} - \hat{A}g_j^{m-1}) \\
\hat{A}e_k^m &= \frac{1}{n_h}\sum_{l=1}^{n_h}(\hat{A}_{ij} - \hat{A}s_i^{m-1} - \hat{A}h_l^{m-1} - \hat{A}g_j^{m-1})
\end{aligned}\right\} \quad (3-131)$$

式中 m——迭代次数。

迭代过程一直到达到误差平方最小化要求为止。

首先，对每个频率 ω 解出各振幅谱成分 $\hat{A}s_i$，$\hat{A}g_j$，$\hat{A}h_l$ 和 $\hat{A}e_k$，将所有的频率 ω 的结果合并在一起，得到各振幅谱成分 $\hat{A}s_i(\omega)$，$\hat{A}g_j(\omega)$，$\hat{A}h_l(\omega)$ 和 $\hat{A}e_k(\omega)$。然后，对各振幅谱成分取指数并进行傅里叶反变换得到各谱成分所对应的时间函数 $s_i(t)$，$g_j(t)$，$h_l(t)$ 和 $e_k(t)$。这时地表一致性脉冲反褶积因子 $a(t)$ 就是 $s_i(t)*h_l(t)*g_j(t)$ 的最小相位的逆。利用这个反褶积因子 $a(t)$ 对全部数据中的每一道地震记录 $x_{ij}(t)$ 进行反褶积，能消除近地表条件不一致性所带来的地震波形的变化，得到地表一致性反褶积结果。

思考题和习题

1. 什么是维纳滤波？已知最小相位输入子波 $b(t)$，其中，$b(0)=1$，$b(1)=-0.5$，希望输出为单位脉冲函数，试分别利用维纳滤波和 Z 变换法计算其反子波 $a(t)$，$t=0$，1，及其实际输出信号 $y(t)$，$t=0$，1，3。
2. 为什么脉冲反褶积和预测反褶积需要最小相位子波和白噪反射系数两个基本假设？
3. 试证明海水鸣震滤波器是最小相位滤波器。
4. 简述预测反褶积提高分辨率的基本原理和实现过程。
5. 简述地表一致性反褶积的主要作用和实现过程。

参 考 文 献

李国发，彭更新，翟桐立，等，2011. 基于目标函数的地表一致性反褶积方法. 山东科技大学学报，30（3）：27–32.
李庆忠，1993. 走向精确勘探的道路：高分辨率地震勘探系统工程剖析. 北京：石油工业出版社.
李振春，张军华，2004. 地震数据处理方法. 东营：中国石油大学出版社.
刘伊克，金德刚，谢宋雷，2016. 南海深水多次波压制理论和实践. 北京：科学出版社.
牟永光，等，2007. 地震数据处理方法. 北京：石油工业出版社.

徐伯勋，白旭滨，傅孝毅，2004. 信号处理中的数学变换和估计方法. 北京：清华大学出版社.
杨绿溪，2008. 现代数字信号处理. 北京：科学出版社.
俞寿朋，1993. 高分辨率地震勘探. 北京：石油工业出版社.
Buhl P, et al, 1974. The application of homomorphic deconvolution to shallow-water marine seismology-Part II: Real dada. Geophysics, 39 (4): 417-426.
Buttkus B, 1975. Homomorphic filtering-Theory and Practice. Geophysical Prospecting, 23: 712-748.
Finetti I, et al, 1971. Review on the basic theoretical assumptions in seismic digital filtering. Geophysical Prospecting, 19 (3): 292-320.
Lines L R, et al, 1977. The old and the new in seismic deconvolution and wavelet estimation. Geophysical Prospecting, 25 (3).
Otis R M, et al, 1974. Homomorphic deconvolution by log spectral averaging. Geophysics, 42 (6): 1146-1157.
Peacock K L, et al, 1969. Predictive deconvolution. Theory and Practice. Geophysics, 34 (2): 155-169.
Robinson E A, et al, 1967. Principles of digital Wiener filtering. Geophysical Prospecting, 15 (3): 311-313.
Stoffa P L, et al, 1974. The application of homomorphic deconvolution to shallow-water marine seismology-Part 1: Models. Geophysics, 39 (4): 401-416.
Ulrych T J, 1971. Application of homomorphic deconvolution to seismology. Geophysics, 36 (4): 650-660.
Yilmaz O, 1987. Seismic Data Processing. Society of Exploration Geophysicists.
Yilmaz O, 2001. Seismic Data Analysis. Society of Exploration Geophysicists.

第四章
动校正和叠加

动校正和叠加是地震数据处理基本内容之一。叠加的目的是压制干扰，提高地震资料的信噪比。动校正的目的是消除炮检距对反射波旅行时的影响，校平共深度点反射波时距曲线的轨迹，增强利用叠加技术压制干扰的能力，减小叠加过程引起的反射波同相轴畸变。

第一节　动校正

一、动校正的概念（视频 4-1）

图 4-1 显示了在单一水平地层情况下，由不同的炮点激发、不同的检波点接收，对共深度点 D 所构成的反射波时距曲线，该时距曲线是一条双曲线

$$t^2(x) = t^2(0) + \frac{x^2}{v^2} \qquad (4-1)$$

视频 4-1
动校正概念

式中，x 是炮点到检波点的距离，v 是反射界面之上介质的速度，$t(x)$ 是在炮检距 x 处的地震波的旅行时间，$t(0)$ 是炮检距为零（自激自收）时地震波沿垂直路径 MD 的双程旅行时。只有当反射界面是水平层的情况下，反射点 D 沿垂线在地面点的投影与中心点 M 重合。

由图 4-1 可以看出，在多次覆盖地震勘探中，在多个炮检距上都接收到了来自共深度点 D 的反射波，但是反射波在不同炮检距的到达时间不同，由于零炮检距自激自收反射波与地下构造有着更直接的对应关系，因此需要将非零炮检距上的反射波旅行时校正到零炮检距的自激自收旅行时。由式(4-1) 得到非零炮检距旅行时与零炮检距旅行时之差 $\Delta t(x)$ 为

$$\Delta t(x) = t(x) - t(0) = \sqrt{t^2(0) + \left(\frac{x}{v}\right)^2} - t(0) \qquad (4-2)$$

这种由于炮检距引起的非零炮检距与零炮检距的反射时间之差 $\Delta t(x)$ 称为正常时差。由式(4-2)看出，在相同的地震道上，正常时差是零炮检距反射时间的函数，不同的零炮检距反射时间，正常时

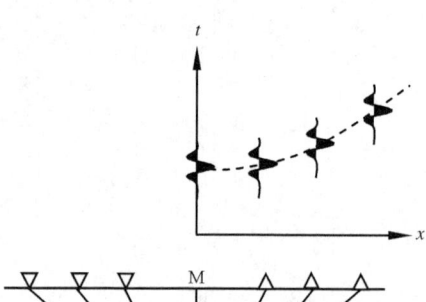

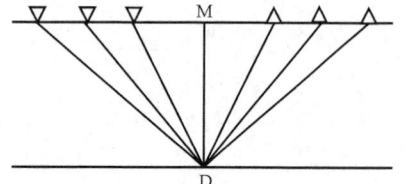

图 4-1　共深度点时距曲线

差的大小不同,因此正常时差又称为动态时差,而将不同炮检距的反射时间校正到零炮检距反射时间的过程称为动校正。动校正中"动"的概念主要体现在同一地震道上不同反射时间的动校正量不同。

动校正量 Δt 是零炮检距反射时间(反射界面深度)、炮检距和地层速度的函数,表4-1给出了由一个随反射界面深度递增的速度模型计算得到的动校正量列表。结合式(4-2)并分析列表可知,动校正量随炮检距递增,随反射深度和速度递减。

表 4-1 速度模型已知时不同炮检距和零炮检距反射时间的动校正量

零炮检距反射时间(s)	动校正速度(m/s)	不同炮检距 x 的动校正量(s)	
		$x=1000\text{m}$	$x=2000\text{m}$
0.25	2000	0.309	0.780
0.5	2500	0.140	0.443
1.0	3000	0.054	0.201
2.0	3500	0.020	0.080
4.0	4000	0.008	0.031

如图4-2所示,对于上覆地层均匀的水平反射共深度点道集[图4-2(a)],只要确定了正确的动校正速度 v,就可利用式(4-2)计算每个炮检距的动校正量 Δt,进行动校正,拉平反射同相轴[图4-2(b)];如果动校正采用的速度高于正确速度,计算得到的动校正量偏小,动校正后的同相轴下拉[图4-2(c)],称为校正不足或欠校正;反之如果动校正采用的速度低于正确速度,计算得到的动校正量偏大,动校正后的同相轴上抛[图4-2(d)],称为校正过量或过校正。对于单一水平反射界面而言,动校正速度等于上覆地层的层速度。但是对于水平层状介质和更复杂的上覆构造,动校正速度与上覆地层速度之间的关系比较复杂,反射波时距曲线的轨迹也不再是标准的双曲线,下面来分别论述。

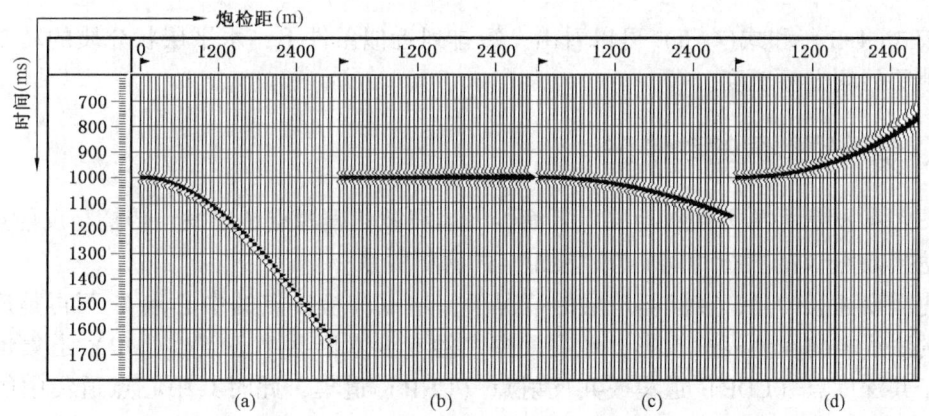

图 4-2 不同动校正速度的动校正效果

(a)上覆地层均匀的水平反射共深度点道集;(b)正确速度动校正后的道集;(c)速度偏高时动校正后的道集;(d)速度偏低时动校正后的道集

二、水平层状介质的动校正

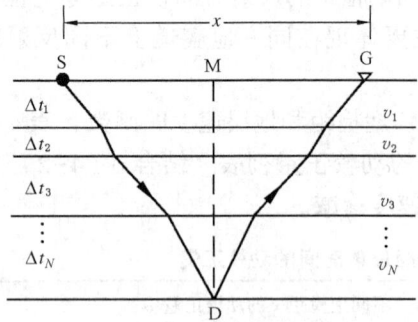

图 4-3　水平层状介质反射波旅行时计算

如图 4-3 所示为 N 层水平层状介质模型。v_i 表示第 i 层的层速度，Δt_i 表示地震波在第 i 层的垂直双程旅行时间，地震波由震源点 S 出发，传播到反射点 D 后再反射到达接收点 G，地面中心点 M 与反射点 D 在同一铅垂线上，炮点到接收点的炮检距为 x。

理论上可以证明，在这种情况下，反射时间 t 不能表示为炮检距 x 的显函数关系。Taner 和 Koehler（1969）将二者关系近似展开为

$$t^2(x) = t^2(0) + \frac{x^2}{v_{\text{rms}}^2} + C_2 x^4 + C_3 x^6 + \cdots \tag{4-3}$$

式中　C_2，C_3——与地层厚度和速度有关函数；
　　　v_{rms}——均方根速度。

$$v_{\text{rms}}^2 = \frac{1}{t(0)} \sum_{i=1}^{N} v_i^2 \Delta t_i \tag{4-4}$$

其中
$$t(0) = \sum_{i=1}^{N} \Delta t_i$$

上式表明，水平层状介质情况下，共深度点反射波时距曲线不再是标准的双曲线。但是当排列较短，炮检距小于反射点深度的情况下，截断式(4-3)中的高次项，反射波时距曲线可以近似为

$$t^2(x) \approx t^2(0) + \frac{x^2}{v_{\text{rms}}^2} \tag{4-5}$$

比较式(4-1)和式(4-5)可以看出，短排列近似条件下，水平层状介质的动校正速度近似为地层的均方根速度。

三、单一倾斜层的动校正

如图 4-4 所示为单一倾斜地层。下面给出地震波从震源点 S 出发，传播至反射点 D，再反射到达接收点 G 的旅行时间 t 与炮检距 x 的解析关系。

首先需要注意的是，在倾斜地层的情况下，炮点和检波点的中心点 M 不再是反射点 D 沿界面的法线方向在地表的投影，地震勘探中的专业术语共中心点（CMP）道集也不再严格等价于共深度点（CDP）道集或共反射点（CRP）道集，此时共中心点道集中的反射波不再来自地下同一反射点。

Levin（1971）由图 4-4 的几何关系导出了地层具有倾角 φ 时的反射波时距曲线方程

$$t^2(x) = t^2(0) + \left(\frac{x}{v/\cos\varphi}\right)^2 \tag{4-6}$$

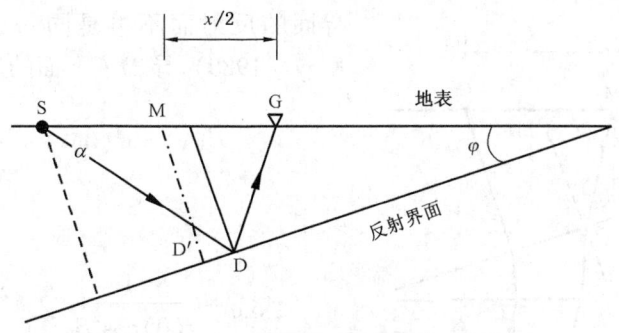

图 4-4 单一倾斜层反射波旅行时计算

该方程也是双曲线方程，但是动校正速度 v_NMO 为

$$v_\text{NMO} = \frac{v}{\cos\varphi} \tag{4-7}$$

从式(4-7)可以看出，在倾斜地层的情况下，动校正速度要大于上覆地层的层速度。

对于三维的情况，如图 4-5 所示。

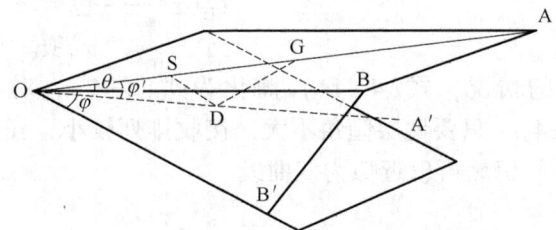

图 4-5 三维情况倾斜层反射波旅行时计算

设地层的倾角为 φ，炮点和检波点的连线方向 OA 与地层倾向的夹角，即方位角为 θ，地层在炮检方向的视倾角为 φ'，有

$$\sin\varphi' = \sin\varphi\cos\theta \tag{4-8}$$

动校正速度 v_NMO 为

$$v_\text{NMO} = \frac{v}{\cos\varphi'} \tag{4-9}$$

则三维情况下，倾斜地层的反射波时距曲线方程为

$$t^2(x) = t^2(0) + \frac{x^2}{v^2}(1 - \sin^2\varphi\cos^2\theta) \tag{4-10}$$

四、任意倾斜层状介质的动校正

下面讨论在如图 4-6 所示的任意倾斜层状介质的情况下，地震波从震源点 S 出发，传播至反射点 D，再反射到达接收点 G 的旅行时间 t 与炮检距 x 的关系。

在任意倾斜层状介质的情况下，炮点和检波点的中心点 M 自激自收的反射点 D′ 与炮检距为 x 的反射点 D 不再是第 N 个界面上的同一反射点，共中心点道集中的反射波来自一段

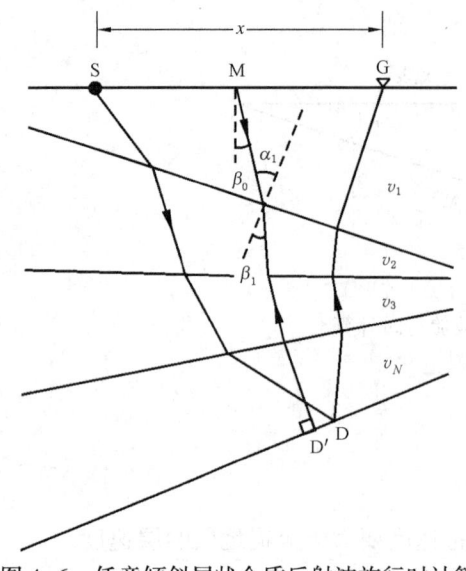

界面的反射而不再是同一点的反射。Hubral 和 Krey（1980）导出了下面的反射波时距方程

$$t^2(x) = t^2(0) + \frac{x^2}{v_{\text{NMO}}^2} + T_H(x) \quad (4-11)$$

其中

$$v_{\text{NMO}}^2 = \frac{1}{t(0)\cos^2\beta_0} \sum_{i=1}^{N} v_i^2 \Delta t_i \prod_{k=1}^{i-1} \left(\frac{\cos^2 \alpha_k}{\cos^2 \beta_k} \right)$$

$$(4-12)$$

式中 α_i, β_i——零偏移距地震波沿 MD′ 传播时在第 i 个界面的入射角和透射角；

Δt_i——零炮检距地震波在第 i 个界面的双程旅行时间；

$T_H(x)$——包含 x^4 及以上阶的高阶多项式项。

图 4-6 任意倾斜层状介质反射波旅行时计算

对于单一倾斜地层的情况，式(4-11) 简化为式(4-7)，对于水平层状介质而言，式(4-11) 简化为式(4-4)。只要地层倾角不大，接收排列较小，任意倾斜层状介质的反射波时距曲线［式(4-11)］仍然可以近似为双曲线

$$t^2(x) \approx t^2(0) + \frac{x^2}{v_{\text{NMO}}^2} \quad (4-13)$$

需要注意的是，式(4-5) 和式(4-13) 在小排列、小倾角、最大炮检距与目的层深度比值较小等假设下近似成立。随着炮检距的不断增大，由式(4-3) 和式(4-11) 知，大炮检距时距曲线已非双曲线关系。进行大炮检距地震资料处理时，动校正必须考虑包含高阶项时距关系函数泰勒展开式，才能获得高精度动校正处理效果。大炮检距反射动校正方程大多采用多项式高阶拟合，或基于泰勒展开式及其优化形式，围绕着最大限度地减小泰勒展开式的截断误差、降低高阶截断误差在远炮检距处造成的动校正影响进行讨论。高阶项动校正公式能提高长偏移动校正精度，但并非阶数越高动校正精度就越高，需要根据实际地质条件和地震资料优化高阶动校正公式，取得更优的动校正效果。

五、动校正数字实现和动校正拉伸（视频 4-2）

实际地震数据是离散采样的数字地震记录，设地震记录的采样率为 Δt，采样个数为 N，炮检距为 x 的地震记录为 $y_x(i\Delta t)(i=1,2,\cdots,N)$，动校正速度为 $v(i\Delta t)(i=1,2,\cdots,N)$。下面讨论如何利用式(4-13) 将地震记录 $y_x(i\Delta t)$ 做动校正，得到动校正后的地震记录 $y_0(i\Delta t)$。

如图 4-7 所示，要计算动校正后地震记录上的第 k 个点 $y_0(k\Delta t)$，应该有

$$y_0(k\Delta t) = y_x(\tau) \quad (4-14)$$

视频 4-2
数字动校正

其中

$$\tau = \sqrt{(k\Delta t)^2 + \frac{x^2}{v^2(k\Delta t)}} \qquad (4-15)$$

注意观察图 4-7，时间 τ 并未落在动校正前地震记录 $y_x(t)$ 的离散采样点上，它落在采样点 k_x 和 k_x+1 之间，离散地震记录 $y_x(i\Delta t)$ 并不包含时刻 τ 的采样值。它需要利用相邻四点采样值内插或按照下式的抽样定理恢复出来。

$$y_x(\tau) = \sum_{i=1}^{N} y_x(i\Delta t) \frac{\sin\frac{\pi}{\Delta t}(\tau - i\Delta t)}{\frac{\pi}{\Delta t}(\tau - i\Delta t)} \qquad (4-16)$$

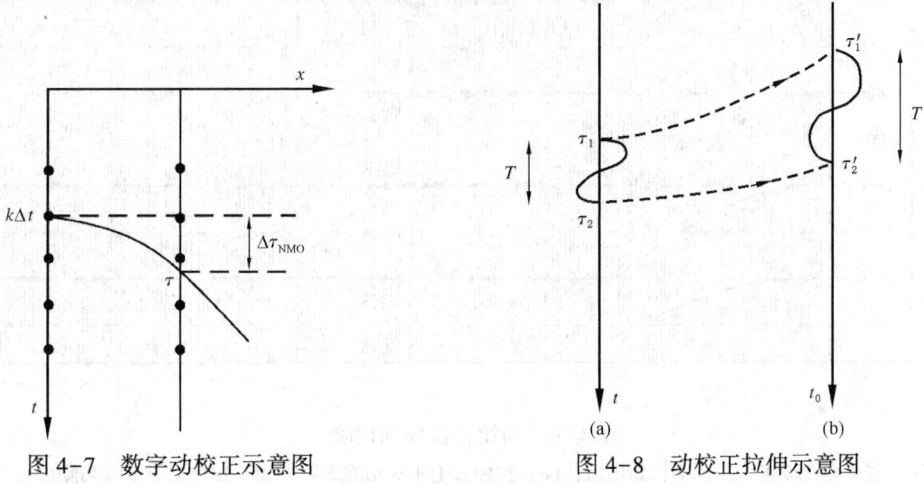

图 4-7　数字动校正示意图　　　　图 4-8　动校正拉伸示意图

下面讨论离散动校正对地震记录波形的影响，地震记录上的子波由若干离散点组成，在动校正过程中，各个离散点动校正量不同，动校正之后的子波将不再保持原来的形态，子波形态发生相对畸变。图 4-8 说明了动校正造成子波波形畸变的过程，图 4-8(a) 显示了动校正前地震记录的子波，τ_1，τ_2 分别是子波的起始时间和终止时间，$T=\tau_2-\tau_1$ 是子波的延续时间。图 4-8 (b) 显示了动校正后地震记录的子波，τ_1'，τ_2' 分别是动校正后子波的起始时间和终止时间，而且有

$$\tau_1' = \tau_1 - \Delta\tau_1, \ \tau_2' = \tau_2 - \Delta\tau_2 \qquad (4-17)$$

式中　$\Delta\tau_1$，$\Delta\tau_2$——τ_1 和 τ_2 点的动校正时差。

动校正后子波的延续时间

$$T' = \tau_2' - \tau_1' = (\tau_2 - \Delta\tau_2) - (\tau_1 - \Delta\tau_1) = T + (\Delta\tau_1 - \Delta\tau_2) \qquad (4-18)$$

由于浅层的动校正时差大于深层的动校正时差，所以

$$T' > T$$

在动校正后的地震记录上，子波的波形被拉伸了。习惯上，我们把数字动校正造成的波形拉伸称为动校正拉伸。

图 4-9 利用模拟的地震记录显示了动校正拉伸的情况，图 4-9(a) 模拟了具有四个反射界面的共中心点道集，图 4-9(b) 显示了动校正后波形拉伸的情况，可以看出，浅层、大炮检距的拉伸最为严重。

为了定量地表示动校正拉伸，引入拉伸系数的概念，其定义为

$$\beta = \frac{T' - T}{T} = \frac{\Delta T}{T} \quad (4-19)$$

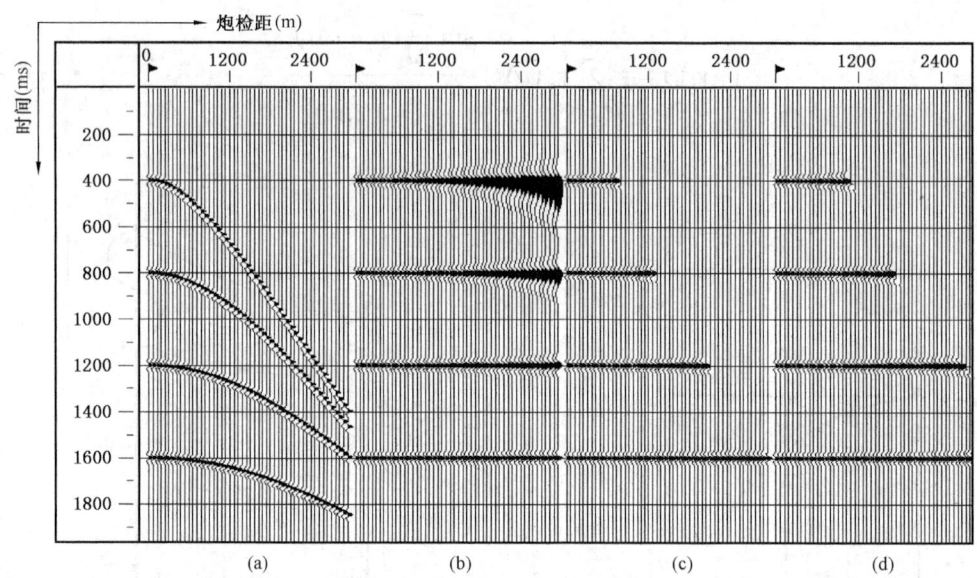

图 4-9 动校正拉伸和切除
(a) 共中心点道集；(b) 动校正之后；(c) 拉伸大于 40% 切除之后；(d) 拉伸大于 80% 切除之后

为了更好地体现拉伸对子波频率的影响，下面讨论动校正前后子波主频的相对变化，以及拉伸系数与动校正量和反射时间的关系。

在图 4-8 中，子波起始时刻的时距曲线为

$$\tau_1^2 = (\tau_1')^2 + \frac{x^2}{v^2} \quad (4-20)$$

子波终止时刻的时距曲线为

$$(\tau_1 + T)^2 = (\tau_1' + T + \Delta T)^2 + \frac{x^2}{v^2} \quad (4-21)$$

展开式(4-21) 后与式(4-20) 相减，得到

$$2\tau_1 T + T^2 = 2\tau_1'(T + \Delta T) + (T + \Delta T)^2 \quad (4-22)$$

整理后

$$2(\tau_1 - \tau_1') T = 2(\tau_1' + T) \Delta T + \Delta T^2 \quad (4-23)$$

舍去右端 ΔT 的高阶项，并注意 $\Delta t_{\text{NMO}} = \tau_1 - \tau_1'$，有

$$\Delta t_{\text{NMO}} T = (\tau'_1 + T) \Delta T \qquad (4-24)$$

当子波在零炮检距的反射时间 τ'_1 远大于子波延续时间 T 时，得到子波拉伸与动校正量的关系

$$\frac{\Delta T}{T} \approx \frac{\Delta t_{\text{NMO}}}{\tau'_1} \qquad (4-25)$$

以子波的主频 f_m 表示子波的延续时间，有

$$T = \frac{1}{f_m} \qquad (4-26)$$

$$\Delta T = -\frac{1}{f_m^2} \Delta f_m \qquad (4-27)$$

现在以我们习惯的变量 t_0 代替子波在零炮检距的起始反射时间 τ'_1，得到以子波波形的相对变化、子波主频的变化和反射时间的相对变化表示的拉伸系数。

$$\beta = \frac{\Delta T}{T} = \frac{\Delta f_m}{f_m} = \frac{\Delta t_{\text{NMO}}}{t_0} \qquad (4-28)$$

从式(4-28)可以清楚地看出，反射深度越浅，炮检距越大（Δt_{NMO} 越大），动校正拉伸越严重，子波的主频向低频转移也随之严重。

动校正拉伸引起波形畸变，破坏了动校正后共中心点道集上同相轴的相关性，降低了共中心点叠加的质量，其对叠加结果的纵向分辨率尤为有害。目前，实际地震资料处理中普遍采用的克服动校正拉伸的方法是外切除，即对拉伸率大于某个百分比的地震数据进行切除，共中心点叠加在切除之后的道集上进行。图4-9显示了对拉伸率大于某个百分比的地震数据进行切除后的道集。

第二节 水平叠加

视频 4-3
水平叠加

一、水平叠加的基本原理

有共中心点地震道集 $x_j(i)$（$i = 1, 2, \cdots, M$；$j = 1, 2, \cdots, N$），其中 M 为采样个数，N 为道集中的地震道数，地震道已经进行了正常时差校正，要确定一个标准道 $y(i)$（$i = 1, 2, \cdots, M$），使得标准道与各记录道的差别最小。现在讨论如何确定这个标准道。

利用最小平方原理，计算任意地震道 $x_j(i)$ 与标准道 $y(i)$ 的误差平方和

$$Q_j = \sum_{i=1}^{M} [x_j(i) - y(i)]^2 \quad (j = 1, 2, \cdots, N) \qquad (4-29)$$

因为是多道记录，必须使每个地震道与标准道的误差平方和相加，得到总的误差平方和

$$Q = \sum_{j=1}^{N} Q_j = \sum_{j=1}^{N} \sum_{i=1}^{M} [x_j(i) - y(i)]^2 \qquad (4-30)$$

为使 Q 达到极小，这是一个多元函数求极值问题，要求

$$\frac{\partial Q}{\partial y(i)} = 0 \quad (i = 1,2,\cdots,M) \qquad (4-31)$$

$$\frac{\partial Q}{\partial y(i)} = \frac{\partial}{\partial y(i)} \left\{ \sum_{j=1}^{N} \sum_{i=1}^{M} [x_j(i) - y(i)]^2 \right\}$$

$$= -2 \left\{ \sum_{j=1}^{N} [x_j(i) - y(i)] \right\} \quad (i = 1,2,\cdots,M)$$

$$= 0$$

有

$$\sum_{j=1}^{N} x_j(i) - Ny(i) = 0 \quad (i = 1,2,\cdots,M)$$

因此，有

$$y(i) = \frac{1}{N} \sum_{j=1}^{N} x_j(i) \quad (i = 1,2,\cdots,M) \qquad (4-32)$$

由式(4-32)可以看出，标准道就是 N 道叠加的平均，这正是多次叠加的理论基础。在应用式(4-32)对实际地震数据进行叠加时，叠加次数 N 应该是有效叠加次数，即不包含死道、切除道等对叠加没有贡献的地震道。

二、自适应水平叠加

在叠加公式(4-32)中，参加叠加各道的加权系数是相等的，而且各道的加权系数不随时间变化，加权系数都为1。

实际上，参加叠加的各个地震道的质量是有差别的，当共深度点道集中各个地震道的品质差异较大时，等权叠加不会取得理想的叠加效果。可以设想，如果使质量好的地震道参与叠加的成分多，质量差的地震道参与叠加的成分少，质量很差的地震道不参与叠加，这样叠加效果将会得到改善，这就是自适应叠加的基本思想。

1. 基本原理

地震记录道的质量在空间和时间上都会有差异，可以根据它们在空间和时间上质量的差异来控制它们参与叠加的成分，这可以通过对每个地震道上随时间乘上不同的加权系数来达到。用最小平方法原理去确定加权系数。

要对地震道 $x_j(t)$ 进行加权，必须有一个标准，即把 $x_j(t)$ 加权之后和这个标准道接近，因此，首先找到标准道，再计算加权系数。

1) 标准道的形成

标准道应该是较好地反映叠加剖面特征的地震道，它可以是进行自适应叠加道集的普通叠加道，可以是相邻几个共深度点道集的叠加，也可以是在叠加剖面上进行了信号增强处理

后的自适应叠加道集对应的叠加道。

2) 求加权系数

第 j 个地震道 $x_j(t)$ 乘上加权系数 $w_j(t)$ 后，应该与标准道 $y(t)$ 在最小平方意义下最接近。根据这个思路，下面讨论如何确定加权系数 $w_j(t)$。

地震记录中某一段，其中心时间为 t_0，时窗长度为 T，该时窗内加权后的地震道 $x_j(t) w_j(t_0)$ 与标准道 $y(t)$ 的误差平方和为

$$Q_j = \sum_{t=t_0-T/2}^{t_0+T/2} [x_j(t)w_j(t_0) - y(t)]^2 \qquad (4-33)$$

根据最小平方法则，要使误差 Q_j 最小，应该有

$$\frac{\partial Q_j}{\partial w_j(t_0)} = 0 \qquad (t \in [t_0 - T/2, t_0 + T/2]) \qquad (4-34)$$

由此解得时间 t_0 点的加权系数 $w_j(t_0)$

$$w_j(t_0) = \frac{\sum_{t=t_0-T/2}^{t_0+T/2} y(t)x_j(t)}{\sum_{t=t_0-T/2}^{t_0+T/2} x_j(t)x_j(t)} \qquad (4-35)$$

式中，分子为以 t_0 为中心、时窗长度为 T 的时窗内，地震道与标准道的互相关；分母为地震道本身的自相关。

2. 计算步骤

根据上面的原理，自适应加权叠加的具体步骤为：

（1）计算标准道。

（2）计算加权系数。根据式(4-35)计算加权系数，实际上是在某一给定的时窗内，求标准道与记录道的互相关和记录道的自相关。求出的加权系数 $w_j(t)$ 是采样时间的函数，为了得到更理想的加权叠加效果，得到加权系数之后还要对它进行异常值编辑和平滑滤波处理。

（3）地震道加权。用求出的加权系数对每个地震道进行加权，得到加权后的地震道 $r_j(t)$

$$r_j(t) = x_j(t)w_j(t) \qquad (4-36)$$

（4）对加权后的地震记录进行叠加。对加权后的地震记录进行叠加，得到自适应加权叠加的地震道 $s(t)$

$$s(t) = \frac{1}{N}\sum_{j=1}^{N} r_j(t) \qquad (4-37)$$

式中 N——叠加次数。

三、水平叠加存在的问题

水平叠加的主要作用是压制噪声，它在提高地震记录信噪比方面发挥了重要作用。但是

在高分辨率地震资料处理、复杂构造地震资料处理和以寻找岩性圈闭为目标的地震资料处理中，水平叠加存在着诸多问题。

（1）当动校正速度存在误差时，水平叠加降低了地震信号的分辨率。

如果动校正的速度 v_{NMO} 与反射波的实际速度 v 之间存在误差，则动校正之后反射波没有完全校平，在不同炮检距上的时间与零炮检距时间 t_0 之间还存在时差，称为剩余时差，将在下一节中进行分析。此时的叠加过程具有低通滤波作用，与原始反射信号相比，子波的有效频带变窄，主频向低频移动，整体分辨率降低。当地层较浅、道间距较大、覆盖次数较高时，叠加的低通滤波效应更加明显。因此，在高分辨率地震勘探中，需要特别注意剩余时差对水平叠加分辨率的影响。

（2）倾斜界面情况下，共中心点道集不再是共反射点道集。

如图4-10所示，当反射界面倾斜时，共中心点道集中的反射信号并非来自同一反射点，随着炮检距增大，反射点向界面的上倾方向发生偏移。因此，共中心点道集接收的信息不再来自相同的反射点，而是一个反射段上的信息。这时的水平叠加实际上是共中心点叠加，而不是共反射点叠加。图4-11具体分析了共反射点分散的情况，设地层的倾角为 φ，S是激发点，G是接收点，M是中心点，A是反射点，S^*、G^*、M^*分别是S、G、M关于反射界面的镜像点。图中看出，在S点激发，G点接收的反射波来自界面上的A点，而不是中心点M在界面上的自激自收反射点M'。用实际反射点偏离中心反射点的距离 $r = AM'$ 来定量表示共反射点的分散程度。下面找出 r 与界面倾角 φ 之间的关系。

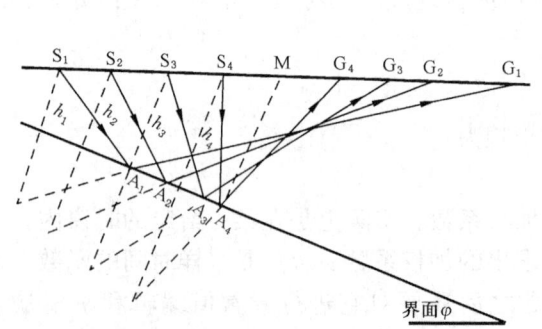

图4-10 倾斜界面的共中心点道集

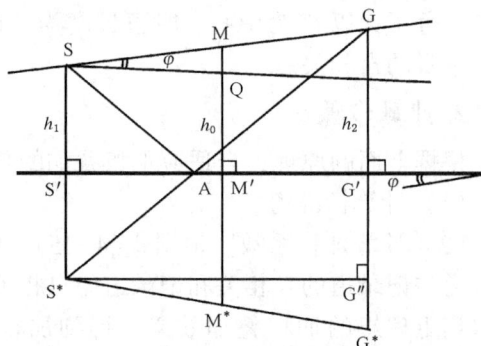

图4-11 倾斜界面共中心点的几何关系

由图中看出，$SS^* // GG^*$，$\angle S'SA = \angle S'S^*A$，而 $\angle S'S^*A = \angle S^*GG''$，所以 $\angle S'SA = \angle S^*GG''$，由此得 $\triangle SS'A$ 与 $\triangle GG''S^*$ 相似，于是有

$$\frac{S'A}{SS'} = \frac{S^*G''}{GG''}$$

由此得

$$S'A = \frac{S^*G'' \cdot SS'}{GG''} = \frac{xh_1\cos\varphi}{2h_0} = \frac{x\cos\varphi}{2h_0}\left(h_0 - \frac{x}{2}\sin\varphi\right)$$

又

$$S'M' = \frac{x}{2}\cos\varphi$$

所以有

$$r = AM' = S'M' - S'A = \frac{x}{2}\cos\varphi - \frac{x\cos\varphi}{2h_0}\left(h_0 - \frac{x}{2}\sin\varphi\right) = \frac{x^2}{8h_0}\sin2\varphi \qquad (4-38)$$

式中，x 是炮检距；φ 是地层倾角；h_0 是界面在共中心点 M 处的法线深度。由上式看出，倾角越大，炮检距越大，反射点偏离中心点越大；界面埋藏深度越深，偏离越小。

AVO 技术利用振幅随炮检距（入射角）的变化特征对反射地层的岩性和物性进行预测和描述。在地层倾斜的情况下，虽然利用考虑地层倾角的动校正速度，可以将共中心点道集的反射同相轴校平，但是由于共中心点道集不再是真正的共反射点道集，不同炮检距的反射波来自不同的反射点，当地层的物性特征横向变化较大时，利用倾斜地层的共中心点道集进行 AVO 分析会产生一定的误差。

（3）复杂构造情况下，反射波时距曲线不再是双曲线。

在地下构造复杂、横向速度变化剧烈的情况下，不同地层的反射波场和绕射波场相互重叠和干涉，共中心点道集中的波场十分复杂。复杂的传播路径使得反射同相轴严重偏离双曲线形态，特别在三维情况下，地震波的旅行时不仅与炮检距和地层倾角有关，还与炮检方位有关，此时无论采用什么样的动校正速度和动校正方法，都很难将所有地震道的同相轴校平，地震信号得不到同相叠加，降低了利用多次覆盖技术提高地震记录信噪比的能力，此时应该考虑利用 DMO 叠加或叠前偏移来完善或取代水平叠加。关于这方面的内容将在第七章中详细讨论。

（4）叠加剖面的振幅是不同入射角反射振幅的平均，不等于零炮检距反射振幅。

叠后地震反演技术利用地震资料进行地层物性和岩性的预测。其基本思想是，在地质模型指导和测井曲线约束下，通过零炮检距地震记录反演，得到波阻抗等物性参数。严格地讲，叠后反演应该使用零炮检距（即自激自收）地震记录，而不应该使用叠加记录。

由于叠加地震道是所有炮检距地震道的叠加，虽然叠加记录与零炮检距自激自收地震记录在反射时间上基本一致，但是叠加振幅是所有炮检距反射振幅的平均，不再有反射强度的明确含义，与叠后反演所需要的零炮检距地震记录在振幅上存在差异，因此，利用叠加记录进行波阻抗反演不可避免地产生误差，甚至假象。

第三节　剩余时差及叠加特性

原则上，不同于一次反射波的各种规则干扰波都有自己的正常时差，即使一次反射波的正常时差在水平界面和倾斜界面的情况下也不相同。所以，当采用一次波的正常时差公式进行动校正之后，除了一次反射波之外，其他类型的波仍存在一定量的时差，将这种经过动校正后残留的时差称为剩余时差。以全程多次反射波为例，它的时距曲线方程为

视频 4-4　动校正剩余时差及叠加特性

$$t_d^2 = t_0^2 + \frac{x^2}{v_d^2} \qquad (4-39)$$

式中　t_d——炮检距 x 处多次波的旅行时间；

v_d —— 多次波的速度。

假设一次反射和多次反射的 t_0 相等，当按一次反射作动校正后，多次波的剩余时差为

$$\delta t_d \approx \frac{x^2}{2t_0}\left(\frac{1}{v_d^2} - \frac{1}{v^2}\right) = qx^2 \qquad (4-40)$$

其中

$$q = \frac{1}{2t_0}\left(\frac{1}{v_d^2} - \frac{1}{v^2}\right) \qquad (4-41)$$

称为剩余时差系数。由式(4-40)看出，剩余时差与炮检距的平方成正比，其轨迹近似为抛物线形态。各叠加道的剩余时差不同，叠加后多次反射被削弱。由此看出，水平叠加技术是利用各种波剩余时差的不同来压制干扰波的一种方法。它能较好地压制多次反射波。

下面讨论水平叠加的叠加特性。

设地下某反射点到达地面共中心点的一次反射信号为 $f(t)$，对应的频谱为 $g(\omega)$，在共反射点道集内，第 i 道相对于自激自收记录的延迟时间为 Δt_k，用 $f(t-\Delta t_k)$ 表示，对应的频谱为 $g_k(\omega) = g(\omega)e^{-i\omega\Delta t_k}$，这里，$\Delta t_k$ 也是炮检距 x_k 处一次反射的正常时差。

现在，对各个地震道按照一次波的时差 Δt_k 进行动校正叠加，叠加后的输出为

$$F(t) = \sum_{k=1}^{n} f(t) = nf(t) \qquad (4-42)$$

即等于 n 个自激自收信号之和，其对应的频谱为 $G(\omega) = ng(\omega)$。

但是，对于多次反射，由于多次波的速度 v_d 一般小于一次波的速度 v，用一次波的速度进行动校正后，仍然存在剩余时差 δt_d，叠加后的输出信号为

$$F_d(t) = \sum_{k=1}^{n} f(t - \delta t_{dk}) \qquad (4-43)$$

其对应的频谱为

$$G_d(\omega) = g(\omega) \sum_{k=1}^{n} e^{-i\omega\delta t_{dk}} \qquad (4-44)$$

从式(4-44)看出，多次波叠加后的频谱与自激自收信号的频谱的区别在于前者增加了一个因子 $K(\omega)$，即

$$K(\omega) = \sum_{k=1}^{n} e^{-i\omega\delta t_{dk}} \qquad (4-45)$$

该因子称为叠加特性函数。叠加特性函数与滤波器的频率特性相似，就此而论，水平叠加也属于滤波范畴，也有振幅特性和相位特性。

$K(\omega)$ 的模就是振幅特性

$$K_A(\omega) = |K(\omega)| = \sqrt{\left(\sum_{k=1}^{n}\cos\omega\delta t_{dk}\right)^2 + \left(\sum_{k=1}^{n}\sin\omega\delta t_{dk}\right)^2} \qquad (4-46)$$

把多次波的角标去掉，上式可推广到任何类型的波，即

$$K_A(\omega) = \sqrt{\left(\sum_{k=1}^{n}\cos\omega\delta t_k\right)^2 + \left(\sum_{k=1}^{n}\sin\omega\delta t_k\right)^2} \qquad (4-47)$$

如果地震反射的同相轴完全校平，$\delta t_k = 0$，$K_A(\omega) = n$，叠加后输出信号增强了 n 倍。如果由于速度误差等原因，反射波经过动校正后存在剩余时差，$\delta t_k \neq 0$，$K_A(\omega) < n$，叠加能量没有得到应有的增强。

为了表示叠加后多次波相对于一次波的压制程度，由叠加后多次波的振幅与一次波的振幅之比 $P(\omega)$ 来衡量叠加效果。得到

$$P(\omega) = \frac{1}{n}\sqrt{\left(\sum_{k=1}^{n}\cos\omega\delta t_k\right)^2 + \left(\sum_{k=1}^{n}\sin\omega\delta t_k\right)^2} \qquad (4-48)$$

为便于分析和计算，令

$$\omega\delta t_k = 2\pi f\,\delta t_k = 2\pi\frac{\delta t_k}{T} = 2\pi\alpha_k \qquad (4-49)$$

α_k 称为叠加参量，它表示各个叠加道剩余时差所占谐波周期的比数，是决定叠加效应的主要因素。于是，叠加振幅特性改写为

$$P(\omega) = \frac{1}{n}\sqrt{\left(\sum_{k=1}^{n}\cos 2\pi\alpha_k\right)^2 + \left(\sum_{k=1}^{n}\sin 2\pi\alpha_k\right)^2} \qquad (4-50)$$

令

$$\alpha_k = \frac{\delta t_k}{T} = \frac{x_k^2 q}{T} = \frac{x_k^2}{\Delta x^2}\Delta x^2 fq = y_k\alpha \qquad (4-51)$$

其中
$$y_k = x_k^2/\Delta x^2;\quad \alpha = \Delta x^2 fq$$

式中，y_k 是以道距为单位的炮检距的平方；α 称为单位叠加参量，也就是当炮检距等于一个道距时的叠加参量。因此

$$P(\alpha) = \frac{1}{n}\sqrt{\left(\sum_{k=1}^{n}\cos 2\pi y_k\alpha\right)^2 + \left(\sum_{k=1}^{n}\sin 2\pi y_k\alpha\right)^2} \qquad (4-52)$$

利用这个公式可以计算多次波及动校正速度存在误差时一次波的叠加振幅特性曲线。

下面讨论叠加振幅特性曲线的计算。

首先确定参数，设最小炮检距为 x_1，CMP 道集中相邻道的距离为 $2d$，即

$$x_k = x_1 + 2d(k-1) \qquad (4-53)$$

则

$$y_k = \frac{x_k^2}{\Delta x^2} = \left[\frac{x_1}{\Delta x} + (k-1)\frac{2d}{\Delta x}\right]^2 = [\mu + (k-1)2v]^2 \qquad (4-54)$$

其中
$$\mu = x_1/\Delta x;\quad v = d/\Delta x$$

式中，μ 为最小炮检距道数；v 为炮点距道数，它与叠加次数 n 和排列道数 N 有关

$$v = \frac{N}{2n} \quad (4-55)$$

其次确定横坐标 α 的值,因为 $\alpha = \Delta x^2 fq$,一般 $f = 20 \sim 50\text{Hz}$, $q = (12 \sim 18) \times 10^{-9}$, $\Delta x = 10 \sim 100\text{m}$,所以 $\alpha = 0.1 \times 10^{-3} \sim 9.0 \times 10^{-3}$。

现在,以 n、μ、v 为参数,以 α 为自变量,按照式(4-52),计算 $n=4$、$\mu=12$、$v=3$ 时的叠加振幅特性曲线(图4-12),以该图为例分析特性曲线的特点。

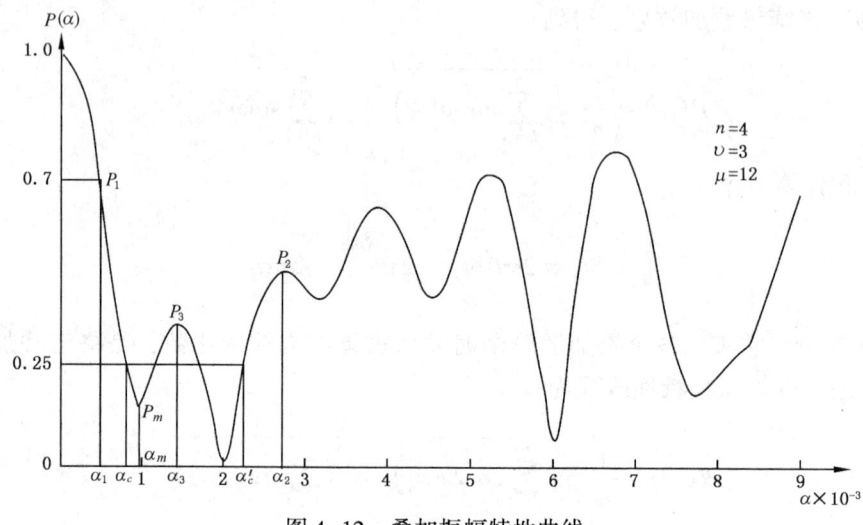

图 4-12 叠加振幅特性曲线

(1)通放带:当 $\alpha = 0$ 时,$P(\alpha) = 1$,即当 $\delta t = 0$ 时,叠加能量最大。随着 α 增大,$P(\alpha)$ 迅速减小。当 $P(\alpha) \leq P_1 (P_1 = 0.707)$ 时,叠加能量得不到足够的加强,所以将 P_1 对应的横坐标 α_1 作为通放带边界。

(2)压制带:曲线上 $P(\alpha)$ 的低值区称为压制带。一般取 $P = 1/n$ 作为压制区的平均值,它与曲线的交点为 α_c 和 α_c',在 $\alpha_c \leq \alpha \leq \alpha_c'$ 区间内,地震波受到较大压制。压制带的宽度为 $\Delta \alpha = \alpha_c' - \alpha_c$,压制区内也有极大值,称为三次极值 $P_3 = P(\alpha_3)$。在 α_c 附近,会出现第一个极小值点 α_m。如果 $\alpha_m < \alpha_c$,则压制带边界向左移至 α_m 处,通放带变窄。

(3)二次极值:在压制带之外 $\alpha > \alpha_c'$ 处,P 值渐增且在 α_2 处达到极大值 P_2,称为二次极值,应防止干扰波落入此带。当 f、q 一定时,采用过大的道间距 Δx 会使干扰波落入二次极值带。

对于具有剩余时差的地震波,水平叠加具有明显的低通滤波作用,并且随着道间距和叠加次数的增加,通放带向低频移动。

按照相位特性的定义,得到

$$\Phi(\omega) = \arctan \frac{-\sum_{k=1}^{n} \sin 2\pi y_k \alpha}{\sum_{k=1}^{n} \cos 2\pi y_k \alpha} \quad (4-56)$$

由此可见,叠加后的相位与 α、n、μ、v 有关。当反射同相轴完全校平时,$\Phi(\omega) = 0$,即叠加对信号的相位没有改变。对于多次波或没有完全校平的一次波,叠加不但削弱了其能量,叠加后地震子波的相位也发生了变化。

思考题和习题

1. 动校正概念中"动"的含义是什么？
2. 当动校正速度大于和小于实际地层速度时，会出现什么情况？
3. 推导单一倾斜地层情况下，共中心点反射波时距曲线。
4. 简述动校正拉伸是如何产生的，它有什么特点，对水平叠加的效果有什么影响？
5. 为什么加权叠加可以改善叠加剖面的质量？
6. 简述水平叠加的低通滤波效应。
7. 填表，确定表4-2所示情况下反射点偏离中心反射点的距离。总结偏离距离与炮检距、地层倾角、界面深度的关系。

表4-2 炮检距、中心点法向深度及地层倾角数据

炮检距(m)	中心点的法向深度(m)	地层倾角(°)	偏离距离(m)
2000	3000	10	
2000	1000	10	
2000	1000	15	
3000	1000	10	

8. 简述水平叠加存在的主要问题。

参 考 文 献

李振春，张军华，2004. 地震数据处理方法. 东营：中国石油大学出版社.

陆基孟，王永刚，2011. 地震勘探原理. 东营：中国石油大学出版社.

牟永光，等，2007. 地震数据处理方法. 北京：石油工业出版社.

俞寿朋，1994. 高分辨率地震勘探. 东营：石油大学出版社.

Hubral P, Krey T, 1980. Interval velocity from seismic reflection time measurements. Society of Exploration Geophysicists.

Levin F K, 1971. Apparent velocity from dipping interface reflections. Geophysics, 36（3）：510-516.

Sheriff R E, Geldart L P, 1995. Exploration seismology, Cambridge University Press.

Taner M T, Koehler F, 1969. Velocity spectra—digital computer derivation and applications of velocity functions. Geophysics, 34（6）：859-881.

Yilmaz O, 2001. Seismicdata analysis. Society of Exploration Geophysicists.

第五章 静校正

静校正是校正以及消除由于地表高程和地下低速带、降速带变化对反射波旅行时的影响。静校正是实现共反射点叠加的一项基础工作，它不仅影响着叠加剖面的信噪比和垂向分辨率，也影响叠加速度分析的质量（视频5-1）。静校正量的求取主要来自两个方面的信息，一是野外测量和观测的数据，包括地面高程数据、井口检波器记录时间、微测井和小折射数据等；二是地震波初至波时间和地下反射信息。前者称为基准面校正或野外静校正，后者称为初至折射静校正和反射波地表一致性剩余静校正。

视频 5-1
静校正概念

第一节 与静校正有关的概念

谢里夫（Sheriff）对静校正所做的定义为：用于补偿由于地表高程变化、风化层的厚度和速度变化对地震资料的影响。其目的是获得在一个平面上进行采集，且没有风化层或低速介质存在时的反射波到达时间。

一般认为反射波时距曲线是一条双曲线，这是由于在推导反射波时距曲线时，假设观测面是一个平面，炮点 S 和检波点 G 在一个平面内，而且地下介质是均匀的。但是，在实际野外观测时，观测面不是水平的，而是起伏的，地下介质也不是均匀的，低速带、降速带的厚度和速度是变化的。这时观测到的时距曲线发生了畸变（图 5-1），这种情况对速度分析、叠加等后续处理造成不利的影响，成像结果也不能很好地反映地下构造形态。因此需要研究地形变化和地表结构对地震波传播时间的影响，设法将由于激发和接收地表条件变化所引起的时差找出来，对其进行校正，消除对反射波旅行时的影响。

叠加速度分析和动校正都是基于双曲线反射同相轴假设进行的，但由于上述地形变化和地表结构原因的影响，反射同相轴偏离了双曲线形态，动校正之后的反射同相轴不在一条直线上，彼此之间存在静态时移，不能达到同相叠加（图5-2），降低了叠加剖面的质量。

一个地震道对应一个炮点和一个接收点，因此某一地震道的静校正量应该是炮点静校正量和检波点静校正量之和。

静校正通常称为地表一致性静校正，所谓地表一致性，其含义是某一地震道的静校正量只与炮点和检波点

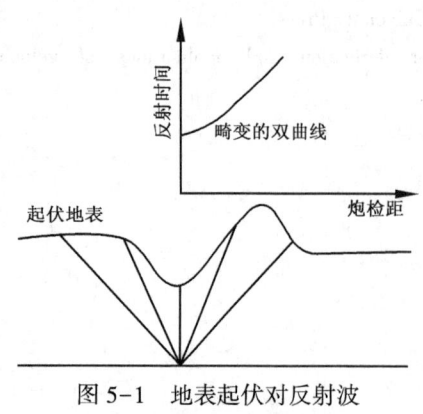

图 5-1 地表起伏对反射波时距曲线影响示意图

的地表位置有关，也就是说，共炮点道集有着相同的炮点静校正量，共检波点道集有着相同的检波点静校正量，而与地震道的炮检距、地震波的入（出）射角等因素无关。为了使地表一致性条件成立，需要假设地震波在震源处沿垂直方向入射，在检波点处沿垂直方向出射，这个假设条件在地表有风化层覆盖的条件下即可近似成立。由于风化层的速度与下伏地层的速度差异较大，按照斯涅耳定律，地震波在风化层中可以近似认为沿垂直方向传播（图5-3）。

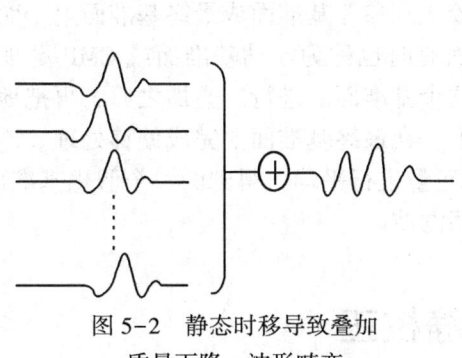

图5-2　静态时移导致叠加质量下降，波形畸变

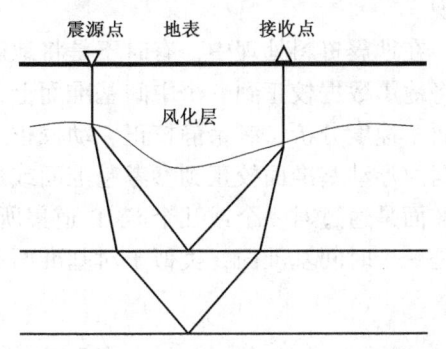

图5-3　地表一致性静校正假设地震波在风化层（低降速带）沿垂直方向传播

静校正概念中"静"的含义是相对动校正中"动"的含义而言的。地震道的动校正时差是反射时间的函数，而地震道的静校正时差与地震道的时间无关，无论是浅层反射，还是深层反射，整个地震道只有一个静校正量。

炮点和检波点的静校正量是炮点和检波点空间位置的函数，是随空间（变量）变化的曲线（面），和地震道随时间变化的波形一样，可以分为低频分量和高频分量。高频分量的静校正量称为短波长静校正量；低频分量的静校正量称为长波长静校正量（图5-4）。

所谓的长波长和短波长是相对于野外采集观测系统的排列长度而言的，波长大于排列长度的称为长波长，否则称为短波长。短波长静校正量使得共中心点道集的同相轴不能实现同相叠加，影响叠加效果；长波长静校正量对叠加效果的影响不是十分明显，但容易产生构造假象（图5-5），影响低幅构造的勘探，危害更大，解决起来也更困难。一般而言，地表一致性剩余静校正主要解决短波长静校正问题，而长波长静校正问题主要通过野外静校正和折射波静校正来解决。

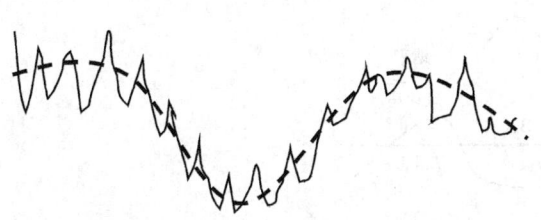

图5-4　静校正量分为长波长静校正量和短波长静校正量
图中实线为总的静校正量；虚线为长波长静校正量；两者之差为短波长静校正量

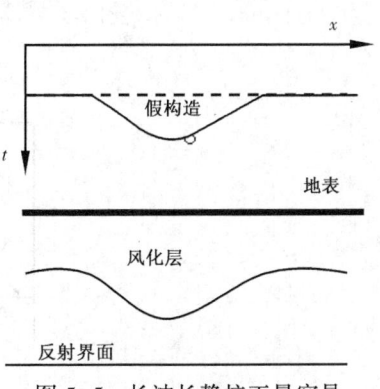

图5-5　长波长静校正量容易引起假构造

正如 Sheriff（1991）对静校正的定义中指出的：静校正的目的是获得在一个平面上进行采集，且没有风化层或低速介质存在时的反射波到达时间。定义中所讲的平面就是静校正的参考基准面。地震数据被校正到参考基准面上，消除了地表起伏和风化层横向变化的影响，后续地震处理工作就好像地震数据是在基准面上采集的。当地震勘探区域很大时，有时将参考基准面定义为倾斜面，甚至其他形式的面。这种情况在我国西部地区地震勘探中经常出现。

在地震资料处理中，有时不是将地震数据一次校正到参考基准面或最终基准面上，而是先将地震数据校正到一个中间基准面上，这个基准面有时也称为浮动基准面或 CMP 叠加基准面。速度分析、剩余静校正、动校正、叠加都在这个基准面上进行。叠加之后，再把地震数据由浮动基准面校正到参考基准面或最终基准面上，在最终基准面上完成偏移处理。浮动基准面是通过对一个或几个 CMP 道集所涉及的静校正量进行平均，得到的一个假想基准面，它是一个时间基准面，类似于对基准面曲线进行空间滤波。

第二节　野外静校正

野外静校正，有时也称基准面静校正，顾名思义，就是将在地表采集的地震记录校正到基准面上，消除地表高程和风化层对地震记录旅行时的影响。

图 5-6(a) 给出了只有一个风化层的简单近地表模型，地面 A、B 点对应风化层底界的 A_W、B_W 点，对应基准面上的 A_R、B_R 点。下面对 A、B 上的地震记录进行时间校正，使之转化为在 A_R、B_R 点记录所观测到的记录时间，且在基准面之下无风化层或低速带的存在。

作为这个过程的第一步是剥去风化层的影响，如图 5-6(b) 所示，将在地面 A、B 点的记录时间调整为在风化层底界 A_W、B_W 点的记录时间。在 A 点，穿过风化层的时间为 A 点

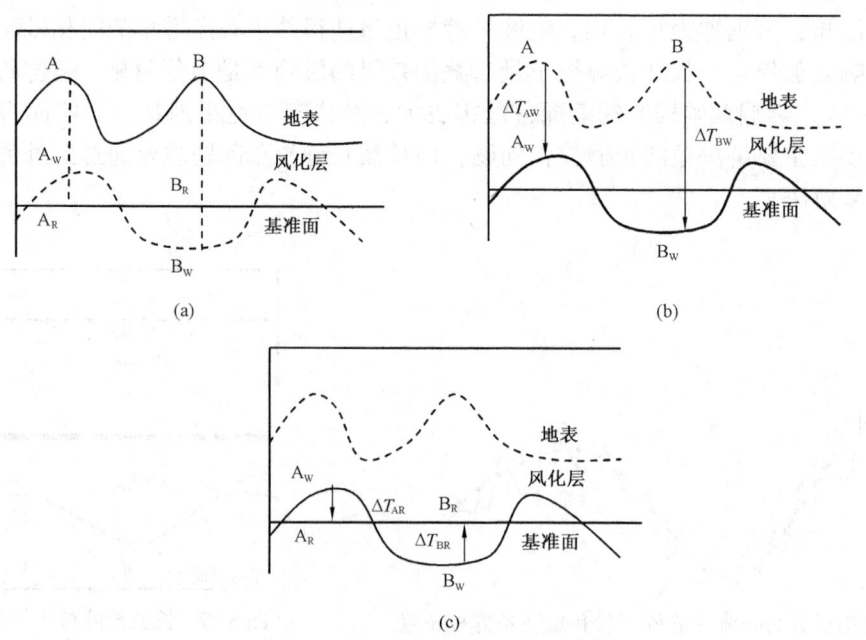

图 5-6　基准面静校正示意图
（a）近地表模型；（b）由地表到风化层底的校正；（c）由风化层底到参考基准面底校正

到 A_W 的传播时间,记为 ΔT_{AW},B 点穿过风化层所用的时间为 ΔT_{BW}。这种消除风化层影响的校正称为风化层校正。

第二步,如图 5-6(c) 所示,再将地震记录时间由风化层的底界校正到参考基准面上,对 A 点而言,校正时间为 A_W 到 A_R 的传播时间,记为 ΔT_{AR};类似地,B 点的校正时间记为 ΔT_{BR},这种消除高程影响的校正称为高程校正。

可见,基准面校正包括风化层校正和高程校正,因此 A 点的基准面静校正量为

$$\Delta T_A = \Delta T_{AW} + \Delta T_{AR} \tag{5-1}$$

B 点的基准面静校正量为

$$\Delta T_B = \Delta T_{BW} - \Delta T_{BR} \tag{5-2}$$

某一地震道的基准面校正包括炮点基准面校正和检波点基准面校正两部分,如果地震记录采用的是井下激发,炮点静校正还应包括井深校正。在图 5-7 中,检波点高程和炮点的高程分别为 E_S 和 E_G,炮点位置和检波点位置的风化层高程分别为 E_{SW} 和 E_{GW},炮点位置和检波点位置的参考基准面高程分别为 E_{SR} 和 E_{GR},井深为 h_S,风化层速度为 v_W,风化层下伏地层的速度为 v_R。炮点的基准面静校正量为

$$\Delta T_S = \Delta T_{SW} + \Delta T_{SR} = \frac{E_S - E_{SW} - h_S}{v_W} + \frac{E_{SW} - E_{SR}}{v_R} \tag{5-3}$$

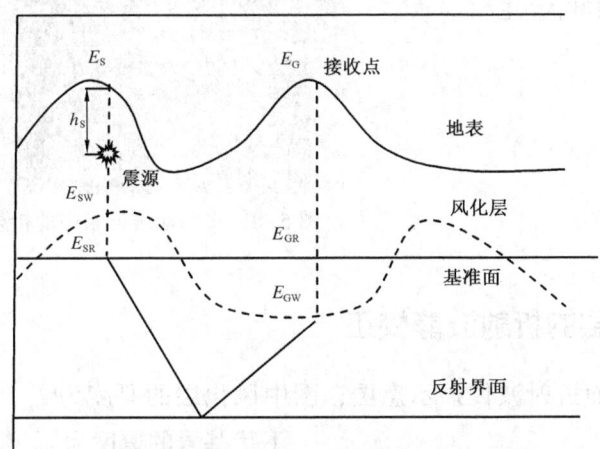

图 5-7 基准面校正包括炮点基准面校正和检波点基准面校正

注意上式已经考虑了井深校正。检波点的基准面静校正量为

$$\Delta T_G = \Delta T_{GW} - \Delta T_{GR} = \frac{E_G - E_{GW}}{v_W} - \frac{E_{GR} - E_{GW}}{v_R} \tag{5-4}$$

地震道总的基准面静校正量为

$$\Delta T_D = \Delta T_S + \Delta T_G \tag{5-5}$$

从上面的分析看出,要得到静校正量 ΔT_D,需要测出激发点和接收点的高程、低速带的空间分布(厚度和速度)、低速带下伏地层的速度。另外在井下激发的情况下,还需知道激发井深度,静校正量的精度取决于这些测量数据的精度。

第三节　折射波静校正

基准面校正需要风化层速度和厚度的信息，但是，野外测量工作有时不能准确地提供这些信息。风化层的速度低于下伏地层的速度，因此地震记录上能够记录到来自风化层底界的折射波，一般情况下，折射波先于地下反射到达地表，能够比较容易地从地震记录中识别折射波，进而拾取到折射波的初至时间（图5-8）。很显然，初至时间中包含风化层厚度和速度的信息，利用这些信息所进行的静校正，通常称为折射波静校正或初至折射静校正（视频5-2）。

视频 5-2　初至折射静校正

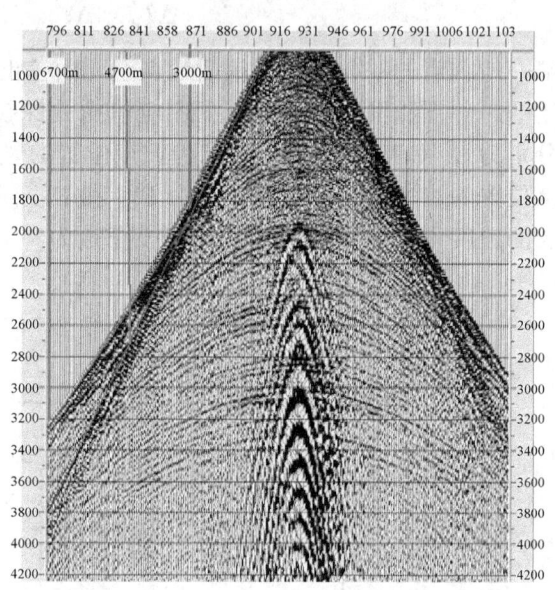

图 5-8　实际地震记录中的折射波及初至拾取

一、水平风化层的折射波静校正

图 5-9 是水平界面折射波传播示意图，图中风化层的厚度为 z_w，风化层的速度为 v_w，下伏基岩的速度为 v_b，且 $v_b > v_w$，地震波在 S 点激发，当地震波入射角达到临界角 θ_c 时，产生折射波。

直达波斜率为 $1/v_w$，折射波斜率为 $1/v_b$，折射波在时间轴上的截距为 t_{0b}，下面推导如何由 v_w、v_b 和 t_{0b} 计算风化层厚度 z_w，进而计算基准面静校正量 ΔT_D。

折射波初至时间表达为

$$t = \frac{SB}{v_w} + \frac{BC}{v_b} + \frac{CR}{v_w} \quad (5-6)$$

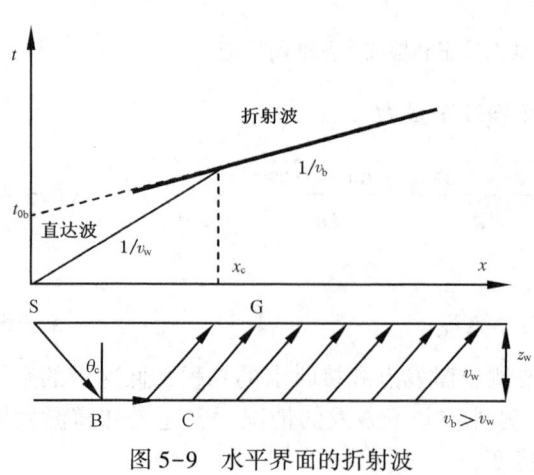

图 5-9　水平界面的折射波

进一步写为

$$t = \frac{z_w}{v_w \cos\theta_c} + \frac{x - 2z_w \tan\theta_c}{v_b} + \frac{z_w}{v_w \cos\theta_c} \tag{5-7}$$

式中 θ_c——临界角。

$$\sin\theta_c = \frac{v_w}{v_b} \tag{5-8}$$

将式(5-8) 代入式(5-7)，整理后

$$t = \frac{2z_w \sqrt{v_b^2 - v_w^2}}{v_b v_w} + \frac{x}{v_b} \tag{5-9}$$

折射波时距方程是下面的线性方程

$$t = t_{0b} + \frac{x}{v_b} \tag{5-10}$$

对比式(5-9) 和式(5-10)，得到

$$t_{0b} = \frac{2z_w \sqrt{v_b^2 - v_w^2}}{v_b v_w} \tag{5-11}$$

因此，由风化层速度 v_w、基岩速度 v_b、折射波的截距 t_{0b} 可以计算风化层厚度 z_w

$$z_w = \frac{v_b v_w t_{0b}}{2\sqrt{v_b^2 - v_w^2}} \tag{5-12}$$

通过上面的分析可以看出，在风化层底面水平的情况下，通过直达波的斜率得到风化层的速度 v_w；通过折射波的斜率和截距得到基岩的速度 v_b 和截距时间 t_{0b}，代入方程（5-12），即可计算出风化层的厚度 z_w。进而得到基准面静校正量 ΔT_D

$$\Delta T_D = \frac{2z_w}{v_w} - \frac{2(E_S - E_D - z_w)}{v_b} \tag{5-13}$$

式中 E_S——炮点和检波点的高程（假设地表是水平的）；
E_D——基准面的高程。

二、加减法折射波静校正

在地表起伏的情况下，地震记录上初至波不再是一条标准的直线，此时很难测量初至波的斜率和截距时间，另外，当观测系统的最小炮检距大于折射波的第一接收点 x_c 时，地震记录初至中观测不到直达波。这种情况下无法使用式(5-12) 计算风化层的厚度。

加减法折射静校正也需要拾取折射波初至时间，但是它不需要计算初至时间的斜率和截距，图 5-10 是加减法折射静校正示意图，图中有三个炮点检波点对，分别是(A→D)、(D→G) 和 (A→G)，现在定义两个时间变量 t_+ 和 t_-

$$t_+ = t_{ABCD} + t_{DEFG} - t_{ABFG} \tag{5-14}$$
$$t_- = t_{ABCD} - t_{DEFG} + t_{ABFG} \tag{5-15}$$

从图 5-10 可以看出

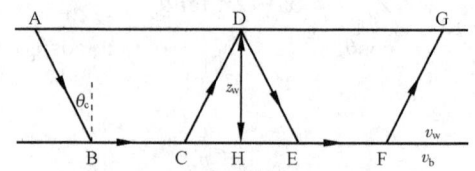

图 5-10 加减法折射静校正示意图

$$t_+ = 2\left(\frac{CD}{v_w} - \frac{CH}{v_b}\right) = 2\left(\frac{z_w}{v_w\cos\theta_c} - \frac{z_w\tan\theta_c}{v_b}\right) \quad (5-16)$$

由于 $\sin\theta_c = \dfrac{v_w}{v_b}$，所以

$$t_+ = \frac{2z_w\sqrt{v_b^2 - v_w^2}}{v_w v_b} \quad (5-17)$$

与式(5-11) 进行比较，得到

$$t_{0b} = t_+ \quad (5-18)$$

现在计算 t_-，从图 5-10 看出

$$t_- = \frac{2CD}{v_w} + \frac{2BC}{v_b} + \frac{CE}{v_b} \quad (5-19)$$

当风化层底面水平时

$$t_- = \frac{2z_w}{v_w\cos\theta_c} - \frac{2z_w\tan\theta_c}{v_b} + \frac{2x}{v_b} \quad (5-20)$$

式中，x 是炮点 A 到检波点 D 的距离。

将式(5-16) 代入式(5-20)，有

$$t_- = t_+ + \frac{2x}{v_b} \quad (5-21)$$

得到基岩速度 v_b

$$v_b = \frac{2x}{t_- - t_+} \quad (5-22)$$

下面给出加减法折射波静校正基本步骤：

（1）拾取初至时间 t_{ABCD}、t_{DEFG} 和 t_{ABFG}；
（2）计算 t_+、t_-；
（3）由式(5-18) 得到折射波截距时间 t_{0b}，由式(5-21) 得到基岩速度 v_b；
（4）估计风化层速度 v_w；
（5）由式(5-12) 计算风化层厚度 z_w；
（6）计算 D 点的基准面静校正量 ΔT_D。

三、广义互换法（GRM）折射波静校正

加减法折射波静校正中要求 D 既是检波点又是炮点，大多数观测系统并不能保证地面

上 A、G 和 D 点有图 5-10 所示的射线路径关系。图 5-11 表示了 A、G 和 D 点之间更普遍的关系。此时 t_+ 可表示为

$$t_+ = t_{ABCD_2} + t_{D_1EFG} - t_{ABFG} - \frac{D_1D_2}{v_b} \quad (5-23)$$

式中 $\dfrac{D_1D_2}{v_b}$——由于 D_1 点和 D_2 点不重合而引入的补偿项。

t_- 的定义与式(5-15) 类似

$$t_- = t_{ABCD_2} - t_{D_1EFG} + t_{ABFG} \quad (5-24)$$

得到 t_+ 和 t_- 之后，按照加减法的计算方法和计算步骤，得到 D 点的基准面静校正量。

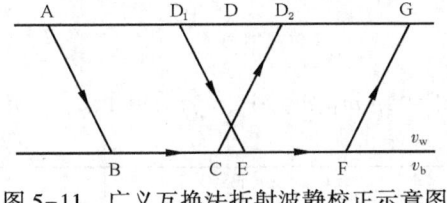

图 5-11　广义互换法折射波静校正示意图

第四节　层析反演静校正

层析反演静校正就是利用地震波旅行时属性来反演近地表速度，得到较为精确的近地表速度模型，然后利用所得到的速度模型计算静校正量的静校正技术。层析反演近地表模型主要针对地形起伏较大、近地表结构复杂、速度变化剧烈地区的复杂近地表条件提出来的，当复杂近地表低速带横向变化十分剧烈，或者纵向速度分布异常时，常规静校正技术会遇到很大的困难，而层析反演近地表速度模型计算静校正量就成为一种十分有效的方法。

层析成像，是一种利用探测目标表面观测到的信号来求取目标内部信息的反演方法，最早应用于医学领域，后发展到地震勘探领域成为地震层析成像方法。在地震勘探问题中，层析成像就是利用在地表或井中接收地震波的旅行时、振幅和波形等信息，来重建地下介质速度和衰减系数等参数图像分布的技术。

地震层析成像根据所利用的地震剖面或炮集上的地震属性，可以分为旅行时层析、振幅层析和波形层析；根据所依据的理论基础，可以分为以射线理论为基础的射线层析成像和以波动理论为基础的绕射层析成像。

本节主要介绍射线旅行时层析成像，就是在射线理论基础上，利用地震波走时及其传播的射线路径来反演地下介质速度的技术。

一、基本原理

在射线理论体系下，地震波的传播路径为地震射线，地震波旅行时等于地震波慢度 [速度倒数，即 $m(x,z) = 1/v(x,z)$] 沿其射线路径的线积分，即

$$\int_{l_i} m(x,z)\mathrm{d}l = t_i \quad (i = 1,2,\cdots,n) \tag{5-25}$$

其中 t_i 为观测到的第 i 个地震波走时数据，l_i 为对应第 i 个走时的地震波射线路径，$m(x,z)$ 为空间 (x,z) 点的慢度。

为在计算机上实现模拟，将连续的地下介质结构离散成 p 个像素单元，假设其中每个像素单元内的慢度一定，设为 m_j（$j=1,2,\cdots,p$，p 为模型像素总数），地震波在每个像素单元内沿直线传播。

记第 i 条射线 l_i 在第 j 个像素单元内的路径长度为 G_{ij}，射线 l_i 对应走时为 t_i，如图 5-12 所示，则式 (5-25) 中的积分变为离散求和

$$\sum_{j=1}^{p} G_{ij} m_j = t_i \quad (i = 1,2,\cdots,n) \tag{5-26}$$

式 (5-26) 写成

$$t_i = A_i(m_1, m_2, \cdots, m_p), i = 1,2,\cdots,n \tag{5-27}$$

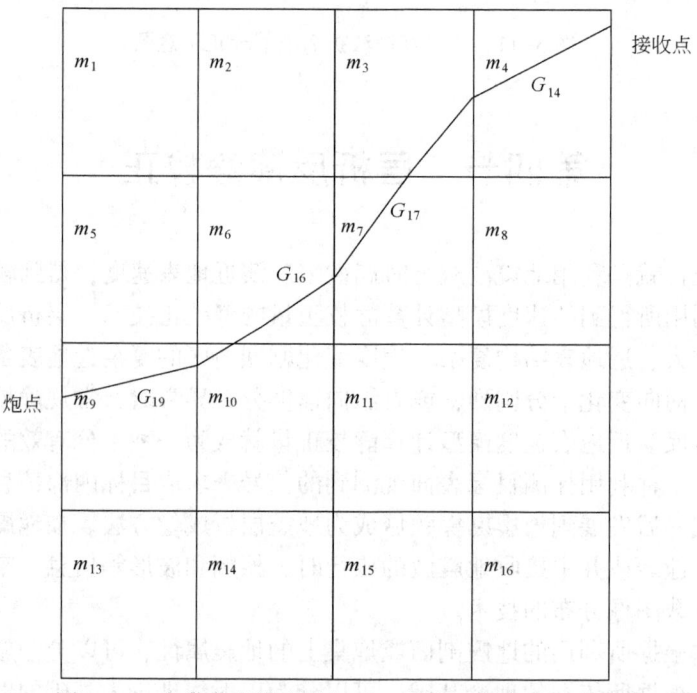

图 5-12 离散速度模型旅行时、射线、慢度关系示意图

或矩阵方程

$$\boldsymbol{AM} = \boldsymbol{T} \tag{5-28}$$

这里 $\boldsymbol{T} = (t_1, t_2, \cdots, t_n)^{\mathrm{T}}$ 表示实际拾取的地震波走时向量；$\boldsymbol{M} = (m_1, m_2, \cdots, m_p)^{\mathrm{T}}$ 代表所要求取的模型参数向量，其元素值为像元内的慢度，其维数为模型中像元的个数；$\boldsymbol{A}$ 是根据参考速度模型计算出来的射线长度分布矩阵，其 i 行 j 列元素值为第 i 条射线穿过第 j 个像元的路径长度，如果像元中没有射线穿过，则对应的矩阵元素值为零。

矩阵方程（5-28）中，虽然路径函数的物理意义和形式是明确的，但直接对其进行求解来反演慢度还是不可行的。因为地震波的射线路径本身也是地震波慢度的函数，在地震波速度结构未知的情况下，射线也是未知量，即方程（5-28）中 A 和 M 都是未知，因此慢度的求解是一个非线性问题。

本节主要讨论线性反演算法。

二、广义线性反演折射波静校正

广义线性反演折射波静校正方法是利用折射波初至时间反演近地表模型的静校正方法（视频5-3）。

视频5-3 广义线性反演折射静校正

如图5-13所示近地表模型的起伏地表、风化层厚度变化。给出一系列观察得到的折射波波至旅行时 $t_i(i=1,2,\cdots,n)$，假设对应的折射波射线路径为 l_i。l_i 由风化层和基岩的速度、风化层厚度等因素决定，但由于风化层厚度变化，已经不能像水平风化层情况一样容易写出折射波射线路径的解析表达式了。

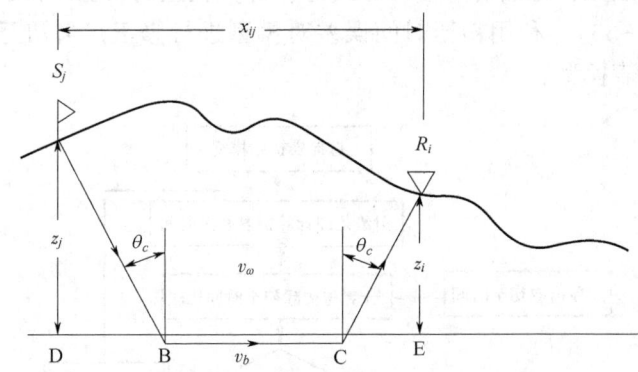

图5-13 起伏地表、风化层厚度变化的近地表模型折射波至几何示意图

用广义线性反演估计近地表模型的参数，这些参数包括折射层速度和在所有激发或接收位置近地表的速度和厚度 $M=(m_1,m_2,\cdots,m_p)^T$，这些参数的广义线性反演解满足观察（拾取）的折射时间和估计（模型）时间的平方差最小的要求。

折射波初至时间 $T=(t_1,t_2,\cdots,t_n)^T$ 和近地表模型 $M=(m_1,m_2,\cdots,m_p)^T$ 之间的非线性关系由射线追踪式(5-27)决定

$$t_i = A_i(m_1,m_2,\cdots,m_p), \quad i=1,2,\cdots,n$$

广义线性反演的目标就是利用初至时间 T 反演得到近地表模型 M。为此，对近地表模型给出一个估计值 M^0，通过射线追踪可以得到模型 M^0 所对应的初至时间 T^0，T^0 与 T 之间的误差为

$$\Delta T = (\Delta t_1, \Delta t_2, \cdots, \Delta t_n)^T \tag{5-29}$$

广义线性反演方法通过分析误差 ΔT，给出模型 M^0 的修正量 ΔM，即

$$\Delta M = (\Delta m_1, \Delta m_2, \cdots, \Delta m_p)^T \tag{5-30}$$

模型修改后的初至时间更接近于实际初至时间，以此方式进行迭代，直到初至时间误差 ΔT 满足一定的精度为止。问题的关键是如何根据初至时间误差 ΔT 计算模型修正量 ΔM。

为此,将 ΔT 与 ΔM 的关系做一阶近似,表示为下面的线性关系

$$\Delta T = B \cdot \Delta M \quad (5-31)$$

式中,$B = \{b_{ij}\}$ 是 $n \times p$ 阶矩阵,且

$$b_{ij} = \frac{\partial t_i}{\partial m_j} \quad (5-32)$$

b_{ij} 表示第 j 个模型参数 m_j 改变时,第 i 个初至时间 t_i 的变化率,因此矩阵 B 称为敏感度矩阵。

一般而言,初至时间的观测个数 n 要大于模型元素的个数 p,方程(5-31)是一个超定方程,模型修正量 ΔM 的最小平方解为

$$\Delta M = (B^T B)^{-1} B^T \Delta T \quad (5-33)$$

图 5-14 给出了广义线性反演折射静校正的基本流程,首先对近地表模型进行初始估计,包括低降速带的层数,每层的速度和厚度等;计算模型的初至时间,并与实际初至时间进行比较;根据式(5-33),利用初至时间误差对模型进行修正,当初至时间误差满足一定的精度时,得到近地表模型。

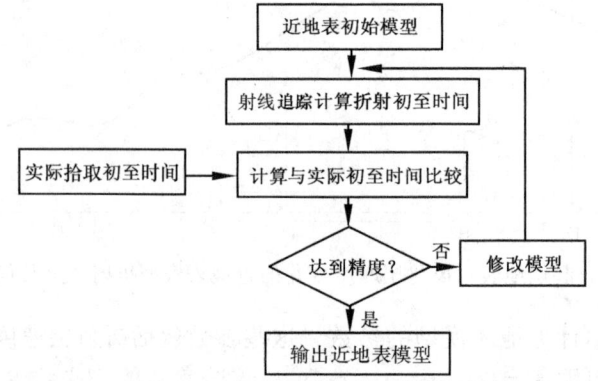

图 5-14 广义线性反演计算近地表模型流程

图 5-15 是应用广义线性反演折射静校正前、后的效果对比,可以看出,由于消除了近地表影响,折射静校正后的地震剖面恢复了地下构造的反射特征,叠加剖面的质量和可靠性

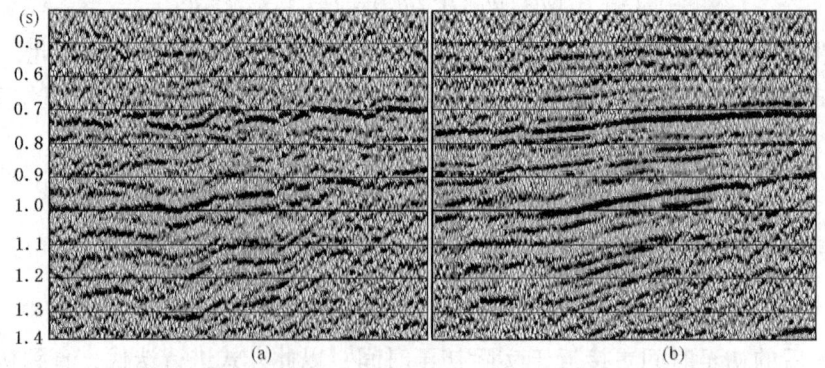

图 5-15 广义线性反演折射静校正前(a)、后(b)叠加剖面效果对比

得到了改善。

三、初至波层析静校正

利用折射波信息可以计算或反演近地表层状介质的厚度和速度。但在折射初至波难以识别，或者不能用层状模型表达实际介质的速度结构以及近地表层速度随深度变化的情况下，这类方法受到限制。地震记录上的初至波包括直达波、透射波、回折波、折射波等，初至波层析成像技术能够较好地回避或解决这些问题，利用地震记录的初至旅行时层析成像来重建近地表介质速度分布，被认为是确定近地表模型的有效手段而被广为研究和应用。

设近地表模型地表起伏，风化层和基岩的速度、风化层厚度随空间变化。对任意的炮检几何关系，给出观察得到的初至波旅行时 $t_i(i=1,2,\cdots,n)$，假设对应的初至波射线路径为 l_i，l_i 为风化层和基岩的速度、风化层厚度的函数，利用方程（5-25）求慢度问题是一个非线性问题。

1. 非线性问题线性化

将慢度求取的非线性问题转换为慢度扰动求取的线性问题。

首先假设射线路径在慢度变化不大的情况下其变化可以忽略，即慢度小扰动引起的射线路径变化不大，可以忽略。设 $m_0(x,z)$ 为初始慢度模型，则基于初始慢度模型可以利用射线追踪方法求出第 i 个炮检对对应的射线路径 l_{0i}，并根据路径和慢度信息求出旅行时 t_{0i}

$$\int_{l_{0i}} m_0(x,z)\,\mathrm{d}l = t_{0i} \qquad (5-34)$$

如果 l_{0i} 与实际慢度模型中射线路径的变化可以忽略，即式（5-25）和式（5-34）中的线积分路径相同，两式相减得到

$$\int_{l_{0i}} \Delta m(x,z)\,\mathrm{d}l = \Delta t_i \qquad (5-35)$$

其中
$$\Delta m(x,z) = m(x,z) - m_0(x,z) \qquad (5-36)$$

$$\Delta t_i = t_i - t_{0i} \qquad (5-37)$$

式中，$\Delta m(x,z)$ 为实际慢度模型与初始慢度模型之间的慢度扰动；Δt_i 为两个慢度模型观测与计算的旅行时时差。

在方程（5-35）中，积分路径 l_{0i} 和旅行时时差 Δt_i 是已知的，只有慢度扰动 $\Delta m(x,z)$ 为未知量。由此，慢度求取的非线性问题转换为慢度扰动求取的线性问题。对应方程（5-28），求解慢度扰动的线性方程组为

$$A\Delta M = \Delta T \qquad (5-38)$$

通常上式为一病态的大型稀疏方程组。常见的求解方法有代数重建法（ART）、联合迭代重建法（SIRT）、最小平方 QR 分解法（LSQR）和截断奇异值分解（SVD）等。SIRT 算法虽然具有消耗内存大的缺点，但是收敛性好，无论方程组超定还是欠定，都可以使用该方法求解，因此是地震层析成像中常用的一种方法。

SIRT 基本迭代过程如下。假设第 k 次慢度值 m_j^k 已知，第 $k+1$ 次迭代形式如下

$$\begin{cases} m_j^{k+1} = m_j^k + \Delta m_j^k \\ \Delta m_j^k = \dfrac{1}{n}\sum_{i=1}^{n} \dfrac{g_{ij}\Delta t}{\|g_{ij}\|_2^2} \end{cases} \quad (5-39)$$

式中 m_j^k，m_j^{k+1}——第 j 个网格第 k 次与第 $k+1$ 次迭代后的慢度值；

Δm_j^k——第 j 个网格在 k 次迭代后求得的慢度修正值；

n——通过第 j 个网格的射线总数；

g_{ij}——第 i 条射线穿越第 j 个网格的射线长度；

Δt——第 i 条射线的旅行时残差；

$\|g_{ij}\|_2$——第 i 条射线在各个网格中的射线长度所组成向量的2范数。

通过迭代运算，求取网格中的慢度值，当 Δt 达到预先给定的精度值时停止迭代，或者设定一个迭代次数，采用人工的办法来判断速度的修正量是否达到精度要求。

对式(5-38)进行求解，求出慢度扰动后利用式(5-36)即可实现对参考慢度模型的修改。利用修改后的慢度模型重新计算旅行时 t_{0i}，检验旅行时时差 Δt 是否满足精度要求，不满足则继续迭代。为了部分消除非线性问题线性化误差，还可以在迭代一定的次数后，基于新的慢度模型重新进行射线追踪，进行新一轮的迭代。

通过以上分析，初至波层析成像的基本思路为：首先根据已知信息建立一个初始慢度模型，用射线追踪方法求取炮检距对应的地震波射线路径并计算初至波理论走时；计算拾取的实际走时与理论模拟走时的初至波时差并进行分解，求得慢度模型的扰动量，然后对初始模型进行修正；上述过程不断重复，直到实际走时与理论走时的残差达到规定的精度。其实现流程如图 5-16 所示。

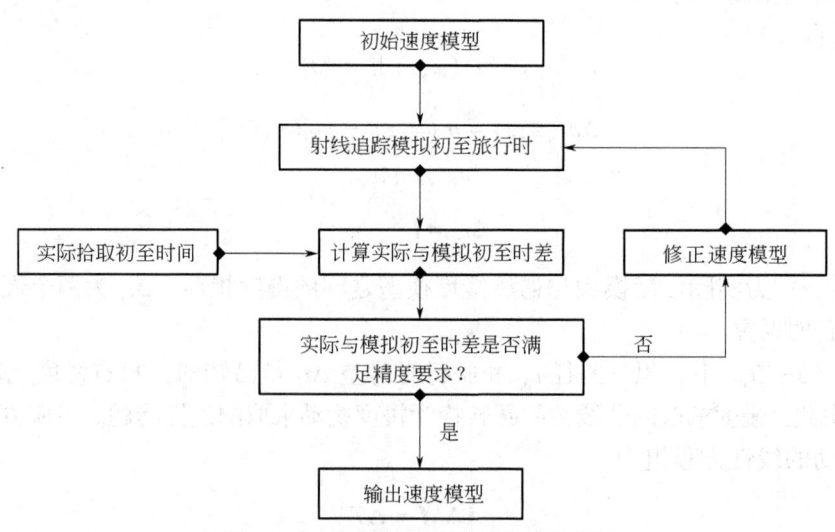

图 5-16 射线旅行时层析成像流程图

图 5-17 显示了在复杂速度模型条件下，层析静校正技术较常规折射静校正技术有较好的静校正效果。

2. 层析反演非线性方法

非线性问题（5-25）也可以直接进行非线性反演，其基本思想是：寻找一个最优的模

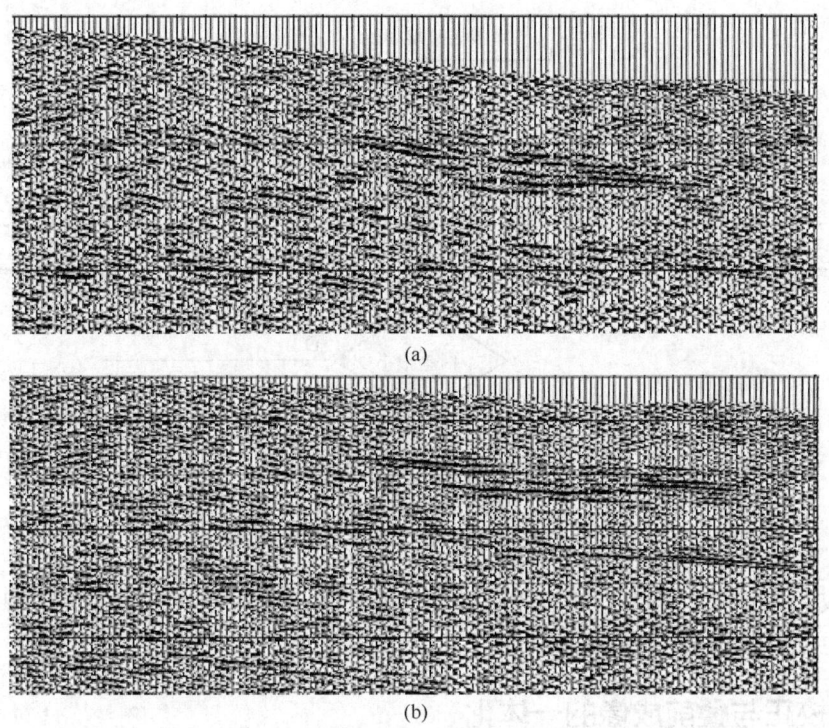

图 5-17 层析静校正 (b) 与折射静校正 (a) 效果对比

型参数 m^{opt}，使得其射线追踪获得的计算初至时间与实际拾取的初至时间 t^{obs} 之差在最小平方意义下达到最小，即

$$\Phi(m) = \frac{1}{2}\|t^{obs} - t^{cal}\|_2^2 \rightarrow \min \tag{5-40}$$

式中，t^{obs} 为观测走时；t^{cal} 为满足式(5-25) 的理论合成走时；$\Phi(m)$ 称为目标函数。

对 $\Phi(m)$ 关于变量 m（这里注意，自变量 m 也是一个函数）求 Frechet 导数得到目标函数的梯度

$$g = \frac{\partial \Phi}{\partial m} = -L^T \Delta t \tag{5-41}$$

按照下列公式，沿着最速下降方向即可更新模型

$$m^{k+1} = m^k - \alpha g \tag{5-42}$$

式中，k 为反演的迭代次数；α 为迭代步长，可以利用多种搜索法计算得到。

其实现流程可同图 5-16，但射线追踪正演模拟和模型更新算法均不同，实现的思想也不同（图 5-18）。

梯度法下降类寻优算法可以求解非线性反演问题，计算速度相对较快，但反演结果严重依赖于初始速度的选择，具有多解性，容易陷入局部极小。非线性反演的全局寻优算法主要有蒙特卡洛法、模拟退火法、遗传算法等。

实际地震资料处理中，由于复杂近地表速度模型与地震初至旅行时的关系很难用一个确定的函数关系式表达，而神经网络等人工智能类算法可以实现从输入到输出的任意非线性映

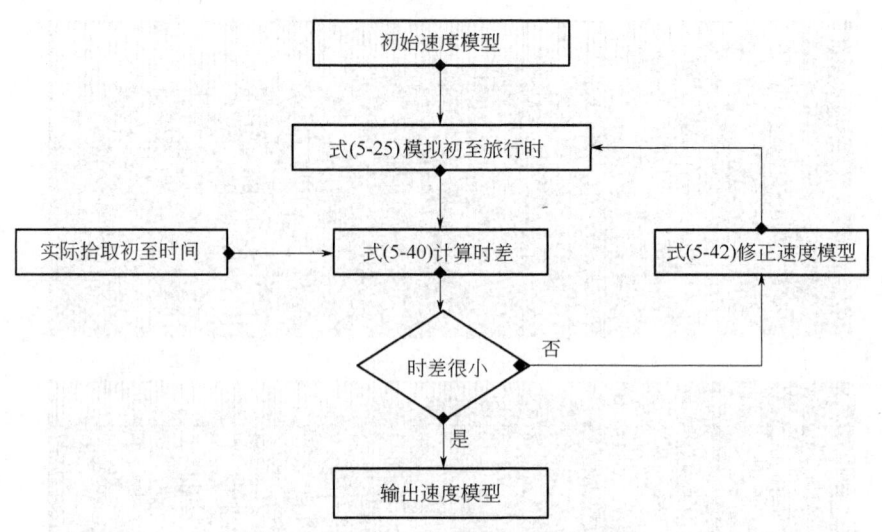

图 5-18 层析反演非线性方法流程图

射,可以形成适用于求解复杂近地表速度模型的非线性反演方法,在目前人工智能广泛应用的大背景下也能得到研究与重视。

四、静校正与叠前成像的一体化

复杂山地静校正效果不但影响地震偏移(第七章)剖面的信噪比,还影响偏移结果的正确性。在地形高差较大的地区,采用浮动基准面或绝对面对地表接收的数据进行静态时移,没有考虑到波的实际传播路径的影响,这种简单的静态时移必然对地震波场产生破坏作用,经过校正后的结果也就不能满足叠前偏移的要求。

在复杂山地地区,静校正问题不再作为一个孤立的问题而存在,必须考虑静校正量应用前后对地震波场的影响,也就是对叠前偏移成像的影响。在解决复杂山地静校正问题时要与叠前偏移技术进行一体化考虑,使静校正后的结果能够适应叠前偏移的要求。目前,围绕叠前成像采用的对策是先采用初至波剩余静校正+反射波剩余静校正(本章第五节)高频分量,将数据校到一个小的光滑浮动面上,解决高频静校正问题,使波场畸变最小化,然后再利用层析静校正进一步消除低降速带的影响,解决低频静校正问题,这是静校正与叠前成像一体化的思想。

第五节 地表一致性剩余静校正

顾名思义,地表一致性剩余静校正是在应用了前面介绍的野外静校正、折射静校正或者层析静校正以后进行的(视频5-4)。由于多种因素,一个 CMP 道集中的各个地震道,经过上面的静校正之后,仍然存在着剩余静校正量,而且这种静校正量以高频短波长的方式出现,影响 CMP 叠加的质量。因此在 CMP 叠加之前,还要对剩余静校正量进行估算和校正,实现 CMP 道集的同相叠加。

计算剩余静校正量的方法较多,应用较广泛的主要有两类,一类是基于

视频 5-4
剩余静校正

地表一致性时差分解的方法；另一类是基于互相关（或称叠加能量最大）的剩余静校正方法。

一、基于地表一致性时差分解的剩余静校正

在地表一致性假设的前提下，经过野外静校正和动校正之后，反射时差可以表示为四个分量之和

$$t'_{ij} = s_i + g_j + e_k + M_k x_{ij}^2 \qquad (5-43)$$

其中
$$k = (i+j)/2$$

式中　i——炮点号；

　　　j——检波点号；

　　　k——中心点（CMP）号；

　　　x_{ij}——第 i 个炮点到第 j 个检波点的距离；

　　　s_i——第 i 个炮点的剩余静校正量；

　　　g_j——第 j 个检波点的剩余静校正量；

　　　e_k——构造项，它表示第 k 个 CMP 点相对于参考 CMP 点由于地层起伏而产生的双程垂直旅行时差；

　　　M_k——剩余动校正算子；

　　　$M_k x_{ij}^2$——剩余抛物线动校正量。

可以看出，式(5-43) 的 4 个分量中，后两个随反射时间（层位）的变化而变化，前两个具有地表一致性特征，是我们要计算的炮点和检波点剩余静校正量。

基于时差分解的剩余静校正方法一般分为三个步骤，首先拾取每个地震道的时差 t_{ij}；然后对时差 t_{ij} 进行分解，得到炮点和检波点的剩余静校正量 s_i 和 g_j；最后在每个地震道上应用炮点和检波点静校正量。

1. 时差的拾取

地震道的时差，通常是通过在某一反射层内或某一时窗内与一个被称为模型道的地震道进行相关来获得。具体步骤如下：

（1）指定第 k 个 CMP 道集为计算模型道的起始点（起始模型道应该选取信噪比较好、反射明显的 CMP 点），在指定的时窗范围内，把 CMP 道集中各个地震道的振幅值归一化到相同的均方根振幅水平上。

（2）在指定时窗内，对计算模型道的起始 CMP 道集进行叠加，得到这个道集上的初始模型道 $m_k^{(0)}(t)$

$$m_k^{(0)}(t) = \frac{1}{N} \sum_{m=1}^{N} a_{k,m}(t) \qquad (5-44)$$

式中，$a_{k,m}(t)$ 为 CMP 道集中的第 m 个地震道，N 为 CMP 道集中的道数，即覆盖参数。

（3）初始模型道 $m_k^{(0)}(t)$ 与 CMP 道集中的各道 $a_{k,m}(t)$ 进行相关，最大相关值所对应的时差 $t''_{k,m}$ 为各道的初始时差。

（4）利用时差 $t''_{k,m}$ 对 CMP 道集中的各道进行时移后，再次叠加，得到新的模型道

$$m_k^{(1)}(t) = \frac{1}{N} \sum_{m=1}^{N} a_{k,m}(t - t''_{k,m}) \tag{5-45}$$

(5) 新的模型道 $m_k^{(1)}(t)$ 与 CMP 道集中的各道 $a_{k,m}(t)$ 再次进行相关，得到各个地震道新的时差 $t'_{k,m}$。

(6) 利用时差 $t'_{k,m}$ 对 CMP 道集中的各道进行时移后叠加，得到这个 CMP 的最终模型道 $m_k^{(f)}(t)$。

(7) 利用最终模型道 $m_k^{(f)}(t)$ 与 CMP 道集中的各道进行相关，得到各道的最终时差 $t_{k,m}$。

以上步骤是在第一个模型道上进行的，然后，按照以下步骤计算下一个道集中各道的时差。

(8) 用上一个道集，即第 k 个道集的最终模型道 $m_k^{(f)}(t)$ 作为第 $k+1$ 个道集的初始模型道 $m_{k+1}^{(0)}(t)$，并与各道 $a_{k+1,m}(t)$ 进行相关得到初始时差 $t''_{k+1,m}$。

(9) 利用时差 $t''_{k+1,m}$，将第 $k+1$ 道集中的各道进行时移并叠加，得到新的模型道 $m_{k+1}^{(1)}(t)$。

(10) 利用新的模型道 $m_{k+1}^{(1)}(t)$ 与各道相关得到新的时差 $t'_{k+1,m}$，将其应用到各个地震道后叠加，得到最终模型道 $m_{k+1}^{(f)}(t)$。

(11) 最终模型道 $m_{k+1}^{(f)}(t)$ 与各道进行相关，得到第 $k+1$ 个道集中各道的最终时差 $t_{k+1,m}$。

以此类推，得到测线上每个 CMP 道集中各道的时差。

2. 时差的分解

由此得到了每个地震道的时差 $t_{k,m}$，其中 k 为 CMP 号，m 为 CMP 道集中的道号。假设第 k 个 CMP 道集中第 m 道对应的炮点为 i、检波点为 j，这样不妨将 $t_{k,m}$ 重新记为 t_{ij}。

现在要将时差 t_{ij} 分解到相应的炮点和检波点上去，使得这种分解满足式(5-43)模拟的时差 t'_{ij} 与实际地震道拾取的时差 t_{ij} 在最小平方意义下最小，即

$$\varepsilon = \min \sum_{i,j} (t'_{ij} - t_{ij})^2 \tag{5-46}$$

为了满足 ε 最小，要求

$$\frac{\partial \varepsilon}{\partial s_i} = \frac{\partial \varepsilon}{\partial g_j} = \frac{\partial \varepsilon}{\partial e_k} = \frac{\partial \varepsilon}{\partial M_k} = 0 \tag{5-47}$$

假设炮点个数为 n_s，检波点个数为 n_g，中心点个数为 n_e，覆盖次数为 n_h，由式(5-47) 得到一个由 $n_s + n_g + n_e + n_h$ 个方程所组成的线性方程组。

这个方程组一般通过 Gauss-Seidel 迭代法求解，第 m 次迭代的解为

$$s_i^m = \frac{1}{n_g} \sum_{j=1}^{n_g} [t_{ij} - (e_k^{m-1} + M_k^{m-1} x_{ij}^2 + g_j^{m-1})] \tag{5-48}$$

$$g_j^m = \frac{1}{n_s} \sum_{i=1}^{n_s} [t_{ij} - (e_k^{m-1} + M_k^{m-1} x_{ij}^2 + s_i^{m-1})] \tag{5-49}$$

$$e_k^m = \frac{1}{n_h} \sum_{l=1}^{n_h} [t_{ij} - (s_i^{m-1} + M_k^{m-1} x_{ij}^2 - g_j^{m-1})] \qquad (5-50)$$

$$M_k^m = \frac{1}{n_e} \sum_{k=1}^{n_e} \frac{1}{x_{ij}^2} [t_{ij} - (s_i^{m-1} + e_k^{m-1} + g_j^{m-1})] \qquad (5-51)$$

其中 $l=|i-j|$；$k=(i+j)/2$

式中，l 是炮检距序号，k 是中心点序号，m 为迭代次数，n_h 为覆盖次数。

迭代顺序对于 Gauss-Seidel 迭代法的收敛速度和收敛精度有一定的影响，通常采用的迭代顺序是：首先计算构造项 e_k，再计算剩余动校正项 M_k，然后计算炮点项 s_i，最后计算检波点项 g_j，这样的迭代顺序使得长波长分量集中到构造项上去，并且对于波长小于最大排列长度一半的分量，只需 2~3 次迭代即可收敛。

3. 剩余静校正量应用

时差分解后得到炮点和检波点的剩余静校正量，对于地震道而言，其总的剩余静校正量为炮点和检波点静校正量之和，将地震道按照总的静校正量进行整体时移，就实现了剩余静校正。

对于时差分解中的构造项和剩余动校正项，虽然最终静校正时不应用这两项，但是在迭代计算过程中，它们会对炮点和检波点静校正量的计算结果产生影响。因此在每次迭代过程中，应该对它们作一些合理的限定和平滑。例如剩余动校正项，它是选定时窗内不同反射时间、不同速度误差所产生的剩余动校正的平均值，剩余动校正量在横向应该是缓慢变化的。当每次迭代输出的剩余动校正项的量值剧烈变化时，应该在一定范围内进行平滑，然后再提供给下一次迭代。同时，应该对剩余动校正值预设一个范围，对每次迭代的剩余动校正值进行限定。同理，对于构造项的每次迭代输出结果也应该进行适当的平滑和限定。

对于低信噪比的地震资料，当剩余静校正问题严重影响速度分析和模型道建立的质量时，一般要进行两次或两次以上的剩余静校正，每次之间不是简单的重复，而是在前一次剩余静校正的基础上，重新进行速度分析和动校正，再提供给下一次的剩余静校正处理。速度分析和静校正是相互制约的，剩余静校正解决不好，就得不到好的速度分析结果；速度分析不准确时，就无法得到准确的剩余静校正量。因此在实际地震资料处理过程中，速度分析和静校正需要进行多轮迭代。

二、互相关法剩余静校正

互相关法剩余静校正与时差分解法不同之处在于，它不需要求解方程进行时差分解，而是利用多次覆盖的特点，在相关曲线上直接拾取静校正量（视频 5-5）。属于这种类型的方法有最大叠加能量法、相邻叠加道相关法等，与时差分解法相比，这类方法更适合于低信噪比资料的静校正处理，是静校正处理的常用方法。

视频 5-5 互相关法剩余静校正

1. 最大叠加能量法剩余静校正

该方法的基本思想是：一个炮点（或检波点）静校正量的选择，应该使得该炮集（或检波点道集）中各个地震道所对应的 CMP 叠加的能量之和最大。

以炮点静校正量求取为例加以说明。设有一包含 n 道地震记录的共炮点道集 $s_i(t)$

($i=1,2,\cdots,n$)，地震道 $s_i(t)$ 所对应的 CMP 道集中不包含 $s_i(t)$ 的叠加为 $c_i(t)$。如果炮点有一个时移量 τ，时移后共炮点道集为 $s_i(t-\tau)(i=1,2,\cdots,n)$，若时移量 $\tau=t_s$ 使得与该炮点有关的 CMP 叠加道 $p_i(t)(i=1,2,\cdots,n)$ 能量之和最大，则选 t_s 为炮点静校正量，即叠加能量

$$E(\tau) = \sum_{i=1}^{n}\sum_{t} p_i^2(t) = \sum_{i=1}^{n}\sum_{t} [c_i(t)+s_i(t-\tau)]^2 \qquad (5-52)$$

最大值对应的时移量 t_s 为炮点静校正量。下面看如何获得炮点静校正量 t_s。

式（5-52）中各道的叠加能量进一步改写为

$$\sum_{t}[c_i(t)+s_i(t-\tau)]^2 = \sum_{t} c_i^2(t) + \sum_{t} s_i^2(t-\tau) + 2\sum_{t} c_i(t)s_i(t-\tau)$$

$$= E_i^c + E_i^s + 2r_i^{cs}(\tau) \qquad (5-53)$$

式中，E_i^c、E_i^s 分别是地震道 $c_i(t)$ 和 $s_i(t)$ 的能量，$r_i^{cs}(\tau)$ 是地震道 $c_i(t)$ 与 $s_i(t)$ 的互相关。将式（5-53）代入式（5-52），有

$$E(\tau) = \sum_{i=1}^{n}[E_i^c+E_i^s+2r_i^{cs}(\tau)] = E^{cs} + 2\sum_{i=1}^{n} r_i^{cs}(\tau) = E^{cs} + 2r^{cs}(\tau) \qquad (5-54)$$

其中

$$r^{cs}(\tau) = \sum_{i=1}^{n} r_i^{cs}(\tau) = \sum_{i=1}^{n}\sum_{t} c_i(t)s_i(t-\tau) \qquad (5-55)$$

$$E^{cs} = \sum_{i=1}^{n}(E_i^c+E_i^s) \qquad (5-56)$$

$r^{cs}(\tau)$ 为共炮点道集中所有地震道与叠加道互相关之和，E^{cs} 是与 τ 无关的常数，因此，当 $\tau=t_s$ 时，叠加能量 $E(t_s)$ 为最大值，意味着，互相关函数之和 $r^{cs}(t_s)$ 为最大值。

最大叠加能量剩余静校正的步骤可以归纳为：

（1）对某一共炮点道集 $s_i(t)(i=1,2,\cdots,n)$，给定一系列的静态时移量 $\tau_j(j=1,2,\cdots,m)$；

（2）利用式（5-55），计算各静态时移量所对应的互相关函数 $r^{cs}(\tau_j)(j=1,2,\cdots,m)$；

（3）比较互相关函数 $r^{cs}(\tau_j)(j=1,2,\cdots,m)$ 的大小，找出对应最大互相关函数的静态时移量 t_s 作为该炮的炮点静校正量；

（4）对该炮的各道应用炮点静校正量进行炮点静校正；

（5）移动到下一炮，重复（1）~（4）步，完成所有地震道的炮点静校正。

对于检波点静校正量的计算，与炮点静校正的计算方法相同，只是使用的是共检波点道集。

2. 相邻叠加道相关法静校正

该方法的基本思想是：一个炮点（或检波点）静校正量的选择，应该使得该炮集（或检波点道集）中各道所对应的 CMP 叠加道之间具有最好相似性。

设有一包含 n 道地震记录的共炮点道集 $s_i(t)$ $(i=1,2,\cdots,n)$，将各道静态时移 τ 时间后，分别与各道所在的 CMP 道集内的其他地震道进行叠加，得到叠加道 $c_i^\tau(t)$，然后将相邻叠加道两两作互相关，得到图 5-19（a）所示的互相关函数 $r_i^\tau(t)$

$$r_i^\tau(t) = c_i^\tau(t) * c_{i+1}^\tau(-t) \qquad (5-57)$$

式中，符号"*"表示褶积。

再将所有互相关函数相加，得到图 5-18（b）所示的互相关函数 $r^\tau(t)$

$$r^\tau(t) = \sum_{i=1}^{n-1} r_i^\tau(t) \qquad (5-58)$$

在互相关函数 $r^\tau(t)$ 中，找出最大值 R，则静态时移量 τ 所对应的相关峰值为 $R(\tau)$。

通过前面的分析，如图 5-18（c）所示，相关峰值 $R(\tau)$ 是静态时移 τ 的函数，给定一组静态时移 τ_j $(j=1,2,\cdots,m)$，分别计算其相关峰值 $R(\tau_j)$ $(j=1,2,\cdots,m)$，若相关峰值在 $\tau=\tau_k$ 时取得最大值，则 τ_k 就是炮点的静校正量 t_s。

检波点静校正量的计算与炮点静校正量的计算方法相同，所不同的是检波点静校正量的计算使用的是共检波点道集。

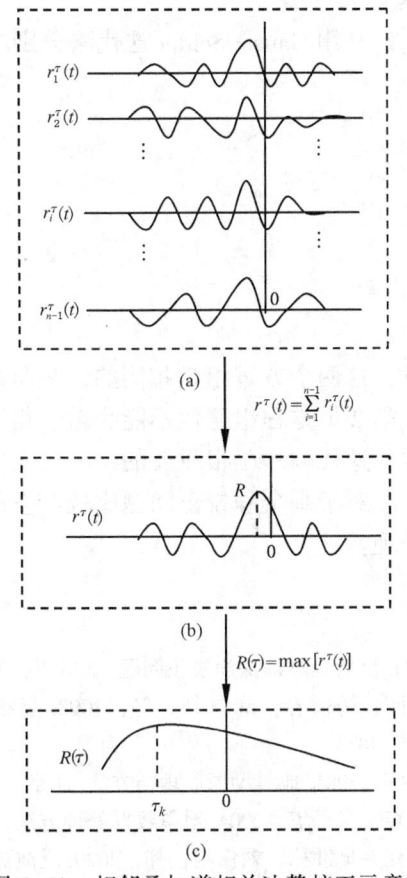

图 5-19 相邻叠加道相关法静校正示意图

思考题和习题

1. 静校正概念中"静"的含义是什么？
2. 在静校正量的计算中，我们只考虑炮点和检波点所在位置风化层的速度和厚度，而不考虑地震射线在风化层中的入射路径和出射路径，为什么？
3. 地震波旅行时层析成像基本方程（5-25）中，如果路径 l_i 选成水平风化层折射波模型，那么水平风化层的折射静校正和加减法折射静校正就可以成为层析静校正方法的特例，是否可以由式（5-25）推导出相关的折射波走时公式（5-9）、式（5-16）和式（5-20）？
4. 初至波层析成像技术在干扰波严重、折射波难以辨别的复杂地表地区有哪些优势？又可能有哪些问题？
5. 本章讨论的基于地表一致性时差分解的剩余静校正方法，其模型道是通过静态时移后的 CMP 叠加得到的，称之为内部模型道剩余静校正，还有一种称之为外部模型道的剩余静校正方法，这种方法的模型道是通过对叠加剖面进行去噪等处理后得到的，试讨论这两种方法在时差分解上有什么不同？
6. 试讨论为什么最大叠加能量剩余静校正方法更适合于低信噪比地震资料的静校正

处理。

7. 利用 Gauss-Seidel 迭代法分别求解下面的方程组

$$\begin{cases} x - 2y = 1 \\ x + 4y = 4 \end{cases}$$

和

$$\begin{cases} x + 4y = 4 \\ x - 2y = 1 \end{cases}$$

注意，这两个方程组是相同的，只是调换了两个方程的顺序。但是，在求解的过程中你将发现，第 2 个方程组迭代不能收敛，得不到正确的解。这说明在 Gauss-Seidel 迭代法求解方程组时，迭代顺序是很重要的。

8. 对于剩余静校正问题比较严重的地震资料，为什么要进行静校正和速度分析的多次迭代处理？

参 考 文 献

Cox M. 反射地震勘探静校正问题. 李培明，等译. 北京：石油工业出版社，2003.

韩晓丽，杨长春，麻三怀，等，2008. 复杂山区初至波层析反演静校正. 地球物理学进展，23（2）：475-483.

何樵登，1981. 地震勘探原理与方法. 北京：地质出版社.

李振春，张军华，2004. 地震数据处理方法. 东营：中国石油大学出版社.

刘玉柱，吴世林，刘伟刚，等，2020. 反演近地表物性参数的地震层析成像方法综述. 石油物探，59（1）：1-11.

牟永光，等，2007. 地震数据处理方法. 北京：石油工业出版社.

吴律，1997. 层析基础及其在井间地震中的应用. 北京：石油工业出版社.

熊翥，1993. 地震数据数字处理应用技术. 北京：石油工业出版社.

杨文采，李幼铭，等，1993. 应用地震层析成像. 北京：地质出版社.

Bishop T N, Bube K P, Cutler R T, et al, 1985. Tomographic determination of velocity and depth in laterally varying media. Geophysics, 50 (6): 903-923.

Hampson D, Russell B, 1984. First-break interpretation using generalized linear inversion, Journal of the Canadian society of exploration geophysicist, 20: 40-50.

Joseph P S, 1992. Turning-ray tomography. Geophysics, 60 (6): 1917-1929.

Palmer D, 1981. The generalized reciprocal method of refraction seismic interpretation. Geophysics, 46: 1508-1518.

Ronen J, Claerbout J F, 1985. Surface-consistent residual statics estimation by stack-power maximization. Geophysics, 50: 2759-2767.

Tanner M T, Wagner D E, Lu L, 1998. A unified method for 2-D and 3-D refraction statics. geophysics, 63: 1-15.

Yilmaz O, 2001. Seismic Data Analysis. Society of Exploration Geophysicists.

第六章 速度分析与建模

地震波在地下介质中的传播速度是地震资料数字处理和解释中非常重要的参数。速度参数不仅关系到地震资料处理诸多环节的质量，其本身也提供了关于地下构造和岩性的重要信息。速度分析是地震资料处理过程中至关重要的环节，在速度场准确的情况下，地震数据通过叠加和偏移处理能够较好地反映地下构造特征，反之，可能会产生假象，甚至错误的解释结果。准确可靠地进行速度分析、建立速度模型，是地震资料处理的基础。

第一节 速度信息和判别准则

一、速度信息（视频 6-1）

水平界面的反射波旅行时表示为

视频 6-1 地震处理中的速度信息

$$t(x) = \sqrt{t_0^2 + \frac{x^2}{v_{nmo}^2}} \qquad (6-1)$$

其正常时差为

$$\Delta t(x) = \sqrt{t_0^2 + \frac{x^2}{v_{nmo}^2}} - t_0 \qquad (6-2)$$

式中 t_0——零炮检距的双程反射时间；

v_{nmo}——动校正速度（水平层状介质中，大致等价于均方根速度）；

$t(x)$——炮检距 x 上的反射时间。

如果炮检距 x 已知，反射波到达时间 $t(x)$ 和正常时差 $\Delta t(x)$ 是零炮检距反射时间 t_0 和动校正速度 v_{nmo} 的函数，也就是说，地震波的反射时间和正常时差中包含有均方根速度（准确地讲，在复杂构造情况下，应该是叠加速度）的信息。这是速度分析的理论基础。

由于在实际地震资料中，从地震道上准确读取反射时间 $t(x)$ 是很困难，甚至不可能的，因此不能直接利用式(6-1) 计算速度 v_{nmo}。但是可以设想，在固定 t_0 的情况下，任意选择一个速度 v_i，v_i 唯一地确定了一条双曲线轨迹，沿该双曲线轨迹对各个炮检距上的反射振幅进行叠加，当速度 $v_i = v_{nmo}$ 时，不同炮检距地震道上的振幅同相叠加，叠加振幅达到最大，因此可以通过测量不同速度对应的叠加振幅，对速度参数进行分析和提取。

图 6-1(a) 是一个水平界面反射的共中心点道集，界面之上的均方根速度为 3000m/s，零炮检距地震道上 0.4s 处存在一双曲线同相轴。现在以速度 2000m/s 到 4300m/s 对共中心

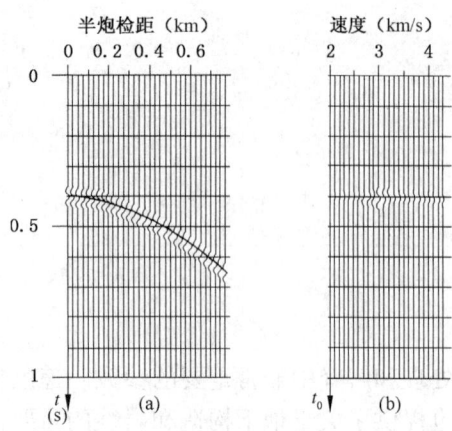

图 6-1 反射时间中包含有速度
信息（据 Yilmaz O, 2001）

(a) 速度为 3000m/s 的共中心点道集；(b) 共中心点道集常速扫描叠加的结果（注意：横轴由炮检距转换为叠加速度）

点道集进行常速扫描动校正叠加，以速度从小到大的顺序，把每个速度的叠加结果显示在图 6-1(b) 中，在速度为 3000m/s 的地震道上获得了最大叠加振幅。该速度正是反射界面之上的均方根速度。

其实，沿不同速度定义的双曲线轨迹计算叠加振幅就是对双曲线轨迹上的地震道进行相关性度量。这种度量方式只是相关性度量的方法之一，下面再介绍几种利用相关性对速度进行判别的准则。

二、速度分析的判别准则

设共中心点道集中有 N 道地震记录，地震记录中只包含一个双曲线反射同相轴，每道信号的形状和振幅相同，只是到达时不同，信号用 $s(t)$ 表示，延续时间为 T。另外地震记录中存在随机噪声 $n(t)$，即地震道包含信号和噪声两部分，表示为

$$f_i(t) = s(t - t_i) + n_i(t) \tag{6-3}$$

其中

$$t_i = \sqrt{t_0^2 + \frac{x_i^2}{v_{\mathrm{rms}}^2}}$$

式中，$i = 1, 2, \cdots, N$ 是地震道号，t_i 为延迟时间。

设地震记录的采样率为 Δt，则式(6-3) 改写为

$$f_{i,k} = s(k - r_i) + n_{i,k}$$

其中

$$k = t/\Delta t, \quad r_i = t_i/\Delta t$$

对于上面由 N 道组成的共中心点道集，固定 t_0 位置，给定一个速度，就确定了一条双曲线轨迹，为了判别双曲线轨迹上的信号是否达到了最佳估计，需要定义相应的准则。下面是速度分析中常用的几种判别准则。

1. 平均振幅能量准则

平均振幅能量 E 定义为

$$E = \sum_{j=0}^{M} \left(\frac{1}{N} \sum_{i=1}^{N} f_{i,j+r_i} \right)^2 \tag{6-4}$$

其中

$$M = T/\Delta t$$

式中，M 是信号延续时窗内的采样点数。

当扫描速度等于均方根速度时，平均能量 E 达到最大值，表明达到了信号的最佳估计，否则 E 达不到最大值，对应最大振幅能量的速度就是要提取的速度。

2. 平均振幅准则

平均振幅 A 定义为

$$A = \frac{1}{N} \sum_{j=0}^{M} \left| \sum_{i=1}^{N} f_{i,j+r_i} \right| \tag{6-5}$$

它与平均振幅能量是等价的，但计算量小一些。

3. 非归一化互相关准则

对两道不同信号 $f_{i,j+r_i}$ 和 $f_{i',j+r_{i'}}$ 做互相关运算，用 $R_{ii'}$ 表示互相关系数，则非归一化互相关准则表达为

$$C = \sum_{i=1}^{N-1} \sum_{i'>i}^{N} \frac{1}{M+1} \sum_{j=0}^{M} f_{i,j+r_i} f_{i',j+r_{i'}}$$

$$= \sum_{i=1}^{N-1} \sum_{i'>i}^{N} R_{ii'}(0, t_0, v_k) \tag{6-6}$$

式中，$R_{ii'}(0, t_0, v_k)$ 表示第 i 道与第 i' 道沿 t_0 和 v_k 定义的双曲线轨迹进行互相关。当扫描速度 v_k 等于动校正速度时，式(6-6) 出现最大值，所以式(6-6) 称为非归一化互相关准则。

4. 归一化互相关准则

归一化互相关的表达式为

$$K = \frac{2}{N(N+1)} \sum_{i=1}^{N-1} \sum_{i'>i}^{N} \sum_{j=0}^{M} \frac{f_{i,j+r_i} f_{i',j+r_{i'}}}{\sqrt{\sum_{j=0}^{M} f_{i,j+r_i}^2 \sum_{j=0}^{M} f_{i',j+r_{i'}}^2}}$$

$$= \frac{2}{N(N+1)} \sum_{i=1}^{N-1} \sum_{i'>i}^{N} \frac{R_{ii'}(0, t_0, v_k)}{\sqrt{R_{ii}(0, t_0, v_k) R_{i'i'}(0, t_0, v_k)}} \tag{6-7}$$

5. 相似系数准则

相似系数准则表达式为

$$S_c = \frac{\sum_{j=0}^{M} \left(\sum_{i=1}^{N} f_{i,j+r_i} \right)^2}{N \sum_{j=0}^{M} \sum_{i=1}^{N} f_{i,j+r_i}^2} \tag{6-8}$$

由上式可知，当地震道各道相等时，$S_c = 1$；当各道的值均为随机量时，S_c 趋于零，S_c 在 0~1 之间变化；当扫描速度等于动校正速度时，各道上的波形最为相似，在时窗范围内同相叠加，S_c 接近于 1，故 S_c 可以作为速度分析的又一判别准则，称为相似系数准则。

6. 判别准则的比较

相关类准则较叠加类准则具有更高的灵敏度，采用相关准则求速度谱，谱峰值明显，但抗干扰能力差些，大幅值干扰会使速度谱上出现假峰值。非归一化互相关在速度谱上起到突出强反射的作用，归一化互相关则加强速度谱的弱反射。

第二节　速度谱速度分析

固定 t_0 值，沿不同速度定义的双曲线轨迹对共中心点道集进行叠加（或相关），得到这

个速度对应的叠加（或相关）能量。速度谱的概念是仿照频率谱的概念得到的，频率谱表示不同频率地震波的能量，因此如图6-2所示，将地震波沿不同速度的叠加（或相关）能量相对扫描速度的变化称为速度谱（视频6-2）。

视频 6-2　速度谱

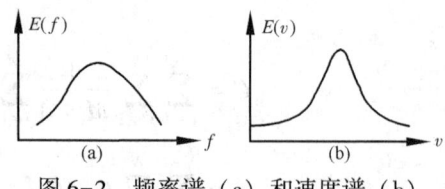

图 6-2　频率谱（a）和速度谱（b）

利用不同的判别准则，可以制作不同类型的速度谱，下面以叠加速度谱为例说明速度谱的制作原理和过程。

一、基本原理

假设共中心点道集中有 N 个地震道，炮检距分别为 $x_i (i=1,2,\cdots,N)$，炮检距最大的第 N 道的正常时差为

$$\Delta t_N = \sqrt{t_0^2 + \frac{x_N^2}{v_{\text{nmo}}}} - t_0 \qquad (6-9)$$

由此可得到动校正速度 v_{nmo}

$$v_{\text{nmo}} = \frac{x_N}{\sqrt{2t_0 \Delta t_N + (\Delta t_N)^2}} \qquad (6-10)$$

即对于给定的 t_0 值和最大炮检距 x_N，动校正速度 v_{nmo} 是以正常时差 Δt_N 为变量的，如果对最大炮检距处的正常时差值预设一个范围，取其最小值为 $\Delta t_{\min}$，最大值为 $\Delta t_{\max}$，则对应这个范围内的每一个 Δt 值，都有一个相应的双曲线校正规则和按式(6-10) 计算得到的动校正速度，时差越大，相应的速度越小。对每个 Δt_N 值或相应的动校正速度，沿着相应的双曲线对各个地震道的离散振幅值进行代数求和，得到相应的平均振幅

$$\overline{A} = \frac{1}{N} \sum_{i=1}^{N} f_{i,j+r_i} \qquad (6-11)$$

这个振幅是 Δt_N 或相应速度的函数，从图6-3可以看出，沿图中的双曲线 H 对各记录道求和时，由于各记录道是同相的，因此其平均振幅达到最大，而与这条双曲线 H 或其 Δt_N 相应的速度就是所要求的均方根速度。

在具体制作速度谱时，首先选定一系列双程垂直反射时间

$$t_{01}, t_{02}, \cdots, t_{0i}, \cdots, t_{0L}$$

对于每一个双程反射时间 t_{0i}，再选定一系列的动校正速度

$$v_1, v_2, \cdots, v_j, \cdots, v_N$$

反射时间和动校正速度可以是等间隔的，也可以是不等间隔的，t_0 扫描时间和动校正扫描速

度应该包括所有反射时间和可能的均方根速度，以等间隔为例（图6-4），利用式(6-11)计算图6-4每个网格点(t_{0i}, v_j)上的平均振幅$\overline{A}(t_{0i}, v_j)$，将平均振幅$\overline{A}(t_{0i}, v_j)$以某种便于速度分析的形式显示出来（显示方式将在下面介绍），就得到了用于速度分析的速度谱。

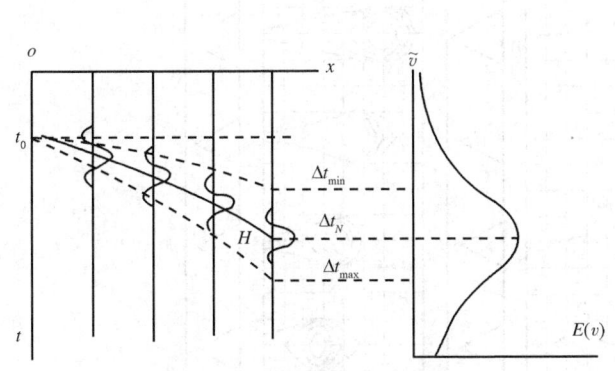
图6-3　叠加速度谱示意图

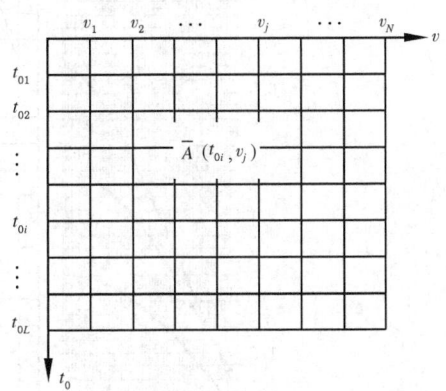
图6-4　制作速度谱的等间隔t_0-v网格

为了使速度谱中的平均振幅更加稳定、突出。实际应用时一般选择以(t_{0i}, v_j)所定义的反射双曲线为中心、宽度为$M+1$个采样点的时窗，利用式(6-4)或式(6-5)计算这个时窗内的平均能量或平均振幅，据此计算和绘制速度谱。

关于相关速度谱等其他形式速度谱的制作方法与上面介绍的叠加速度谱相同，所不同的是速度谱中各网格点上的值由其相应的判别准则计算。

二、速度谱的显示

图6-5显示了一个具有四个反射同相轴的共中心点道集，利用上面的方法得到了各个速度谱网格上的值$\overline{A}(t_{0i}, v_j)$，绘出每个垂直反射时间$t_{0i}$上振幅随速度的变化曲线，并把这些曲线按照$t_0$时间从小到大的顺序排列，如图6-5(b)所示，这样显示的速度谱，称为时窗排列图速度谱。另一种速度谱显示方式是等值线速度谱，如图6-5(d)所示，即把速度谱网格上的振幅值以等值线的方式连接起来，这是一种更常用的显示方式。如图6-5(c)和图6-5(e)所示，速度分析中另外一种辅助显示方式是最大能量显示，即将每个t_{0i}时窗的最大能量显示出来，它一般放在速度谱的右面。

为了使速度谱显示图形清晰，提高速度分析的质量，必要时可以对速度谱矩阵$\overline{A}(t_{0i}, v_j)$做数值编辑和平滑滤波处理，另外，速度谱的横轴也可以采用最大炮检距处的时差Δt_N来代替扫描速度，这种速度谱称为Δt速度谱。

三、影响速度分析的因素

下面一些因素会影响利用速度谱进行速度分析的精度和分辨率：
（1）炮检距分布；（2）叠加次数；（3）信噪比；（4）切除；（5）速度采样密度；（6）时窗宽度；（7）相干属性的选择；（8）近地表异常；（9）数据的频谱宽度等。

反射双曲线在小炮检距处变化相对平缓，对速度变化不敏感。相同的炮检距，深层反射时差对速度的敏感性要弱于浅层反射，因此，当速度分析的共中心点道集中缺乏远炮检距地

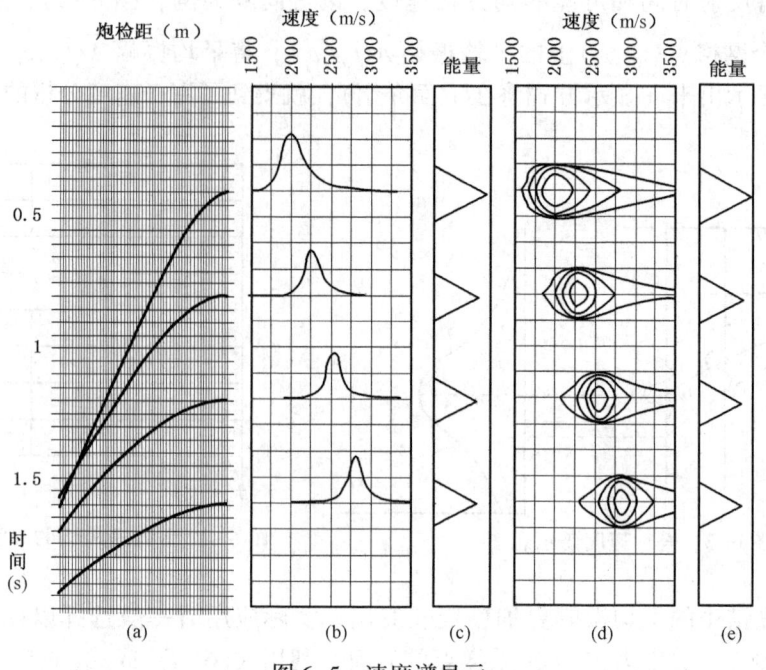

图 6-5 速度谱显示

（a）共中心点道集；（b）利用时窗排列图显示的速度谱；（c）各个时间（时窗）的最大能量；（d）利用等值线显示的速度谱；（e）各个时间（时窗）的最大能量

震道时，速度谱能量的聚焦性变差，速度分辨率降低。

图 6-6 显示了对一个共中心点道集，利用不同的排列长度进行速度分析的结果，可以看出，随着排列长度的减小，速度分辨率逐渐降低，当速度分析的最大炮检距减小到 350m 时，由于最深地层的反射在 350m 炮检距范围内已经相当平缓，速度谱的分辨率变得很低。

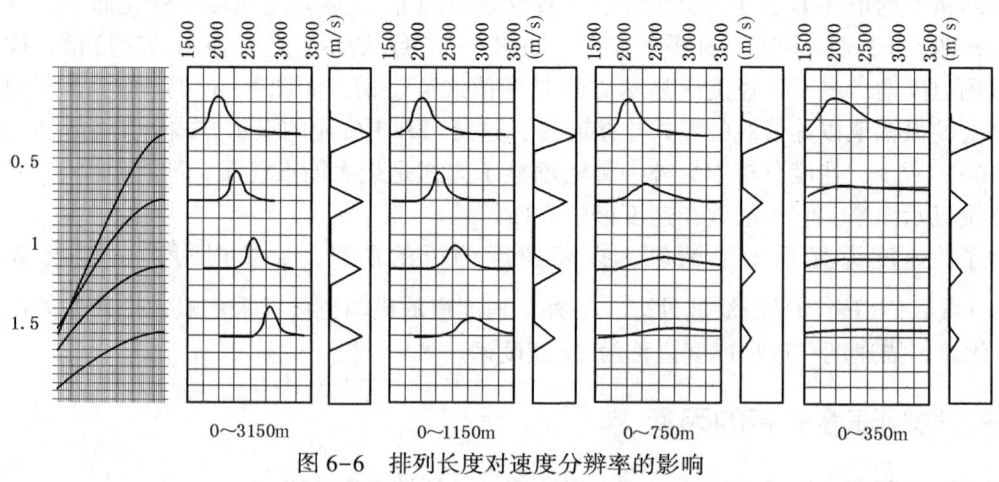

图 6-6 排列长度对速度分辨率的影响

当速度分析道集中缺乏小炮检距地震道时，远炮检距处动校正拉伸降低了速度分析信号的相关性，拉伸切除降低了速度分析的有效道数，尤其对于浅层，这种影响更大。

速度分析道集中缺乏小炮检距的另外一个影响是 t_0 漂移，在构造复杂地区，大炮检距的时距曲线偏离双曲线形态，仅由大炮检距拟合得到的双曲线 t_0 时间可能严重偏离正确的零炮检距反射时间，造成 t_0 漂移。

因此为了获得满意的速度谱，速度分析道集的炮检距应该远近兼顾、均匀分布。

覆盖次数对速度谱的质量有着重要的作用，过低的覆盖次数无法保证速度谱的质量，针对这种情况，一般采用利用相邻几个面元组成"宏"面元进行速度分析。

过低的信噪比会降低速度分析的质量，因此速度分析的道集应该尽量选择信噪比较高的道集，必要时应该首先对速度分析的地震道进行噪声压制处理。

动校正拉伸造成波形畸变，为此需要对拉伸严重的数据进行切除，受切除影响最大的是浅层地震反射，而浅层反射对速度又非常敏感，因此，应该仔细选择切除参数。

速度扫描范围应该包括所有的一次反射波速度，速度采样过稀会降低速度分辨率，影响速度分析的精度。

用于地震道相关分析的时窗对速度谱的质量也有一定的影响，时窗太大，速度谱的分辨率降低；时窗太小，不仅增加了计算时间，而且容易将一个完整的地震反射分裂开来。因此，时窗长度应等于或大于反射信号的延续长度，因为反射信号的延续长度是时变的，时窗也据此而定。

地表异常产生的静校正问题对速度分析影响较大，短波长剩余静校正严重影响叠加效果，降低了利用叠加能量（或相关性分析）进行速度估计的有效性，长波长静校正可能不影响共中心点叠加的效果，但容易产生速度异常。

频带宽度也影响着速度谱的精度，频带越宽，响应越尖锐，速度分辨率越好，为此当对用于速度分析的地震数据进行滤波处理时，应该注意滤波参数的选择。

为改善速度分析的质量，一般要对速度分析的道集进行一些必要的处理。滤波、增益、相邻共中心点道集叠加是常用的处理方法，滤波处理突出了有效信号，增益处理改善了地震道浅层和深层之间，以及不同地震道之间的能量关系，相邻共中心点道集叠加提高了速度分析道集的覆盖次数和参与速度分析地震道的信噪比，但是当速度分析点附近的构造变化较大时，相邻道集不要太多，或者考虑进行倾角补偿。

第三节　速度分析辅助手段

一、辅助速度分析

基于速度谱的速度分析是主要的速度分析手段，但是，有些情况下，这种方法的有效性受到限制，例如，当地震资料的信噪比很低或地质情况复杂时，在一个或多个共中心点道集内进行叠加或相关，很难产生可以分辨的能量团。因此，在实际地震资料速度分析时，还需要有一些辅助分析手段，对速度进行分析、提取和调整（视频6-3）。

1. 道集监控

视频6-3　辅助速度分析方法

从应用的角度讲，速度分析的目的就是确定将道集内一次反射同相轴拉平的速度，以便在水平叠加时，达到同相叠加。因此通过显示动校正后的共中心点道集，观察道集内同相轴是否拉平，如果同相轴"下拉"，说明速度偏高，如果同相轴"上抛"，说明速度偏低，据此对速度参数进行调整。

2. 常速扫描叠加

所谓的常速扫描，是根据可能的叠加速度范围，提供一系列的速度值，对一定范围内的地震数据进行动校正叠加，得到与速度个数相等的一系列叠加剖面，在这一系列的叠加剖面上，根据各个剖面的叠加效果，对相应的速度进行标定和提取。

3. 变速扫描叠加

变速扫描与常速扫描不同之处是，扫描速度不再是一个常数，而是一条速度曲线。首先提供一条参考速度扫描曲线，然后按式（6-9）转换为$(t_0, \Delta t_N)$曲线，称为参考时差曲线。在参考时差曲线的两旁，以固定的时差增量形成其他的扫描时差曲线。对地震数据进行变速扫描叠加，用户对变速扫描叠加的结果进行分析，从中选择合理的速度场。

4. 速度剖面显示和调整

通过对速度分析点的速度谱进行分析，确定了各个分析点上的时间速度曲线，但是这种分析、解释、拾取是在各个分析点上独立进行的，没有考虑速度曲线之间的空间联系。为此当速度谱分析完成后，把速度分析测线上得到的速度场以剖面的形式显示处理，称为速度剖面显示。在速度剖面上，首先对分析点上的异常值进行检查，分析该点的地震资料是否可靠，然后分析速度场的变化趋势是否与构造趋势大致一致，有无反常现象。最后还要确定是否在剖面的某些位置补充速度分析点。

5. 速度平面显示和调整

速度平面显示是沿某个等时面或某个地质层位将速度变化显示出来，观察速度场在平面上的变化情况，对照地质构造特征对速度场进行修改和调整。

6. 沿层速度分析

为了研究沿着某一个（或几个）反射层的叠加速度变化情况，可以沿着这个反射层，以反射层在叠加剖面上的t_0时间为中心取一时窗，进行叠加速度分析，这种速度分析方法称为沿层速度分析。沿层速度分析可以提供叠加速度横向变化的详细资料，而在一些稀疏点上进行的常规速度分析做不到这一点。

沿层速度分析不仅可以改进共中心点叠加的质量，由于地质层位特征的空间不连续性在沿层速度分析资料上反映比较明显，其本身也可以用于某些特定情况下的地质解释。在图6-7中，上面是常规速度分析得到的叠加剖面，剖面中部有一盐丘，在盐丘下部的层位H上进行沿层速度分析，其结果显示在图的中间。用沿层速度分析得到的速度重新进行动校正叠加，结果显示在图的下部，叠加质量有明显的改善。在沿层速度分析图上，盐丘所在位置的叠加速度变低；盐丘两翼，叠加速度明显增大；在剖面的两端，叠加速度趋于稳定。这种现象是由于上覆地层中存在一个高速盐丘所致。

二、交互速度分析

随着计算机计算速度和图形处理能力的提高，速度分析从基于绘图介质的人工解释，逐步转变到基于图形工作站的实时交互解释。

图6-8是一个典型的交互速度解释界面，图6-8(a)是以不同深度颜色显示的速度谱，它取代了纸介质的等值线显示方式，用户根据速度谱的聚焦程度选择合理的叠加速度，根据Dix

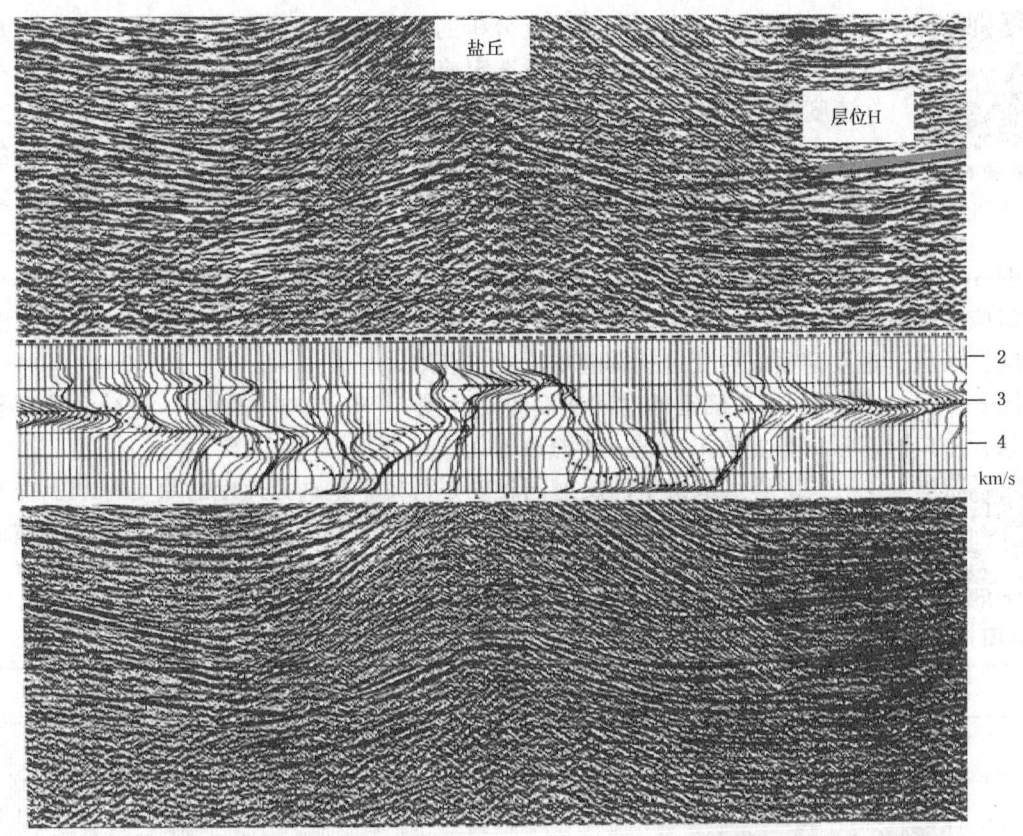

图 6-7 沿层速度分析（据 Yilmaz O，2001）
上图：常规速度分析叠加剖面；中图：沿层位 H 的速度谱；下图：沿层速度分析后叠加剖面

公式，计算机自动将解释的叠加速度转换为层速度，并在速度谱面板上实时显示出来 [图 6-8 (a) 中的黑线]，作为速度解释是否合理的一个重要参考。

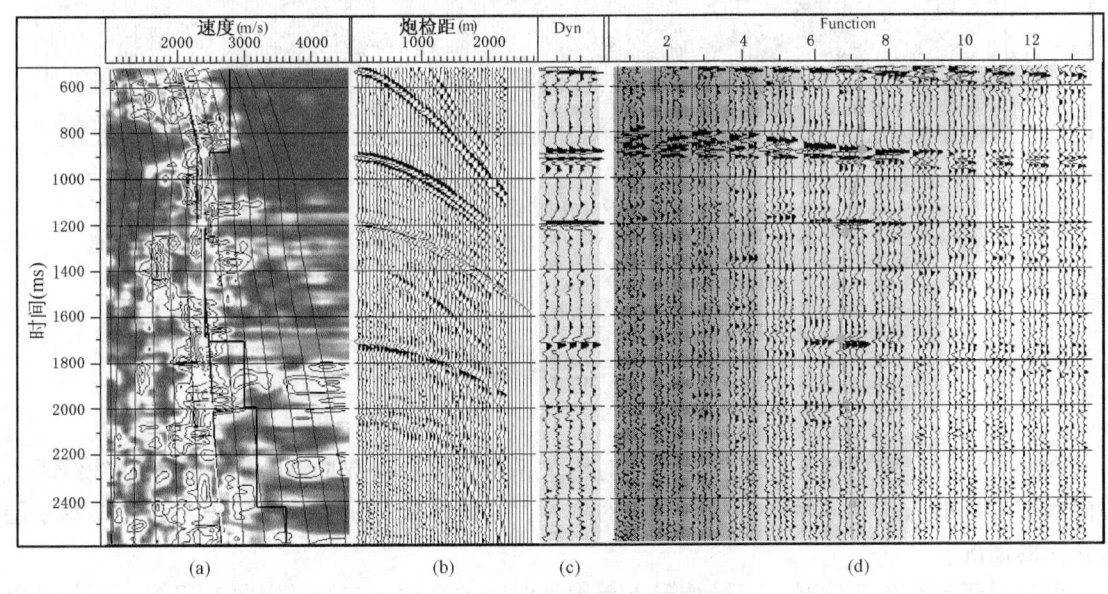

图 6-8 交互速度分析
(a) 速度谱；(b) 速度分析道集；(c) 根据解释速度得到的叠加段；(d) 变速扫描叠加段

彩图 6-8

图 6-8(b) 显示的是速度分析的共中心点道集，解释速度谱时，用户可以参照反射同相轴的品质对所选定速度的可靠性进行评价。当用户鼠标指定在速度谱上某个位置(t_{0i}, v_j)时，在速度分析道集上即时显示出该时间速度(t_{0i}, v_j)所对应的双曲线轨迹，用户可以根据双曲线轨迹与反射同相轴的吻合度对速度进行判断和调整，同时也可以考察反射同相轴偏离正常双曲线的程度。

图 6-8（d）是以速度分析点为中心，相邻 5 个共中心点变速扫描叠加结果，每个小叠加段对应一条时间速度曲线，用户根据叠加段中反射同相轴的质量，交互确定相应反射时间的速度，而且，速度谱面板与变速扫描叠加面板同步联动。

图 6-8（c）是利用用户确定的时间速度曲线［图 6-8（a）中的白线］进行动校正叠加的结果，用户可以根据叠加效果，进一步修改时间速度曲线。

彩图 6-9

共中心点道集中的反射同相轴是否拉平是选择速度的重要标准，交互速度分析具有实时动校正功能。图 6-9 是实时动校正面板，用户在速度谱面板中选择某一时间的速度，共中心点道集面板中会立即显示该时刻动校正之后的结果，用户根据该时刻同相轴的拉平情况，对速度作出相应的修改。

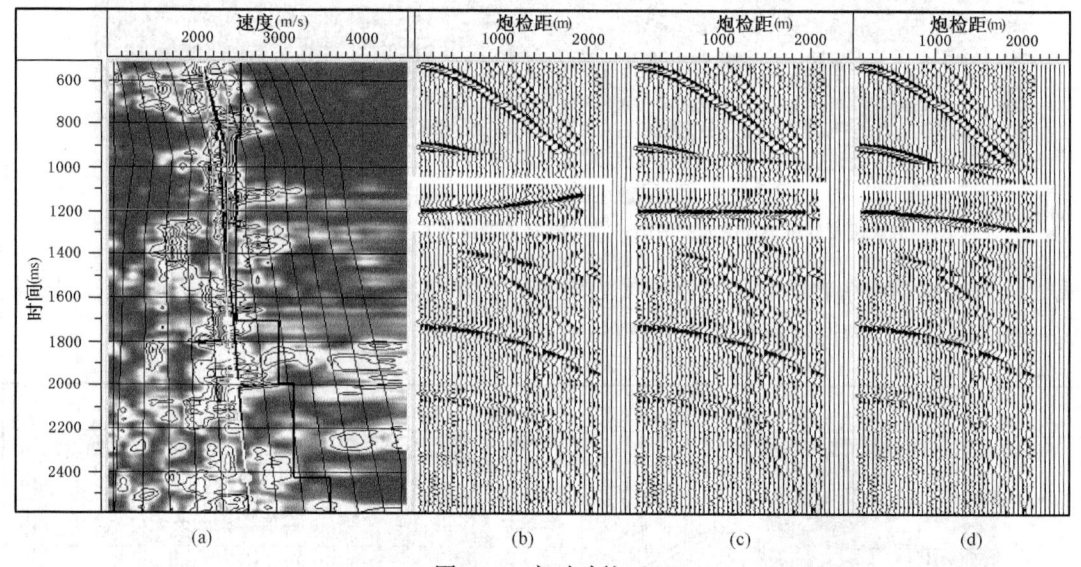

图 6-9　实时动校正
(a) 速度谱；(b) 速度偏低、动校正过量；(c) 速度合适、同相轴拉平；(d) 速度偏高、动校正不足

第四节　三维速度分析

在水平层状介质情况下，三维反射波时距关系不再是一条双曲线，而是由双曲线绕垂直方向旋转形成的双曲面。但由于双曲面的对称性，二维速度分析方法可以推广到三维水平层状介质的情况。

但是对于复杂构造情况，三维情况下反射波时距关系要比二维情况复杂得多，下面仅以三维情况下单一倾斜层为例，说明三维情况下的时距关系。

二维情况下倾斜界面的时距关系为

$$t^2 = t_0^2 + \frac{r^2}{(v/\cos\phi)^2} \tag{6-12}$$

式中，r 为炮点到检波点的距离，v 是上覆地层速度，ϕ 为地层倾角。

三维情况下，地层的视倾角与炮点和检波点连线的方向有关，因此，上式中的倾角 ϕ 应该是炮检方向上的视倾角。设炮点和检波点连线的方向为 α，地层的真倾角为 φ，地层的走向为 β，则视倾角 ϕ 与炮检方向 α、真倾角 φ 和走向 β 的关系为

$$\sin\phi = \sin\varphi\cos(\alpha-\beta) = \sin\varphi\cos\theta \tag{6-13}$$

设炮点坐标为 $S(x_s, y_s)$，检波点坐标为 $R(x_r, y_r)$，在三维情况下，式（6-12）中的炮检距 r 为

$$r = \sqrt{(x_r - x_s)^2 + (y_r - y_s)^2}$$

则三维情况下，反射波旅行时为

$$t^2 = t_0^2 + \frac{r^2}{v^2}(1 - \sin^2\varphi\cos^2\theta) \tag{6-14}$$

动校正速度 v_{nmo} 为

$$v_{\text{nmo}} = \frac{v}{\sqrt{1 - \sin^2\varphi\cos^2\theta}} \tag{6-15}$$

由式（6-15）可以看出，在三维倾斜界面情况下，动校正速度 v_{nmo} 不仅与地层的真倾角有关，而且还与炮点到检波点的方位角有关。这意味着，即使地震道的炮检距相同，如果它们之间炮检方位不同，则地震道之间的动校正速度也不相同。在三维共中心点道集中，由于各个地震道之间炮检方位不同，不可能像二维情况那样，存在一个将所有同相轴都校平的速度。因此，在构造复杂的条件下，如果用二维速度分析的方法对三维共中心点道集进行速度分析，不可能得到满意的结果。

为了利用速度谱分析方法对三维地震数据进行速度分析，有人提出了三参数速度分析方法，所谓的三参数速度分析，就是在常规速度分析对 t_0 时间和叠加速度 v 进行扫描计算叠加能量 $A(t_0, v)$ 的基础上，再对倾角 φ 进行扫描，计算叠加能量 $A(t_0, v, \varphi)$。该方法不仅计算量大，而且确定速度很不方便，因此在实际应用中没有得到推广。

倾角时差校正（DMO）是一种消除由于地层倾角引起的旅行时差的方法，在常速介质中，DMO 处理之后的地震道消除了倾角时差，DMO 处理之后的道集相当于是水平层状介质反射的道集，因此对于三维速度分析一般采用下面的方法。

在常规速度分析的基础上，对地震数据进行 DMO 处理，消除倾角时差的影响，将共中心点面元近似转换为共反射点面元，然后在经过 DMO 处理的道集上再进行速度分析，这样获得的速度称为 DMO 速度，DMO 速度由于消除了地层倾角对速度的影响，更接近于均方根速度。

第五节 深度域速度建模

一、层状介质层速度计算

在水平层状介质中,均方根速度近似等于动校正速度,在速度场横向上没有变化的假设条件下,利用 Dix 公式,可以由均方根速度计算各层的层速度。在弯曲界面层状介质层速度情况下,动校正速度与各层的层速度之间没有明确的解析关系,计算层速度一般通过地震波旅行时正演模拟,以实际观测的旅行时为标准,通过不断修改模型获得。

1. 水平层状介质层速度计算

设有 n 层水平层状介质,其中任意第 i 层的层速度为 v_i,厚度为 h_i,双程垂直反射时间为 $t_i = 2h_i/v_i$,地震波到达第 n 层底部的双程反射时间为

$$t_{0,n} = 2\sum_{i=1}^{n} \frac{h_i}{v_i} \tag{6-16}$$

从第一层到第 n 层的均方根速度为

$$(v_{\text{rms},n})^2 = \frac{\sum_{k=1}^{n} v_k^2 t_k}{\sum_{k=1}^{n} t_k} = \frac{\sum_{k=1}^{n} v_k^2 t_k}{t_{0,n}} \tag{6-17}$$

从第一层到第 $n-1$ 层的均方根速度为

$$(v_{\text{rms},n-1})^2 = \frac{\sum_{k=1}^{n-1} v_k^2 t_k}{\sum_{k=1}^{n-1} t_k} = \frac{\sum_{k=1}^{n-1} v_k^2 t_k}{t_{0,n-1}} \tag{6-18}$$

联立式(6-17)与式(6-18),得到利用均方根速度(在水平层状介质中近似等于叠加速度)计算层速度的狄克斯(Dix)公式

$$v_n^2 = \frac{(v_{\text{rms},n})^2 t_{0,n} - (v_{\text{rms},n-1})^2 t_{0,n-1}}{t_{0,n} - t_{0,n-1}} \tag{6-19}$$

2. 弯曲界面层状介质层速度计算

对于任意弯曲复杂速度界面的情况,利用 Dix 公式计算层速度不再适用,层速度的计算比较复杂,基本思想是对反射层给出若干试验速度,射线追踪计算时距曲线,与实际记录得到的反射波时距曲线进行对比,如果两者的误差较大,修改层速度,重新计算时距曲线。这是一种逐层迭代、剥层计算的思想。图 6-10 是计算三维层速度的基本流程,简述如下:

(1) 确定第一层的层速度初值(可用 Dix 公式近似计算);
(2) 由三维 T_0 图得到三维深度界面;

(3) 对深度界面进行平滑；

(4) 利用射线追踪计算时距曲线；

(5) 与实际记录得到的时距曲线对比；

(6) 当两种时距曲线不一致时，根据时差的大小，修改层速度，重复执行步骤（2）至（5）；

(7) 当两种时距曲线比较符合时，确定该层的层速度，再从步骤（1）开始，确定下一个界面的层速度。

二、复杂介质深度域速度建模

在地表条件和地下地质条件为岩性横向变化大、介质速度变化明显、地层倾角大等复杂介质情况下，建立较为准确的速度模型对叠前深度偏移（第七章）正确成像极为关键。目前常用的速度建模方法主要有偏移速度分析、层析速度分析和全波形速度反演方法。偏移速度分析是在一定的基本假设下，利用偏移技术在共反射点道集上检验同相轴是否被拉平来修正速度模型的速度分析方法。常规的偏移速度分析往往在横向速度变化小、小偏移距、水平反射这三个假设下进行速度模型修改，但复杂介质不能满足上述条件，因此偏移速度分析方法很难获得较好的速度模型。

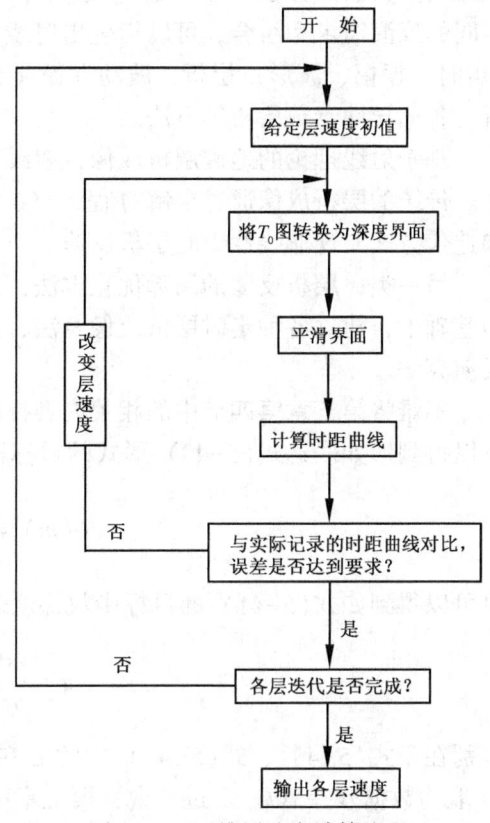

图 6-10 三维层速度计算流程

本节主要介绍复杂介质层析反演和全波形反演速度建模方法。

1. 层析反演速度建模

在第五章第四节中介绍了旅行时层析成像的基本原理。将层析反演的正问题统一表示成

$$d = K(m) \tag{6-20}$$

式中，d 为地震数据（走时、相位、振幅或波形等）；m 为模型参数（速度、密度、各向异性参数等）；K 为表达模型参数与地震数据之间非线性关系的函数。

对正问题（6-20）进行一阶 Taylor 级数展开

$$d = K(m) \approx K(m_0) + K'(m_0)\Delta m \tag{6-21}$$

式中，m_0 为背景模型。因此，正问题可以用矩阵公式表达为一阶近似

$$K_m^d \Delta m = \Delta d \tag{6-22}$$

式中，K_m^d 为核函数，在第五章第四节中，基于射线理论的地震层析成像基本方程（5-25）中，射线本身即为层析的核函数。核函数取决于正问题的理论基础（射线理论、有限频理论、波动理论等）；Δd 为地震数据（走时、相位、振幅或波形等）的残差向量；Δm 为模型参数（速度、密度、各向异性参数等）的扰动模型向量。

地震层析反演包含三个要素：核函数、模型参数、数据，核函数依赖于表达模型参数与

数据之间关系的方程（正问题）。这三个要素相互关联，某些情况下又可以相互独立。根据不同的反演需求和组合，可以衍生出射线（走时）层析、有限频（走时）层析、菲涅尔体（走时、振幅、波形）层析、波动方程（走时、波形）层析、相位层析、速度层析、密度层析、各向异性参数层析等方法。

基于射线理论的地震层析成像，射线本身即为层析的核函数，主要利用射线初至走时信息。传统的层析成像通过求解方程组（6-22）实现局部慢度向量的更新，利用局部线性化和迭代方式实现非线性走时层析反演。

另一类，层析反演的局部优化方法，采用旅行时残差构造目标函数，在目标函数极小化的基础上，建立各种走时层析成像算法，其中目标函数梯度的不同表达和优化衍生了众多的反演算法。

不难将第五章第四节中的相关内容推广到层析反演的一般问题（6-22）。方程（6-22）可以得到形如表达式(5-40)形式的目标函数

$$\boldsymbol{\Phi}(m) = \frac{1}{2}\Delta \boldsymbol{d}^\mathrm{T}\Delta \boldsymbol{d} \to \min \qquad (6-23)$$

也可以得到如式(5-41)的目标函数梯度表达式

$$g = \frac{\partial \boldsymbol{\Phi}}{\partial m} = -(\boldsymbol{K}_m^d)^\mathrm{T}\Delta \boldsymbol{d} \qquad (6-24)$$

区别在于式(5-40)、式(5-41)中的 L 在一般问题中取为依赖于正问题的敏感核函数 $\boldsymbol{K}_m^d$，Δt 取为数据残差 $\Delta \boldsymbol{d}$。反过来说，第五章第四节也可以成为本节的一种特例。

按照下列公式，沿着最速下降方向更新模型

$$m^{k+1} = m^k - \alpha g \qquad (6-25)$$

式中，k 为反演的迭代次数；α 为迭代步长，可以利用多种搜索法计算得到。

由此可以利用层析反演的思想实现速度建模的目的。

基于波动方程的走时层析成像，采用波形互相关构造走时残差建立目标函数，通过极小化求解最小平方目标函数方法，建立各种走时层析成像算法，其中基于波动理论构建核函数、目标函数梯度的不同计算方法衍生了不同的层析反演算法。

走时层析成像方法无论是射线走时还是互相关走时，都是利用单一走时信息，反演精度和分辨率有限。初至波形包含了更多的信息，因此基于波动理论的波形层析反演有助于提高反演精度和分辨率，但这类方法需要进行波动方程正演模拟，计算量较大。

下面介绍两种走时层析成像进行深度域速度建模的思想，即层位层析和网格层析的速度建模方法。

基于层位层析的速度建模方法。考虑地下弯曲界面层状介质，每个单层内速度纵向上不变化，但横向变化，因此速度建模问题变得更为复杂。利用层析成像同时决定整个地下介质速度和界面深度，而不是采用层状介质层速度计算的剥层方法。本节上一段中弯曲界面层状介质层速度计算中层速度横向不变化，因此也可以看成本段的一种特例进行处理。在叠前深度偏移（第七章）剖面上进行层位解释，并进行沿层速度分析，建立初始的速度和界面深度的速度—深度模型，再通过层析反演迭代修改速度—深度模型。该方法允许速度模型在两个相邻解释层位之间横向上速度可以变化，但纵向上速度不能变化，因此，只能得到速度场

的低频分量，其精度依赖于层位解释的个数。

基于网格层析的速度建模方法是一种无层位约束的层析反演方法，它通过在共反射点（CRP）道集上自动拾取剩余时差对速度模型进行更新和修改。由于没有层位约束，其速度模型在横向和纵向上均可变速，具有获得速度场高频分量的潜在能力。但是，和其他的非线性最优化问题一样，该方法受局部极值问题的困扰，对初始模型依赖较大，不容易收敛到实际速度模型。

2. 全波形反演速度建模

随着勘探程度不断深入，所面临的地质问题日趋复杂，需要更高精度的成像，但良好的成像结果依赖于高精度速度模型，全波形反演作为一种高精度速度建模方法受到普遍关注。

全波形反演（Full-waveform inversion，FWI）利用叠前地震波场的运动学和动力学信息重建地下速度结构，通过更新迭代初始模型减小计算模拟数据与观测数据之间残差的方法逐步逼近真实模型，是提高速度模型精度、改善复杂目标成像效果的重要手段。

全波形反演的基础是地震正演，它是描述地震波在地下介质中的传播过程，将其表示为

$$u(x,t) = G(\boldsymbol{m},t) \tag{6-26}$$

式中，x 是空间向量，表示空间位置；t 是时间；u 表示波场；G 是传播算子，描述地震波的传播机制；$\boldsymbol{m}$ 是地下介质的模型参数。假设地震波在地下传播满足波动方程或弹性波方程，则 G 可以描述成微分算子的形式。如果观测地震数据 d_{obs} 是地表接收地震记录，则模拟地震数据可以描述成 $d_{cal} = u(x,t)|_{x=0}$。

全波形反演利用观测地震数据 d_{obs} 描述地下介质模型参数 $\boldsymbol{m} = (m_1, m_2, \cdots, m_M)^T$（如重建地下速度结构）。为此定义一个全波形反演的目标函数。定义目标函数的数学方式众多，如 L^2 范数、L^1 范数、对数范数等。L^2 范数定义目标函数为

$$\Phi(\boldsymbol{m}) = \frac{1}{2} |d_{obs} - d_{cal}|^2 \tag{6-27}$$

式中，d_{cal} 表示为通过正演模拟（6-26）得到的地震记录，d_{obs} 表示实际观测地震记录，假设给定初始模型 $\boldsymbol{m}^0$，通过更新迭代初始模型减小目标函数 $\Phi(\boldsymbol{m})$ 的方法逐步逼近真实模型。

为使得泛函（6-27）极小，在 $\boldsymbol{m}^0$ 处附近寻找目标函数 $\Phi(\boldsymbol{m})$ 的极小值。根据波恩近似理论，模型 $\boldsymbol{m}$ 可以看作是初始模型 $\boldsymbol{m}^0$ 加上一个扰动模型 $\Delta \boldsymbol{m}$ 构成的，$\boldsymbol{m} = \boldsymbol{m}^0 + \Delta \boldsymbol{m}$。

将目标函数 $\Phi(\boldsymbol{m})$ 在 $\boldsymbol{m}^0$ 处进行泰勒展开

$$\Phi(\boldsymbol{m}^0 + \Delta \boldsymbol{m}) = \Phi(\boldsymbol{m}^0) + \sum_{j=1}^{M} \frac{\partial \Phi(\boldsymbol{m}^0)}{\partial m_j} \Delta m_j + \frac{1}{2} \sum_{i=1}^{M} \sum_{j=1}^{M} \frac{\partial^2 \Phi(\boldsymbol{m}^0)}{\partial m_i \partial m_j} \Delta m_i \Delta m_j + O(\Delta \boldsymbol{m}^3) \tag{6-28}$$

因此，对 $\Phi(\boldsymbol{m})$ 关于模型参数 m_l 进行求导，得到

$$\frac{\partial \Phi(\boldsymbol{m})}{\partial m_l} = \frac{\partial \Phi(\boldsymbol{m}^0)}{\partial m_l} + \sum_{j=1}^{M} \frac{\partial^2 \Phi(\boldsymbol{m}^0)}{\partial m_j \partial m_l} \Delta m_j \quad (l = 1, 2, \cdots, M) \tag{6-29}$$

当目标函数的一阶导数为 0，即式（6-29）等于 0 时，目标函数在 $\boldsymbol{m}^0$ 附近达到极小。由此

可得

$$\Delta m = -\left[\frac{\partial^2 \Phi(m^0)}{\partial m^2}\right]^{-1} \frac{\partial \Phi(m^0)}{\partial m} \qquad (6-30)$$

可以看出，扰动模型是沿着目标函数在 m^0 处负梯度（最速下降）方向进行搜索。

通过以上推导，迭代过程 $m = m^0 + \Delta m$，可以得到下列迭代式

$$m^{(k+1)} = m^{(k)} - H^{-1(k)} \nabla \Phi_m^{(k)} \qquad (6-31)$$

式中，H 是目标函数 $\Phi(m)$ 在 m^0 处关于模型参数 m 的二阶导数。

令 $d_{\text{obs}} = (d_{\text{obs}}^1, d_{\text{obs}}^2, \cdots, d_{\text{obs}}^N)^{\text{T}}$，$\Delta d = d_{\text{obs}} - d_{\text{cal}}(m)$ 是 N 维数据残差向量，由对应同一检波点位置的观测与模拟地震记录之差形成。根据定义

$$\Phi(m) = \frac{1}{2} \Delta d^{\text{T}} \Delta d \qquad (6-32)$$

则

$$\frac{\partial \Phi(m)}{\partial m_l} = -\sum_{i=1}^{N} \left[\frac{\partial d_{\text{cal}}^i(m)}{\partial m_l}\right]^{\text{T}} (d_{\text{obs}}^i - d_{\text{cal}}^i) \qquad (6-33)$$

写成矩阵形式有

$$\nabla \Phi_m = \frac{\partial \Phi(m)}{\partial m} = -\left\{\left[\frac{\partial d_{\text{cal}}(m)}{\partial m}\right]^{\text{T}} (d_{\text{obs}} - d_{\text{cal}})\right\} = -F^{\text{T}} \Delta d \qquad (6-34)$$

$F = \dfrac{\partial d_{\text{cal}}(m)}{\partial m}$ 是敏感度矩阵或目标函数的 Frechet 导数矩阵。

$$H = \frac{\partial^2 \Phi(m)}{\partial m^2}\bigg|_{m^0} = F^{\text{T}} F + \frac{\partial F^{\text{T}}}{\partial m} \Delta d \qquad (6-35)$$

H 又称为 Hessian 矩阵，它由两部分构成。其中，$\dfrac{\partial F^{\text{T}}}{\partial m} \Delta d$ 为其非线性项，它定义了目标函数在 m^0 处的曲度。

将梯度表达式(6-34) 和 Hessian 矩阵表达式(6-35) 代入表达式(6-30)，则得到如下的扰动模型

$$\Delta m = -\left[F^{\text{T}} F + \frac{\partial F^{\text{T}}}{\partial m} \Delta d\right]^{\text{T}} [F^{\text{T}} \Delta d] \qquad (6-36)$$

由求解扰动 (6-36) 所形成的迭代过程 $m = m^0 + \Delta m$ 一般称为牛顿法，它是局部二次收敛。

为了得到扰动模型，每一次迭代都需要求出 Hessian 矩阵 H 的逆矩阵和 $\nabla \Phi_m$，而实际计算中 Hessian 矩阵计算量巨大，可以采用近似简单矩阵代替。或直接用一个系数为迭代步长 α 的对角矩阵代替，式(6-31) 变为

$$m^{(k+1)} = m^{(k)} - \alpha^{(k)} \nabla \Phi_m^{(k)} \qquad (6-37)$$

α 为迭代步长，k 为迭代次数。迭代的方向即为目标函数梯度的负方向，因此为求取第 $k+1$

次的模型，需要求得梯度和迭代步长，这是梯度法或最速下降法全波形反演的核心思想。

如果方程（6-28）中，$O(\Delta m^3)$ 为 0，则目标函数为 m 的多项式函数，这时候的正演是如 $u=G \cdot m$ 的线性正演问题。这种情况下，只要一次迭代方程（6-30）就可以给出目标函数极小的扰动模型。在全波形反演中，数据和模型是非线性关系时，反演需要迭代多次才可以收敛到目标函数的极小。

根据梯度和 Hessian 矩阵的不同处理，形成了牛顿、高斯—牛顿、最速下降等全波形反演方法。这些方法都属于局部寻优反演算法，计算速度相对较快，但反演结果严重依赖于初始速度的选择，具有多解性，容易陷入局部极小。另外的一类是非线性反演的全局寻优算法，主要有蒙特卡洛法、模拟退火法、遗传算法等。

利用全波形反演的思想可以实现地下速度建模，地震数据实现地下速度反演的思路为：利用已知的构造、沉积等地质信息和测井等地球物理信息建立地下速度的初始模型；利用地震正演模型模拟初始速度模型的合成地震记录；在一定的范数意义下计算实际观测地震记录与模拟地震记录的残差；比较与分析残差的精度，如果精度满足要求，则模型即为反演的最终模型；如果残差精度不满足要求，则修正速度模型，模型修正的扰动量由反演算法实现；修正后的更新模型再计算合成地震记录，通过更新迭代初始模型减小模拟数据与观测数据之间残差的方法逐步逼近真实模型；循环前面的步骤，直至残差精度满足要求，最后更新的模型即为反演的最终模型，实现深度域速度建模。

思考题和习题

1. 为什么说反射波时距曲线中包含有速度信息？
2. 影响速度分析的因素有哪些？
3. 速度分析对地震道集的炮检距分布有什么要求，为什么？
4. 辅助速度分析方法从哪些方面提高了速度分析的质量？
5. 已知地层的倾角为 30°，层速度为 2500m/s，绘制三维情况下叠加速度 v_{nmo} 与方位角 θ 的关系曲线，它是一条什么曲线？
6. 地震波走时层析成像的基本原理在水平层状介质、弯曲界面层状介质和非层状介质情况下是否可以统一起来？
7. 地震波走时层析成像在弯曲界面层状介质速度建模中，对横向速度变化与不变化的不同情况是如何处理的？
8. 全波形反演方法如何实现深度域速度建模？
9. 全波形反演的梯度法、牛顿法、高斯—牛顿法等算法的主要区别在哪里？

参 考 文 献

蔡杰熊，2018. 高斯束偏移与高斯束层析反演速度建模. 石油物探，57（2）：262-273.
何樵登，1981. 地震勘探原理与方法. 北京：地质出版社.
赫布拉尔 P，1987. 根据地震反射旅行时测定计算层速度. 吴律，译. 北京：石油工业出版社.
李振春，张军华，2004. 地震数据处理方法. 东营：中国石油大学出版社.
刘玉柱，吴世林，刘伟刚，等，2020. 反演近地表物性参数的地震层析成像方法综述. 石油物探，59（1）：1-11.

牟永光，等，2007. 地震数据处理方法. 北京：石油工业出版社.

王华忠，等，1999. 地震波旅行时计算，石油地球物理勘探，34（2）：155-163.

吴律，1997. 层析基础及其在井间地震中的应用. 北京：石油工业出版社.

熊翥，1993. 地震数据数字处理应用技术. 北京：石油工业出版社.

杨文采，李幼铭，等，1993. 应用地震层析成像. 北京：地质出版社.

Dix C H, 1955. Seismic velocities from surface measurements. Geophysics, 20（1）：68-86.

Kosloff D D, Sudman Y, 2002. Uncertainty in determining interval velocities from surface reflection seismic data. Geophysics, 67（3）：952-963.

Kosloff D D, Zackhem U I, Koren Z, 1997. Surface velocity determination by grid tomography of depth migrated gathers. Expanded Abstracts of 67th Annual International Meeting, SEG, 1815-1818.

Thorson J R, Gever D H, Seanger H J, et al, 1987. A model-based approach to interval velocity analysis. Expanded Abstracts of 57th Annual International Meeting, SEG, 458-460.

Virieux J, Operto S, 2009. An overview of full-waveform inversion in exploration geophysics. Geophysics, 74（6）：WCC1-WCC26.

Yilmaz O, 2001. Seismic Data Analysis. Society of Exploration Geophysicists.

第七章 偏 移

偏移一词的本意具有偏离和移位的意思，偏移使倾斜反射归位到它们真正的地下位置，并使绕射波收敛，使地震剖面更好地展示地下构造的空间形态和接触关系。

第一节 偏移的概念

视频 7-1 偏移的概念

地震勘探通过人工激发地震波，在地表记录来自地下的反射波，并利用这些记录预测和描述地质构造和岩性特征。但是，水平叠加剖面还不能真实地反映地下构造的空间展布情况，特别是当地质界面的形态较复杂时，水平叠加剖面与地下深度剖面之间存在较大的差异，下面看一个具体的例子。

如图 7-1 所示，设地下有一反射界面 BD，界面之上地震波的传播速度为常速 v，采用地表自激自收观测方式得到叠加记录，叠加记录由时间域转到深度域，得到反射界面 BD 在深度域叠加剖面上的反射同相轴 B′D′。地面 A 点接收到来自界面 B 点的反射，AB⊥BD，按照地震记录的显示方式，B 点的反射记录在 A 点的正下方 B′处，且 AB = AB′；同理，地面 F 点接收到来自界面 D 点的反射，FD⊥BD，D 点的反射记录在 F 点的正下方 D′处，且 FD = FD′。从图 7-1 可以看出，反射同相轴 B′D′相对于产生它的界面 BD，在位置、倾角、长度上都有所不同。当地下构造复杂时，叠加剖面上的同相轴与地质界面之间的不一致性更加复杂，因此，

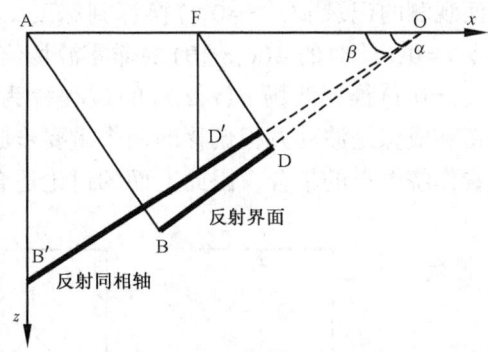

图 7-1 自激自收条件下，反射同相轴与反射界面之间的关系

直接利用叠加剖面进行地质解释会产生较大的误差甚至会导致错误的解释结果。为了得到正确的解释结果，需要对叠加剖面上的反射波同相轴进行校正，具体地讲，就是将反射同相轴 B′D′校正到界面实际位置 BD 处，这就是地震资料偏移处理的主要工作。

上面利用射线理论对偏移的概念进行了解释，多数情况下，地震数据偏移是基于波动方程实现的，它包括波场延拓和成像两部分。

如图 7-2 所示，设均匀介质中存在一个绕射点 (x_d, z_d)，地震波自绕射点出发，以球面波的形式向地表传播，二维情况下，波的传播方程为

$$(x - x_d)^2 + (z - z_d)^2 = (vt)^2 \tag{7-1}$$

式中 x_d, z_d——绕射点坐标；
v, t——传播速度和旅行时间。

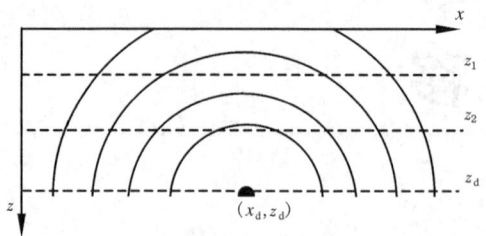

图 7-2 均匀介质中的波前和假象观测面

当 t 固定时，波前轨迹是一个以 vt 为半径的圆，当观测面固定时（$z=$常数），由式(7-1)可知，绕射波的时距曲线是下式表示的双曲线

$$t^2 = \frac{(z_i - z_d)^2}{v^2} + \frac{(x - x_d)^2}{v^2} \qquad (7-2)$$

式中，$z_i = z_0, z_1, z_2, \cdots, z_d$ 表示不同观测面的深度。图 7-3 显示了不同深度观测面上记录的绕射波时距曲线，尽管不同深度时距曲线的形状和位置不同，但是曲线顶点的水平坐标与绕射点的水平坐标总是一致的，另外当 $z = z_d$ 时，时距曲线变为直线，且在 x_d 点的观测时间为零。这给我们启示：当观测面设在 $z = z_d$ 上时，找出波的传播时间为零的位置也就找到了绕射点 (x_d, z_d)。实际上，我们不可能在地下某个深度 z_d 进行观测，但是可以通过数学运算将地面观测的记录 $u(x, z=0, t)$ 换算到深度 z_d 处，得到深度 z_d 上的地震记录 $u(x, z_d, t)$，然后再令 $t=0$，此时的 $u(x, z_d, 0)$ 的非零波场值在点 (x_d, z_d) 处，它就是要找的绕射点。把由波场 $u(x, z=0, t)$ 推算波场 $u(x, z, t)$ 的过程称为波场延拓，由 $u(x, z, t)$ 计算 $u(x, z, 0)$ 称为成像。延拓和成像是波动方程偏移的两个重要步骤。以上讨论的是绕射点的情况，由于反射界面可以看作绕射点的集合，因此上面的讨论适合于任何反射界面的情况。

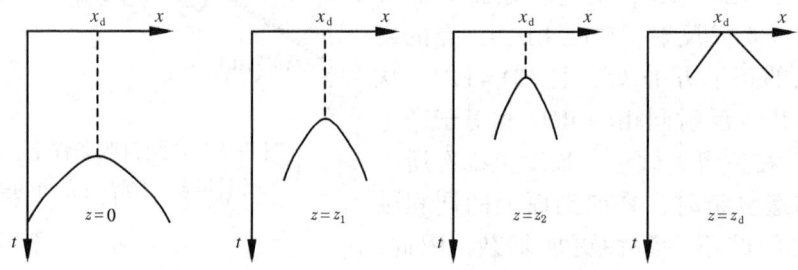

图 7-3 不同观测面上接收到的地震记录示意图

第二节 射线理论偏移

视频 7-2 射线理论偏移

叠加剖面的同相轴可以看作由若干脉冲振幅组成，通常将输入剖面中的一个脉冲振幅，经过偏移后得到的地下空间图形称为输入剖面的偏移脉冲响应。如图 7-4(a) 所示，假设在水平坐标 x_d 处有一地震记录，

其 t 时刻有一脉冲振幅,波的传播速度是一个常数,则偏移脉冲响应的轨迹如图 7-4(b) 所示,是以 x_d 点为圆心,以 $vt/2$ 为半径的一个半圆,半圆轨迹上的振幅与输入脉冲振幅成正比。也就是说,如果地下反射界面是图 7-4(b) 所示的一个半圆,在 x_d 点作自激自收观测,则来自半圆界面上的反射波将汇聚成一个脉冲出现在地震记录上。一般而言,通过叠加记录得到地下深度模型的过程称为偏移处理,由地下深度模型得到地震记录的过程称为正演模拟。

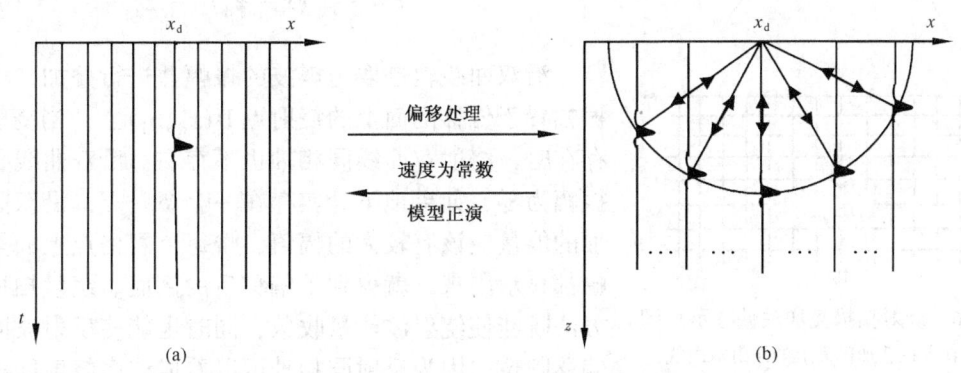

图 7-4 叠加记录的偏移脉冲响应
(a) 只包含一个孤立脉冲的叠加记录;(b) 深度域的偏移脉冲响应

一、圆弧叠加法

叠加剖面上每一个脉冲的偏移响应轨迹为偏移剖面上的一个半圆,偏移响应在半圆轨迹上的振幅与输入脉冲的振幅成正比。叠加剖面上的每个同相轴可以看作由许多脉冲构成,将所有脉冲的偏移响应相加,在相加的过程中,有些振幅得到加强,由强振幅轨迹(同时也是各个半圆的包络线)构成偏移后的反射界面(图 7-5),此时的同相轴反映了地层的真实位置和形态。

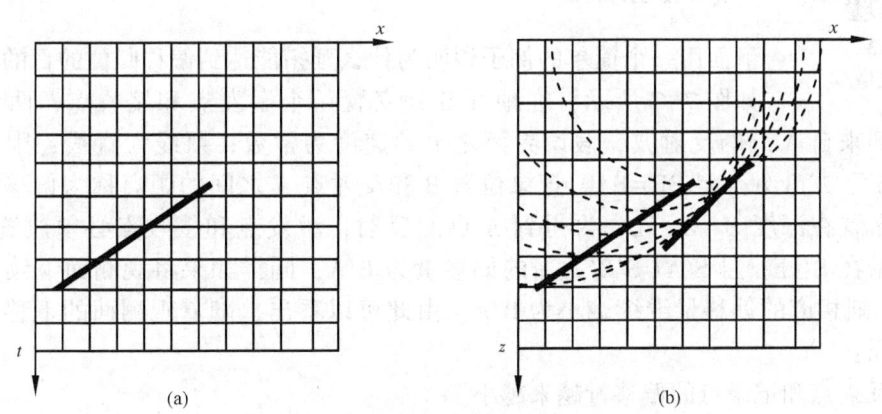

图 7-5 圆弧叠加法偏移示意图
(a) 叠加剖面上的一个倾斜同相轴;(b) 半圆偏移脉冲响应相加
产生的强振幅轨迹或圆簇包络线即为偏移后的反射界面

二、绕射扫描叠加法

偏移剖面上每一点对应叠加剖面上的一条绕射双曲线，利用此特性可将待输出的偏移剖面离散化，每个网格点上假设都有一个绕射点 $D(x_d,z_d)$，它对应叠加剖面上的绕射双曲线（图 7-6）

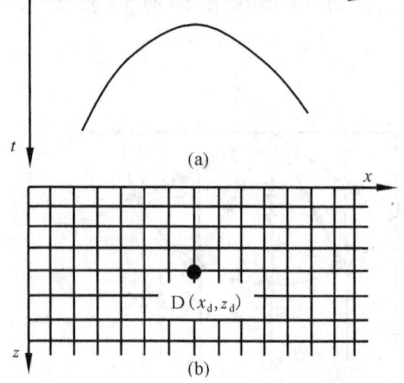

$$t = \frac{2}{v}\sqrt{(x-x_d)^2 + z_d^2} \qquad (7-3)$$

沿双曲线轨迹取地震波的振幅并进行叠加，将叠加振幅置于偏移剖面上的绕射点 $D(x_d,z_d)$ 上。当绕射点不存在时，绕射双曲线同相轴也不存在，沿双曲线叠加的振幅为零，如果地下确实存在一个绕射点，沿双曲线叠加的能量应该有较大的幅值，将每个网格点上的叠加振幅都显示出来，就得到了偏移后的剖面。绕射扫描叠加方法既能使绕射波能量收敛，同时也能使反射波同相轴偏移归位，因为反射同相轴可以看成许多绕射同相轴的渐近线，沿渐近线的振幅能量是相干的，可以得到同相叠加的效果，这些相干能量应放置在各绕射双曲线的顶点，各顶点的连线就是反射界面的真实位置。

图 7-6　绕射扫描叠加法偏移示意图
（a）D 点在叠加剖面上的绕射双曲线；
（b）偏移剖面上绕射点 D

第三节　波动方程偏移的成像原理

波动方程偏移需要两个基本步骤——延拓和成像（视频 7-3）。延拓又称外推，是利用地面记录的波场，通过运算，得到地下某个深度上地震波场的过程；成像是利用延拓后的波场值得到该深度的反射位置和反射强度的过程。

视频 7-3
延拓和成像

一、波场延拓

下面用一个简单的例子说明为什么延拓能达到偏移归位的目的。

如图 7-7 所示，在地面 S 处安置一个激发点和接收点，两者位置重合，接收到来自 A 点的反射波，假设界面之上的速度为常数，射线为直线，则反射波记录在 S 的正下方 B 处，且 SB＝SA，记录位置 B 和反射点 A 之间的距离称为偏移量。如果将观测面布置在深度 $Z=Z_1$ 处，为得到 A 点的反射，激发点和接收点必须放置在 S′处，反射波记录在 B′处，且 S′A＝S′B′，新的偏移量为 B′A，同样如果将观测面继续下移到深度 $Z=Z_2$，则相应的偏移量继续减小为 B″A，由此可以看出，随着观测面的下移，有两个明显的特征：

（1）反射点和记录点的偏移量越来越小。

（2）记录时间越来越小。这意味着当波场继续下移时，总可以将偏移量减小到零，从而实现偏移归位的目的，偏移量 AB 和波的旅行路径 AS，地层倾角 φ 的关系为

$$AB = 2AS\left(\sin\frac{\varphi}{2}\right) \qquad (7-4)$$

当观测面向下延拓到 A 点时，路径 AS = 0，则反射点和成像点重合，偏移量为零。

1. 上行波和下行波

波场延拓主要是向地下垂直方向延拓，计算波场 u 随深度 z 的变化，这涉及波动方程求解问题，在很多情况下，波动方程的求解比较复杂，而且是不适定的。回避不适定问题的一个办法是对波动方程作降阶处理，将波动方程分解为上行波方程和下行波方程。

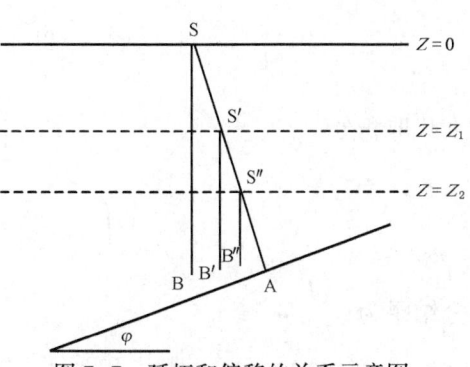

图 7-7 延拓和偏移的关系示意图
当观测面向下延拓时，偏移量逐渐减小

二维情况下，标量波动方程为

$$\frac{\partial^2 u}{\partial x^2} + \frac{\partial^2 u}{\partial z^2} = \frac{1}{v^2}\frac{\partial^2 u}{\partial t^2} \qquad (7-5)$$

对 x 和 t 做傅里叶变换，并利用算子分解，得到

$$\frac{\partial^2 \widetilde{u}}{\partial z^2} + \left(\frac{\omega^2}{v^2} - k_x^2\right)\widetilde{u} = \frac{\partial^2 \widetilde{u}}{\partial z^2} + k_z^2 \widetilde{u} = \left(\frac{\partial}{\partial z} + \mathrm{i}k_z\right)\left(\frac{\partial}{\partial z} - \mathrm{i}k_z\right)\widetilde{u} = 0 \qquad (7-6)$$

式中利用了频散关系

$$k_x^2 + k_z^2 = \frac{\omega^2}{v^2} \qquad (7-7)$$

其中，$\widetilde{u}(k_x, z, \omega)$ 是波场 $u(x, z, t)$ 关于 x 和 t 的二维傅里叶正变换，ω 是圆频率，k_x，k_z 分别是 x 方向和 z 方向的波数，由式(7-6)进一步可以得到分离的上行波方程和下行波方程

$$\frac{\partial \widetilde{u}}{\partial z} = \pm \mathrm{i}k_z \widetilde{u} = \pm \mathrm{i}\sqrt{\frac{\omega^2}{v^2} - k_x^2}\,\widetilde{u} \qquad (7-8)$$

在傅里叶变换及反变换如式(1-106)和式(1-107)定义及 Z 轴方向向下的情况下，式(7-8)中，负号代表上行波方程，正号代表下行波方程。

2. 利用相移法实现波场延拓

无论是上行波场还是下行波场都可以通过数学手段进行延拓，延拓方向可以是正向，也可以是反向。所谓的正向外推就是根据波在当前位置的振动情况预测波的自然传播方向上的波场值；反向外推就是重建反传播方向上的波场。对于每一种地震波，无论是上行波，还是下行波，都可以进行正向外推和反向外推。对一个波场应该进行正向外推还是进行反向外推由具体的物理问题决定。

1) 上行波场的外推

式(7-8)中的上行波场改写为

$$\frac{\mathrm{d}\widetilde{u}}{\widetilde{u}} = -\mathrm{i}\sqrt{\frac{\omega^2}{v^2} - k_x^2}\,\mathrm{d}z \tag{7-9}$$

对上式取积分

$$\int_z^{z+\Delta z} \frac{\mathrm{d}\widetilde{u}}{\widetilde{u}} = -\mathrm{i}\sqrt{\frac{\omega^2}{v^2} - k_x^2} \int_z^{z+\Delta z} \mathrm{d}z \tag{7-10}$$

积分结果为

$$\frac{\widetilde{u}(z+\Delta z)}{\widetilde{u}(z)} = \mathrm{e}^{-\mathrm{i}\sqrt{\frac{\omega^2}{v^2}-k_x^2}\,\Delta z} \tag{7-11}$$

由此可以得到上行波的正向外推公式

$$\widetilde{u}(z) = \widetilde{u}(z+\Delta z)\,\mathrm{e}^{\mathrm{i}\sqrt{\frac{\omega^2}{v^2}-k_x^2}\,\Delta z} \tag{7-12}$$

和反向外推公式

$$\widetilde{u}(z+\Delta z) = \widetilde{u}(z)\,\mathrm{e}^{-\mathrm{i}\sqrt{\frac{\omega^2}{v^2}-k_x^2}\,\Delta z} \tag{7-13}$$

正向外推公式用于模拟反射波的地震记录，反向外推公式用于实现地震波偏移。

2) 下行波场的外推

式(7-8) 中的下行波场改写为

$$\frac{\mathrm{d}\widetilde{u}}{\widetilde{u}} = \mathrm{i}\sqrt{\frac{\omega^2}{v^2} - k_x^2}\,\mathrm{d}z \tag{7-14}$$

参照上行波场的做法，可以得到下行波场的正向外推公式

$$\widetilde{u}(z+\Delta z) = \widetilde{u}(z)\,\mathrm{e}^{\mathrm{i}\sqrt{\frac{\omega^2}{v^2}-k_x^2}\,\Delta z} \tag{7-15}$$

和下行波场的反向外推公式

$$\widetilde{u}(z) = \widetilde{u}(z+\Delta z)\,\mathrm{e}^{-\mathrm{i}\sqrt{\frac{\omega^2}{v^2}-k_x^2}\,\Delta z} \tag{7-16}$$

正向外推公式用于模拟下行波场的地震记录，反向外推公式用于反向求源问题的计算。

二、成像条件

波场延拓是偏移处理的必要步骤，但是要将所有的反射界面和绕射点自动找到并显示出来，还需要进行成像处理。

1. 爆炸反射界面成像条件

爆炸反射界面成像原理由 D. Leowenthal 首先提出，它是最常用、最简单的一种成像原

理。该原理把地下反射界面想象成具有爆炸性的物质或者爆炸源，爆炸源的形状、位置与反射界面的形状和位置一致，它所产生的波为脉冲波，其强度、极性与界面反射系数的大小和正负一致。并且假设在 $t=0$ 时刻，所有的爆炸反射界面同时起爆，发射上行波到达地面各观测点。若利用波动方程将地面观测的地震波场向下反向延拓，则 $t=0$ 时刻的波场值就正确地描述了地下反射界面的位置，实现地面记录的偏移成像。

该原理适用于水平叠加后地震资料的偏移处理，因为叠后地震记录相当于零炮检距的地震记录，自炮点发出的下行波到达反射点的路径与反射点返回地面的上行波路径完全一致，这样，可以只考虑上行波而不必考虑下行波。但是实际记录的反射波到达时间都是双程时间，若只考虑上行波，波的到达时间将减少一半，为使两者匹配，在爆炸反射界面成像原理中还假设波的传播速度为实际速度的一半。

2. 测线下延成像条件

如图 7-8 所示，激发点 S 和接收点 G 布置在地面上，炮检距为 $2h$，在 G 点接收到来自 A 点的反射波，若地震波传播速度为常数 v，则地震波总旅行时为 $t=(SA+AG)/v$，若将测线向下延拓到深度 Z_1，这时 G 延至 G′，S 延至 S′，炮检距为 $2h'$，总旅行时为 $t'=(S'A+AG')/v$，显然有 $t'<t$，$2h'<2h$，若将测线进一步下延，直至到达反射点 A，此时波的传播时间和炮检距都为零。炮检距和传播时间均为零作为成像标志，称为测线下延成像原理。此原理经常应用于地震记录叠前偏移，当然它也适用于零炮检距记录的偏移成像，但是对零炮检距记录使用爆炸反射界面原理更加简便。

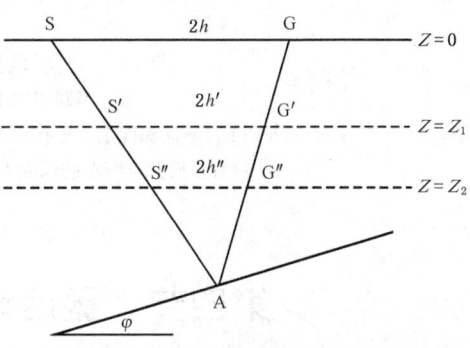

图 7-8　测线下延成像原理示意图

3. 时间一致性成像条件

此成像原理可以表述为：反射界面存在于地下这样的一些地方，在这些地方，下行波的到达时间和反射波的产生时间是一致的。图 7-9(a) 示意性地说明了这种到达时间与产生时间的一致性，图中 S、G 分别为炮点和检波点，A 为地下界面上的一个反射点，在下行波到达 A 点的瞬间，上行波就产生了，显然到达与产生的时间是一致的。在 B 点无反射波产生，B 点不是反射点，它不能成像。此成像原理的表述虽然比较简单，它的含义却比前两个原理更加广泛，适用于一次波成像，也适用于多次波成像；可在 $t=0$ 时刻成像，也可在 $t>0$ 时刻成像；可对零炮检距记录成像，也能处理非零炮检距的地震记录。图 7-9 是应用该原理进行偏移成像的一个简单说明。图中自震源发出的下行波为脉冲波或其他形状的子波，地震波自 S 点到达 A 点的传播时间为 t_s，自 A 点至 G 的反射时间为 t_g，总的旅行时间为 $t_{sg}=t_s+t_g$，假设它传播到地下深度 Z_1 的时间为 t_{s1}，G 点的记录反向传播到深度 Z_1 的时间为 t_{g1}，则在深度 Z_1 上，上行波的时间应为 $t_{sg}-t_{g1}$，此时应该有 $t_{sg}-t_{g1}>t_{s1}$，下行波的到达时间与上行波的产生时间不一致，因此在该处不可能有反射存在。在反射点 A 所在的深度 Z_A 上，上行波和下行波的作用时间相等，按成像原理此处存在反射点，这与实际情况相符合。再取 $Z=Z_3>Z_A$，此时下行波的到达时间为 t_{s3}，上行波（实际上不存在）的理论作用时间为 $t_{sg}-t_{g3}$，且 $t_{s3}>t_{sg}-t_{g3}$，上行波和下行波在时间上又不一致 [图 7-9(b)]，由此得到启示，如果在不同深度上把上行波与下行波进行零延迟互相关运算,在 $Z=Z_A$ 处将会出现极大值,在其他深度上,互相关值很小或接近零。用互相关值表示反射界面原则上就能实现地震剖面的偏移成像。此成像原理的具体应用还有其他方法,互相关法只是其中的一种,更好的方法还有待于进一步的发展和完善。

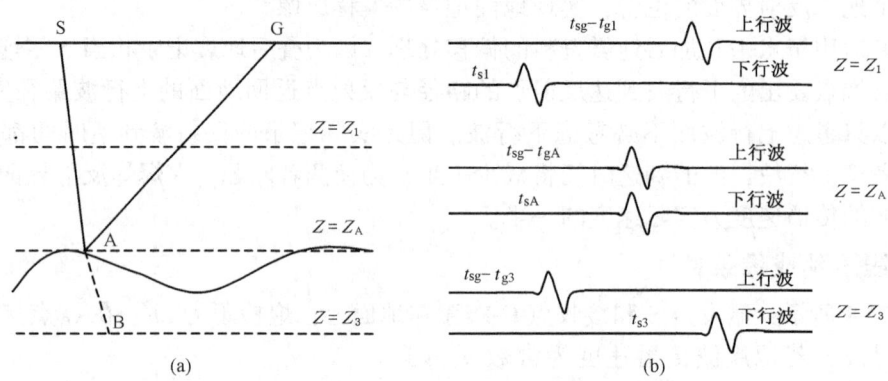

图 7-9 波场延拓时间一致性成像原理示意图
(a) 不同深度上,下行波和上行波传播路径;
(b) 不同深度上,上行波至和下行波至之间的相对关系,可以看出,只有在反射点所在的深度上,上行波和下行波的出现时间才是一致的

第四节 叠后地震数据波动方程偏移

地震数据经过水平叠加之后,为了使反射波归位到产生它的实际空间位置,需要进行叠后偏移处理,实现叠后偏移的方法较多,虽然它们都是基于相同的波动方程,但具体算法和实现方式不同,比较常用的方法有频率—波数域法、克希霍夫积分法、有限差分法。

一、频率—波数($f-k$)域波动方程偏移(视频 7-4)

视频 7-4 波动方程偏移

常速介质 $f-k$ 域波动方程偏移方法是 1978 年 Stolt 首先提出的,具有精度高、稳定性好、运算效率高、大倾角成像等优点,但是它不适应地震波速度的任意变化。Gazdag(1978)提出了 $f-k$ 域相移法波动方程偏移,该方法允许速度垂向变化,但不允许速度横向变化。为适应速度横向变化的要求,Gazdag(1984)又提出了相移加插值 $f-k$ 域波动方程偏移,该方法在一定程度上解决了速度横向变化的问题。下面主要讨论常速介质中的 Stolt 偏移和速度垂向变化时的相移法偏移。

1. 常速 $f-k$ 域 Stolt 偏移

二维均匀介质中的纵波方程为

$$\frac{\partial^2 u}{\partial x^2} + \frac{\partial^2 u}{\partial z^2} = \frac{1}{v^2}\frac{\partial^2 u}{\partial t^2} \tag{7-17}$$

为了使用爆炸反射界面原理成像,上式中的速度 v 为实际速度的一半,波场 $u(x,z,t)$ 关于水平坐标 x 和时间 t 的二维傅里叶变换为

$$\widetilde{u}(k_x,z,\omega) = \int_{-\infty}^{+\infty}\int_{-\infty}^{+\infty} u(x,z,t)\, e^{-i(\omega t - k_x x)}\, dxdt \qquad (7-18)$$

且

$$u(x,z,t) = \frac{1}{4\pi^2}\int_{-\infty}^{+\infty}\int_{-\infty}^{+\infty} \widetilde{u}(k_x,z,\omega)\, e^{i(\omega t - k_x x)}\, dk_x d\omega \qquad (7-19)$$

对式(7-17) 中的 x, t 做二维傅里叶变换，并考虑到 $\partial^2/\partial x^2$ 和 $\partial^2/\partial t^2$ 与 $(ik_x)^2$ 和 $(i\omega)^2$ 的对应关系，式(7-17) 变为

$$\frac{\partial^2 \widetilde{u}}{\partial z^2} = -\left(\frac{\omega^2}{v^2} - k_x^2\right)\widetilde{u} = -k_z^2 \widetilde{u} \qquad (7-20)$$

上式的解为

$$\widetilde{u}(k_x,z,\omega) = C_1 e^{ik_z z} + C_2 e^{-ik_z z} \qquad (7-21)$$

式中 C_1、C_2——待定常数。

叠后偏移采用爆炸反射界面成像原理，此时只考虑上行波，于是上式简化为

$$\widetilde{u}(k_x,z,\omega) = C_2 e^{-ik_z z} \qquad (7-22)$$

利用 $z=0$ 的边界条件，得到

$$C_2 = \widetilde{u}(k_x,0,\omega) \qquad (7-23)$$

其中 $\widetilde{u}(k_x,0,\omega)$ 是地面叠后地震记录 $u(x,0,t)$ 的二维傅里叶变换，这是已知的，于是有

$$\widetilde{u}(k_x,z,\omega) = \widetilde{u}(k_x,0,\omega)\, e^{-ik_z z} \qquad (7-24)$$

将上式代入式(7-19)

$$u(x,z,t) = \frac{1}{4\pi^2}\int_{-\infty}^{+\infty}\int_{-\infty}^{+\infty} \widetilde{u}(k_x,0,\omega)\, e^{i(\omega t - k_x x - k_z z)}\, dk_x d\omega \qquad (7-25)$$

根据爆炸反射界面成像原理，反射点存在于 $t=0$ 的位置，令 $t=0$，得到偏移剖面

$$u(x,z,0) = \frac{1}{4\pi^2}\int_{-\infty}^{+\infty}\int_{-\infty}^{+\infty} \widetilde{u}(k_x,0,\omega)\, e^{-i(k_x x + k_z z)}\, dk_x d\omega \qquad (7-26)$$

为简单起见，将 $u(x,z,0)$ 和 $\widetilde{u}(k_x,0,\omega)$ 分别记为 $u(x,z)$ 和 $\widetilde{u}(k_x,\omega)$，得到

$$u(x,z) = \frac{1}{4\pi^2}\int_{-\infty}^{+\infty}\int_{-\infty}^{+\infty} \widetilde{u}(k_x,\omega)\, e^{-i(k_x x + k_z z)}\, dk_x d\omega \qquad (7-27)$$

上式在形式上很像一个二维傅里叶反变换，若果真如此，则利用二维快速傅里叶变换计算 $u(x,z)$ 要比利用积分计算快得多，但实际上并非如此，为了使它真正变成二维傅里叶积分必须将 $d\omega$ 变为 dk_z，并将 $\widetilde{u}(k_x,\omega)$ 变为 $\widetilde{u}(k_x,k_z)$。

由频散关系

$$k_z^2 = \frac{\omega^2}{v^2} - k_x^2 \qquad (7-28)$$

得到

$$d\omega = \frac{vk_z}{\sqrt{k_x^2 + k_z^2}} dk_z \tag{7-29}$$

利用频散关系将 $\widetilde{u}(k_x,\omega)$ 映射为 $\widetilde{B}(k_x,k_z)$

$$\widetilde{B}(k_x,k_z) = \widetilde{u}\left(k_x, v\sqrt{k_x^2 + k_z^2}\right) \tag{7-30}$$

于是有

$$u(x,z) = \frac{1}{4\pi^2} \int_{-\infty}^{+\infty} \int_{-\infty}^{+\infty} \widetilde{B}(k_x,k_z) \frac{vk_z}{\sqrt{k_x^2 + k_z^2}} e^{-i(k_x x + k_z z)} dk_x dk_z \tag{7-31}$$

上式就是 f-k 域 Stolt 偏移的基本公式，实现步骤可归纳为：

(1) 将叠加剖面 $u(x,t)$ 做二维傅里叶变换得到 $\widetilde{u}(k_x,\omega)$；

(2) 利用式(7-30) 将 $\widetilde{u}(k_x,\omega)$ 映射为 $\widetilde{B}(k_x,k_z)$；

(3) 用 $vk_z/\sqrt{k_x^2+k_z^2}$ 乘 $\widetilde{B}(k_x,k_z)$；

(4) 对步骤(3) 的结果做二维傅里叶反变换得到偏移结果 $u(x,z)$。

利用式(7-31) 实现 f-k 偏移的最大问题是假定传播速度为常数，这与实际情况相差甚远。为适应速度场变化的实际情况，一个替代的方法是对变速情况下的零炮检距地震记录进行改造（拉伸或压缩），使其与常速记录等价，然后对改造后的记录进行常速 Stolt 偏移，偏移之后对记录进行第二次改造（压缩或拉伸），使其恢复为变速记录，这就是变速 Stolt 偏移的基本思路。

2. 垂向变速 f-k 域相移法偏移

假设地下介质的速度只有垂向变化，没有横向变化，并假设在 $z_i<z<z_i+\Delta z$ 的深度间隔内波的传播速度 v_i 保持不变。这样，在每个深度间隔内，f-k 域标量波动方程上行波的解与式(7-24) 类似

$$\widetilde{u}(k_x, z_i + \Delta z, \omega) = \widetilde{u}(k_x, z_i, \omega) e^{-ik_{zi}\Delta z} \tag{7-32}$$

式中

$$k_{zi} = \sqrt{\frac{\omega^2}{v_i^2} - k_x^2} \tag{7-33}$$

当 $z_i = 0$ 时，$u(x,0,t)$ 和 $\widetilde{u}(k_x,0,\omega)$ 即为地面上的叠加记录和叠加记录的二维傅里叶变换。

将式(7-32) 对 k_x 做一维傅里叶反变换

$$\widetilde{u}(x, z_i + \Delta z, \omega) = \frac{1}{2\pi} \int_{-\infty}^{+\infty} \widetilde{u}(k_x, z_i, \omega) e^{-i(k_{zi}\Delta z + k_x x)} dk_x \tag{7-34}$$

上式对 ω 再做一次傅里叶反变换

$$u(x, z_i + \Delta z, t) = \frac{1}{2\pi} \int_{-\infty}^{+\infty} \widetilde{u}(x, z_i + \Delta z, \omega) e^{i\omega t} d\omega \tag{7-35}$$

按照爆炸反射界面成像原理，令 $t=0$，得到偏移后的结果

$$u(x, z_i + \Delta z) = \frac{1}{2\pi} \int_{-\infty}^{+\infty} \tilde{u}(x, z_i + \Delta z, \omega) \, d\omega \tag{7-36}$$

上面叙述了从 z_i 到 $z_i+\Delta z$ 的深度间隔之内波场延拓和成像的基本步骤和公式，从式(7-32)可知，只要已知 $\tilde{u}(k_x, z_i, \omega)$ 和 $e^{-ik_{zi}\Delta z}$ 就可以得到下一个深度的波场 $\tilde{u}(k_x, z_i+\Delta z, \omega)$，这一过程是递推进行的，从地面开始一直计算到偏移成像的最大深度。关键问题是用给定的速度函数 $v(z_i)$、延拓间隔 Δz，来计算相移算子 $e^{-ik_{zi}\Delta z}$，因此称为相移法偏移。与 Stolt 偏移相比，相移法偏移能够精确地解决速度垂向变化的偏移问题。

为了使相移法偏移适应速度场的横向变化，Gazdag（1984）提出了相移加插值波场延拓方法，简称 PSPI 方法，近似地实现了速度场纵、横向变化时的偏移处理。

PSPI 方法的基本思想是：在波场向下延拓的每个深度步长 Δz 之内，将波场的延拓分为两步进行，首先用 m 个参考速度 $v_1, v_2, \cdots, v_m$ 将深度 z_i 上的波场延拓到深度 $z_i+\Delta z$ 上，得到 m 个参考波场 $\tilde{u}_1(x, z_i+\Delta z, \omega)$，$\tilde{u}_2(x, z_i+\Delta z, \omega)$，$\cdots$，$\tilde{u}_m(x, z_i+\Delta z, \omega)$。第二步，按照实际偏移速度 $v(x, z)$ 与参考速度 $v_1, v_2, \cdots, v_m$ 的关系，从 m 个参考波场中，用波场插值的方法求出 $z_i+\Delta z$ 上的波场 $\tilde{u}(x, z_i+\Delta z, \omega)$。这种延拓过程一直递推到最大成像深度，得到整个地震记录的偏移结果。

二、克希霍夫积分法偏移（视频 7-5）

克希霍夫积分法偏移是实际地震资料成像处理中经常使用的偏移方法。实现方法上，它类似于射线偏移方法中的绕射扫描叠加，理论上，在一定程度上等价于 f-k 域波动方程偏移。

视频 7-5 克希霍夫积分法偏移

1. 克希霍夫积分法偏移

纵波齐次波动方程积分解为

$$u(x_p, y_p, z_p, t) = -\frac{1}{4\pi} \oiint_Q \left\{ [u] \frac{\partial}{\partial n}\left(\frac{1}{r}\right) - \frac{1}{r}\left[\frac{\partial u}{\partial n}\right] - \frac{1}{vr}\frac{\partial r}{\partial n}\left[\frac{\partial u}{\partial t}\right] \right\} dQ \tag{7-37}$$

式中　Q——扰动区内的闭合曲面；

　　　n——Q 的外法线；

　　　$[\ ]$——延迟位，$[u] = u\left(t - \dfrac{r}{v}\right)$；

　　　r——$p(x_p, y_p, z_p)$ 至 Q 上各点的距离；

　　　$u(x_p, y_p, z_p, t)$——Q 内某点 $p(x_p, y_p, z_p)$ 于 t 时刻的波场函数值。

当 $p(x_p, y_p, z_p)$ 位于 Q 之外时，有

$$0 = \oiint_Q \left\{ [u] \frac{\partial}{\partial n}\left(\frac{1}{r}\right) - \frac{1}{r}\left[\frac{\partial u}{\partial n}\right] - \frac{1}{vr}\frac{\partial r}{\partial n}\left[\frac{\partial u}{\partial t}\right] \right\} dQ \tag{7-38}$$

因为在式（7-37）中出现了 $\dfrac{\partial u}{\partial n}$，使问题的解决遇到了困难，需要想办法消除。

首先选择 Q 由地面 Q_0 和 Q_1 组成，Q_1 为一部分球面，球面半径趋于无穷大。这样 Q_1

的曲面积分对 $p(x_p,y_p,z_p)$ 点波场函数所作的贡献为零，从而式(7-37) 中的 Q 就成为 Q_0。

另外，由于 z 轴方向与外法线方向 n 相反，所以 $\frac{\partial}{\partial n} = -\frac{\partial}{\partial z}$，式(7-37) 可改写为

$$u(x_p,y_p,z_p,t) = \frac{1}{4\pi}\iint_{Q_0}\left\{[u]\frac{\partial}{\partial z}\left(\frac{1}{r}\right) - \frac{1}{r}\left[\frac{\partial u}{\partial z}\right] - \frac{1}{vr}\frac{\partial r}{\partial z}\left[\frac{\partial u}{\partial t}\right]\right\}dQ \qquad (7-39)$$

设 p^* 是 $p(x_p,y_p,z_p)$ 关于 Q_0 的镜像点，它的坐标为 $(x_p,y_p,-z_p)$，由式(7-38) 可得

$$0 = \iint_{Q_0}\left\{[u]\frac{\partial}{\partial z}\left(\frac{1}{r^*}\right) - \frac{1}{r^*}\left[\frac{\partial u}{\partial z}\right] - \frac{1}{vr^*}\frac{\partial r^*}{\partial z}\left[\frac{\partial u}{\partial t}\right]\right\}dQ \qquad (7-40)$$

其中 r^* 是 p^* 至 Q_0 上各点的距离，在 Q_0 上，容易验证

$$r|_{Q_0} = r^*|_{Q_0}, \quad \frac{\partial r}{\partial z}\bigg|_{Q_0} = -\frac{\partial r^*}{\partial z}\bigg|_{Q_0} \qquad (7-41)$$

将式(7-41) 代入式(7-40)，得到

$$0 = \iint_{Q_0}\left\{[u]\frac{\partial}{\partial z}\left(\frac{1}{r}\right) + \frac{1}{r}\left[\frac{\partial u}{\partial z}\right] - \frac{1}{vr}\frac{\partial r}{\partial z}\left[\frac{\partial u}{\partial t}\right]\right\}dQ \qquad (7-42)$$

将式(7-39) 与式(7-42) 相加，得到

$$u(x_p,y_p,z_p,t) = \frac{1}{2\pi}\iint_{Q_0}\left\{[u]\frac{\partial}{\partial z}\left(\frac{1}{r}\right) - \frac{1}{vr}\frac{\partial r}{\partial z}\left[\frac{\partial u}{\partial t}\right]\right\}dQ \qquad (7-43)$$

此式就是半空间上的克希霍夫积分公式，公式中不再出现 $\frac{\partial u}{\partial n}$ 项了。

在远场的情况下，$1/r^2 \ll 1/r$，式(7-43) 近似为

$$u(x_p,y_p,z_p,t) = -\frac{1}{2\pi}\iint_{Q_0}\frac{1}{vr}\frac{\partial r}{\partial z}\frac{\partial}{\partial t}u\left(x,y,0,t-\frac{r}{v}\right)dQ \qquad (7-44)$$

设 r 与界面外法线的夹角为 φ，则

$$\frac{\partial r}{\partial n} = -\frac{\partial r}{\partial z} = \cos\varphi \qquad (7-45)$$

式(7-44) 可改写为

$$u(x_p,y_p,z_p,t) = \frac{1}{2\pi}\frac{\partial}{\partial t}\iint_{Q_0}\cos\varphi\frac{1}{vr}u\left(x,y,0,t-\frac{r}{v}\right)dQ \qquad (7-46)$$

远场情况下，波前面可看作平面，因此，$dr = vdt$，$dz = vdt/\cos\varphi$，则

$$\frac{d}{dt} = \frac{v}{\cos\varphi}\frac{d}{dz} \qquad (7-47)$$

将上式代入式(7-46)，得

$$u(x_p, y_p, z_p, t) = \frac{1}{2\pi} \frac{\partial}{\partial z} \iint_{Q_0} \frac{1}{r} u\left(x, y, 0, t - \frac{r}{v}\right) dQ \quad (7-48)$$

地震资料的偏移处理是获得地震记录的逆过程，现在已经知道地表记录的地震波场，要求确定反射界面作为二次震源的空间位置。

如果 $u(x_p, y_p, z_p, t)$ 满足波动方程，当将 t 改变为 $-t$，$u(x_p, y_p, z_p, -t)$ 仍然满足波动方程，按照爆炸反射界面成像原理，地表记录是反射界面上各点同时激发上行波得到的地表波场，因此可以将地面上的接收点作为二次震源，将地表波场按时间"倒退"到原来状态，寻找反射界面的波场函数，以确定反射界面。从能量的角度来看，就是把界面反射上去、分散在各个记录道上的能量，重新聚集在反射界面上，来显示反射界面的空间位置。

因此，由零炮检距地震记录向下延拓计算地下各点地震波场的克希霍夫积分公式为

$$u(x_p, y_p, z_p, t) = \frac{1}{2\pi} \iint_{Q_0} \left[\frac{\partial}{\partial z}\left(\frac{1}{r}\right) - \frac{1}{vr}\frac{\partial r}{\partial z}\frac{\partial}{\partial t} \right] u\left(x, y, 0, t + \frac{r}{v}\right) dQ \quad (7-49)$$

其中

$$r = \sqrt{(x_p - x)^2 + (y_p - y)^2 + z_p^2}$$

注意式(7-49)中的 $u\left(x, y, 0, t + \frac{r}{v}\right)$ 之所以取 $t + \frac{r}{v}$，是由于偏移是波场传播的逆过程。类似于克希霍夫积分正演公式(7-46)，在远场的情况下，克希霍夫积分法偏移公式为

$$u(x_p, y_p, z_p, t) = \frac{1}{2\pi} \iint_{Q_0} \cos\varphi \frac{1}{vr} \frac{\partial}{\partial t} u\left(x, y, 0, t + \frac{r}{v}\right) dQ \quad (7-50)$$

2. 克希霍夫积分法偏移与绕射扫描叠加偏移的区别

分析式(7-50)可以看出：尽管克希霍夫积分法偏移也是沿绕射双曲线进行能量叠加，但是与射线法偏移存在较大的差别。

(1) 克希霍夫积分法偏移对高频成分的补偿作用。克希霍夫积分法偏移与绕射扫描偏移都涉及沿绕射双曲线进行能量叠加。这种叠加方式与动校正叠加类似，对波形有拉伸作用，使地震记录的频谱向低频移动。因此，克希霍夫积分法偏移与绕射扫描偏移都有低通滤波作用，所不同的是，在克希霍夫积分法中出现了对时间求导的运算，由于频率域的 $i\omega$ 与时间域的 $\partial/\partial t$ 对应，这意味着对时间函数求导相当于在频率域乘上因子 $i\omega$，此因子对高频成分有补偿作用，它与低通滤波性质相反，从而改善了记录的频率特性。

(2) 克希霍夫积分法偏移的保持振幅特性。在式(7-50)中的 $\cos\varphi/r$ 项，是克希霍夫积分法偏移相对于绕射扫描偏移的又一优点。$1/r$ 因子考虑了球面扩散的影响，而 φ 是射线与法线的夹角，引入加权因子 $\cos\varphi$，相当于考虑了射线方向对振幅的影响，当射线成水平方向入射到地表时，其振动的垂直分量几乎为零，这与实际情况一致。这说明，加入了 $\cos\varphi/r$ 项，在一定程度上起到了保持振幅的作用。

3. 克希霍夫积分法偏移与 $f\text{-}k$ 法偏移的等价性

根据单位脉冲函数 $\delta(t)$ 的性质

$$u\left(x,y,z,t-\frac{r}{v}\right) = \int_{-\infty}^{+\infty} u(x,y,z,t_0)\delta\left(t-\frac{r}{v}-t_0\right)dt_0$$

将式(7-48)改写为

$$u(x_p,y_p,z_p,t) = \frac{1}{2\pi}\frac{\partial}{\partial z}\iiint u(x,y,z,t_0)\frac{\delta\left(t-\frac{r}{v}-t_0\right)}{r}dt_0 dxdy$$

$$= \frac{1}{2\pi}\frac{\partial}{\partial z}\iiint u(x,y,z,t_0)\frac{\delta\left(t-t_0-\frac{1}{v}\sqrt{(x_p-x)^2+(y_p-y)^2+(z_p-z)^2}\right)}{\sqrt{(x_p-x)^2+(y_p-y)^2+(z_p-z)^2}}dt_0 dxdy$$

$$(7-51)$$

上式等号右边的三重积分实际上是三维褶积，因此可写为

$$u(x_p,y_p,z_p,t) = \frac{1}{2\pi}\frac{\partial}{\partial z}\left[u(x_p,y_p,z,t) * \frac{\delta\left(t-\frac{r'}{v}\right)}{r'}\right] \quad (7-52)$$

其中
$$r' = \sqrt{x_p^2+y_p^2+(z-z_p)^2}$$

式中，$*$ 代表褶积符号。

再利用两函数褶积求导数的性质

$$\frac{d}{dz}(u*w) = w*\frac{du}{dz} = u*\frac{dw}{dz} \quad (7-53)$$

式(7-52)改写为

$$u(x_p,y_p,z_p,t) = \frac{1}{2\pi}u(x_p,y_p,z,t) * \frac{\partial}{\partial z}\left[\frac{\delta\left(t-\frac{r'}{v}\right)}{r'}\right]$$

$$= u(x_p,y_p,z,t) * h(x_p,y_p,z_p-z,t) \quad (7-54)$$

其中 $h(x_p,y_p,z_p-z,t) = \frac{1}{2\pi}\frac{\partial}{\partial z}\left[\delta\left(t-\frac{r'}{v}\right)/r'\right]$

对 $h(x_p,y_p,z_p-z,t)$ 相对变量 x_p,y_p,t 作三维傅里叶变换

$$\widetilde{H}(k_x,k_y,z_p-z,\omega) = \frac{1}{2\pi}\frac{\partial}{\partial z}\iiint \frac{\delta\left(t-\frac{r'}{v}\right)}{r'}e^{-i(\omega t-k_x x_p-k_y y_p)}dx_p dy_p dt = e^{-ik_z\Delta z} \quad (7-55)$$

其中 $k_z = \sqrt{(\omega/v)^2-k_x^2-k_y^2}$, $\Delta z = z_p-z$

设 $u(x_p,y_p,z_p,t)$ 的三维傅里叶变换为 $\widetilde{u}(k_x,k_y,z_p,\omega)$，对式(7-54)两边作三维傅里叶变换，再考虑到 $z_p=z+\Delta z$，得

$$\widetilde{u}(k_x,k_y,z+\Delta z,\omega) = \widetilde{u}(k_x,k_y,z,\omega)e^{-ik_z\Delta z} \quad (7-56)$$

此式与 f-k 波动方程偏移中使用的延拓公式(7-32)完全一致，由于 k_z 的表达式是精确的，所以克希霍夫偏移对地层倾角没有限制，另外，由式(7-54)可以看出，偏移问题也可以转化为褶积运算来完成。

三、有限差分法波动方程偏移（视频 7-4）

视频 7-4 波动方程偏移

下面讨论利用有限差分法对叠后地震记录进行偏移的问题。为了把上行波方程表示为时间—空间域的表达式，需要将上行波方程表示为某种近似形式，然后在时间—空间域研究其差分方程及其求解问题。

1. 上行波的时间—空间域方程

为了适应介质速度的空间变化，我们要在时间—空间域进行偏移成像。这需要利用某种根式展开在时间—空间域表示上行波方程。

1）二项式展开

在确定上行波时间—空间域的表达式时，需要用到 $(1-X)^{1/2}$ 这样的二项式迭代展开，所谓的迭代展开就是把前一级的展开结果代入下一级的展开式中。设

$$R = (1 - X)^{1/2}$$

则逐次迭代展开式可以表示为（$|X|<1$）

$$R_{n+1} = 1 - \frac{X}{1 + R_n}, \quad R_0 = 1 \tag{7-57}$$

用这种展开法得到的各级展开式如下：

一级展开式

$$R_1 = 1 - \frac{X}{2} \tag{7-58}$$

二级展开式

$$R_2 = 1 - \frac{X}{1 + R_1} = 1 - \frac{\frac{X}{2}}{1 - \frac{X}{4}} \tag{7-59}$$

三级展开式

$$R_3 = 1 - \frac{X}{1 + R_2} = 1 - \frac{\frac{X}{2}}{1 - \frac{\frac{X}{4}}{1 - \frac{X}{4}}} \tag{7-60}$$

2）上行波的时间—空间域方程

前面已经给出了频率—波数域的上行波方程

$$\frac{\partial \widetilde{u}}{\partial z} = -\mathrm{i}\sqrt{\frac{\omega^2}{v^2} - k_x^2}\,\widetilde{u} \qquad (7-61)$$

用迭代展开法展开上行波方程

$$\frac{\partial \widetilde{u}}{\partial z} = -\mathrm{i}\frac{\omega}{v}\left(1 - \frac{k_x^2 v^2}{\omega^2}\right)^{\frac{1}{2}}\widetilde{u}$$

$$= -\mathrm{i}\frac{\omega}{v}\left(1 - \frac{\dfrac{k_x^2 v^2}{\omega^2}}{1 + R_n}\right)\widetilde{u} \qquad (7-62)$$

其中

$$R_n = 1 - \frac{\dfrac{k_x^2 v^2}{\omega^2}}{1 + R_{n-1}},\ R_0 = 1$$

由式(7-62)得到如下的 f-k 域上行波近似方程

一级近似方程

$$\frac{\partial \widetilde{u}}{\partial z} = -\mathrm{i}\frac{\omega}{v}\left(1 - \frac{k_x^2 v^2}{2\omega^2}\right)\widetilde{u} \qquad (7-63)$$

二级近似方程

$$\frac{\partial \widetilde{u}}{\partial z} = -\mathrm{i}\frac{\omega}{v}\left(1 - \frac{2\dfrac{k_x^2 v^2}{\omega^2}}{4 - \dfrac{k_x^2 v^2}{\omega^2}}\right)\widetilde{u} \qquad (7-64)$$

三级近似方程

$$\frac{\partial \widetilde{u}}{\partial z} = -\mathrm{i}\frac{\omega}{v}\left(1 - \frac{\dfrac{1}{2}\dfrac{k_x^2 v^2}{\omega^2} - \dfrac{1}{8}\dfrac{k_x^4 v^4}{\omega^4}}{1 - \dfrac{1}{2}\dfrac{k_x^2 v^2}{\omega^2}}\right)\widetilde{u} \qquad (7-65)$$

现在,将上面 f-k 域的近似方程转换到时间—空间域。

f-k 域一级近似方程式(7-63)可改写为

$$-\mathrm{i}\omega\frac{\partial \widetilde{u}}{\partial z} + \frac{\omega^2}{v}\widetilde{u} - \frac{k_x^2 v}{2}\widetilde{u} = 0 \qquad (7-66)$$

对上式进行傅里叶反变换

$$\frac{\partial}{\partial z}\left[\frac{1}{2\pi}\int_{-\infty}^{+\infty}\int_{-\infty}^{+\infty} -\mathrm{i}\omega\widetilde{u}(k_x,z,\omega)\,\mathrm{e}^{\mathrm{i}(\omega t - k_x x)}\,\mathrm{d}\omega\mathrm{d}k_x\right] +$$

$$\frac{1}{2\pi v}\int_{-\infty}^{+\infty}\int_{-\infty}^{+\infty} -\omega^2\widetilde{u}(k_x,z,\omega)\,\mathrm{e}^{\mathrm{i}(\omega t - k_x x)}\,\mathrm{d}\omega\mathrm{d}k_x -$$

$$\frac{v}{2\pi}\int_{-\infty}^{+\infty}\int_{-\infty}^{+\infty} -k_x^2 \widetilde{u}(k_x,z,\omega)\, \mathrm{e}^{\mathrm{i}(\omega t-k_x x)}\, \mathrm{d}\omega \mathrm{d}k_x = 0 \tag{7-67}$$

根据傅里叶变换的微分性质

$$-\frac{\partial u(x,z,t)}{\partial t} = \frac{1}{2\pi}\int_{-\infty}^{+\infty}\int_{-\infty}^{+\infty} -\mathrm{i}\omega \widetilde{u}(k_x,z,\omega)\, \mathrm{e}^{\mathrm{i}(\omega t-k_x x)}\, \mathrm{d}\omega \mathrm{d}k_x \tag{7-68a}$$

$$\frac{\partial^2 u(x,z,t)}{\partial t^2} = \frac{1}{(2\pi)^2}\int_{-\infty}^{+\infty}\int_{-\infty}^{+\infty} -\omega^2 \widetilde{u}(k_x,z,\omega)\, \mathrm{e}^{\mathrm{i}(\omega t-k_x x)}\, \mathrm{d}\omega \mathrm{d}k_x \tag{7-68b}$$

$$\frac{\partial^2 u(x,z,t)}{\partial x^2} = \frac{1}{(2\pi)^2}\int_{-\infty}^{+\infty}\int_{-\infty}^{+\infty} -k_x^2 \widetilde{u}(k_x,z,\omega)\, \mathrm{e}^{\mathrm{i}(\omega t-k_x x)}\, \mathrm{d}\omega \mathrm{d}k_x \tag{7-68c}$$

把式(7-68)代入式(7-66),得到

$$\frac{\partial^2 u}{\partial z \partial t} = \frac{v}{2}\frac{\partial^2 u}{\partial x^2} - \frac{1}{v}\frac{\partial^2 u}{\partial t^2} \tag{7-69}$$

上式就是时间—空间域一级近似的上行波方程,也称为15°方程。

同理,由式(7-64)得到时间—空间域二级近似的上行波方程

$$\frac{\partial^3 u}{\partial t^2 \partial z} = -\frac{v^2}{4}\frac{\partial^3 u}{\partial x^2 \partial z} - \frac{1}{v}\frac{\partial^3 u}{\partial t^3} + \frac{3v}{4}\frac{\partial^3 u}{\partial x^2 \partial t} \tag{7-70}$$

上式也称为45°上行波方程。

3) 浮动坐标系下的上行波方程

利用下面的浮动坐标系可以进一步简化上行波方程,对二维波动方程

$$\frac{\partial^2 u}{\partial x^2} + \frac{\partial^2 u}{\partial z^2} = \frac{1}{v^2}\frac{\partial^2 u}{\partial t^2} \tag{7-71}$$

进行如下的坐标变换

$$x' = x$$
$$z' = z$$
$$t' = t + \frac{z}{v} \tag{7-72}$$

坐标变换前后波场本身不变,即

$$u(x,z,t) = \hat{u}(x',z',t') \tag{7-73}$$

由式(7-72)和式(7-73),用复合函数求导得到

$$\frac{\partial^2 u}{\partial x^2} = \frac{\partial^2 \hat{u}}{\partial x'^2} \tag{7-74a}$$

$$\frac{\partial^2 u}{\partial z^2} = \frac{\partial^2 \hat{u}}{\partial z'^2} + \frac{2}{v}\frac{\partial^2 \hat{u}}{\partial z' \partial t'} + \frac{1}{v^2}\frac{\partial^2 \hat{u}}{\partial t'^2} \tag{7-74b}$$

$$\frac{\partial^2 u}{\partial t^2} = \frac{\partial^2 \hat{u}}{\partial t'^2} \tag{7-74c}$$

将上面各式代入式(7-71)，得到新的浮动坐标系下的波动方程

$$\frac{\partial^2 \hat{u}}{\partial x'^2} + \frac{2}{v}\frac{\partial^2 \hat{u}}{\partial z'\partial t'} + \frac{\partial^2 \hat{u}}{\partial z'^2} = 0 \tag{7-75}$$

将上式表示为频率—波数域形式

$$-k_x^2 \widetilde{u} + \mathrm{i}\frac{2\omega}{v}\frac{\partial \widetilde{u}}{\partial z'} + \frac{\partial^2 \widetilde{u}}{\partial z'^2} = 0 \tag{7-76}$$

进一步改写为

$$\left(\frac{\partial}{\partial z'} + \mathrm{i}\frac{\omega}{v}\right)^2 \widetilde{u} = -\left(\frac{\omega^2}{v^2} - k_x^2\right)\widetilde{u} \tag{7-77}$$

从上式得到下面的关系式

$$\frac{\partial}{\partial z'} + \mathrm{i}\frac{\omega}{v} = \frac{\partial}{\partial z} \tag{7-78}$$

它表示坐标变换前后的算子关系，因此上行波方程可以表示为

$$\left(\frac{\partial}{\partial z'} + \mathrm{i}\frac{\omega}{v}\right)\widetilde{u} = \mathrm{i}\left(\frac{\omega^2}{v^2} - k_x^2\right)^{\frac{1}{2}}\widetilde{u} \tag{7-79}$$

上式右端可展开为各阶近似式，得到浮动坐标系下，$f\text{-}k$ 域上行波各级近似方程：
一级近似式

$$\frac{\partial \widetilde{u}}{\partial z'} = \mathrm{i}\left(\frac{v}{2}\frac{k_x^2}{\omega}\right)\widetilde{u} \tag{7-80}$$

二级近似式

$$\frac{\partial \widetilde{u}}{\partial z'} = \frac{\mathrm{i}}{2}\left(\frac{\dfrac{vk_x^2}{\omega}}{1 - \dfrac{v^2 k_x^2}{4\omega^2}}\right)\widetilde{u} \tag{7-81}$$

利用傅里叶变换的微分性质可以得到浮动坐标系下，时间—空间域上行波各级近似方程。
由式(7-80)得到浮动坐标系下15°上行波方程（一级近似式）

$$\frac{\partial^2 \hat{u}}{\partial z'\partial t'} - \frac{v}{2}\frac{\partial^2 \hat{u}}{\partial x'^2} = 0 \tag{7-82}$$

与式(7-69)相比，减少了一项，从而减少了计算时间，保持了计算的稳定性。
由式(7-81)得到浮动坐标系下45°上行波方程（二级近似式）

$$\frac{\partial^3 \hat{u}}{\partial t'^2 \partial z'} - \frac{v^2}{4} \frac{\partial^3 \hat{u}}{\partial x'^2 \partial z'} - \frac{v}{2} \frac{\partial^3 \hat{u}}{\partial x'^2 \partial t'} = 0 \tag{7-83}$$

与式(7-70)相比，减少了一项，这也减少了计算工作量，保持了计算的稳定性。

2. 有限差分法波动方程偏移的实现

上面给出了浮动坐标系下上行波的各级近似方程，下面以浮动坐标系下15°上行波方程式(7-82)为例，讨论有限差分偏移的具体解法。式(7-82)中去掉 $\hat{u}$ 上面的"^"和 x，z 和 t 的上标"'"，并以 $v/2$ 代替 v 之后，可重新写成

$$\frac{\partial^2 u}{\partial z \partial t} - \frac{v}{4} \frac{\partial^2 u}{\partial x^2} = 0 \tag{7-84}$$

习惯上，偏移结果在时间域 τ 显示，而不在深度域 z 显示

$$\tau = \frac{2z}{v} \tag{7-85}$$

在 (x, τ, t) 坐标系下，方程式(7-84)改写为

$$\frac{\partial^2 u}{\partial \tau \partial t} = \frac{v^2}{8} \frac{\partial^2 u}{\partial x^2} \tag{7-86}$$

为求解这个方程，还需要下面的定解条件：

(1) 测线两端外侧的波场为零，即

$$u(x, \tau, t) = 0, \ x > x_{\max} \text{ 和 } x < x_{\min}$$

(2) 地震记录最大时间之外的波场为零，即

$$u(x, \tau, t) = 0, \ t > t_{\max}$$

(3) 地面观测的地震记录是给定的边界条件，即

$$u(x, \tau, t) |_{\tau=0} = u(x, 0, t)$$

(4) 当 $t=\tau$ 时的波场函数 $u(x, \tau, \tau)$ 所组成的剖面就是偏移后的输出剖面。

为了求得微分方程式(7-86)的数值解，用差分方程近似微分方程，由于在微分方程式(7-86)中包含波场函数对 x 坐标的二阶偏导数项 $\partial^2/\partial x^2$ 和对 τ、t 的二阶混合偏导数项 $\partial^2/\partial \tau \partial t$，因此采用如图7-10所示的12点差分格式，可得

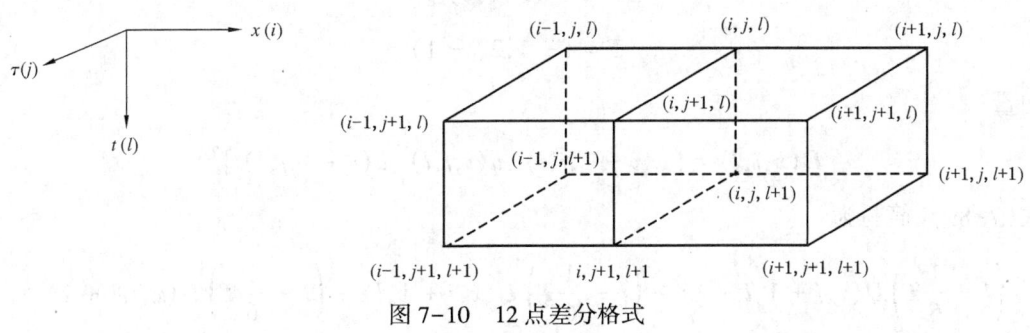

图7-10　12点差分格式

$$\frac{\partial^2 u}{\partial x^2} = \frac{1}{4\Delta x^2}\{[u(i-1,j,l) - 2u(i,j,l) + u(i+1,j,l)] + [u(i-1,j+1,l) -$$

$$2u(i,j+1,l) + u(i+1,j+1,l)] + [u(i-1,j,l+1) - 2u(i,j,l+1) +$$

$$u(i+1,j,l+1)] + [u(i-1,j+1,l+1) - 2u(i,j+1,l+1) +$$

$$u(i+1,j+1,l+1)]\} \tag{7-87}$$

$$\frac{\partial^2 u}{\partial \tau \partial t} = \frac{1}{\Delta \tau \Delta t}\left\{\frac{1}{6}[u(i-1,j+1,l+1) - u(i-1,j+1,l)] - \frac{1}{6}[u(i-1,j,l+1) -\right.$$

$$u(i-1,j,l)] + \frac{2}{3}[u(i,j+1,l+1) - u(i,j+1,l)] - \frac{2}{3}[u(i,j,l+1) -$$

$$u(i,j,l)] + \frac{1}{6}[u(i+1,j+1,l+1) - u(i+1,j+1,l)] -$$

$$\left.\frac{1}{6}[u(i+1,j,l+1) - u(i+1,j,l)]\right\} \tag{7-88}$$

将式(7-87) 和式(7-88) 代入式(7-86)，得到

$$\frac{1}{6}[u(i-1,j+1,l+1) - u(i-1,j+1,l)] - \frac{1}{6}[u(i-1,j,l+1) - u(i-1,j,l)] +$$

$$\frac{2}{3}[u(i,j+1,l+1) - u(i,j+1,l)] - \frac{2}{3}[u(i,j,l+1) - u(i,j,l)] +$$

$$\frac{1}{6}[u(i+1,j+1,l+1) - u(i+1,j+1,l)] - \frac{1}{6}[u(i+1,j,l+1) - u(i+1,j,l)]$$

$$= \frac{v^2 \Delta\tau\Delta t}{32\Delta x^2}\{[u(i-1,j,l) - 2u(i,j,l) + u(i+1,j,l)] + [u(i-1,j+1,l) -$$

$$2u(i,j+1,l) + u(i+1,j+1,l)] + [u(i-1,j,l+1) - 2u(i,j,l+1) +$$

$$u(i+1,j,l+1)] + [u(i-1,j+1,l+1) - 2u(i,j+1,l+1) +$$

$$u(i+1,j+1,l+1)]\} \tag{7-89}$$

定义向量 $\boldsymbol{I}$、$\boldsymbol{T}$ 为

$$\boldsymbol{I} = (0,1,0)$$

$$\boldsymbol{T} = (-1,2,-1)$$

令向量

$$\boldsymbol{U}(x,j,l) = [u(i-1,j,l), u(i,j,l), u(i+1,j,l)]^\mathrm{T}$$

则式(7-89) 简写为

$$\left(\boldsymbol{I} - \frac{1}{6}\boldsymbol{T}\right)\boldsymbol{U}(x,j+1,l+1) - \left(\boldsymbol{I} - \frac{1}{6}\boldsymbol{T}\right)\boldsymbol{U}(x,j+1,l) - \left(\boldsymbol{I} - \frac{1}{6}\boldsymbol{T}\right)\boldsymbol{U}(x,j,l+1) +$$

$$\left(I - \frac{1}{6}T\right)U(x,j,l) = \frac{-v^2\Delta\tau\Delta t}{32\Delta x^2}T[U(x,j+1,l+1) +$$

$$U(x,j+1,l) + U(x,j,l+1) + U(x,j,l)] \tag{7-90}$$

又令

$$\alpha = \frac{-v^2\Delta\tau\Delta t}{32\Delta x^2}, \beta = \frac{1}{6}$$

则式（7-90）写成如下形式

$$[I - (\alpha+\beta)T]U(x,j+1,l+1) - [I - (\alpha-\beta)T]U(x,j,l+1) +$$

$$[I - (\alpha+\beta)T]U(x,j,l) = [I + (\alpha-\beta)T]U(x,j+1,l) \tag{7-91}$$

因此，有

$$U(x,j+1,l) = \frac{I-(\alpha+\beta)T}{I+(\alpha-\beta)T}[U(x,j+1,l+1) + U(x,j,l)] - U(x,j,l+1) \tag{7-92}$$

这就是微分方程（7-86）的隐式差分表达式。

差分方程有不同的解法，下面采用追赶法求解式（7-92）。

方程（7-92）右端第一项的系数 $\frac{I-(\alpha+\beta)T}{I+(\alpha-\beta)T}$ 是对 x 轴的褶积因子，其中分子看作褶积因子，分母看作反褶积因子。为了利用递归法求出褶积因子，用 Z 变换处理该方程。

设

$$h = \frac{I-(\alpha+\beta)T}{I+(\alpha-\beta)T}$$

其分子为

$$I - (\alpha+\beta)T = [(\alpha+\beta), 1-2(\alpha+\beta), (\alpha+\beta)]$$

分母为

$$I + (\alpha-\beta)T = [-(\alpha-\beta), 1+2(\alpha-\beta), -(\alpha-\beta)]$$

分子的 Z 变换为

$$H_1(z) = (\alpha+\beta) + [1-2(\alpha+\beta)]z + (\alpha+\beta)z^2$$

分母的 Z 变换为

$$H_2(z) = -(\alpha-\beta) + [1+2(\alpha-\beta)]z - (\alpha-\beta)z^2$$

$$= (1-rz)(z-r)\frac{\alpha-\beta}{r}$$

上式是 Z 的二次多项式，它有两个根 r_1 和 r_2，且 $r_1 \cdot r_2 = 1$。设其中模小于 1 的根为 r，则

$$H(z) = \frac{H_1(z)}{H_2(z)} = \frac{(\alpha+\beta) + [1-2(\alpha+\beta)]z + (\alpha+\beta)z^2}{-(\alpha-\beta) + [1+2(\alpha-\beta)]z - (\alpha-\beta)z^2}$$

$$= \frac{\{(\alpha+\beta) + [1-2(\alpha+\beta)]z + (\alpha+\beta)z^2\} \cdot \dfrac{r}{\alpha-\beta}}{(1-rz)(z-r)} \tag{7-93}$$

将式(7-92) 右端第一项写成 Z 变换形式

$$S(z) = H(z) \cdot [U(x,j+1,l+1) + U(x,j,l)]$$

$$= \frac{\{(\alpha+\beta) + [1-2(\alpha+\beta)]z + (\alpha+\beta)z^2\} \cdot \dfrac{r}{\alpha-\beta}}{(1-rz)(z-r)} \cdot$$

$$[U(x,j+1,l+1) + U(x,j,l)] \tag{7-94}$$

令

$$F(z) = \{(\alpha+\beta) + [1-2(\alpha+\beta)]z + (\alpha+\beta)z^2\} \cdot$$

$$\frac{r}{\alpha-\beta} \cdot [U(x,j+1,l+1) + U(x,j,l)] \tag{7-95}$$

$$R(z) = \frac{F(z)}{1-rz} \tag{7-96}$$

则

$$S(z) = \frac{F(z)}{z-r} \tag{7-97}$$

从式(7-96) 可知

$$F(z) = R(z) - rR(z) \cdot z \tag{7-98}$$

将上式写成离散值的递推形式

$$R_i = F_i + rR_{i-1} \quad (i=1,2,\cdots,N) \tag{7-99}$$

同样，把式(7-97) 写成离散值的递推形式

$$S_{i-1} = R_i + rS_i \quad (i=N, N-1, \cdots, 2, 1) \tag{7-100}$$

这样，求解方程的过程可归结为：

第一步：对 $U(x,j+1,l+1) + U(x,j,l)$ 在 x 轴上用下列因子

$$W = \left(\frac{\alpha+\beta}{\alpha-\beta}r, \frac{1-2(\alpha+\beta)}{\alpha-\beta}r, \frac{\alpha+\beta}{\alpha-\beta}r\right) \tag{7-101}$$

进行褶积，令其结果为 F_i。

第二步：将第一步结果用式(7-99) 进行递归运算，即用因子 $(r,1)$ 从左向右进行递归褶积，其结果为

$$R_0 = F_0$$
$$R_1 = F_1 + rR_0$$
$$R_2 = F_2 + rR_1$$
$$\vdots$$
$$R_N = F_N + rR_{N-1}$$

第三步：将第二步的结果用式(7-100)进行递归运算，即用因子$(1,r)$从右向左进行递归褶积，将其结果记为

$$S_{N-1} = R_N + rS_N$$
$$S_{N-2} = R_{N-1} + rS_{N-1}$$
$$\vdots$$
$$S_0 = R_1 + rS_1$$

第四步：从第三步的结果S_i中，对应地减去$U(x,j,l+1)$的值，就得到下一个深度的波场$U(x,j+1,l)$。

在波场延拓的过程中，对于某一个τ值，t从t_{max}开始向t减小的方向进行，一直计算到$t=\tau$为止。$t=\tau$时刻的波场$U(x,\tau,\tau)$就是该深度上的成像波场值。然后τ增加一个步长$\Delta\tau$。依此类推，可得到各深度上的成像波场值。如图7-11所示，A表示地面观测的叠加剖面，由A先计算下一个深度上的波场值B，再由B计算下一个深度的波场值C，依此类推。由所有$t=\tau$的点构成我们所需要的偏移剖面。

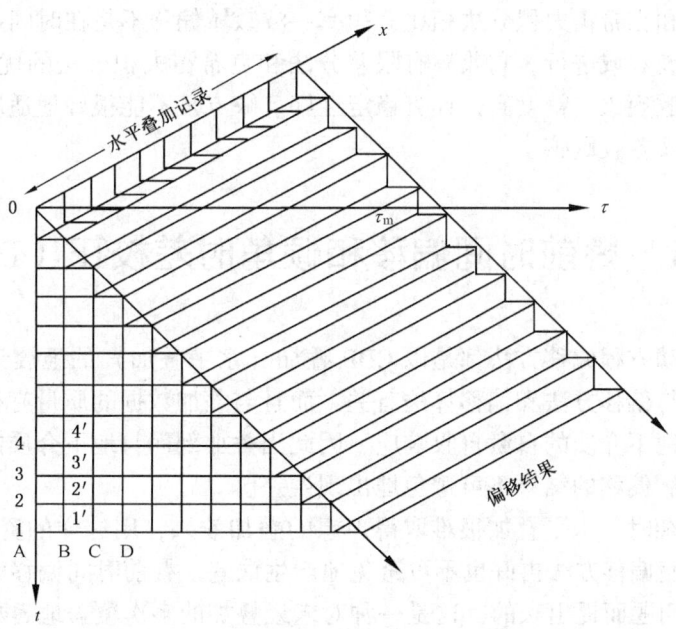

图7-11 偏移结果的取值位置图

当延拓步长$\Delta\tau$和地震记录的采样间隔Δt相等时，由图7-11的几何关系看出，偏移剖面就是图中45°对角线上的值。但是，实际处理时$\Delta\tau$值不一定等于Δt值，可以根据界面倾

角的大小决定 $\Delta\tau$，当倾角较大时，$\Delta\tau$ 取值小一些；当倾角较小时，$\Delta\tau$ 取值大一些，以提高计算效率。这时，对于 $\tau<t<\tau+\Delta\tau$ 之间的偏移值，可以利用 $U(x,j,l)$ 和 $U(x,j+1,l)$ 的值，用线性插值求得。

四、三种叠后偏移方法的比较

前面给出了三类主要的叠后波动方程偏移方法，下面对各种方法的优缺点和适用条件进行讨论。

有限差分波动方程偏移是求解近似波动方程的一种数值解法。近似解能否收敛于真解，与差分网格的划分和延拓步长的选择有很大关系，特别当地层倾角较大、构造复杂时，网格剖分直接影响着近似解的精度，一般而言，网格剖分越细，精度越高，相应的计算量越大。另外，所采用的近似波动方程的级数越高，求解的精度越高，但是，用有限差分法求解高阶偏微分方程存在着不少实际困难。

与其他两种偏移方法相比，有限差分法在理论和实际应用上都比较成熟，输出偏移剖面噪声小，由于采用递推算法，在形式上能处理速度的纵、横向变化。缺点是受反射界面倾角的限制，当倾角较大时，产生频散现象，使波形畸变，另外，它要求等间隔剖分网格。

克希霍夫积分法偏移建立在物理地震学的基础上，它利用克希霍夫绕射积分公式把分散在地表各地震道上来自同一绕射点的能量收敛到一起，置于地下相应的物理绕射点上。该方法能适用于任意倾角的反射界面，对剖分网格要求较灵活。缺点是难于处理横向速度变化，偏移噪声大，"划弧"现象严重，确定偏移参数较困难，有效孔径的选择对偏移剖面的质量影响较大。

与有限差分法和克希霍夫积分法相比，频率—波数域偏移不是在时间—空间域，而是在与之对应的频率—波数域进行。它兼有有限差分法和克希霍夫积分法的优点，计算效率高，无倾角限制，无频散现象，精度高，计算稳定性好。缺点是不能很好地适应横向速度剧烈变化的情况，对速度误差较敏感。

第五节　叠前时间偏移和倾角时差校正（DMO）

前面讨论的波动方程偏移方法都是以 CDP 叠加（水平叠加）的地震记录为基础的，因此偏移的质量不仅与偏移方法和偏移算法有关，而且与叠加数据的质量有很大关系。叠后偏移假设叠加剖面是地下介质的自激自收响应，因此当叠加剖面与地下介质的自激自收响应之间存在偏差时，叠后偏移的结果不可避免地出现误差。

当地下构造复杂时，水平叠加很难取得理想的叠加效果，用这样的资料进行叠后偏移，即使偏移方法再好也不可避免地产生误差。叠前时间偏移就是为了克服上面的问题而提出来的，这是一种对未经叠加的多次覆盖地震数据直接进行偏移处理的方法，这类方法直接对共炮点道集或共中心点道集进行偏移处理，然后进行叠加，因此称为叠前偏移，即先偏移后叠加（视频7-6）。

视频 7-6
叠前偏移

叠前偏移直接对道集进行处理，数据量大，周期长，成本高。作为叠前时间偏移的一种替代方法，倾角时差校正（DMO）技术在改善复杂构造叠加剖面质量方面发挥了重要作用。对地震数据首先进行正常时差校正（NMO），然后进行 DMO 叠加，再对 DMO 叠加数据进行叠后偏移，这样的处理流程在一定程度上等价于叠前时间偏移处理，也称之为等效叠前偏移。这种处理方式在一定程度上达到了叠前偏移的效果，但是，与叠前偏移相比，运算量大幅减少。它是成本与精度之间的一种折中，在工业界取得了普遍应用。

一、射线理论叠前时间偏移

假设介质的速度为常速 v，S 点激发，G 点接收，炮检距为 $2h$，则地震记录 t 时刻记录的脉冲信号对应的叠前偏移脉冲响应为以 vt 为定长、长半轴为 $a = vt/2$、短半轴为 $b = \sqrt{a^2 - h^2}$ 的椭圆（图 7-12），椭圆方程为

$$\frac{(x - x_m)^2}{a^2} + \frac{z^2}{b^2} = 1 \qquad (7-102)$$

其中 x_m——中点坐标。

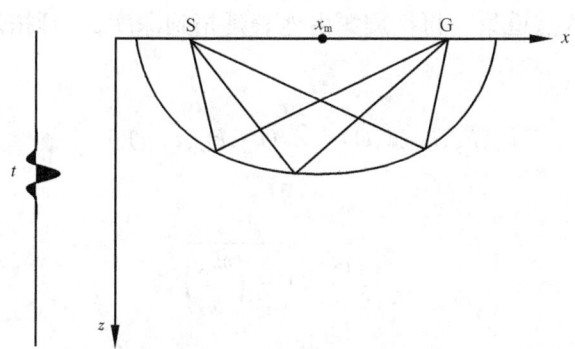

图 7-12 脉冲信号及其所对应的偏移脉冲响应

叠前射线偏移可在共炮检距道集、共中心点道集或共炮点道集上进行，现在以共炮点道集为例说明叠前射线偏移的实现过程。任取某记录道的一个采样值 a，它是记录时间 t 和炮检距 h 的函数，记为 $a(h_i, t_j)$ 或 a_{ij}，它的叠前偏移脉冲响应为一个椭圆，按照式(7-102)，在输出剖面上确定炮点 S、接收点 $G_i = S + h_i$ 的位置，以 S 和 G_i 为焦点，以 $vt_j/2$ 为定长计算椭圆轨迹，将振幅值 a_{ij} 沿椭圆轨迹布放，即完成了一个样点的叠前偏移处理。对记录上的所有样点重复上面的步骤，并将落在同一网格点上的振幅值叠加。图 7-13 显示了一个反射同相轴的叠前偏移处理过程，图中不同接收点地震道所对应的椭圆簇包络线就是地下反射界面的真实位置。

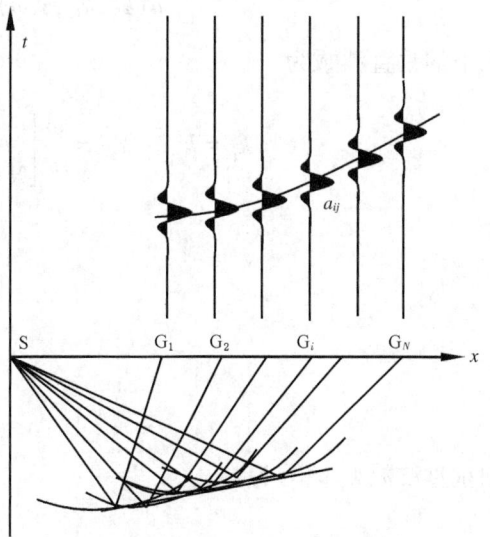

图 7-13 共炮点道集叠前射线偏移示意图

二、叠前波场延拓和双平方根算子

将叠后地震记录看作自激自收地震记录,炮点到反射点的路径和检波点到反射点的路径重合,可以利用爆炸反射界面成像原理实现叠后记录的延拓和成像。但是对于叠前地震记录而言,炮点到反射点和检波点到反射点的路径不再是相同的路径,无法使用爆炸反射界面原理进行波场延拓。需要对炮点波场和检波点波场交替延拓,由某一深度的叠前波场得到另一深度的叠前波场。

在共炮点道集中,检波点由地表延拓到深度 z 的外推公式在频率—波数域表示为

$$\widetilde{u}_S(k_S, k_G, z, \omega) = \widetilde{u}(k_S, k_G, 0, \omega) \, \mathrm{e}^{-\mathrm{i}k_{z_1}z} \tag{7-103}$$

式中 k_S, k_G——炮点 x_S 和检波点 x_G 所对应的波数;
ω——时间 t 所对应的圆频率。

$$k_{z_1} = \frac{\omega}{v}\sqrt{1-\left(\frac{vk_G}{\omega}\right)^2} \tag{7-104}$$

将波场 $\widetilde{u}_S$ 分选为共接收点道集,再把震源由地表延拓到深度 z,延拓过程在频率—波数域表示为

$$\widetilde{u}_G(k_S, k_G, z, \omega) = \widetilde{u}_S(k_S, k_G, z, \omega) \, \mathrm{e}^{-\mathrm{i}k_{z_2}z} \tag{7-105}$$

其中

$$k_{z_2} = \frac{\omega}{v}\sqrt{1-\left(\frac{vk_S}{\omega}\right)^2} \tag{7-106}$$

两次外推后在深度 z 的波场为

$$\widetilde{u}(k_S, k_G, z, \omega) = \widetilde{u}(k_S, k_G, 0, \omega) \, \mathrm{e}^{-\mathrm{i}k_z z} \tag{7-107}$$

式中的垂直波数为

$$k_z = k_{z_1} + k_{z_2} = \frac{\omega}{v}\left[\sqrt{1-\left(\frac{vk_G}{\omega}\right)^2} + \sqrt{1-\left(\frac{vk_S}{\omega}\right)^2}\right] \tag{7-108}$$

令

$$G = \frac{\omega}{v}k_G \tag{7-109a}$$

$$S = \frac{\omega}{v}k_S \tag{7-109b}$$

则垂直波数 k_z 改写为

$$k_z = k_{z_1} + k_{z_2} = \frac{\omega}{v}\left(\sqrt{1-G^2} + \sqrt{1-S^2}\right) = \frac{\omega}{v}DSR(G,S) \tag{7-110}$$

将上式代入式(7-107)，得

$$\tilde{u}(k_S, k_G, z, \omega) = \tilde{u}(k_S, k_G, 0, \omega)\, e^{-i\frac{\omega}{v}DSR(G,S)z} \tag{7-111}$$

这就是双平方根方程

$$\frac{\partial}{\partial z}\tilde{u}(k_G, k_S, z, \omega) = -i\frac{\omega}{v}DSR(G,S)\,\tilde{u}(k_S, k_G, z, \omega) \tag{7-112}$$

的解。其中

$$DSR(G,S) = \sqrt{1-G^2} + \sqrt{1-S^2} \tag{7-113}$$

称为双平方根算子。

现在求取以中点 y 和半炮检距 h 为坐标系 (y,h) 的双平方根算子。炮点坐标和检波点坐标 (x_S, x_G) 与 (y,h) 的关系为

$$\begin{bmatrix} y \\ h \end{bmatrix} = \frac{1}{2}\begin{bmatrix} x_G + x_S \\ x_G - x_S \end{bmatrix} \tag{7-114}$$

坐标变换时波场不变，即

$$u(x_S, x_G, z, t) = u(y, h, z, t) \tag{7-115}$$

因此，利用复合函数求导，存在下列的导数关系

$$\frac{\partial u}{\partial x_S} = \frac{\partial u}{\partial y}\frac{\partial y}{\partial x_S} + \frac{\partial u}{\partial h}\frac{\partial h}{\partial x_S} \tag{7-116a}$$

$$\frac{\partial u}{\partial x_G} = \frac{\partial u}{\partial y}\frac{\partial y}{\partial x_G} + \frac{\partial u}{\partial h}\frac{\partial h}{\partial x_G} \tag{7-116b}$$

利用上面各式，得到

$$\begin{bmatrix} k_G \\ k_S \end{bmatrix} = \frac{1}{2}\begin{bmatrix} k_y + k_h \\ k_y - k_h \end{bmatrix} \tag{7-117}$$

进一步得到

$$\begin{bmatrix} G \\ S \end{bmatrix} = \begin{bmatrix} Y + H \\ Y - H \end{bmatrix} \tag{7-118}$$

式中

$$\begin{bmatrix} Y \\ H \end{bmatrix} = \frac{v}{2\omega}\begin{bmatrix} k_y \\ k_h \end{bmatrix} \tag{7-119}$$

把式(7-118)式代入式(7-113)，就得到中点—炮检距空间 (y,h) 的双平方根算子

$$DSR(Y,H) = \sqrt{1-(Y+H)^2} + \sqrt{1-(Y-H)^2} \tag{7-120}$$

三、f-k 域波动方程叠前偏移

设地表记录的二维地震波场为 $u(y,h,0,t)$，其中 y 是炮检距中点坐标，h 为半炮检距，则波场的三维傅里叶变换表示为

$$\widetilde{u}(k_y,k_h,0,\omega) = \iiint u(y,h,0,t)\,\mathrm{e}^{-\mathrm{i}(\omega t - k_y y - k_h h)}\,\mathrm{d}y\mathrm{d}h\mathrm{d}t \tag{7-121}$$

式中　k_y，k_h——中点 y 和炮检距 h 所对应的波数；

　　　ω——时间 t 所对应的圆频率。

假设速度场无横向变化，利用地表波场的延拓，可以得到深度 z 的波场

$$\widetilde{u}(k_y,k_h,z,\omega) = \widetilde{u}(k_y,k_h,0,\omega)\,\mathrm{e}^{-\mathrm{i}k_z z} \tag{7-122}$$

其中

$$k_z = \frac{\omega}{v}DSR(Y,H) \tag{7-123}$$

式中　k_z——垂向圆波数。

对式(7-122) 做傅里叶反变换

$$u(y,h,z,t) = \frac{1}{(2\pi)^3}\iiint \widetilde{u}(k_y,k_h,0,\omega)\,\mathrm{e}^{-\mathrm{i}k_z z}\mathrm{e}^{\mathrm{i}(\omega t - k_y y - k_h h)}\,\mathrm{d}k_y\mathrm{d}k_h\mathrm{d}\omega \tag{7-124}$$

令 $t=0$，则不同炮检距的成像结果表示为

$$u(y,h,z,t=0) = \frac{1}{(2\pi)^3}\iiint \widetilde{u}(k_y,k_h,0,\omega)\,\mathrm{e}^{-\mathrm{i}(k_z z + k_y y + k_h h)}\,\mathrm{d}k_y\mathrm{d}k_h\mathrm{d}\omega \tag{7-125}$$

这是 f-k 域相移法叠前偏移的基本公式。

现在考虑速度 v 为常速的特殊情况，并推导常速 Stolt 叠前时间偏移的基本公式。

由式(7-123) 得到

$$\frac{vk_z}{\omega} = \sqrt{1-(Y+H)^2} + \sqrt{1-(Y-H)^2} \tag{7-126}$$

上式两边平方后化简，有

$$\frac{v^2 k_z^2}{2\omega^2} - (1 - Y^2 - H^2) = \sqrt{1 - 2Y^2 - 2H^2 + Y^4 - 2Y^2 H^2 + H^4} \tag{7-127}$$

令

$$K = \frac{v^2 k_z^2}{2\omega^2} \tag{7-128}$$

式(7-127) 两边平方之后整理，有

$$2K^2 = (K^2 + 2Y^2)(K^2 + 2H^2) \tag{7-129}$$

将式(7-119) 和式(7-128) 代入上式，得到叠前波场延拓的频散关系式

$$\omega = \frac{v}{2k_z}\sqrt{(k_z^2 + k_y^2)(k_z^2 + k_h^2)} \quad (7-130)$$

上式两边微分，得到

$$d\omega = \frac{v}{2}\frac{k_z^2 - k_y^2 k_h^2}{\sqrt{(k_z^2 + k_y^2)(k_z^2 + k_h^2)}}dk_z \quad (7-131)$$

将式(7-130) 和式(7-131) 代入式(7-125)，得到

$$u(y,h,z,t=0) = \frac{1}{(2\pi)^3}\iiint \left[\frac{v}{2}\frac{k_z^2 - k_y^2 k_h^2}{\sqrt{(k_z^2 + k_y^2)(k_z^2 + k_h^2)}}\right] \times$$

$$\tilde{u}\left[k_y, k_h, 0, \frac{v}{2k_z}\sqrt{(k_z^2 + k_y^2)(k_z^2 + k_h^2)}\right] e^{-i(k_y y + k_h h + k_z z)} dk_y dk_h dk_z$$

$$(7-132)$$

令 $h=0$，得到零炮检距的成像结果

$$u(y, h=0, z, t=0) = \frac{1}{(2\pi)^3}\iiint \left[\frac{v}{2}\frac{k_z^2 - k_y^2 k_h^2}{\sqrt{(k_z^2 + k_y^2)(k_z^2 + k_h^2)}}\right] \times$$

$$\tilde{u}\left[k_y, k_h, 0, \frac{v}{2k_z}\sqrt{(k_z^2 + k_y^2)(k_z^2 + k_h^2)}\right] e^{-i(k_y y + k_z z)} dk_y dk_h dk_z$$

$$(7-133)$$

这就是常速叠前 Stolt 偏移的基本公式。

可以看出，Stolt 偏移首先利用式(7-130) 将 ω 映射为 k_z，然后再乘上一个因子 S

$$S = \frac{v}{2}\frac{k_z^2 - k_y^2 k_h^2}{\sqrt{(k_z^2 + k_y^2)(k_z^2 + k_h^2)}} \quad (7-134)$$

这样，由地表波场 $\tilde{u}[k_y, k_h, 0, \omega]$ 得到函数 $\tilde{p}(k_y, k_h, k_z, t=0)$

$$\tilde{p}(k_y, k_h, k_z, t=0) = \left[\frac{v}{2}\frac{k_z^2 - k_y^2 k_h^2}{\sqrt{(k_z^2 + k_y^2)(k_z^2 + k_h^2)}}\right] \times$$

$$\tilde{u}\left[k_y, k_h, 0, \omega = \frac{v}{2k_z}\sqrt{(k_z^2 + k_y^2)(k_z^2 + k_h^2)}\right] \quad (7-135)$$

再利用下式完成叠前成像

$$u(y, h=0, z, t=0) = \frac{1}{(2\pi)^3}\iiint \tilde{p}(k_y, k_h, k_z, t=0) e^{-i(k_y y + k_z z)} dk_y dk_h dk_z \quad (7-136)$$

其具体实现步骤概括为：

（1）已知地表波场 $u(y,h,z=0,t)$，完成地表波场的三维傅里叶变换，得到

$\tilde{u}(k_y, k_h, z=0, \omega)$；

（2）利用式（7-135）完成 $\tilde{u}(k_y, k_h, z=0, \omega)$ 到 $\tilde{p}(k_y, k_h, k_z, t=0)$ 的映射和转换；

（3）对炮检距波数 k_h 求和，获得 (k_y, k_z) 域的成像结果 $\tilde{p}(k_y, h=0, k_z)$；

（4）对 $\tilde{p}(k_y, h=0, k_z)$ 做二维傅里叶反变换，得到最终的成像结果 $u(y, z)$。

四、共炮点记录的叠前偏移

共炮点地震记录是最常见的叠前地震记录，由于炮点至各个检波点的炮检距各不相同，波由炮点传播到反射界面的下行波路径和由反射界面到地面各个接收点的上行波路径互不相同，因此共炮点地震记录的偏移属于典型的叠前偏移。

本章第三节讨论的时间一致性成像原理可以用作共炮点记录叠前成像，其主要步骤概括为：

（1）用下行波的单平方根方程，将震源函数 $S(x, z=0, t)$ 延拓到地下任意深度 z

$$\frac{\partial S}{\partial z} = \frac{\mathrm{i}\omega}{v} \sqrt{1 - \left(\frac{v k_x}{\omega}\right)^2} S \tag{7-137}$$

（2）用上行波的单平方根方程，将地表共炮点记录 $G(x, z=0, t)$ 向下延拓到相同的深度 z

$$\frac{\partial G}{\partial z} = -\frac{\mathrm{i}\omega}{v} \sqrt{1 - \left(\frac{v k_x}{\omega}\right)^2} G \tag{7-138}$$

（3）定义反射系数 $D(x, z)$ 为 $S(x, z, t)$ 与 $G(x, z, t)$ 的零延迟互相关函数，即

$$D(x, z) = \int S(x, z, \tau) G(x, z, \tau) \mathrm{d}\tau \tag{7-139}$$

$D(x, z)$ 即为一个共炮点道集的叠前偏移结果。

一条测线有许多共炮点记录，对各个共炮点记录进行偏移处理之后，再把它们叠加起来，就完成了整体测线的叠前偏移。

五、倾角时差校正（DMO）

水平叠加是建立在水平层状介质模型之上的，当地层具有倾角时，CMP 道集数据不对应地下界面同一反射点上的信息，动校正叠加后也不能形成真正的零炮检距记录；另一方面，当一个地震记录上同时接收到倾角不同的两个界面的反射信息时，由于动校正速度与倾角有关，而我们又只能选择一个速度，因此某个倾角的反射信息必然受到压制。下面通过图 7-14 的例子说明这个问题，图 7-14 是一个单界面地质构造，界面的左半部分是倾斜的，而右半部分变成水平。中心点 Y 位于水平界面的上方，射线 YAY 和射线 YBY 具有相同的传播时间 t，因倾角不同，与倾角有关的动校正速度也不相同，如果将动校

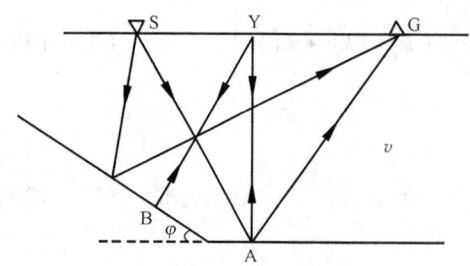

图 7-14 反射界面倾角的变换，造成相同反射时间的叠加速度不再唯一

正速度取为 v，它适合水平界面的反射，但不适合于倾斜界面的反射，如果将动校正速度取为 $v/\cos\varphi$，它适合倾斜界面的反射，但不适合水平界面的反射，二者不能同时兼顾，这就是 NMO 的倾角滤波作用，显然当地下界面比较复杂时，NMO 的倾角滤波作用会更加强烈。为了克服水平叠加存在的问题，改善水平叠加的效果，发展了倾角时差校正技术，简称 DMO 技术。

从所起的作用来看，DMO 技术又称为叠前部分偏移。叠后时间偏移方法是建立在零炮检距地震记录之上的，但常规的 CMP 叠加并不能得到真正的零炮检距地震记录，DMO 技术就是把动校正之后的数据，先偏移到零炮检距位置上，然后叠加。由于这种偏移是在动校正后、叠加前进行的，而且只是把动校正后的数据偏移到零炮检距位置上，做了一部分偏移工作，因此称为叠前部分偏移。

1. 基本原理

DMO 处理的目的是将非零炮检距的地震记录转换为自激自收零炮检距的地震记录，满足叠后偏移处理对地震记录的要求。

如图 7-15(a) 所示，设地下存在一倾角为 φ 的反射界面，地震波在 S 点激发，向下传播到界面上的 R 点后，发生反射向上传播，被地表 G 点接收，旅行时间为 $t=SRG/v$，炮检距为 $2h$，中心点坐标为 y_n。反射信号记录在中心点位置为 y_n 地震道的 t 时刻 [图 7-15(b) 中的 A 点]。目标是将炮检距为 $2h$、中心点为 y_n 地震道上 t 时刻的采样点 A 转换为 y_0 地震道上 τ_0 时刻的采样点 C，其中 y_0 点自激自收在界面的反射点为 R，τ_0 是 y_0 点自激自收的反射时间，这需要下面两个步骤：

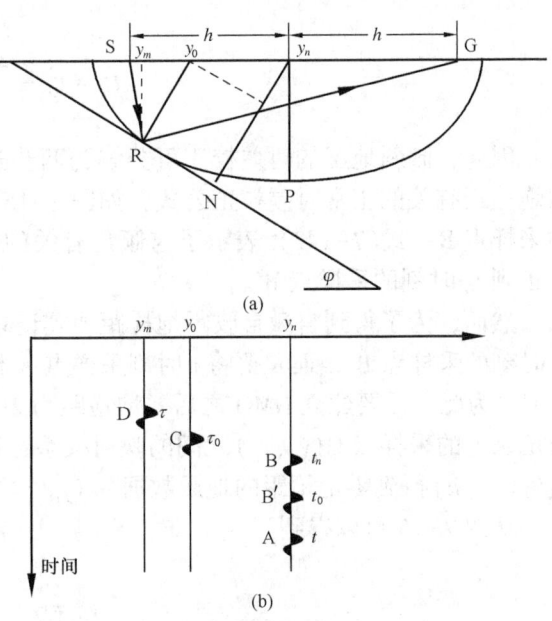

图 7-15 倾斜地层地震波旅行时间和 DMO 校正示意图

(1) 首先利用正常时差校正将 t 时刻的反射振幅转换到 t_n 时刻，也就是，将图 7-15(b) 中 t 时刻的采样点 A 移动到 t_n 时刻的采样点 B。

(2) 利用 DMO 校正，将中心点为 y_n、炮检距为 $2h$ 地震道上 t_n 时刻的采样点 B 转换为 y_0 地震道上 τ_0 时刻的采样点 C。

经过上面两个步骤处理后，y_0 地震道上 τ_0 时刻的采样点 C 代表了自激自收的地震信号，此时再进行叠后偏移，则 y_0 地震道上的采样点 C 转换为 y_m 位置地震道上 τ 时刻的采样点 D，其中 y_m 是反射点 R 在地表的投影，τ 是反射点 R 的垂向双程旅行时间，由此实现了反射点 R 的空间归位。

从上面的分析可以看出，经过 NMO、DMO 和叠后偏移之后，信号由 A 点移动到 B 点，再由 B 点移动到了 C 点，最后由 C 点移动到成像位置 D 点。而叠前时间偏移是直接将信号由 A 点移动到 D 点，因此在地下介质为常速的情况下，NMO、DMO 和叠后偏移的处理流程等价于叠前时间偏移。

图 7-15 中，炮点 S 到反射点 R，再由反射点 R 到接收点 G 的旅行时间 t 表示为

$$t^2 = t_0^2 + \frac{4h^2\cos^2\varphi}{v^2} \qquad (7-140)$$

式中 h——炮检距的一半；
v——介质的速度；
φ——地层倾角；
t_0——中点 y_n 处的自激自收时间。

上式可改写为

$$t^2 = t_0^2 + \frac{4h^2}{v^2} - \frac{4h\sin^2\varphi}{v^2} \qquad (7-141)$$

上式可分解为两部分

$$t^2 = t_n^2 + \frac{4h^2}{v^2} \qquad (7-142)$$

$$t_n^2 = t_0^2 - \frac{4h^2\sin^2\varphi}{v^2} \qquad (7-143)$$

因此，倾斜地层的时差校正可分解为两步进行，式(7-142) 表示了与倾角无关的、仅与炮检距有关的正常时差校正公式，如图 7-15 所示，它将 t 时刻的采样点 A 校正到 t_n 时刻的采样点 B；式(7-143) 表示了与倾角有关的倾角时差校正公式，它将 t_n 时刻的采样点 B 校正到 t_0 时刻的采样点 B′。

然而，为了得到自激自收零炮检距地震记录，我们的目标不是将 t 时刻采样点 A 校正到 t_0 时刻的采样点 B′，而是要将 t 时刻采样点 A 校正到 y_0 地震道上自激自收时间为 τ_0 的采样点 C。为此，需要建立 NMO 之后，炮检距为 $2h$ 地震记录上的采样点 $B(y_n, t_n)$ 与零炮检距地震记录上的采样点 $C(y_0, \tau_0)$ 之间的映射关系，进一步讲，就是如何利用 NMO 后的地震数据 $u_n(y_n, t_n, h)$ 得到零炮检距的地震数据 $u_0(y_0, \tau_0)$。

从图 7-15 可以得到

$$y_0 = y_n - \frac{L_{\text{NR}}}{\cos\varphi} \qquad (7-144)$$

式中，L_{NR} 是沿界面 N 点到 R 点的距离，其中 N 为 y_n 点在界面上自激自收的反射点，R 为炮检距为 $2h$ 时的反射点。且有

$$L_{\text{NR}} = \frac{2h^2}{vt_0}\cos\varphi\sin\varphi \qquad (7-145)$$

将式(7-145) 代入式(7-144)

$$y_0 = y_n - \frac{h^2}{t_0}\left(\frac{2\sin\varphi}{v}\right) \qquad (7-146)$$

由式(7-143) 得到

$$t_0 = t_n\sqrt{1 + \frac{h^2}{t_n^2}\left(\frac{2\sin\varphi}{v}\right)^2} \qquad (7-147)$$

即
$$t_0 = t_n A \tag{7-148}$$

其中
$$A = \sqrt{1 + \frac{h^2}{t_n^2}\left(\frac{2\sin\varphi}{v}\right)^2} \tag{7-149}$$

将式(7-148)代入式(7-146),得到
$$y_0 = y_n - \frac{h^2}{t_n A}\left(\frac{2\sin\varphi}{v}\right) \tag{7-150}$$

从图 7-15 还可以看出
$$\tau_0 = t_0 - \frac{2L_{NR}\tan\varphi}{v} \tag{7-151}$$

将式(7-145)代入上式,有
$$\tau_0 = t_0 - \frac{h^2}{t_0}\left(\frac{2\sin\varphi}{v}\right)^2 \tag{7-152}$$

将式(7-148)代入上式,则
$$\tau_0 = t_n A - \frac{h^2}{t_n A}\left(\frac{2\sin\varphi}{v}\right)^2 \tag{7-153}$$

进一步化简,有
$$\tau_0 = \frac{t_n}{A} \tag{7-154}$$

这样,利用式(7-154)和式(7-150),就可以实现图 7-15 上的采样点 B 到采样点 C 的映射,从而由 NMO 之后、炮检距为 $2h$ 的地震记录 $u_n(y_n, t_n, h)$ 得到自激自收零炮检距的地震记录 $u_0(y_0, \tau_0)$。将式(7-154)代入式(7-145),反射点沿界面的漂移量 L_{NR} 改写为

$$L_{NR} = \frac{h^2}{t_n A}\left(\frac{2\sin\varphi}{v}\right) \tag{7-155}$$

可以看出:反射点的漂移量与炮检距的平方成正比,且倾角越大、反射越浅,漂移量越大。DMO 校正消除了反射点的漂移,得到了自激自收地震记录,将共中心点道集转换为共反射点道集。

2. f-k 域 DMO 校正

利用式(7-154)和式(7-150),实现由图 7-15 中的采样点 B 到采样点 C 的映射,由地震记录 $u_n(y_n, t_n, h)$ 得到自激自收零炮检距的地震记录 $u_0(y_0, \tau_0)$,实现了 DMO 处理。但是校正过程利用了反射界面的倾角 φ,实际上它是未知的。

在零炮检距地震剖面上,同相轴的时间斜率为

$$\frac{\Delta \tau_0}{\Delta y_0} = \frac{2\sin\varphi}{v} \tag{7-156}$$

在频率波数域，上式可以改写为

$$\frac{\Delta \tau_0}{\Delta y_0} = \frac{k_y}{\omega_0} = \frac{2\sin\varphi}{v} \tag{7-157}$$

式中 ω_0 ——零炮检距反射时间 τ_0 所对应的圆频率；
k_y —— y_0 对应的波数。

反射倾角由频率和波数表示为

$$\sin\varphi = \frac{vk_y}{2\omega_0} \tag{7-158}$$

上式意味着如果在 f-k 域进行 DMO 校正，倾角信息可以由波数和频率得到，问题会得到简化。在 (y_0, τ_0) 域中具有某个斜率的所有同相轴对应着 (k_y, ω_0) 域中的一条斜线，而与同相轴在 (y_0, τ_0) 中的位置无关，也就是说在 (k_y, ω_0) 域取若干个可能的比值 k_y/ω_0 做 DMO，等价于在 (y_0, τ_0) 域对不同斜率的同相轴进行 DMO。

利用式(7-158)、式(7-150) 和式(7-154) 分别改写为

$$y_0 = y_n - \frac{h^2 k_y}{A t_n \omega_0} \tag{7-159}$$

和

$$\tau_0 = \frac{t_n}{A} \tag{7-160}$$

式中 A 由式(7-149) 改写为

$$A = \sqrt{1 + \frac{h^2 k_y^2}{t_n^2 \omega_0^2}} \tag{7-161}$$

DMO 的目的是得到倾角时差校正后的波场 $u_0(y_0, \tau_0)$，其二维傅里叶变换为

$$\widetilde{u}_0(k_y, \omega_0) = \iint u_0(y_0, \tau_0, h) e^{-i(\omega_0 \tau_0 - k_y y_0)} dy_0 d\tau_0 \tag{7-162}$$

将式(7-159) 和式(7-160) 代入上式，得到

$$\widetilde{u}_0(k_y, \omega_0) = \iint u_n(y_n, t_n, h) \frac{\partial y_0}{\partial y_n} \frac{\partial \tau_0}{\partial t_n} \exp\left\{-i\left[\frac{\omega_0 t_n}{A} - k_y\left(y_n - \frac{h^2 k_y}{A t_n \omega_0}\right)\right]\right\} dy_n dt_n \tag{7-163}$$

其中

$$\frac{\partial y_0}{\partial y_n} = 1 \tag{7-164}$$

$$\frac{\partial \tau_0}{\partial t_n} = \frac{4t_n^3 \omega_0^2 (t_n^2 \omega_0^2 + h^2 k_y^2) - 2t_n^5 \omega_0^4}{2\tau_0 (t_n^2 \omega_0^2 + h^2 k_y^2)^2} \tag{7-165}$$

进一步简化为

$$\frac{\partial \tau_0}{\partial t_n} = \frac{2A^2 - 1}{A^3} \tag{7-166}$$

式(7-164)和式(7-166)代入式(7-163),得到

$$\tilde{u}_0(k_y, \omega_0) = \iint \frac{2A^2 - 1}{A^3} u_n(y_n, t_n, h) \exp\left\{-i\left[\frac{\omega_0 t_n}{A} - k_y\left(y_n - \frac{h^2 k_y}{At_n \omega_0}\right)\right]\right\} dy_n dt_n \tag{7-167}$$

令

$$\Phi = \frac{\omega_0 t_n}{A} - k_y\left(y_n - \frac{h^2 k_y}{At_n \omega_0}\right) \tag{7-168}$$

化简并整理后

$$\Phi = \omega_0 t_n A - k_y y_n \tag{7-169}$$

将上式代入式(7-167),得到

$$\tilde{u}_0(k_y, \omega_0) = \iint \frac{2A^2 - 1}{A^3} u_n(y_n, t_n, h) \exp[-i(\omega_0 t_n A - k_y y_n)] dy_n dt_n \tag{7-170}$$

利用傅里叶变换

$$\tilde{u}_n(k_y, t_n, h) = \int u_n(y_n, t_n, h) \exp(ik_y y_n) dy_n \tag{7-171}$$

改写式(7-170),得到

$$\tilde{u}_0(k_y, \omega_0) = \int \frac{2A^2 - 1}{A^3} \tilde{u}_n(k_y, t_n, h) \exp(-i\omega_0 t_n A) dt_n \tag{7-172}$$

将上式进行二维傅里叶反变换,得到 DMO 校正后的时间-空间域零炮检距地震记录

$$u_0(y_0, \tau_0) = \frac{1}{(2\pi)^2} \iint \tilde{u}_0(k_y, \omega_0, h) \exp[i(\omega_0 \tau_0 - k_y y_0)] dk_y d\omega_0 \tag{7-173}$$

f-k 域 DMO 处理的基本流程归纳为:

(1) 使用与角度无关的速度 v 对 CMP 道集地震数据 $u(y_n, h, t)$ 进行正常时差校正,得到正常时差校正后的地震数据 $u_n(y_n, h, t_n)$;

(2) 将共中心点地震数据 $u_n(y_n, h, t_n)$ 分选为共炮检距地震数据 $u_n(y_n, t_n, h)$;

(3) 对每一个共炮检距地震数据做关于 y_n 的傅里叶变换,得到 $\tilde{u}_n(k_y, t_n, h)$;

(4) 对每一个频率成分 ω_0,应用一个相移因子 $\exp(-i\omega_0 t_n A)$ 和一个比例因子 $(2A^2-1)/A^3$,由式(7-172)得到 DMO 校正后零炮检距 f-k 域地震记录 $\tilde{u}_0(k_y, \omega_0)$;

(5) 对零炮检距 f-k 域地震记录 $\tilde{u}_0(k_y,\omega_0)$ 进行二维傅里叶反变换,得到 DMO 校正后零炮检距地震记录 $u_0(y_0,\tau_0)$。

3. 时空域积分法 DMO

时空域积分法 DMO 也是实际生产中较常用的一种 DMO 方法,这种方法特别适合于观测系统不规则时所进行的 DMO 处理。

在速度 v 为常数的均匀介质中,S 点激发,G 点接收,中点为 y_n,t 时刻反射信号所对应的地下反射点轨迹,是以 S 和 G 为焦点、长半轴为 $a=vt/2$、短半轴为 $b=\sqrt{a^2-h^2}$ 的椭圆

$$\frac{(y-y_n)^2}{a^2}+\frac{z^2}{b^2}=1 \tag{7-174}$$

现在,以叠前偏移的椭圆轨迹为爆炸反射界面,向上发出上行波,得到反射椭圆所对应的自激自收响应轨迹(略去相应的推导)

$$\frac{(y_0-y_n)^2}{h^2}+\frac{\tau_0^2}{t_n^2}=1 \tag{7-175}$$

上式就是时空域 DMO 的脉冲响应方程。有意义的是,如图 7-16 所示,它也是一个椭圆方程,沿 y_0 方向的长半轴为 h,沿 τ_0 方向的短半轴为正常时差校正后的反射时间 t_n。

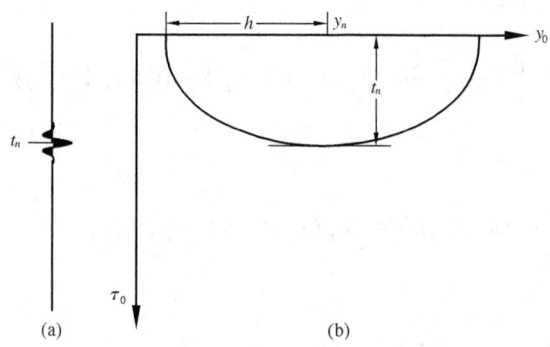

图 7-16 脉冲信号 (a) 及其 DMO 脉冲响应 (b)

因此,时空域 DMO 校正与 Kirchhoff 积分法叠前偏移十分类似。时空域 DMO 校正由下面两步完成:

(1) 对地震数据进行动校正

$$t_n=\sqrt{t^2-\frac{4h^2}{v^2}} \tag{7-176}$$

(2) 进行扫描叠加,扫描轨迹为

$$t_n=\tau_0\left[1-\frac{(y_0-y_n)^2}{h^2}\right]^{-1/2} \tag{7-177}$$

沿上式定义的轨迹,对 NMO 校正后的波场 $u_n(y_n,t_n,h)$ 求和,得到 DMO 校正之后的波场值

$u_0(y_0, \tau_0)$。

上面的讨论只涉及了 DMO 脉冲响应的轨迹，并没有考虑 DMO 响应的振幅和相位特性，为改善积分法 DMO 的效果，实际应用中还应该考虑 DMO 响应的振幅和相位特性。

第六节 深度偏移

前面几节讨论的偏移方法，由于没有考虑速度横向变化引起的反射波传播射线的偏折，不能满足斯涅耳定律，严格地讲，只能适合均匀介质或水平层状介质速度模型的情况。这类偏移方法称为时间偏移（视频 7-7）。当速度横向变化较剧烈时，由于绕射曲线严重偏离双曲线形态，绕射曲线的顶点也不再位于绕射点的正上方，时间偏移的成像结果会产生较大的误差。下面将要讨论的深度偏移方法能够较好地解决上面的问题。

视频 7-7 时间偏移和深度偏移

一、时间偏移存在的问题

如果地下构造的反射界面并非水平，而各层速度又不相同时，则从第一个界面以下的某个绕射点向上发出的旅行时为最小的射线到达地面的位置并不在该点的正上方，而是离开一个水平距离（图 7-17）。并且最小旅行时间的射线与地面相垂直，称之为成像射线。而零炮检距的反射波将沿着与界面垂直的法线方向往返，这样一条射线称为法向射线。在水平界面的情况下，二者是重合的。当速度存在横向变化时，绕射波到达时间粗略地是一条双曲线，它具有如下特点：

（1）最小旅行时的射线垂直到达地表；

（2）最小旅行时射线到达地表的点偏离绕射点的正上方，向高速层方向移动；

（3）旅行时曲线近似为双曲线，双曲线的两支渐近线对应界面两边的速度。

在绕射叠加偏移中，介质假设是均匀的，偏移时把双曲线上的能量都移至双曲线的顶点。因此，偏移后的成像点与原绕射点不重合，产生一个偏移偏差。这种偏差对于 Kirchhoff 积分法偏移和 $f\text{-}k$ 法偏移都是存在的。对于可以逐点空间变速的有限差分法来说，

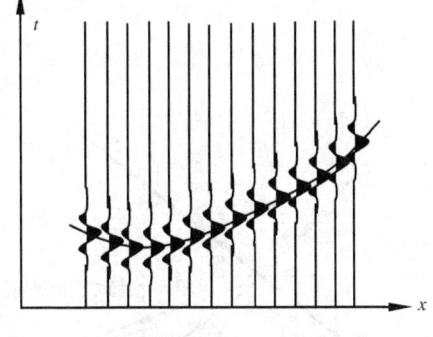

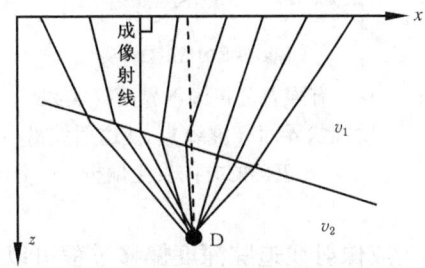

图 7-17 上覆地层速度横向变化，绕射曲线的顶点偏离绕射点正上方

由于差分法总是采用某种矩形网格，当使用差分方程进行波场反向外推时，它仍然把倾斜界面看成是局部的水平界面，如图 7-18 所示，把倾斜界面用阶梯状的二维界面代替，这种代替不能正确地解决波的折射问题，因此差分法同样存在由于速度的横向变化而引起的成像偏差问题。为了解决这个问题，应当利用具有速度函数梯度的波动方程有限差分近似，这就是所谓的深度偏移方法。

二、射线理论的深度偏移

该方法利用以下两个步骤把叠加时间剖面转换为深度偏移剖面：

第一步，用常规的时间偏移把绕射能量收敛到绕射曲线的顶点，即把绕射波聚焦到成像射线出射地面点正下方的位置上去。

第二步，首先对常规时间偏移剖面进行层位解释，并把主要反射界面拾取出来。不过，所拾取层位的位置和形态与它们的真实情况是有差别的，但比未偏移的剖面要合理得多。然后根据测井、地质、速度分析等综合信息确定层速度函数 $v(x,z)$，最终的偏移结果与速度函数关系很大。一旦建立了速度函数 $v(x,z)$，就可利用射线追踪的方法构造出成像射线的传播路径。

叠加剖面经过时间偏移后的各个地震道都可以看作是一个成像射线道，只是它并未按照斯奈尔定律旅行。如图 7-19 所示，现在要按照斯涅耳定律恢复它的旅行路径。把每个成像射线（即地震道）从地面开始垂直向下追踪，当遇到给定的层速度界面时就应用斯涅耳定律改变射线的方向。成像射线与界面的交点决定着反射层完全偏移的深度。成像射线的追踪过程是在深度域进行的。因此深度偏移后的地震剖面是一个用深度表示的剖面。

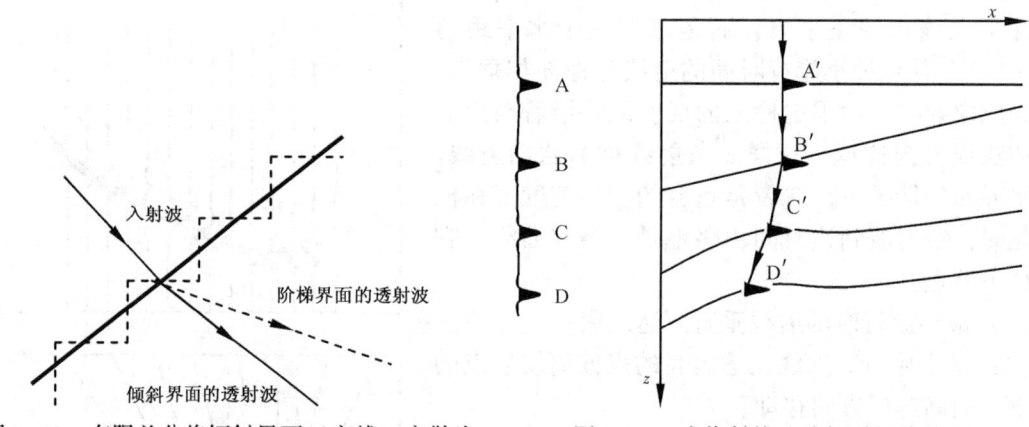

图 7-18 有限差分将倾斜界面（实线）离散为阶梯状界面（虚线），使透射波沿不正确的方向发生偏折

图 7-19 成像射线追踪把时间偏移后地震道上的采样点重新放置在成像射线上

成像射线追踪深度偏移过程可以归纳为以下几个步骤：

（1）进行常规时间偏移；
（2）在常规偏移后的剖面上进行层位拾取，定出主要反射层；
（3）根据地质、测井和地震速度分析资料确定主要反射层的层速度；
（4）利用层位和层速度建立速度模型；
（5）把速度模型通过斯涅耳定律计算后变成一个深度域的成像射线模型；
（6）利用速度模型，把常规时间偏移剖面转换为深度剖面，并按照成像射线模型排放各个地震道的数据；
（7）按原来的地震道位置重排数据，进行数据的内插和外推，组成深度偏移剖面。

射线法深度偏移虽然在一定程度上可以解决时间偏移位置不准确的问题,但是,由于该方法分两步实现,而且中间要进行解释,造成这种方法有诸多不足之处。第一,它首先进行时间偏移,把绕射能量聚焦到绕射曲线的顶点。这要求地质情况不能太复杂,否则,时间偏移剖面不能正确成像。其次,当进行成像射线追踪时,要求给出主要层位在各点上的倾角,在离散采样的情况下,倾角是很难准确测定的。倾角的误差会影响成像射线的方向。因此,射线法深度偏移技术只适合于中等复杂程度地质构造的情况。

三、波动理论的深度偏移

射线法深度偏移把偏移分为两个步骤,即先成像,后移动。把本来应当在每个计算步骤上同时进行的两项工作强行分开,引入了人为误差,波动理论的深度偏移能够克服这个缺陷。

采用爆炸反射界面模型,地震波速度取实际速度的一半,声波方程表示为

$$\frac{\partial^2 u}{\partial x'^2} + \frac{\partial^2 u}{\partial z'^2} = \frac{4}{v^2(x',z')}\frac{\partial^2 u}{\partial t'^2} \tag{7-178}$$

进行下面的坐标变换

$$\begin{cases} x = x' \\ z = z' \\ t = t' + \int_0^{z'} \frac{\mathrm{d}z'}{\bar{v}(z')} \end{cases} \tag{7-179}$$

式中 $\bar{v}(z')$——$v(x',z')$ 横向平均的速度。

在新的坐标系中,式(7-178) 改写为

$$\frac{\partial^2 u}{\partial t \partial z} + \frac{\bar{v}}{4}\frac{\partial^2 u}{\partial z^2} + \frac{\bar{v}}{4}\frac{\partial^2 u}{\partial x^2} - \bar{v}\left[\frac{1}{v^2(x,z)} - \frac{1}{\bar{v}^2}\right]\frac{\partial^2 u}{\partial t^2} = 0 \tag{7-180}$$

上式写成下面的形式

$$\left(\frac{\partial}{\partial z} + \frac{2}{\bar{v}}\frac{\partial}{\partial t}\right)^2 u = \left[\frac{4}{v^2(x,z)}\frac{\partial^2}{\partial t^2} - \frac{\partial^2}{\partial x^2}\right] u \tag{7-181}$$

上式两边开平方,对于上行波,取负号,得到

$$\left(\frac{\partial}{\partial z} + \frac{2}{\bar{v}}\frac{\partial}{\partial t}\right) u = -\left[\frac{4}{v^2(x,z)}\frac{\partial^2}{\partial t^2} - \frac{\partial^2}{\partial x^2}\right]^{\frac{1}{2}} u \tag{7-182}$$

上式又可以写为

$$\left(\frac{\partial}{\partial z} + \frac{2}{\bar{v}}\frac{\partial}{\partial t}\right) u = -\frac{2}{v(x,z)}\frac{\partial}{\partial t}\left[1 - \frac{\partial^2/\partial x^2}{\frac{4}{v^2(x,z)}\partial^2/\partial t^2}\right]^{\frac{1}{2}} u \tag{7-183}$$

把上式中的根号项按某种形式展开

$$\left(\frac{\partial}{\partial z}+\frac{2}{\bar{v}}\frac{\partial}{\partial t}\right)u=-\frac{2}{v(x,z)}\frac{\partial}{\partial t}L_n u \tag{7-184}$$

式中 L_n ——n 次展开的算子。

上式进一步写为

$$\frac{\partial u}{\partial z}=-\frac{2}{v(x,z)}\frac{\partial}{\partial t}(1+L_n)u+2\left[\frac{1}{v(x,z)}-\frac{1}{\bar{v}}\right]\frac{\partial u}{\partial t} \tag{7-185}$$

式中第一项称为绕射项，第二项称为透镜项，当速度 $v(x,z)$ 没有横向变化，即 $v(x,z)=v(z)$ 时，透镜项消失，可见薄透镜项主要反映横向速度变化对波场的影响。

式(7-185)可分裂为以下两个平行计算的方程

$$\frac{\partial u}{\partial z}=-\frac{2}{v(x,z)}\frac{\partial}{\partial t}(1+L_n)u \tag{7-186a}$$

$$\frac{\partial u}{\partial z}=2\left[\frac{1}{v(x,z)}-\frac{1}{\bar{v}}\right]\frac{\partial u}{\partial t} \tag{7-186b}$$

将式(7-186a)的两边加上 $\frac{2}{v(x,z)}\frac{\partial u}{\partial t}$，则有

$$\left[\frac{\partial}{\partial z}+\frac{2}{v(x,z)}\frac{\partial}{\partial t}\right]u=-\frac{2}{v(x,z)}\frac{\partial}{\partial t}L_n u$$

$$=-\frac{2}{v(x,z)}\frac{\partial}{\partial t}\left[1-\frac{\partial^2/\partial x^2}{\frac{4}{v^2(x,z)}\partial^2/\partial t^2}\right]^{\frac{1}{2}}u \tag{7-187}$$

上式两边平方，整理后

$$\frac{\partial^2 u}{\partial t\partial z}+\frac{v(x,z)}{4}\frac{\partial^2 u}{\partial z^2}=-\frac{v(x,z)}{4}\frac{\partial^2 u}{\partial x^2} \tag{7-188}$$

它与式(7-186b)组成一个完全的深度偏移方程组，即

$$\frac{\partial^2 u}{\partial t\partial z}+\frac{v(x,z)}{4}\frac{\partial^2 u}{\partial z^2}=-\frac{v(x,z)}{4}\frac{\partial^2 u}{\partial x^2} \tag{7-189a}$$

$$\frac{\partial u}{\partial z}=2\left[\frac{1}{v(x,z)}-\frac{1}{\bar{v}}\right]\frac{\partial u}{\partial t} \tag{7-189b}$$

式(7-189a)就是浮动坐标系下时间偏移使用的波动方程，它使绕射波收敛；式(7-189b)表示透镜项的折射作用，描述横向速度变化对成像的影响。

同时间偏移一样，深度偏移也需要使用近似方程求解。为此把式(7-183)中的开方项用下式进行展开

$$L_n=1-\frac{R}{1+L_{n-1}} \tag{7-190}$$

其中

$$R = \frac{\partial^2/\partial x^2}{\frac{4}{v^2(x,z)}\partial^2/\partial t^2}, \quad L_0 = 1$$

由此可以求出各级近似的深度偏移公式,例如当取 $L_1 = 1 - \frac{R}{1+L_0}$ 时,由式(7-183)得到所谓的 15°近似深度偏移方程

$$\frac{\partial^2 u}{\partial t \partial z} + \frac{v(x,z)}{4}\frac{\partial^2 u}{\partial x^2} - 2\left[\frac{1}{v(x,z)} - \frac{1}{\bar{v}}\right]\frac{\partial^2 u}{\partial t^2} = 0 \tag{7-191}$$

上式可分裂为两个方程

$$\frac{\partial^2 u}{\partial t \partial z} = -\frac{v(x,z)}{4}\frac{\partial^2 u}{\partial x^2} \tag{7-192a}$$

$$\frac{\partial u}{\partial z} = 2\left[\frac{1}{v(x,z)} - \frac{1}{\bar{v}}\right]\frac{\partial u}{\partial t} \tag{7-192b}$$

从上面的讨论可以看出,深度偏移是通过交替求解实现的。先对波场向下延拓一个步长计算绕射项,然后对输出的波场再计算透镜项。只要横向速度变化较大,薄透镜项就不能忽略,就应该使用深度偏移。

四、逆时偏移

前面介绍了沿深度方向进行波场外推的偏移方法,该方法首先由地表波场 $u(x,z=0,t)$ 沿深度方向进行波场延拓,得到不同深度的地震波场 $u(x,z,t)$,然后依据爆炸反射界面成像条件,取地震波场在零时刻的值 $u(x,z,t=0)$ 作为偏移之后的样点值 $v(x,z)$。成像数据 $v(x,z)$ 不仅代表了反射界面的实际位置,在一定程度上也表征了地层界面的反射强度。下面介绍一种沿时间方向进行波场外推的偏移方法——逆时偏移方法。

一般采用如下的波动方程描述地震波场的传播过程和时空关系

$$\frac{\partial^2 u}{\partial x^2} + \frac{\partial^2 u}{\partial z^2} = \frac{1}{v^2}\frac{\partial^2 u}{\partial t^2} \tag{7-193}$$

从波动方程的表达式可以看出,地震波场不仅可以沿深度 z 方向进行延拓,也可以沿时间 t 方向进行延拓。也就是说,由最大反射时间的地震波场 $u(x,z,t=t_{\max})$ 沿时间减小的方向依次计算不同时间的地震波场,由此得到零时刻的地震波场 $u(x,z,t=0)$,进而得到成像结果 $v(x,z) = u(x,z,t=0)$,这种偏移方法称为逆时偏移。

图 7-20 展示了逆时偏移的实现过程。假设最大反射时间之后的地震波场为零,即

$$u(x,z,t > t_{\max}) = 0 \tag{7-194}$$

该假设等价于最大反射深度之下的地层是均匀的,

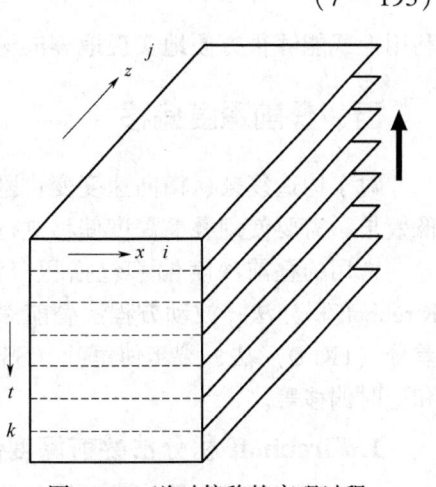

图 7-20 逆时偏移的实现过程

没有产生地震反射的波阻抗界面。由 $t=t_{max}$ 的等时面开始对地震波场进行逆时延拓，由此计算下一个等时面 $t=t_{max}-\Delta x$ 的样点值。注意，在图中的每一个等时面上，第一行上的样点值是已知的，其等于地表波场在该时刻的样点值。按照这种方式，依次计算前一个时刻的样点值，最后得到 $t=0$ 平面上的样点值，也就是最终的成像结果。

不同于深度方向的波场延拓，逆时偏移既可以使用单程波方程，也可以直接使用双程波方程。双程波方程不仅避免了单程波方程对倾角的限制，也可以对倾角大于 90°的回转波进行成像，这一点在盐丘成像中非常重要。下面仅以 Baysal 等（1983）提出逆时偏移思想时所采用的延拓方法为例，简要说明逆时偏移的实现方法。

波动方程在形式上可以表示为

$$\pm\left(\frac{\partial^2}{\partial x^2}+\frac{\partial^2}{\partial z_2}\right)^{1/2} u(x,z,t) = \frac{1}{v(x,z)}\frac{\partial u(x,z,t)}{\partial t} \qquad (7-195)$$

虽然式中的平方根求导运算在空间域没有与之对应的显式表征算子，但可以通过空间方向的傅里叶变换进行运算。为得到式（7-195）的左端项，首先就某一时间切片 $u(x,z,t=k\Delta t)$ 进行二维傅里叶变换，得到波数域的时间切片 $u(k_x,k_z,t=k\Delta t)$，然后采用下式计算 $w(k_x,k_z,t=k\Delta t)$

$$w(k_x,k_z,t=k\Delta t) = \pm\sqrt{k_x^2+k_z^2}\, u(k_x,k_z,t=k\Delta t) \qquad (7-196)$$

最后，将 $w(k_x,k_z,t=k\Delta t)$ 反变换到空间域，由此得到方程（7-195）的左端项，即

$$\pm\left(\frac{\partial^2}{\partial x^2}+\frac{\partial^2}{\partial z_2}\right)^{1/2} u(x,z,t) = w(x,z,k\Delta t) \qquad (7-197)$$

将式（7-195）的右端项也表示为差分形式，则

$$w(x,z,k\Delta t) = \frac{1}{v(x,z)}\frac{u[x,z,(k+1)\Delta t]-u[x,z,(k-1)\Delta t]}{2\Delta t} \qquad (7-198)$$

整理后有

$$u[x,z,(k-1)\Delta t] = u[x,z,(k+1)\Delta t]-2v(x,z)\Delta t\cdot w(x,z,k\Delta t) \qquad (7-199)$$

利用上式能够很方便地实现地震波场沿时间方向的反向延拓。

五、叠前深度偏移

对于构造复杂、横向速度变化剧烈的地区，叠后偏移和叠前时间偏移不能取得理想的成像效果，需要使用叠前深度偏移进行复杂构造成像。

常用的叠前深度偏移包括积分法和波动方程法。积分法是指基于绕射旅行时计算的 Kirchhoff 积分法；波动方程法叠前深度偏移有许多不同的实现方法，包括频率—空间域有限差分（FXFD）法、裂步傅里叶（SSF）法、傅里叶有限差分（FFD）法、广义屏（GS）法和逆时偏移等。

1. Kirchhoff 积分法叠前深度偏移

Kirchhoff 积分法叠前深度偏移是目前实际生产中应用最广泛的叠前深度偏移方法，它的

关键是旅行时计算，目前计算旅行时的主要方法有射线追踪法和有限差分法。

Kirchhoff 积分法叠前深度偏移的优点较多，特别适用于不规则观测系统采集的地震数据；还可以利用三维数据体对指定的 CDP 位置进行单独成像，便于速度分析；效率高，数据管理灵活，输入数据既可以是 CDP 道集，也可以是共炮点道集。共炮点道集的成像公式表示为

$$R(\boldsymbol{x}, \boldsymbol{x}_S) = \int_{\Sigma} n \cdot \nabla \tau_G(\boldsymbol{x}_G, \boldsymbol{x}) A(\boldsymbol{x}_S, \boldsymbol{x}, \boldsymbol{x}_G) \frac{\partial u[\boldsymbol{x}_S, \boldsymbol{x}_G, \tau_S(\boldsymbol{x}_S, \boldsymbol{x}) + \tau_G(\boldsymbol{x}_G, \boldsymbol{x})]}{\partial t} d\boldsymbol{x}_G \tag{7-200}$$

式中　Σ——观测面（线）；

$\boldsymbol{x}_S$，$\boldsymbol{x}$，$\boldsymbol{x}_G$——震源点、成像点和接收点的空间位置；

τ_S，τ_G——震源到成像点和成像点到接收点的旅行时间；

A——几何扩散因子（振幅加权因子）；

n——观测面的外法线方向；

u——记录波场；

R——反射系数（成像波场）。

从式（7-200）可以看出，Kirchhoff 积分法叠前深度偏移包括两个主要过程，一是根据速度场 $v(\boldsymbol{x})$ 计算旅行时 $\tau = \tau_S + \tau_G$，二是对各个地震道上 τ 时刻的振幅进行加权求和。其中如何确定旅行时 τ_S 和 τ_G 是积分法叠前深度偏移的关键。射线追踪和旅行时计算涉及的内容较多，下面只做简单的介绍。

传统的旅行时计算方法是射线追踪方法，包括基于 Fermat 原理的弯曲法和通过修改出射方向实现两点追踪的试射法等。这类方法要求速度及界面平滑，对速度和界面的描述有严格的要求（如要求用三次样条来描述，以保证计算过程的稳定），而且在一定的速度结构下，存在射线不能达到的阴影区。

Vidale（1988）提出了程函（Eikonal）方程

$$\left(\frac{\partial t}{\partial x}\right)^2 + \left(\frac{\partial t}{\partial z}\right)^2 = \frac{1}{v^2(x,z)} \tag{7-201}$$

有限差分旅行时计算方法，该方法用矩形网格剖分速度场，从震源开始一环一环地计算旅行时，模拟波前面的传播。之后，Van Trier（1991）提出了程函方程的迎风格式差分解法。目前，旅行时计算方法仍在不断地发展和完善之中。

2. 波动方程法叠前深度偏移

尽管积分法叠前深度偏移具有能够对目标区进行选择性成像、高效灵活等优点，由于它的基础是把 Kirchhoff 积分中的格林函数用高频近似解（即射线理论解）来代替，因此在实际应用中存在一定的局限。局限之一是 Kirchhoff 积分法的分辨率会随着深度的增加而逐渐变差，从而导致对深层构造的成像精度变低，这一现象源于利用射线解来近似格林函数时菲涅耳带的影响。局限之二是 Kirchhoff 积分法缺乏正确的振幅信息，在复杂介质中通常会有多重路径和波的干涉等现象，利用射线方法很难在这种介质中获得正确的振幅信息。从理论上讲，波动方程法叠前深度偏移能够弥补 Kirchhoff 积分法的不足。

波动方程法叠前深度偏移的成像过程与叠前时间偏移类似，包括延拓和成像两个主要步骤，所不同的是，叠前深度偏移在波场延拓过程中考虑了薄透镜项的影响。

叠前深度偏移波场延拓的方法很多，包括前面介绍的 $f-k$ 相移法、时间—空间域有限差分法等。$f-k$ 相移法的优点是对成像倾角没有限制，但不适于横向速度变化较大的情况；时间—空间域有限差分法能够较好地适应速度场的横向变化，由于采用了单程波的近似方程，对偏移倾角有一定的限制，另外还存在离散网格造成的数值频散等问题。

裂步傅里叶（SSF）法是在相移法偏移的基础上，把速度场分解为背景速度和扰动速度两部分，对背景速度在 $f-k$ 域采用相移法处理，对扰动速度采用频率—空间域处理。SSF 偏移方法的理论基础是小扰动理论，只适用于横向速度变化不是很剧烈的情况。

傅里叶有限差分方法是在裂步傅里叶方法的基础上，加上一个有限差分项，对速度扰动引入的时差进行校正。该方法兼有有限差分法和相移法的优点，适用于剧烈变速情况下的偏移处理，是一种精度较高的叠前偏移算法。

广义屏（GS）法基于波的散射理论，从波动方程格林函数出发，借助于 Born 近似等数学手段推导出广义屏偏移算子。这种方法认为速度场可以分解为背景速度和扰动速度两部分，对背景速度相当于求解常速声波方程，可以通过相移法实现；对速度扰动，认为这种非均质性相当于散射源，入射波场作用在这些散射源上，产生散射波场。广义屏算子是一种双域传播算子，它具有在空间域和波数域进行自我调整的能力。在均匀空间，波数域的运算起主导作用，而在非均匀区域，它按照一定权重在混合域中运算，权重与非均质性的程度成比例。广义屏波动方程叠前深度偏移具有较高的计算效率和处理精度，该方法不仅具有相移法和裂步傅里叶法效率高的优点，而且适用于速度场横向剧烈变化的情况。

逆时偏移是叠前深度偏移最为重要的实现方法，由于使用了双程波方程进行波场延拓，因此，对地层倾角没有限制，甚至可以利用多次波进行成像。但该方法对计算机资源要求较高，目前还没有在工业界取得大规模实际应用。

思考题和习题

1. 如图 7-21 所示，地下有 AB 一段倾角为 45° 的倾斜地层，试计算倾斜地层在深度域显示的自激自收剖面上的位置，并比较反射段长度和角度的变化情况。

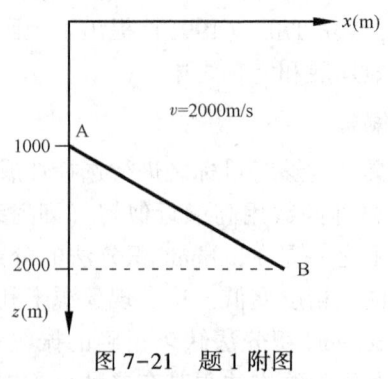

图 7-21　题 1 附图

2. 如图 7-1 所示，地层的倾角为 α，反射同相轴在深度域的倾角为 β，证明：

$\sin\alpha = \tan\beta$。

3. 证明式(7-4)关于偏移量 AB 与传播路径 AS、地层倾角 φ 的关系

$$AB = 2AS\left(\sin\frac{\varphi}{2}\right)$$

4. 什么是波场延拓和成像条件？解释爆炸反射界面成像原理、测线下延成像原理和时间一致性成像原理。

5. 比较克希霍夫积分法偏移与绕射扫描叠加偏移的相同点和不同点。

6. 为什么使用单程波方程进行偏移？为什么有限差分偏移要对单程波方程进行近似？

7. 为什么 f-k 域相移法偏移只适用于垂向速度变化的情况？

8. DMO 校正的目的是为了拉平 CMP 道集中倾斜地层产生的反射同相轴，这种说法对吗？为什么？

9. 为什么在常速介质情况下，NMO+DMO+叠后偏移等价于叠前时间偏移？

10. 比较积分法 DMO 和积分法叠前时间偏移的相同点和不同点。

11. 二维情况下 DMO 脉冲响应是椭圆轨迹，三维情况下 DMO 脉冲响应的轨迹是什么样子？由此，你会知道为什么三维 DMO 的运算效率远远高于三维叠前时间偏移。

12. 用双平方根算子表示的 f-k 域叠前偏移波场延拓公式为

$$\widetilde{u}(k_S,k_G,z,\omega) = \widetilde{u}(k_S,k_G,0,\omega)\,\mathrm{e}^{-\mathrm{i}\frac{\omega}{v}DSR(G,S)z}$$

请解释上面方程的物理意义。

13. 给出共炮点道集叠前偏移的主要步骤。

14. 为什么要进行深度偏移？深度偏移中绕射项和透镜项的作用分别是什么？

15. 简述 Kirchhoff 积分法叠前深度偏移的基本过程，为什么说旅行时计算是 Kirchhoff 积分法叠前深度偏移的关键？

16. 分析 Kirchhoff 积分法叠前深度偏移的优缺点。

17. 列举几个波动方程叠前深度偏移的方法。

参 考 文 献

何樵登，1981. 地震勘探原理与方法. 北京：地质出版社.

贺振华，1989. 反射地震资料偏移处理与反演方法. 重庆：重庆大学出版社.

金胜汶，等，2002. 基于波动方程的广义屏叠前深度偏移. 地球物理学报，45（5）：684-689.

李振春，张军华，2004. 地震数据处理方法. 东营：中国石油大学出版社.

马在田，1989. 地震成像技术有限差分法偏移. 北京：石油工业出版社.

牟永光，等，2007. 地震数据处理方法. 北京：石油工业出版社.

王华忠，等，1999. 地震波旅行时计算. 石油地球物理勘探，34（2）：155-163.

吴律，1997. 层析基础及其在井间地震中的应用. 北京：石油工业出版社.

熊翥，1993. 地震数据数字处理应用技术. 北京：石油工业出版社.

Berkhout A J, 1983. 地震偏移：波场外推法声波成像. 马在田，译. 北京：地质出版社.

Gazdag J, 1978. Wave equation migration with the phase shift method. Geophysics, 43: 1432-1351.

Gazdag J, Sguazzero P, 1984. Migration of seismic data by phase shift plus interpolation. Geophysics, 49: 124-131.

Hale D, 1984. Dip-movemout by Fourier transform. Geophysics, 49 (6): 741-757.

Holberg O, 1988. Towards optimal one-way wave equation. Geophysical Prospecting, 36: 99-114.

Huang P L, Wu R S, 1996. Prestack depth migration with acoustic screen propagation. Expanded Abstracts of 66th Annual International Meeting, SEG, 415-418.

Lee M W, Suh S Y, 1985. Optimization of one-way wave equation. Geophysics, 50: 1634-1637.

Li Z M, 1991. Compensating finite-difference errors in 3-D migration and modeling. Geophysics, 56: 1650-1660.

Notfors C D, Godfrey R J, 1987. Dip-moveout in the frequency-wavenumber domain. Geophysical Prospecting, 52: 1718-1721.

Popovici A M, 1996. Prestack migration by split-step DSR. Geophysics, 61: 1412-1416.

Ristow D, Ruhl T, 1994. Fourier finite-difference migration. Geophysics, 59: 1882-1893.

Stoffa P L, 1990. Split-step Fourier migration. Geophysics, 55: 410-421.

Stolt P H, 1978. Migration by Fourier transform. Geophysics, 43: 23-48.

Yilmaz O, 2001. Seismic Data Analysis. Society of Exploration Geophysicists.

Yilmaz O, Claerbout J F, 1980. Prestack partial migration. Geophysics, 45: 1753-1777.

第八章
噪声压制

在实际地震勘探中，地震检波器接收到的是观测点处所有的振动信号，其中可用于解决实际地质问题的振动信号称为有效波，其他妨碍有效波识别的振动信号称为噪声。地震资料中的噪声一般可分成两大类——不规则噪声和规则噪声。不规则噪声又称为随机噪声，在空间和时间上具有随机性，频带较宽，在实际地震数据中无处不在，运动学特征不明显，没有规律性，通常包括微震、背景干扰和系统噪声等。随机噪声虽然具有很强的随机性，但它遵循着一定的统计规律。而规则噪声又称为相干噪声，在空间和时间上具有一定的规律性，运动学特征明显，通常包括线性干扰、面波干扰、工频干扰以及多次反射、虚反射、侧面波和转换波等。在地震勘探中要想得到清晰的有效反射信号，就必须消减或者压制噪声，提高信噪比的工作被贯穿在地震数据采集、处理和解释的全过程之中，是一项任重道远的工作。本章主要介绍随机噪声、相干噪声及多次波等地震噪声的压制方法。

第一节 随机噪声压制

随机噪声一直存在于地震资料当中，它在地震剖面上显示出来是毫无规律、杂乱无章的，其方向和频率都是随机无序的，其无规律性给噪声压制带来很大的困难，因此随机噪声压制一直是地震资料处理的难点问题之一。本节主要介绍基于 FX 域预测滤波的随机噪声压制方法，并对其他随机噪声压制方法做简单的概述。

一、FX 域预测滤波随机噪声压制方法

地震有效信号是相干的、可预测的，随机噪声是杂乱无章、不可以预测的，因此利用预测滤波可以压制地震资料中的随机噪声。基于预测滤波的随机噪声衰减方法可以在频率—空间（FX）域实现，也可以在时间—空间（TX）域实现。常规线性预测滤波的假设条件是有效信号可以用自回归模型（autoregressive model，AR model）描述，当地震资料中含有随机噪声时，有效信号可以通过 AR 滤波器预测得到，而预测的残差部分即为随机噪声。

Canales（1984）证明了地震剖面中线性同相轴在频率域每一频率切片上沿空间方向具有可预测性，并据此提出 FX 域预测滤波技术来压制随机噪声，凭借其简单实用、去噪效果明显的特点，随之成为众多改进技术的基础，成为地震资料压制随机噪声的常用方法之一。

FX 域预测滤波技术是基于反射波同相轴在 FX 域具有可预测性的原理。首先考虑单一视速度（或倾角）情况，设一组子波为 $w(t)$，相邻道时差为 Δt，x 是空间变量，$x = n\Delta x$，$n = 1, 2, \cdots, N$，其中 N 是整个剖面的道数，第一道上时间为 t_1 的反射波为 $w(t-t_1)$，第二道则为 $w(t-t_1-\Delta t)$，依次类推，经 Fourier 变换后相应地变换为 $W(f)\mathrm{e}^{-\mathrm{i}2\pi ft_1}$，$W(f)\mathrm{e}^{-\mathrm{i}2\pi ft_1} \cdot \mathrm{e}^{-\mathrm{i}2\pi f\Delta t}$，……。其 Z 变换形式为

$$S_1(z) = \frac{W(f)\mathrm{e}^{-\mathrm{i}2\pi ft_1}}{1 - \mathrm{e}^{-\mathrm{i}2\pi f\Delta t}z} \tag{8-1}$$

可以明显看出预测算子为 $\mathrm{e}^{-\mathrm{i}2\pi f\Delta t}$。若地震剖面上有 M 个不同倾角的反射波，则有

$$S_M(z) = \sum_{j=1}^{M} S_j(z) = \sum_{j=1}^{M} \frac{W(f)\mathrm{e}^{-\mathrm{i}2\pi ft_j}}{1 - \mathrm{e}^{-\mathrm{i}2\pi f\Delta t_j}z} = \frac{P(z)}{Q(z)}$$

即

$$P(z) = S_M(z)Q(z) \tag{8-2}$$

其中，$Q(z)$ 为关于 z 的 M 次多项式，而 $P(z)$ 一般为 z 的 $(M-1)$ 次多项式，如果将 $Q(z)$ 视为一个预测误差滤波器的 Z 变换，用它对 $S_M(z)$ 的系数作滤波，当 $n \geq M$ 时 $P(z)$ 的 z^n 系数开始全部为 0，表示预测误差是零。换句话说，若剖面上有 M 个具有不同时差的线性的反射波同相轴，当预测因子的长度 $L \geq M$ 时，就可以把这些反射同相轴准确预测出来。

在实际应用中，可在 AR 模型基础上，采用复数域最小平方的方法，求取预测误差算子。考虑一个倾角为 p 的常振幅单个线性同相轴的地震剖面 $d(t,x)$，其频率域表达式为

$$D(f,x) = A(f)\mathrm{e}^{-\mathrm{i}2\pi fxp} \tag{8-3}$$

其中 $A(f)$ 是第一道数据的频谱，简记 $D(f,x)$ 为 $D(f)$，那么第 n 道和第 $n-1$ 道有如下的关系

$$D_n(f) = a_1(f)D_{n-1}(f) \tag{8-4}$$

其中 $a_1 = \exp(-\mathrm{i}2\pi fp\Delta x)$，这是一阶差分方程，也称为一阶 AR 模型，表示的是一个复谐波。如果有 M 个线性同相轴，可以得到一个 M 阶的自回归方程

$$D_n(f) = \sum_{j=1}^{M} a_j(f)D_{n-j}(f) \tag{8-5}$$

如果地震数据中含有噪声，在最小平方意义下，可以得到如下的最小平方优化问题

$$\min_{a_j(f)} \left\| D_n(f) - \sum_{j=1}^{M} a_j(f)D_{n-j}(f) \right\|_2^2 \tag{8-6}$$

上述优化问题等价于求解如下的方程（以 $M = 2$ 为例）

$$\begin{bmatrix} D_3(f) & D_2(f) & D_1(f) \\ D_4(f) & D_3(f) & D_2(f) \\ D_5(f) & D_4(f) & D_3(f) \\ D_6(f) & D_5(f) & D_4(f) \\ \cdots & \cdots & \cdots \\ D_{N-2}(f) & D_{N-3}(f) & D_{N-4}(f) \\ D_{N-1}(f) & D_{N-2}(f) & D_{N-3}(f) \end{bmatrix} \begin{bmatrix} a_1 \\ a_2 \\ a_3 \end{bmatrix} = \begin{bmatrix} D_4(f) \\ D_5(f) \\ D_6(f) \\ D_7(f) \\ \cdots \\ D_{N-1}(f) \\ D_N(f) \end{bmatrix} \qquad (8-7)$$

可以简记为

$$Fa = d \qquad (8-8)$$

在最小平方意义下，可以获得滤波器 a 为

$$a = (F^T F)^{-1} F^T d \qquad (8-9)$$

一旦获得了 AR 模型的复系数 a，可以通过式(8-5)估计有效信号。

在此方法基础上，许多地球物理学者对预测滤波的方法进行了研究并提出了一系列改进算法。Yilmaz 和 Kuehl（2001）利用信号的 ARMA（autoregressive-moving average）特征估计预测误差滤波器（prediction error filter，PEF），PEF 的自褶积的结果就是随机噪声的估计。Hodgson 等（2002）提出了一种频率域压制三维地震资料随机噪声的方法，在有效频率带宽内采用光滑滤波器（如 2D 均值滤波）衰减随机噪声。针对非平稳地震资料，Bekara 和 van der Baan（2009）提出了 FX 域经验模式分解法压制非稳态地震资料中的噪声，采用经验模式分解分析非稳态的地震信号，利用有效信号和随机噪声在分解域可分离的特性压制随机噪声。Liu 等（2012）在非平稳滤波器基础上提出了非稳态自回归随机噪声压制方法，在二维和三维地震数据中获得了较好的结果（Liu and Chen，2013）。

图 8-1(a) 为一实际资料的原始地震剖面，随机噪声较为明显，采用三种预测滤波的方法对其进行去噪处理，可以看出预测滤波的方法可以很好地压制随机噪声。

二、其他随机噪声压制方法简述

除了预测滤波类算法外，还有一些较为成熟的滤波算法可用于地震勘探资料噪声压制，比如数学变换（傅里叶变换、Curvelet 变换、Radon 变换等）、时频峰值滤波、多项式拟合、经验模态分解及机器学习等。

数学变换方法中最经典的是傅里叶变换带通滤波，带通滤波通过选取最高和最低频率对地震数据进行滤波，达到保留有效信号频带范围、压制噪声频带范围的目的。近年来，小波变换、Shearlet 变换和 Curvelet 变换等具有局部性的数学变换也被应用到地震噪声压制中，这些方法对地震数据的有效表征能力进行稀疏变换，将地震信号在稀疏变换域里面稀疏地表示出来，然后在变换域进行阈值收缩后再反变换回时空域从而消减地震数据中的噪声。数学变换类算法阈值或门槛都需要根据地震数据特征设计，阈值一般有软阈值、硬阈值和自适应阈值等，这些参数的选取需要地震有效信号的先验信息，因此阈值的选取算法要求较高。

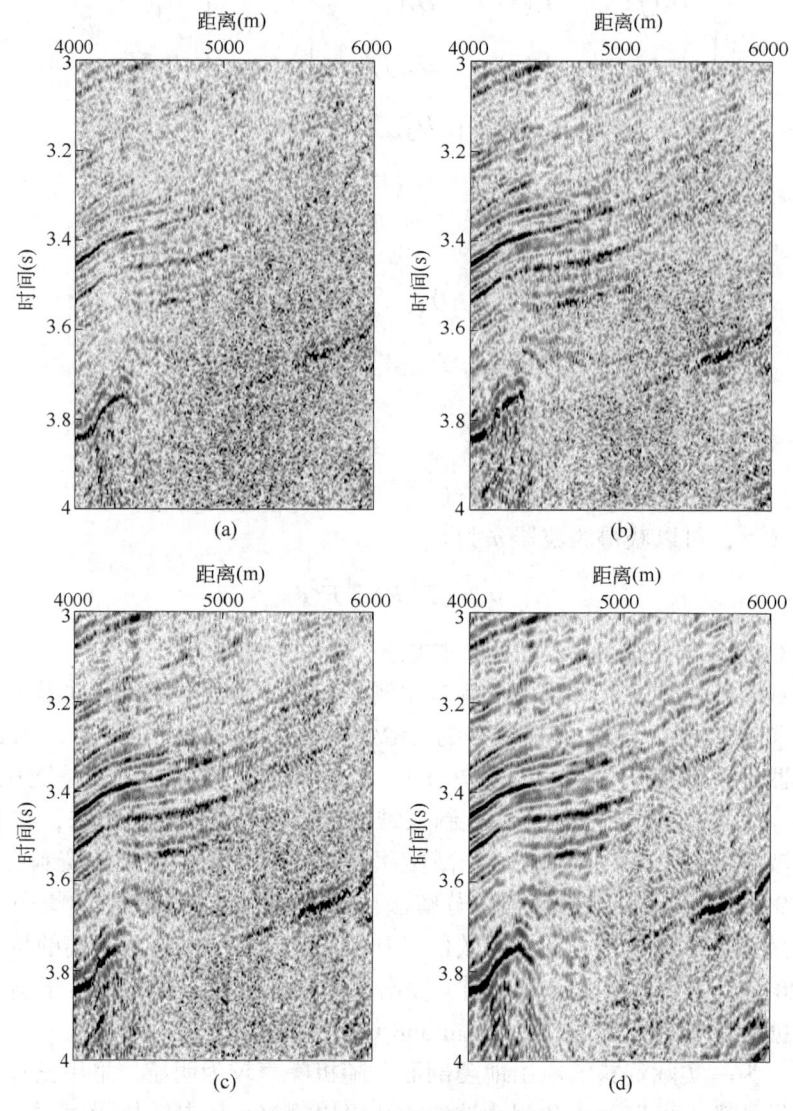

图 8-1 三种预测滤波方法
(a) 原始含噪声地震数据;(b) FX 域预测滤波;(c) TX 域预测滤波;(d) 改进的非平稳自回归滤波

时频峰值滤波算法在近年来得到了迅速的发展,并广泛应用于地震噪声压制中。该算法首先将含噪信号调制为解析信号的瞬时频率,随后在魏格纳—维利分布中利用瞬时频率的峰值来恢复信号,从而将有效信号和噪声进行分离。时频峰值滤波具有在较少的约束条件下压制强随机噪声的优点,并且适用于非平稳噪声的处理,同时不需要有效信号的先验信息,可以很好地应对地震记录的复杂情况。

多项式拟合方法利用地震有效信号在空间上的相似性,在时窗内通过道间相关确定有效波的时空位置,根据各道的相关系数对其进行能量分配,完成有效信号时间和振幅两方面的拟合,从而有效提高地震记录的信噪比。在时空内使用时间窗并同时使用时间和振幅的双重拟合,这使得滤波结果的信噪比有了大幅度提高,同时高频成分不受损失,能保持原有信号的分辨率和原始各道的相对振幅。这种方法要求地震信号在空间上保持一定的连续性,相位和幅度变化均匀,且波形的变化不能太大。

经验模态分解方法是以希尔伯特变换为基础，根据信号自身时间尺度特征自适应时频处理的算法。使用经验模态分解方法对地震信号进行分解，可得到若干个包含信号不同频段信息的固有模态函数。虽然经验模态分解能够很好地获取信号的细节信息，但该方法提取的固有模态分量中往往会存在模态混叠现象，其表现为在不同的模态分量具有相似的信号特征和时间尺度信息，或是在同一个模态分量中，出现差异性较大的信号特征和时间尺度信息。经验模态分解和小波变换结合消除地震信号噪声，能够取得较好的地震去噪效果。

基于机器学习的地震智能去噪算法是随着人工智能技术的发展而提出来的，利用神经网络强大的学习能力、灵活有效的学习方式和分明的网络结构层次性，直接从地震资料含噪数据和去噪数据之间学习到一种去噪的映射关系，然后将学习到的网络应用到地震数据的去噪处理中，从而获得更优的去噪效果。但该方法在训练样本集的选取、计算效率和适用性等方面还需要深入研究。

第二节　相干噪声压制

规则噪声是指有一定的主频和一定视速度的噪声，多道数据之间具有相关性，因此相干噪声一般利用其空间相关性进行压制。如面波可以通过 f-k（频率—波数）滤波去除；线性干扰可以通过 Radon 变换去除；多次波可以通过预测自适应相减去除。本节主要讨论基于 f-k 滤波的相干噪声衰减方法，有关多次波压制的内容见本章第三节。

频率域带通滤波考虑一个变量的情况，利用有效信号和噪声在频带范围的差异进行噪声压制。相干噪声由于在时间和空间上具有相干性，考虑时间和空间两个变量，就要进行二维滤波。与一维滤波一样，二维滤波可通过时空域二维褶积实现，也可通过二维傅里叶变换域乘积实现。

考虑二维地震信号 $d(t,x)$，t 是时间变量，x 是空间变量，它的二维傅里叶变换为

$$D(f,k) = \int_{-\infty}^{+\infty}\int_{-\infty}^{+\infty} d(t,x) \mathrm{e}^{-\mathrm{i}2\pi(ft+kx)} \mathrm{d}t\mathrm{d}x \tag{8-10}$$

其反变换为

$$d(t,x) = \int_{-\infty}^{+\infty}\int_{-\infty}^{+\infty} D(f,k) \mathrm{e}^{\mathrm{i}2\pi(ft+kx)} \mathrm{d}f\mathrm{d}k \tag{8-11}$$

频谱 $D(f,k)$ 是二维复函数，f 是时间变量对应的频率，k 是空间变量对应的波数。

设 $h(t,x)$ 为二维滤波因子，$y(t,x)$ 为二维滤波后的输出信号，则经过二维滤波后的地震数据可以用下列二维褶积公式表示

$$y(t,x) = \int_{-\infty}^{+\infty}\int_{-\infty}^{+\infty} h(\tau,\xi) \mathrm{d}(t-\tau, x-\xi) \mathrm{d}\tau\mathrm{d}\xi \tag{8-12}$$

上式是时空域褶积运算，根据傅里叶变换性质，上述二维滤波可以在二维傅里叶域通过乘积实现。

令 $D(f,k)$ 和 $H(f,k)$ 分别为滤波前二维地震数据 $d(t,x)$ 和二维滤波因子 $h(t,x)$ 的二

维傅里叶变换，f-k 滤波可以表示为

$$Y(f,k) = H(f,k) \cdot D(f,k) \quad (8-13)$$

$Y(f,k)$ 为滤波后地震数据的二维傅里叶变换。$H(f,k)$ 是根据有效信号和噪声在 f-k 平面上的分布特征确定的

$$H(f,k) = \begin{cases} 0 & (f,k \in 干扰区) \\ 1 & (f,k \in 有效区) \end{cases} \quad (8-14)$$

常见的 f-k 滤波，其滤波因子 $H(f,k)$ 具有规则的几何图形，如扇形滤波器。扇形滤波器频谱响应为

$$H(f,k) = \begin{cases} 1 & \left(\left|\dfrac{f}{k}\right| \geq v, |f| \geq f_N\right) \\ 0 & (其他) \end{cases} \quad (8-15)$$

频谱图如图 8-2 所示。

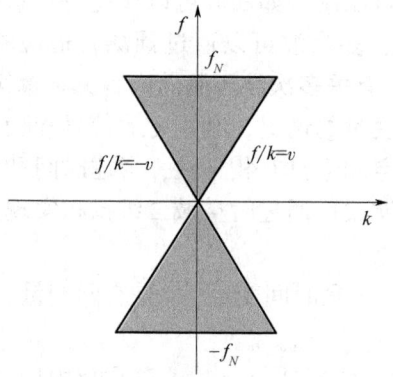

图 8-2　扇形滤波器示意图

式(8-15) 中的 v 是视速度，是表示地震剖面中相干同相轴倾角的量，对于相干噪声面波来说，视速度比较低。

f-k 滤波的基本流程如下：

（1）对地震记录进行二维傅立叶变换，得到频波谱；

（2）根据有效信号和噪声的特点寻找 f-k 域噪声的分布区域 D；

（3）将噪声分布区 D 映射到滤波器的频波谱上，即 $|H(f,k)| = 0$，$f, k \in D$；

（4）为了克服吉普斯现象，对滤波器的频波谱进行适当的镶边；

（5）求 $Y(f,k) = H(f,k) \cdot D(f,k)$；

（6）对 $Y(f,k)$ 进行二维傅立叶反变换获得去噪后的结果。

图 8-3(a) 是浅海地震道集，存在明显的相干噪声（线性同相轴），经过 f-k 滤波后线性噪声得到较好压制［图 8-3(b)］。图 8-4 是 f-k 滤波前后频谱对比，滤波因子形状不必局限于扇形，在本例中 f-k 滤波将左边象限大部分冲零，谱的左侧绝大部分是空间假频成

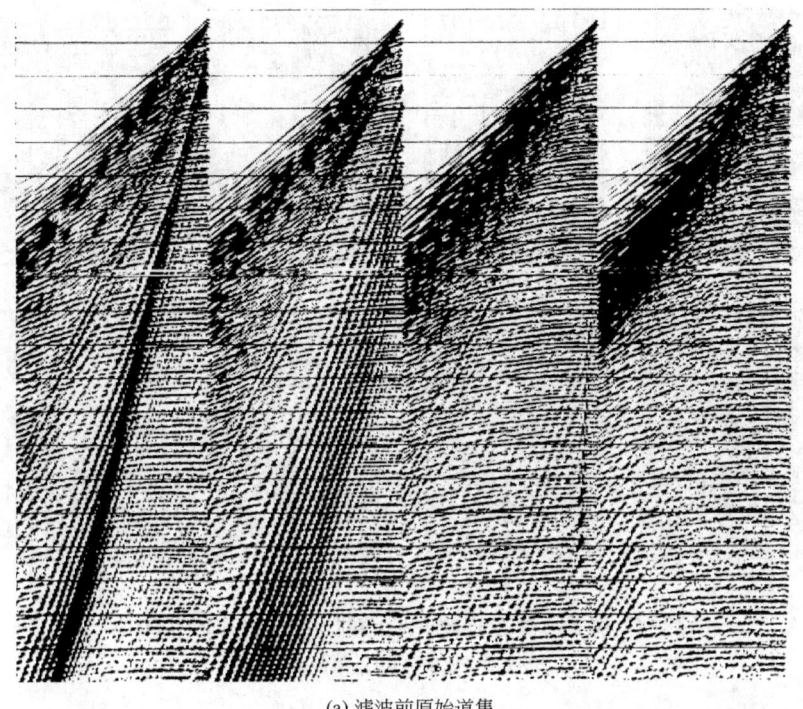

(a) 滤波前原始道集

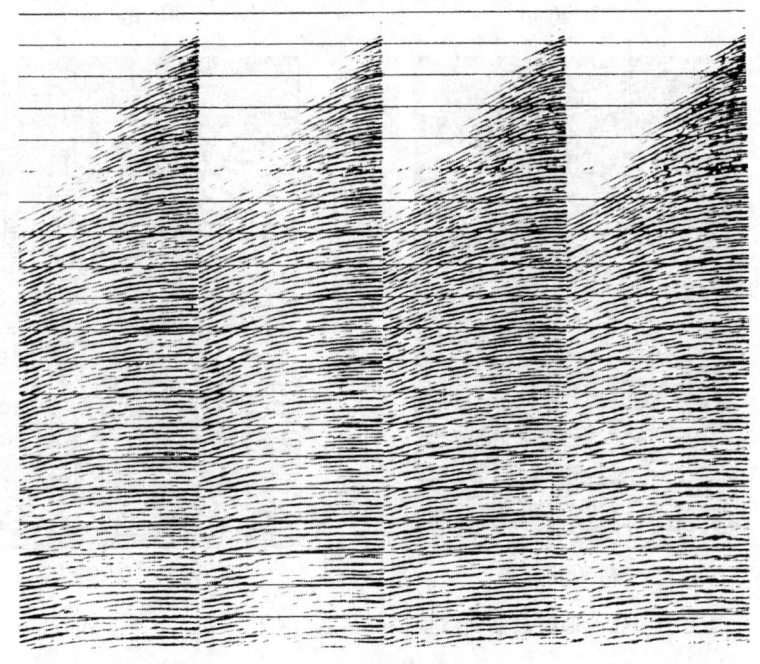

(b) f-k 滤波后道集

图 8-3　海洋地震数据相干线性噪声压制前后对比（据 Yilmaz，2001）

分，这样线性噪声所包含假频成分就消除了。图 8-5 给出了一个陆地地震数据面波噪声压制的例子，可以看出，经过 f-k 滤波后，地震剖面中强的面波能量被压制了，有效波被显现出来。

除 f-k 滤波外，相干噪声还可以通过合成相减法、Radon 变换、径向道变换、十字交叉

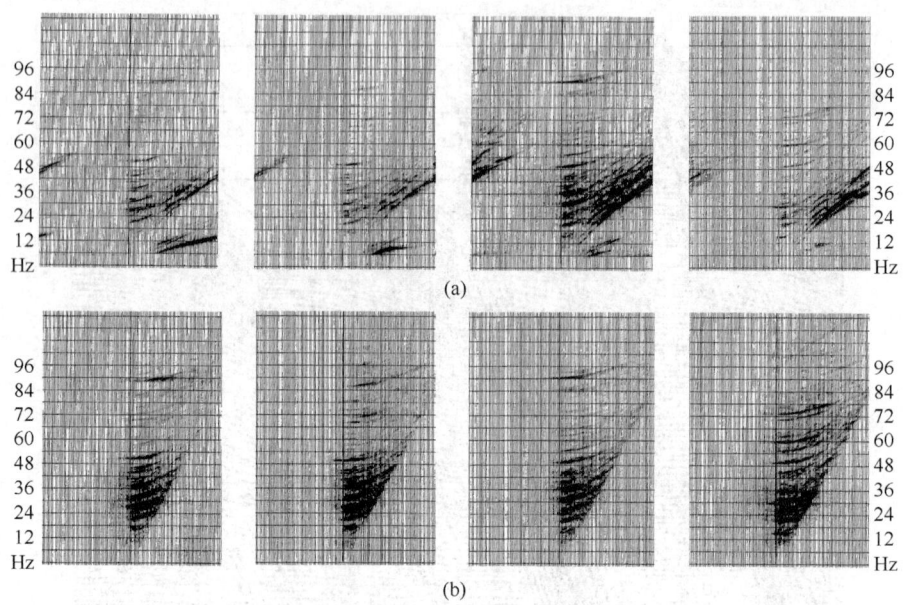

图 8-4 图 8-3 中数据的 $f-k$ 谱对比（据 Yilmaz, 2001）
（a）滤波前 $f-k$ 谱；（b）滤波后 $f-k$ 谱

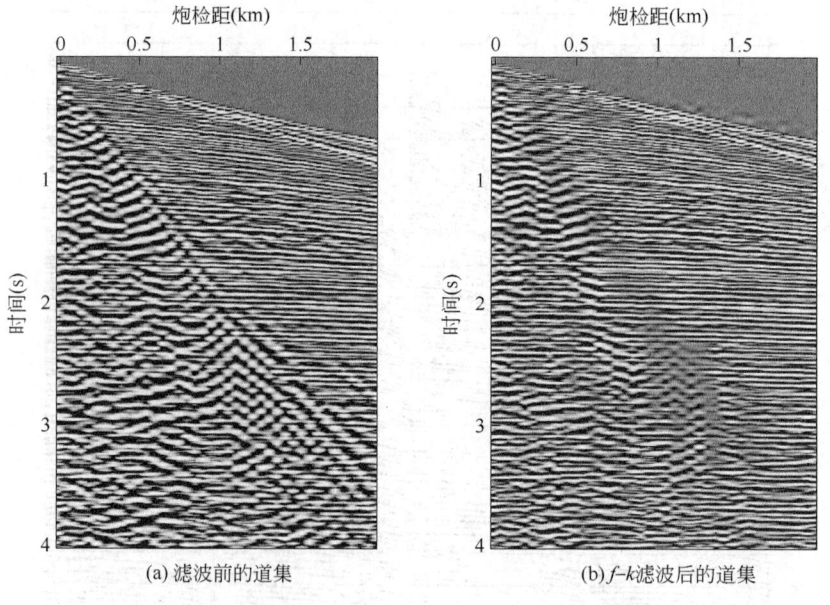

图 8-5 陆地地震数据面波噪声压制前后对比（据 Liu 等，2009）

排列等方法进行压制。在实际地震数据噪声压制处理中，一般遵循先强振幅后弱振幅、先低频后高频、先规则后非规则、先普遍后特殊的原则。在叠前地震数据噪声压制中，首先压制面波及低频线性干扰波，然后再对折射波、随机噪声、声波等进行压制。对噪声的处理首先要认识噪声，认真分析各类干扰源产生噪声的类型、频带范围、能量强弱及在不同域的表现，可以采用六分法即分类、分时、分频、分域、分步、分区的方法进行噪声压制，提高资料的信噪比。

第三节 多次波压制

一、多次波定义

以地震波传播中发生上行反射和下行反射的位置和次数可以对地震波波场进行分类。如果只有一个上行反射，没有下行反射，这种波就被定义为一次波。如果有至少一次下行反射，这种波就被定义为多次波。因此，多次波是指在地下介质传播过程中经历至少一次下行反射的地震波。如图8-6所示，一次波[图8-6(a)]只在地下介质发生了一次上行反射，而多次波[图8-6(b)]在传播过程中则发生了至少一次下行反射（圆圈所示）。多次波的阶数可以通过下行反射的次数来确定，如图8-6(b)中的多次波都发生了一次下行反射，因此被称为一阶多次波；而图8-6(c)中的多次波发生了两次下行反射，因此可称为二阶多次波。

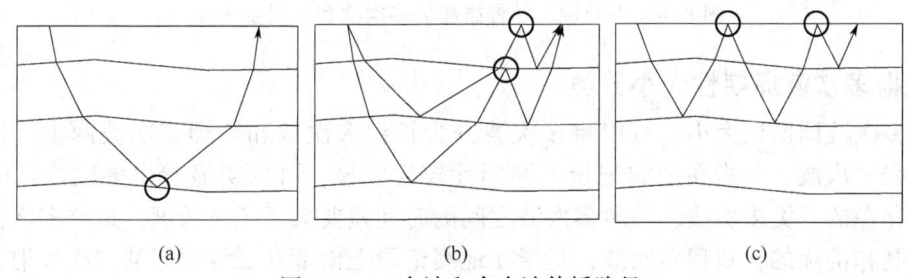

图8-6　一次波和多次波传播路径
(a) 一次波传播路径；(b) 一阶多次波传播路径；(c) 二阶多次波传播路径

多次波可以按下面两种情况进行分类。

1. 根据发生最浅下行反射的界面位置分类

根据发生最浅下行反射的界面位置，多次波可分为自由表面多次波（或表层相关多次波）和层间多次波。自由表面多次波或表层相关多次波，是指发生下行反射的最浅位置位于地表或海平面[图8-7(a)、(b)]；层间多次波是指发生下行反射的最浅位置位于地表或海平面以下[图8-7(c)]。

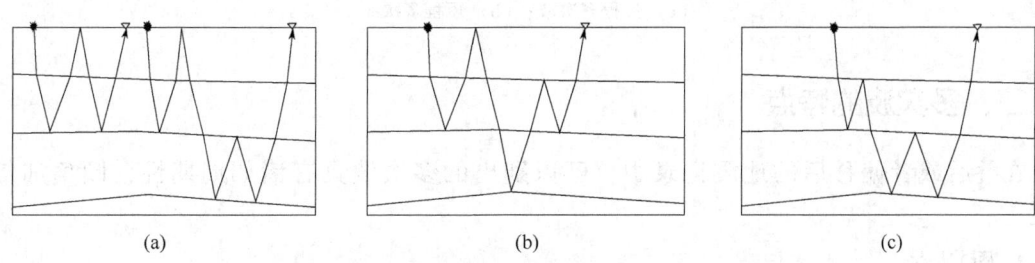

图8-7　根据发生最浅下行反射的界面位置分类
(a) 表层相关多次波；(b) 表层相关多次波；(c) 层间多次波

根据上述的分类方法，在图8-8中，(a)、(b)、(c)均为表层相关多次波，(d)为层间多次波。其中，(a)、(b) 的表层相关多次波，在第一层为海水介质的情况下，也称为鸣震。

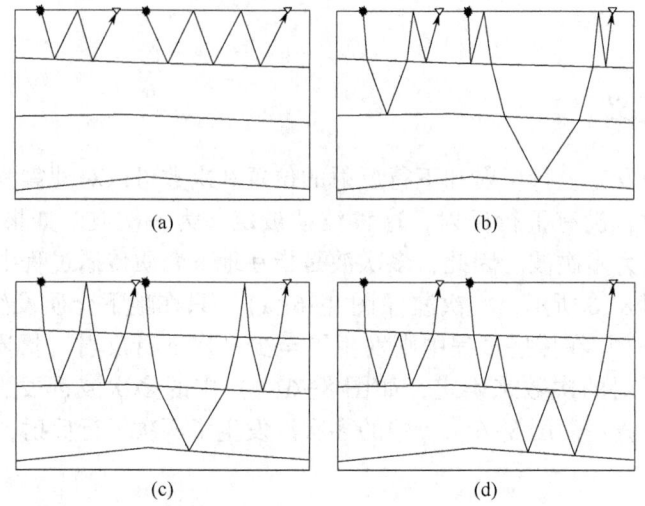

图 8-8 不同种类的表层相关多次波和层间多次波

2. 根据多次波周期性大小分类

根据多次波周期性大小，可以将多次波分为长程多次波和短程多次波两类，如图 8-9 所示。长程多次波，是指在地震记录上周期性较为明显，可以明显看出多次波之间是分离的、独立存在的一类多次波，一般多次波之间的时间差要大于子波长度，这类多次波是比较好进行预测和消除的；短程多次波，是指在地震记录上由薄互层等引起的多次反射波，多次波之间的时间差要远小于子波长度，这类多次波较难去除。

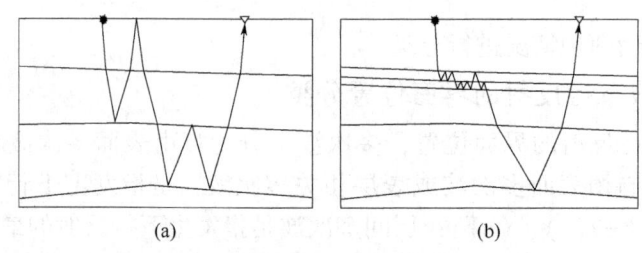

图 8-9 根据多次波周期性大小分类
(a) 长程多次波；(b) 短程多次波

二、多次波的特点

在叠后或者偏移后的地震记录中，可识别出的多次波具有诸如周期性、倾角加倍等特性。

1. 周期性

如果剖面中的某个同相轴按照某个固定的时间间隔出现，振幅以某种形式增强或者减弱，那么这个同相轴就有可能是多次波。海洋数据中的海底多次波就是这一类多次波。

2. 倾角加倍、与深层一次波绕射出现交叉的性质

多次波反射的同相轴和一次波反射同相轴的形状是相同的。若某地层具有一定的倾角，其对应的多次波反射的倾斜角度为一次波倾斜角度的倍数（阶数即倍数）。若一次反射具有一定的倾角角度，其对应的多次反射可以靠同相轴倾斜角度的增加来识别。多次波的阶数越高，其同相轴的倾斜角度越大。另外，多次波反射的同相轴也可能和深层的一次波绕射出现交叉的现象，这也是识别多次波的一个重要特征。

3. 局部构造聚焦或者散焦的性质

若地层局部有一些如背斜或者向斜的小构造，这些小构造对反射波的旅行时和振幅会有一定的影响。多次反射会将这个影响放大，这表现为局部构造的聚焦或者散焦。一般来说，向斜类构造底部和背斜类构造两侧的边界聚焦，向斜类构造两侧和背斜类构造顶部散焦。

4. 高阶多次波振幅放大特性

多次波除了随阶数的增加倾角加倍以外，横向振幅的变化也会变得更加剧烈。实际数据中，地层构造（倾角）和横向振幅对地震波场中多次波的影响是结合在一起出现的。沿着地震剖面，经常可以看到纵向的高低振幅能量带，这是多次波的典型表现。

5. 和一次波之间的干涉效应或者不同地层多次波之间的干涉效应

若地震数据中多次波很多而且多次波之间相互交叉干涉，则多次波就会具有上述的各种特征。这种情况下多次波的识别就要靠各种特征的综合。例如，起伏地层的多次波在叠加剖面上，可以表现出周期性，也可以有聚焦和散焦的性质，高阶的多次波也可以出现振幅的放大效应，起伏的地层如果总体上具有某个倾角，那么还会有倾角的增倍效应。

三、多次波压制方法

多次波压制的方法一般可分为两类：一类是通过寻找一次波和多次波特征和性质的差异来压制多次波，统称为滤波法；另一类则是从地震数据中预测或模拟出多次波，然后将其从地震数据中减去的方法，统称为预测相减法，这种方法一般是对所记录的地震波场进行正演和反演。

1. 滤波法

滤波法主要是利用多次波和一次波在某些特殊变换域内显示出来的明显差异压制多次波的方法，一般这种特殊变换域内差异使得多次波和一次波的分离比在时间—空间域更加容易。这类方法通过各种变换技术将一次波和多次波在变换域内分开，利用切除之类的方法分离一次波和多次波后再反变换回到时间—空间域，最后实现滤除多次波。

滤波法利用的主要是一次波和多次波之间正常时差的差异。正常时差差异是指在一次波与多次波相交处，由于多次波是由浅层的全程或层间的多次反射所形成，其传播速度为浅层的速度，比相交处一次波的速度低，利用介于多次波和一次波之间的一个校正速度对地震数据进行校正，可以将一次波和多次波分离开。这类多次波压制方法包括共中心点叠加法、$f-k$ 滤波、Radon 变换等。

以抛物线 Radon 变换多次波压制方法为例（图 8-10）来说明滤波法多次波压制的过程。图 8-10(a) 为动校正后的 CMP 道集，假设道集中一次波（实线）被动校正为平直或者上

翘（过校正）的形状，因此其曲率为零或负值；而多次波由于上文阐述的原因，是向下弯曲（欠校正）的形状，因此其曲率为正值。利用抛物线 Radon 变换将道集变换至 Radon 域后［图 8-10(b)］，一次波位于左侧，多次波位于右侧。为保护数据中一次波能量，一般的多次波压制做法是将 Radon 域的一次波切除掉，然后 Radon 反变换回到时间—空间域的多次波，再将多次波从原数据中减去，得到只有一次波的道集，即多次波压制后的结果［图 8-10(c)］。

滤波法与预测相减法相比，计算成本低，效率高，所以在基于滤波法使用条件满足，并有较好的多次波压制效果时，应作为首选来进行多次波压制。

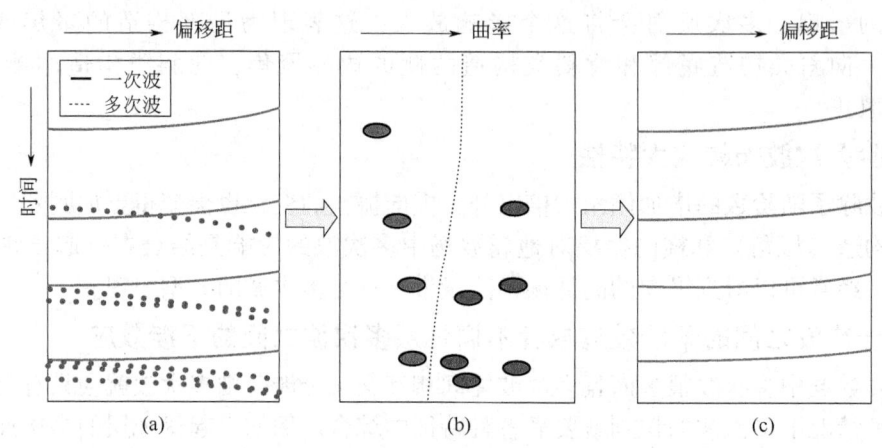

图 8-10 Radon 变换示意图
(a) 时空域地震数据；(b) Radon 域数据；(c) 多次波压制后的数据

2. 预测相减法

在地层速度存在反转或者地下介质十分复杂时，滤波类算法会失效。多次波压制还有一类十分有效的方法，就是预测相减法。该类方法是利用多次波产生的波动理论，基于速度模型或地震数据自身来预测多次波，然后将其从地震数据中自适应地减去。

最早的预测相减法是预测反褶积，该方法是基于一维波场传播求取滤波算子，来移除地震数据中的周期重复出现的多次波。基于二维甚至三维波场传播理论发展而来的预测相减法有波场延拓、反馈迭代、逆散射级数和恒定内插法四种。每种方法对先验和后验信息的要求程度不同，每种方法的机制理论也不同。波场延拓是模型驱动的正演和减去法，即从地震数据提取出模型，地震正演得到多次波记录，之后将其自适应减去，得到多次波压制后的结果。而反馈迭代、逆散射和恒定内插方法是数据驱动的、基于反演过程的预测方法，即利用地震数据自身预测出多次波记录，之后将其从地震数据中自适应减去。

图 8-11 展示的是反馈迭代方法进行多次波压制的例子，反馈迭代方法英文为 Surface-Related Multiple Elimination，简称为 SRME。SRME 方法是目前工业界进行海洋地震数据处理中常用的多次波压制方法之一。图 8-11(a) 是原始地震数据的共偏移距地震剖面，图 8-11(b) 是 SRME 方法预测的多次波，图 8-11(c) 是将预测出的多次波从原数据中自适应减去后的结果，即多次波压制后的结果。

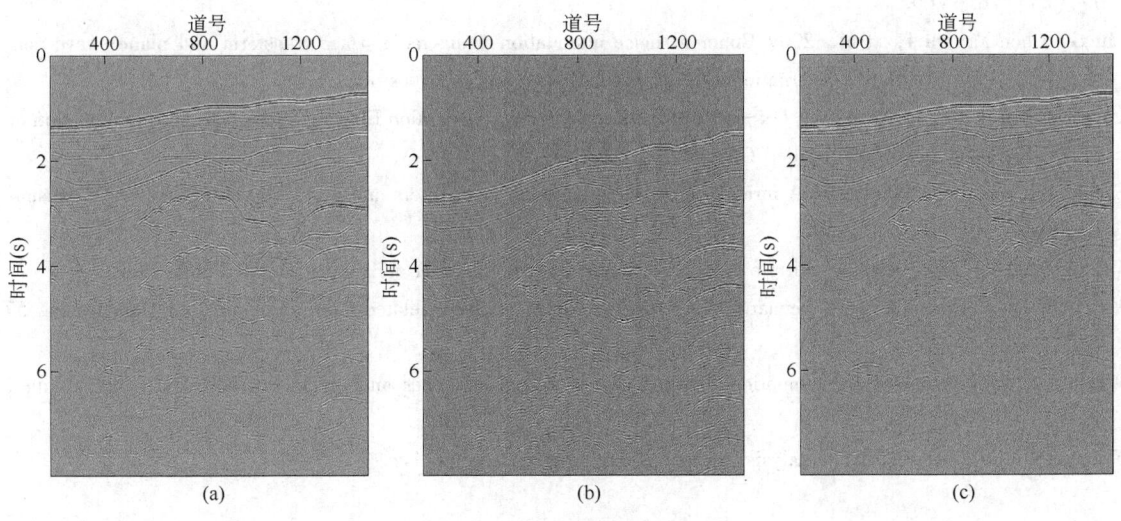

图 8-11 SRME 多次波压制示例
(a) 含多次波地震数据；(b) 预测的多次波；(c) 多次波压制后的数据

思考题和习题

1. 预测滤波随机噪声压制方法的基本原理是什么？基于这个原理，预测滤波类噪声压制如何改进与发展？
2. 数学变换类噪声压制方法的基本思想是什么？了解一些数学变换噪声压制方法。
3. 基于 f-k（频率—波数）滤波的相干噪声衰减方法的基本原理和步骤是什么？
4. 滤波方法压制多次波的原理是什么？简述 Radon 变换多次波压制方法。
5. 预测相减法压制多次波的基本思想是什么？

参 考 文 献

马继涛, 2009. SRME 压制多次波方法研究. 北京：中国石油大学（北京）.

屈绍忠, 杨振邦, 2013. 叠前六分法去噪技术在地震资料处理中的应用. 煤炭技术, 32：104-105.

宋家文, Verschuur D J, 陈小宏, 2014. 多次波压制的研究现状与进展. 地球物理学进展, 29（1）：240-247.

张军华, 2011. 地震资料去噪方法：原理、算法、编程及应用. 东营：中国石油大学出版社.

Bekara M, van der Baan M, 2009. Random and coherent noise attenuation by empirical mode decomposition. Geophysics, 74（5）：V89-V98.

Canales L, 1984. Random noise reduction. Expanded Abstracts of 54th Annual International Meeting, SEG：525-527.

Hampson D, 1986. Inverse velocity stacking for multiple elimination. Journal of the Canadian Society of Exploration Geophysicists, 22：44-55.

Hodgson L, Whitcombe D, Lancaster S, et al, 2002. Frequency slice filtering-a novel method of seismic noise attenuation. Expanded Abstracts of 72nd Annual International Meeting, SEG：2214-2218.

Liu G, Chen X, Du J, et al, 2012. Random noise attenuation using f-x nonstationary autoregression. Geophysics,

77 (2): V61-V69.

Liu G, Chen X, Du J, et al, 2009. Coherent noise attenuation using radial trace transform and plane-wave construction. CPS/SEG Beijing International Geophysical Conference & Exposition.

Liu G, Chen X, 2013. Noncausal $f-x-y$ regularized nonstationary prediction filtering for random noise attenuation on 3D seismic data. Journal of Applied Geophysics, 93: 60-66.

Sacchi M, Kuehl H, 2001. ARMA formulation of FX prediction error filters and projection filters. Journal of Seismic Exploration, 9 (3): 185-198.

Verschuur D J, 2006. Seismic multiple removal techniques-past, present and future. EAGE Publications.

Veschuur D, Berkhout A J, Wapenaar C P A, 1992. Adaptive surface-related multiple elimination. Geophysics, 57 (9): 1166-1177.

Weglein A B, 1999. Multiple attenuation: an overview of recent advances and the road ahead. The Leading Edge, 18 (1): 40-44.

Yilmaz O, 2001. Seismic Data Analysis. Society of Exploration Geophysicists.

第九章 多波多分量地震数据处理

本章介绍多波多分量地震资料处理的方法，重点介绍了转换波资料处理方法，包括转换点的计算、转换波速度分析、转换波动校正、转换波静校正、转换波叠后偏移、转换波DMO、转换波叠前偏移和弹性波逆时偏移等。

第一节 多波多分量地震数据处理的基本概念

一、多波多分量地震勘探简介

1. 多波多分量地震勘探概念

多波多分量地震勘探采用多种地震波激发、多分量检波器接收来实现地震勘探。根据震源和检波器的特点，可以将多波多分量地震勘探分为九分量地震勘探、四分量地震勘探和三分量地震勘探。

九分量地震勘探采用P波、SV波和SH波震源分别激发地震波，三分量检波器同时接收地震波，所以又称为三源三分量地震勘探，能够记录到九个分量的地震记录，这些记录几乎包含了地下主要类型的体波信息，如纵波（PP波）、横波（SS波）、转换纵波（SP波）和转换横波（PS波）等。

四分量地震勘探采用两类横波震源（SV波和SH波）分别激发地震波、两水平分量（X分量和Y分量）检波器接收地震波，所以又称为双源—双分量地震勘探或横波勘探。

三分量地震勘探采用纵波震源激发、三分量检波器接收，三分量检波器记录的主要是纵波与转换横波。

2. 多波多分量地震勘探意义

由于多波多分量地震勘探数据中包含了更为丰富的地震波场，对这些数据的纵波、横波和转换波信息进行分析、处理与解释，能够在一定程度上弥补纵波勘探的不足，提高勘探的精度，主要表现在：

（1）提高构造成像精度，如气烟囱区的构造成像、陡倾界面成像等；
（2）利用纵波与横波速度比值提高岩性识别精度；
（3）利用横波分裂现象提高裂隙参数反演精度；
（4）联合利用纵波与横波的振幅信息提高流体预测精度。

二、多波多分量地震资料处理流程

以九分量地震资料为例，其处理流程如图 9-1 所示。

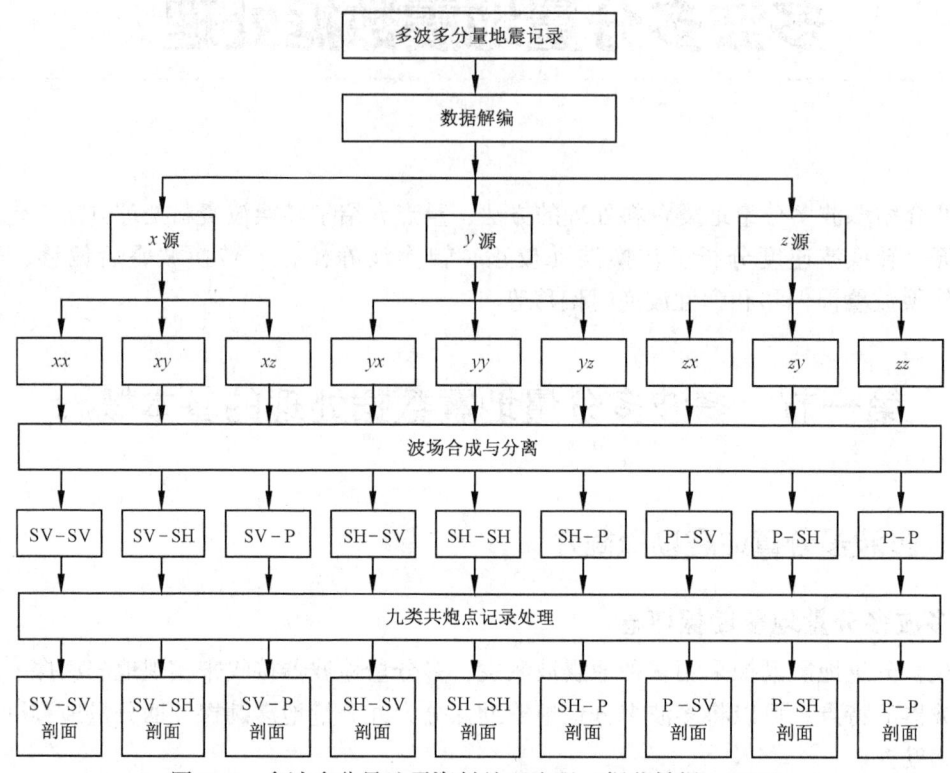

图 9-1　多波多分量地震资料处理流程（据董敏煜，2002）

由流程图可见，多波地震资料处理主要包括波场分离、九类地震记录的数据处理。

三、波场分离

1. 纵波和横波波场分离

当反射纵波、反射横波传播到地面检波器时，如果其传播路径与地面不垂直，则检波器的水平分量和垂直分量均会记录到纵波和横波，波场分离的目的是从水平分量和垂直分量记录中分离出纵波和横波记录。目前，纵波、横波波场分离方法主要基于二者的偏振特征和速度特征来进行分离。对于高速层出露区采集得到的三分量资料，往往需要进行波场分离。

2. 水平分量波场分离

由于近地表往往存在低速带，反射波通过低速带后以近似垂直方向出射到地表，使得纵波主要被垂直分量记录下来、横波主要被水平分量记录下来，因此，在存在低速带地区通常不必进行纵波、横波波场分离，可以将垂直分量近似为纵波记录、水平分量近似为横波记录。图 9-2 为陆上某工区采集的地面三分量地震资料，垂直分量上的几组反射波同相轴基本上没有出现在水平分量上，水平分量上的反射波同相轴也基本上没有出现在垂直分量上，表明了近地表低速带对反射纵波和横波具有一定的解耦作用。

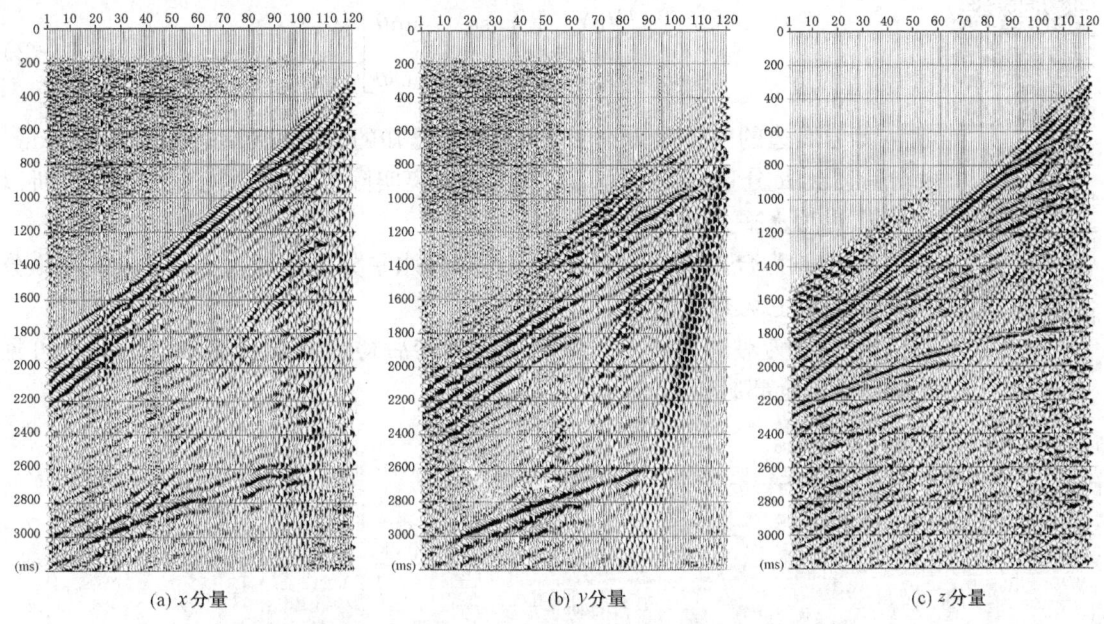

图 9-2　陆上某工区采集的地面三分量地震资料

但是，当炮点和检波点连线与检波器 x 分量存在一定夹角（不平行）时，SV 波和 SH 波均会在两个水平分量上有投影。水平分量波场分离的目的是从 x 分量和 y 分量记录中分离出 SV 波和 SH 波。

一般说来，在三分量三维地震勘探中，x 分量平行于接收测线，y 分量垂直于接收测线。由于炮点和检波点连线方向一般都与接收测线方向有一定的夹角，所以传到检波点的 SV 波和 SH 波都会在 x 分量和 y 分量上有投影，导致实际观测得到的 x 分量和 y 分量记录中，既包含 SV 波（径向分量——R 分量），又包含 SH 波（切向分量——T 分量）。要得到 SV 波和 SH 波，需要对 x 分量和 y 分量进行波场分离。

如图 9-3 所示，设炮点和检波点连线方向与测线方向的夹角为 θ，则 x 分量、y 分量与 R 分量、T 分量之间的关系为

$$\begin{pmatrix} U_x \\ U_y \end{pmatrix} = \begin{bmatrix} \cos\theta & -\sin\theta \\ \sin\theta & \cos\theta \end{bmatrix} \begin{pmatrix} U_R \\ U_T \end{pmatrix} \tag{9-1}$$

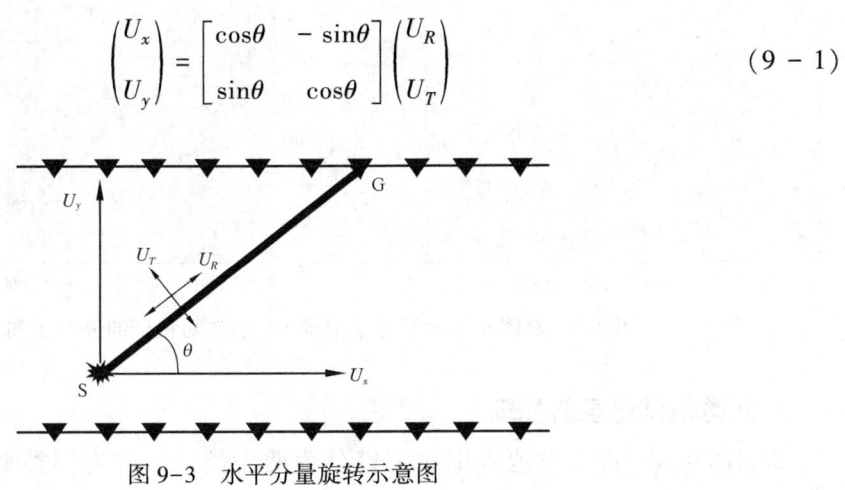

图 9-3　水平分量旋转示意图

其中，U 表示位移。对上式进行化简可以得到

$$\begin{pmatrix} U_R \\ U_T \end{pmatrix} = \begin{bmatrix} \cos\theta & \sin\theta \\ -\sin\theta & \cos\theta \end{bmatrix} \begin{pmatrix} U_x \\ U_y \end{pmatrix} \qquad (9-2)$$

彩图 9-4

彩图 9-5

上式等号右边的三个量 U_x、U_y 和 θ 都是已知的，所以利用上式可由 x 分量、y 分量得到 R 分量、T 分量。上述波场分离实际上是一个旋转的过程，所以又可以称为水平分量旋转。

图 9-4 为合成得到的三分量三维单炮水平分量记录，可见转换波在 x 分量和 y 分量上均有投影。

图 9-5 为对图 9-4 水平分量进行旋转后得到的 R 分量和 T 分量，可见转换 SV 波全部旋转到 R 分量上。

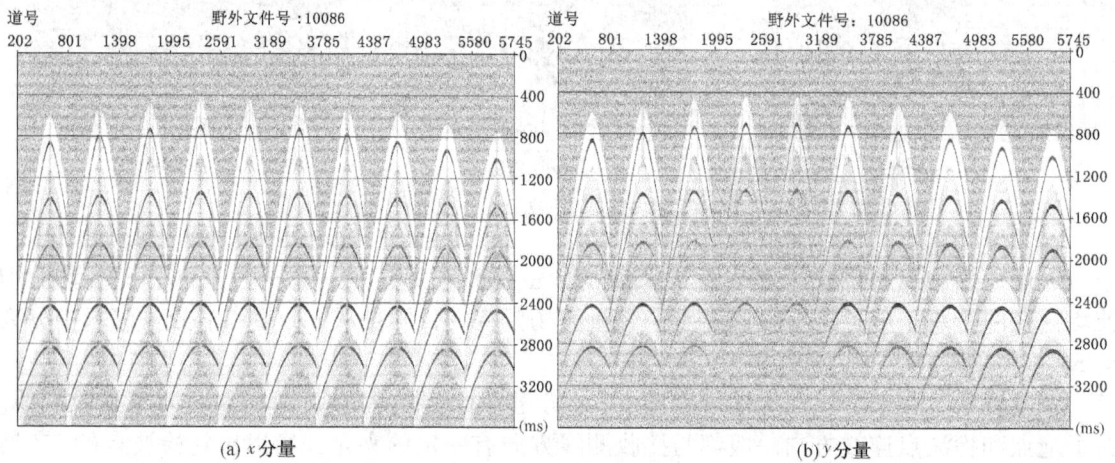

图 9-4 合成得到的三分量三维水平分量记录

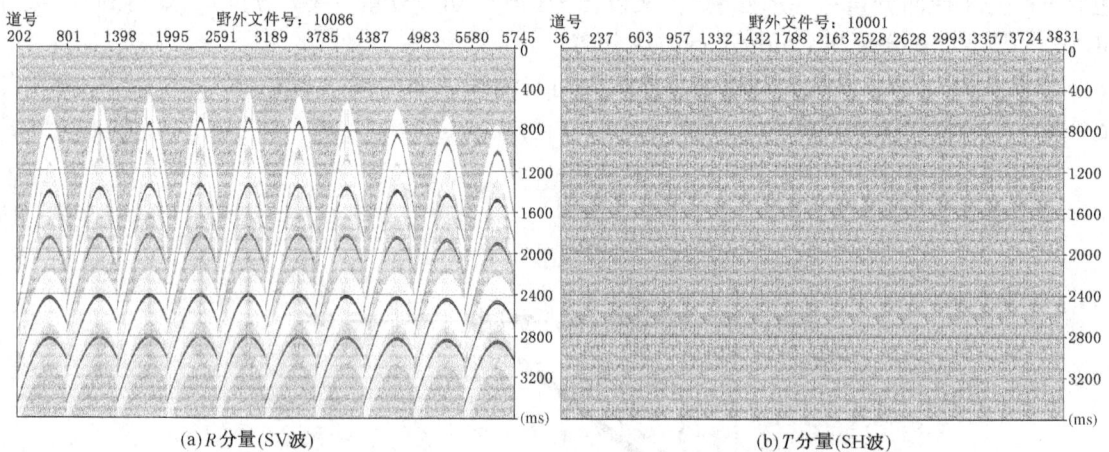

图 9-5 对图 9-4 水平分量记录进行旋转后得到的 R 分量和 T 分量

3. 九类地震记录的处理

根据图 9-1，将九类地震记录可以分为两大类：一类为同类型的波，包括 P-P 波、

SV-SV 波和 SH-SH 波等，这类波由于射线路径对称，可用修改后的常规纵波资料处理方法进行处理；另一类为转换波，包括 P-SV 波、P-SH 波、SV-P 波、SV-SH 波、SH-P 波和 SH-SV 波等，由于这类波的射线路径不对称，因而不能采用纵波资料处理方法进行处理。

多波多分量地震资料处理主要包括两部分内容，一部分为纯纵波、纯横波的处理，另一部分为转换波的处理。前面章节已经对常规资料处理方法进行了系统介绍，这些方法适合于纯纵波、纯横波资料处理，本章将介绍 PS 转换波资料处理方法。

第二节　PS 转换波地震数据处理方法

一、转换波传播特点

如图 9-6 所示，由震源产生的下行 P 波，遇到界面后转换形成 S 波，然后上行传播到地面。对于水平反射层，时距曲线方程可写为

$$t_{PS} = \frac{1}{v_P}\sqrt{x_P^2 + z^2} + \frac{1}{v_S}\sqrt{(x - x_P)^2 + z^2}$$

(9-3)

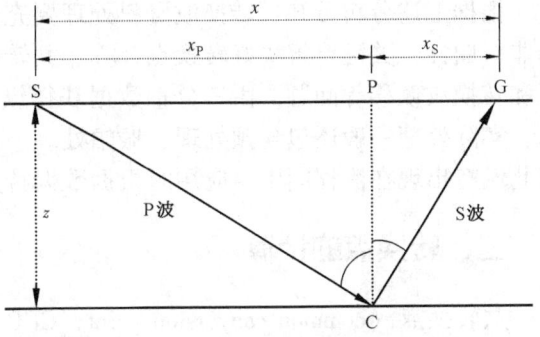

图 9-6　PS 转换波传播射线路径示意图

式中，v_P 和 v_S 分别为介质的纵波速度和横波速度；x 为炮检距；x_P 为震源点到转换点的水平距离；z 为反射界面深度。

可以看出，转换波传播的主要特点有：

(1) 由于射线路径的不对称性，即使对于水平层状介质而言，转换波的共中心点道集不再是共转换点道集，如图 9-7 所示。对于同一道而言，检波器所接收到的反射波，其反射点水平位置随着反射界面深度的加深逐渐向炮点位置靠近。

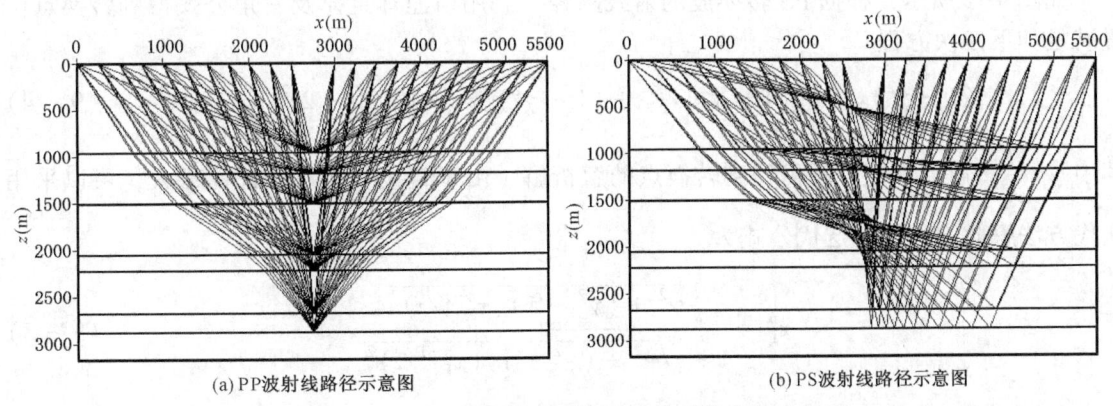

图 9-7　共中心点道集 PP 波和 PS 波射线路径示意图

(2) 纵波垂直入射到分界面上，不会产生转换波，转换波只是在中等炮检距上有较强

的能量，如图 9-8 所示。

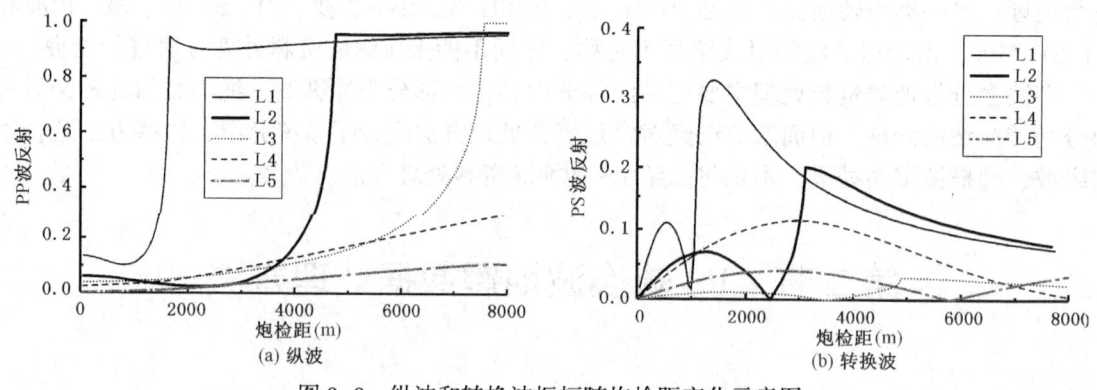

图 9-8 纵波和转换波振幅随炮检距变化示意图

（3）即使是水平界面均匀介质，旅行时和炮检距的关系也不再满足双曲线关系，因而采用双曲时距方程进行处理将产生较大误差。

根据上述分析可知，转换波资料处理要充分考虑转换波传播路径的非对称性和时距曲线的非双曲性，关键要解决好转换点计算、共转换点道集选排、转换波速度分析、转换波动校正和转换波偏移等问题。由三分量数据获得纵波和转换波剖面的处理基本流程如图 9-9 所示，实际处理一般还包含预处理、振幅处理、反褶积和去噪等，由于类似于常规纵波处理，因此没有出现在流程图中，应用时根据数据特点选择使用。

二、转换点的计算

共转换点（common conversion point，CCP）道集分选是 PS 转换波处理流程中一个很关键的处理步骤，也是转换波处理与常规纵波处理的一个最主要的差别。共转换点的位置与炮检距、反射层深度以及纵横波速度之比有关，计算好转换点位置至关重要。

关于转换点的计算，已经进行了很多研究工作。总体看来，计算转换点的一类方法为近似公式法，另一类为精确公式法。

1. 均匀介质下的 CCP 计算方法

如图 9-1 所示，根据 PS 转换波的射线路径，利用斯涅耳定律及三角公式得到转换点位置满足如下四次方程

$$(1-\gamma^2)x_P^4 - 2(1-\gamma^2)xx_P^3 + (1-\gamma^2)(z^2+x^2)x_P^2 - 2z^2xx_P + z^2x^2 \quad (9-4)$$

其中 $\gamma = \dfrac{v_P}{v_S}$，解此四次方程可得到转换点的解析解。由于直接解此方程计算量大，可以采用迭代方法解此方程，其迭代公式为

$$x_P^n = \dfrac{\sqrt{\gamma^2 + (\gamma^2-1)(x_P^{n-1}/z)^2}}{1 + \sqrt{\gamma^2 + (\gamma^2-1)(x_P^{n-1}/z)^2}} x \quad (9-5)$$

初值为 $x_P^0 = \dfrac{\gamma}{1+\gamma}x$，它表示界面深度趋于无穷大时转换点的位置，所以该点又称为渐进转换点（asymptotic conversion point，ACP）。

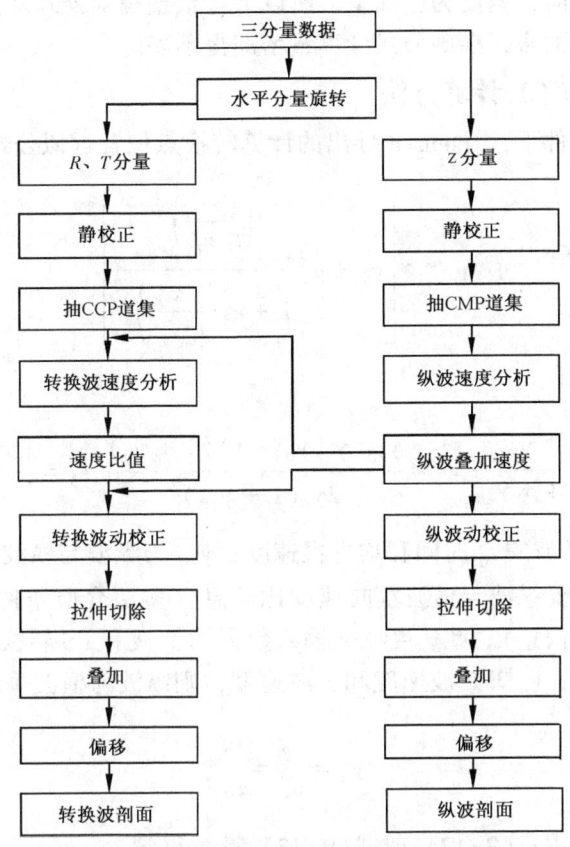

图 9-9 纵波和转换波资料处理流程

在实际应用中为了计算转换点更为方便、简单，可以采用近似公式。

在 x/z 值不大时，利用泰勒级数展开，可以得到如下近似公式

$$x_P \approx x\left[c_0 + c_2\left(\frac{x}{z}\right)^2\right] \tag{9-6}$$

其中
$$c_0 = \frac{\gamma}{1+\gamma}; \quad c_2 = \frac{\gamma(\gamma-1)}{2(\gamma+1)^3}$$

上式在 $x/z \leqslant 1/0.8$ 时较为精确。当 x/z 较小时，可以忽略掉高阶项，得到计算转换点的渐近线表达式为

$$x_P \approx c_0 x = \frac{\gamma}{1+\gamma} x \tag{9-7}$$

当 x/z 较大时，可采用如下近似公式

$$x_P \approx x\left[c_0 + c_2 \frac{\left(\frac{x}{z}\right)^2}{1 + c_3\left(\frac{x}{z}\right)^2}\right], c_3 = \frac{c_2}{1-c_0} \tag{9-8}$$

上式比式(9-6) 更精确。当 $x/z \leqslant 1/0.3$ 时，两式都较为精确。

由于在进行动校正时，速度为已知量，所以最好根据精确公式来计算转换点的位置，相对于近似公式的计算量而言，精确公式计算量增加得不多。

2. 层状介质下的 CCP 计算方法

在水平层状介质条件下，Thomsen 导出的计算转换点位置近似公式为

$$x_P \approx x \left[c_0 + c_2 \frac{\left(\frac{x}{t_{c_0} v_{c_2}}\right)^2}{1 + c_3 \left(\frac{x}{t_{c_0} v_{c_2}}\right)^2} \right] \qquad (9-9)$$

其中

$$c_0 = \frac{\gamma_{\text{eff}}}{1 + \gamma_{\text{eff}}}, c_2 = \frac{\gamma_{\text{eff}}(\gamma_{\text{eff}} \gamma_0 - 1)(1 + \gamma_0)}{2\gamma_0 (1 + \gamma_{\text{eff}})^3}, c_3 = \frac{c_2}{1 - c_0} \qquad (9-10)$$

t_{c_0} 和 v_{c_2} 分别为 PS 转换波的 t_0 时间和均方根速度；γ_{eff} 为纵波与横波有效速度比。

共转换点的计算需要纵波与横波垂向速度比信息（多层介质条件下的 CCP 计算则需要纵波与横波有效速度比信息）。此速度比从输入数据的 P 波和 PS 转换波的速度场计算得到。

在均匀介质条件下，已知 P 波速度和 S 波速度，则纵波与横波垂向速度比为

$$\gamma_0 = \frac{v_P}{v_S} = \frac{t_{S_0}}{t_{P_0}} \qquad (9-11)$$

式中的 S 波速度可以利用式(9-12) 或式(9-13) 计算得到

$$v_S = \frac{v_P v_{PS}}{2v_P - v_{PS}} \qquad (9-12)$$

$$v_S = \frac{v_{PS}^2}{v_P} \qquad (9-13)$$

式中，v_S 为 S 波平均速度；v_P 为 P 波平均速度；v_{PS} 为转换波平均速度。

层状介质条件下，已知 P 波速度和 PS 波速度 v_{P_2} 和 v_{c_2}，则纵波与横波有效速度比 γ_{eff} 由下式计算

$$\gamma_{\text{eff}} = \frac{v_{P_2}^2}{(1 + \gamma_0) v_{c_2}^2 - v_{P_2}^2} \qquad (9-14)$$

三、转换波时距方程

1. 转换波双曲时距方程

当排列较短时，转换波时距曲线方程可以近似表示为双曲线形式

$$t_{PS} = \sqrt{t_{0PS}^2 + \left(\frac{x}{v_c}\right)^2} \qquad (9-15)$$

式中 t_{PS}——转换波在炮检距为 x 时的传播时间；
t_{0PS}——转换波双程垂直传播时间；
v_c——转换波动校正速度。

对于水平层介质而言

$$v_{nmo} = \sqrt{v_P v_S}$$

式中 v_P 和 v_S——纵波和横波均方根速度。

由于转换波传播的特殊性，即使在均匀介质中，转换波时距方程也不是双曲线的，这种方程随着排列长度的增加，误差变大。

2. 转换波双平方根时距方程

在均匀介质中，转换波时距曲线方程可以表示为

$$t_{PS} = \sqrt{\left(\frac{1}{1+\gamma}t_{0PS}\right)^2 + \left(\frac{x_P}{v_P}\right)^2} + \sqrt{\left(\frac{\gamma}{1+\gamma}t_{0PS}\right)^2 + \left(\frac{x_S}{v_S}\right)^2} \quad (9-16)$$

其中
$$\gamma = v_P/v_S$$

式中 γ——纵波速度 v_P 与横波速度 v_S 的比值；
x_P 和 x_S——转换点到炮点和检波点的距离。

该方程也可以近似表示水平层状介质中转换波时距曲线方程，此时把反射界面以上介质等效为均匀介质，用一个纵波速度和一个横波速度来描述，这两个速度的意义都是均方根速度。

水平层状介质中精度更高的转换波时距方程为

$$t_{PS} = \sqrt{\left(\frac{1}{1+\gamma}t_{0PS}\right)^2 + \frac{x_P^2}{v_P^2(1+gx_P^2)}} + \sqrt{\left(\frac{\gamma}{1+\gamma}t_{0PS}\right)^2 + \frac{x_S^2}{v_S^2(1+gx_S^2)}} \quad (9-17)$$

式中 v_P——介质的纵波均方根速度；
γ——纵波、横波速度比值；
g——介质垂向非均匀性。

对于均匀介质，g 值为 0，则此方程退化到常规双平方根方程。

3. 转换波高阶时距方程

由于转换波传播的特殊性，即使在均匀介质中，转换波双曲时距方程（9-15）仍然存在较大误差。为了提高转换波时距方程的精度，Thomsen（1999）推导出转换波高阶时距方程为

$$t_{PS}^2(x) = t_{0PS}^2 + \frac{x^2}{v_c^2} + \frac{A_4 x^4}{1 + A_5 x^2} \quad (9-18)$$

其中

$$v_c = \sqrt{v_P v_S}, A_4 = \frac{-(\gamma-1)^2}{4(\gamma+1)t_{0PS}^2 v_c^4}, A_5 = \frac{-A_4 v_c^2}{1 - \frac{v_c^2}{v_P^2}}$$

这个方程虽然在均匀介质中也不精确成立，但相对于双曲方程（9-15）来说，已经具有了较高精度。

4. 各向异性介质的转换波时距方程

n 层 VTI（Vertical Transverse Isotropy，具有垂直对称轴的横向各向同性）各向异性介质条件下 PS 转换波的时距方程为

$$t_{PS}^2 = t_{c_0}^2 + \frac{x^2}{v_{c_2}^2} - \frac{\gamma_{eff} - 1}{\gamma_{iso} v_{c_2}^2} \frac{[\gamma_{iso} - 1 + 8\chi_{eff}/(\gamma_{iso}^2 - 1)]x^4}{4t_{c_0}^2 v_{c_2}^2 + [\gamma_{iso} - 1 + 8\chi_{eff}/(\gamma_{iso}^2 - 1)]x^2} \quad (9-19)$$

其中
$$\chi_{eff} = \eta_{eff}\gamma_0\gamma_{eff}^2 - \zeta_{eff}$$

式中，χ_{eff}、η_{eff} 和 ζ_{eff} 分别为转换波、P 波和 S 波的各向异性参数。

方程用于各向异性介质时对于近、中炮检距都是准确的。上式表明在各向异性介质中，转换波动校正由三个参数控制，其中 v_{c_2} 控制近炮检距双曲线动校正，γ_{iso} 控制中等炮检距非双曲线动校正，χ_{eff} 控制远炮检距各向异性动校正。实际上，各向异性介质中的转换波时距方程也可以表示为双平方根形式。

四、转换波速度分析

1. 双曲速度分析

这种方法实际是将转换波速度分析按照纵波速度分析方法处理，利用的是双曲方程（9-15），其动校正速度反映的既不是纵波动校正速度，也不是横波动校正速度，而是包含有纵波和横波速度信息的综合速度。此方法在炮检距相对较小时适用。

2. 速度比谱分析

利用双平方根时距方程（9-16），可以实现速度比值谱分析，具体步骤为：

（1）首先利用纵波资料进行速度分析得到纵波速度；

（2）在已知纵波速度后，利用上述公式进行速度比值扫描，得到速度比值谱，通过解释得到速度比值，进而得到横波速度。

由于转换波速度分析是在已抽取的 CCP 道集上进行横波叠加速度扫描，只有当扫描速度与抽取 CCP 道集所用的速度一致时，速度分析扫描横波叠加速度所对应的转换波非双曲时距曲线才是来自同一个 CCP 点，而其他速度扫描时则就不是来自同一个 CCP 点。所以，上述转换速度分析的迭代方法是一种近似方法。

为了克服上述缺点，避开迭代过程，对转换波速度分析方法进行了改进，使转换波速度分析与 CCP 道集选排同时进行。这种方法称为无迭代速度比分析方法，具体实现步骤如下：

（1）首先在 CDP 道集上进行纵波速度分析，得到纵波叠加速度。

（2）在给定的 CCP 点上，对于不同的 t_{0PS}，采用不同的横波叠加速度 v_S（或纵波与横波速度比值 γ）进行非双曲扫描。在用不同横波叠加速度进行扫描时，根据 t_{0PS}、v_P 和 v_S，可以计算出来自该 CCP 位置 t_{0PS} 时间点不同炮检距所对应的地震道位置（炮点位置和检点位置），然后将该地震道相应时间的地震数据以一定窗长取出来，得到该炮检距的数据。这一系列不同炮检距的数据就形成了速度分析的矩阵数据，进而可以采用叠加法、相关法或奇异值分解方法等计算速度分析检测因子。

（3）将不同 t_{0PS} 和 v_S 所对应的速度分析检测因子以等值线方式或曲线方式进行显示，得到转换波速度谱。在解释速度谱时，应将转换波层位和纵波层位结合起来进行分析，以得到最佳横波叠加速度。

图 9-10 为采用上述无迭代速度分析方法得到的转换波速度比值谱和相应 CCP 动校正道集，由图可见，速度比值谱能量较为集中。利用解释得到的速度比值对转换波进行 CCP 道集抽取与动校正，从得到的动校正道集上看，转换波信噪比高、动校正效果较好。

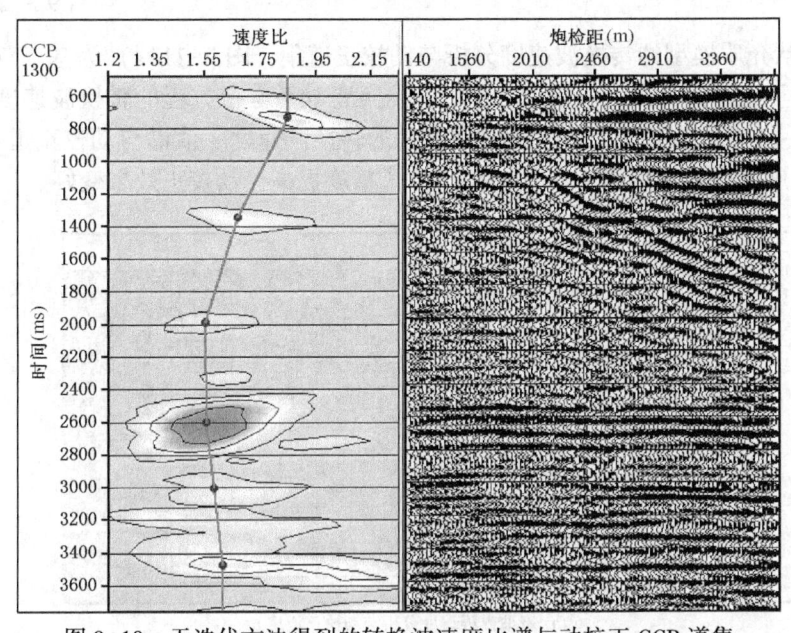

图 9-10　无迭代方法得到的转换波速度比谱与动校正 CCP 道集　　彩图 9-10

3. 大炮检距转换波速度分析

当炮检距较大时，应采用高精度转换波时距方程。以式（9-17）为例，该转换波时距方程有三个参数待定。在速度分析过程中，可以对三个参数同时扫描，但这样做不仅计算量较大，而且存在多解性。故采用对三个参数逐步计算的方法，具体步骤为：

（1）利用纵波资料进行纵波速度分析得到纵波速度 v_P；

（2）在已知纵波速度 v_P 后，利用式(9-16) 进行速度比值分析，得到 γ 值；

（3）在已知纵波速度 v_P、速度比值 γ 后，利用式(9-17) 进行 g 值扫描，得到 g 值谱，通过解释得到 g 值。

需要说明的是，考虑到不同转换波时距方程的精度，在用式(9-16) 进行转换波速度比值分析时，所用的转换波资料炮检距为中等炮检距以内；在用式(9-17) 进行转换波 g 值分析时，所用的转换波资料炮检距达到较大炮检距。当转换波资料信噪比较低时，可以先利用纵波资料求取 v_P 和 g，然后再利用转换波资料求取 γ。

五、转换波动校正

通过速度分析得到地下介质参数后，即可进行转换波动校正。转换波动校正的目的是把非零炮检距转换波旅行时间校正到零炮检距转换波双程垂直旅行时间，动校正公式为

$$\Delta t_{PS} = t_{PS} - t_{0PS} \tag{9-20}$$

例如，利用式(9-17) 实现转换波动校正的公式为

$$\Delta t_{PS} = t_{PS} - t_{0PS} = \sqrt{\left(\frac{1}{1+\gamma}t_{0PS}\right)^2 + \frac{x_P^2}{v_P^2(1+gx_P^2)}} + \sqrt{\left(\frac{\gamma}{1+\gamma}t_{0PS}\right)^2 + \frac{x_S^2}{v_S^2(1+gx_S^2)}} - t_{0PS}$$

(9-21)

图 9-11 为某水平层状介质模型的转换波速度分析与动校正道集，图 9-11(a) 为基于双曲方程的转换波速度谱与动校正道集，图 9-11(b) 为基于转换波双平方根方程的转换波速度比值谱与动校正道集，图 9-11(c) 为基于大炮检距时距方程的转换波速度 g 值谱与动校正道集，由图可见，随着转换波速度分析参数的增多，其动校正公式精度提高，动校正效果变好。

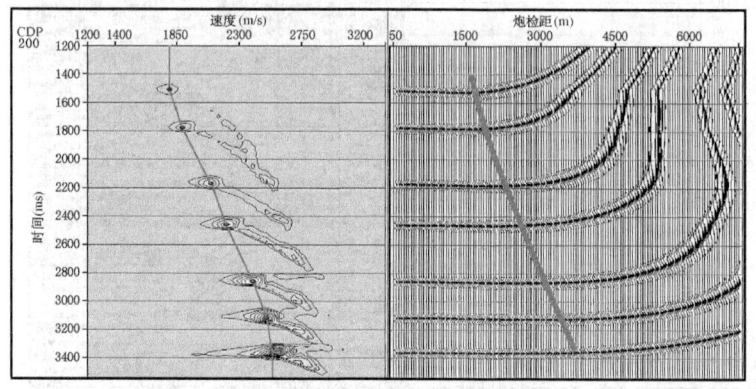

(a) 双曲方程速度分析与动校正道集

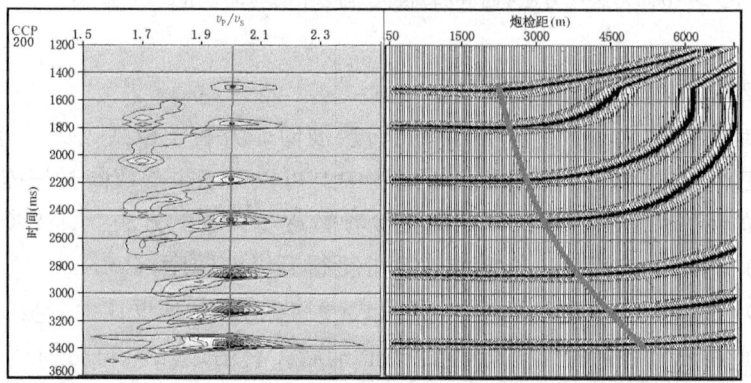

(b) 双平方根方程速度分析与动校正道集

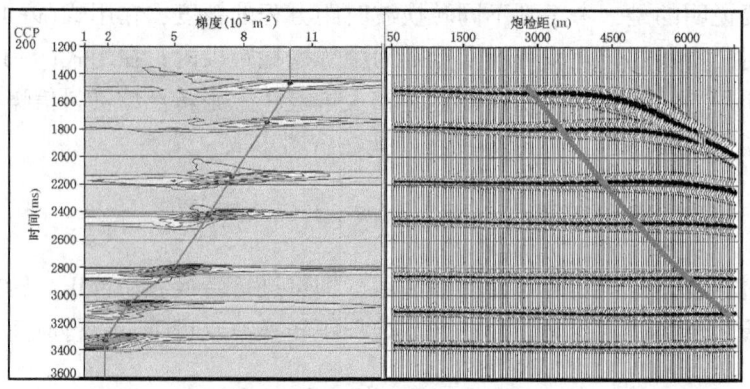

彩图 9-11

(c) 大炮检距时距方程速度分析与动校正道集

图 9-11　转换波速度分析与动校正道集对比

六、转换波静校正

转换波静校正包括炮点纵波静校正和检波点横波静校正。对于炮点静校正量的消除，可以采用常规纵波的炮点静校正量予以消除，因此转换波静校正主要是解决检波点横波静校正问题。由于近地表横波速度低、变化大，横波静校正量一般为纵波静校正量的2倍以上。因此，在转换波资料处理中，消除近地表横波速度对反射横波传播影响（即横波静校正）的问题尤为突出。

目前针对横波静校正的方法主要有三类。第一类是利用勒夫波的频散特性来反演横波速度（Mari，1984），进而计算横波静校正量，这种方法要求能够观测到勒夫波。第二类是利用非转换型的横波折射波来反演近地表横波速度（Fraser 和 Winterstein，1990），进而计算横波静校正量，但这种方法需要横波震源激发地震波。实际上，在许多地区难以观测到勒夫波，而且目前普遍采用纵波震源激发也难以观测到非转换型横波折射波，因此使得上述两种方法的应用受到限制。Cary 和 Eaton（1993）提出了最大叠加能量法来直接求解横波静校正，这是第三类方法。这种方法类似于剩余静校正，不能够从根本上解决长波长横波静校正问题。Li（2002）提出了一种利用 z 分量和 x 分量地震记录初至波时差来解决横波静校正的简洁方法，该文认为来自高速层的上行反射 P 波传入低速度层时，会形成透射上行纵波和上行横波到达地面检波器，所以 z 分量和 x 分量的时差应该反映这两个波的时差。利用一些近似条件，直接由时差计算出横波静校正量。

本部分将介绍基于转换型折射波——PPS 波的横波静校正方法。

1. 转换型折射波

地震波以临界角入射到不同介质分界面，会产生滑行波，滑行波在界面滑行过程中不断出射，则形成折射波。如果折射波在下行传播、滑行传播和上行传播过程中为同一类波（即均为纵波或均为横波），则该折射波称为非转换型折射波。如果折射波在下行传播、滑行传播和上行传播过程中波的类型有变化（既有纵波又有横波），则该折射波称为转换型折射波。

对于单个界面的模型，假设上覆介质纵波速度、横波速度均小于下伏介质的纵波速度和横波速度，则当 P 波以临界角入射时，会产生如图 9-12 所示的折射波。

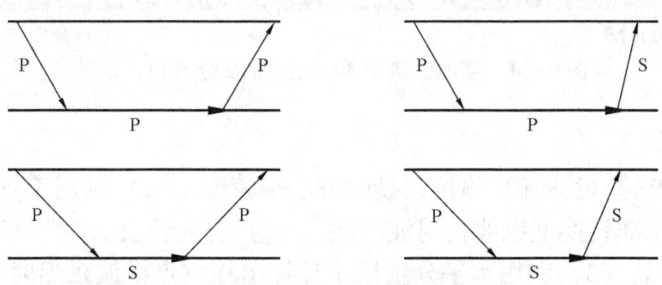

图 9-12 单个界面纵波入射形成的折射波类型

理论上说，纵波在折射界面滑行过程中，不仅会出射纵波形成 PPP 折射波，也会出射横波形成 PPS 转换型折射波。下面来考察速度变化对 PPS 波强弱的影响。采用不同速度模型计算了 PPP 波与 PPS 的振幅比（用 X/Y 表示），模型参数如图 9-13（a）所示，振幅比如图 9-13（b）所示。由图可见，随着上覆介质纵波速度的增加，振幅比增大，PS 转换型折射波振幅减小；随着上覆介质横波速度的减小，振幅比增大，PS 转换型折射波振幅增大。形成转换型折射 PPS 波的有利条件是：上覆介质横波速度比下伏介质横波速度要小很多。

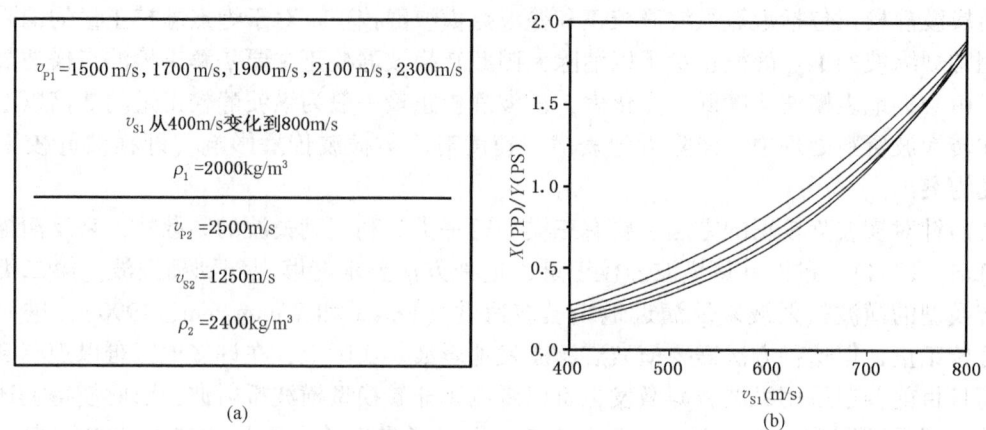

图 9-13　速度变化对 PPP 和 PPS 振幅比的影响
（a）模型参数；（b）振幅比随横波速度和纵波速度的变化，五条线对应的上覆介质纵波速度由上至下速度变大

图 9-14 为某地区典型 z 分量和 x 分量记录，可见 z 分量上非转换型折射波 PPP 波和 x 分量上转换型折射波 PPS 波。

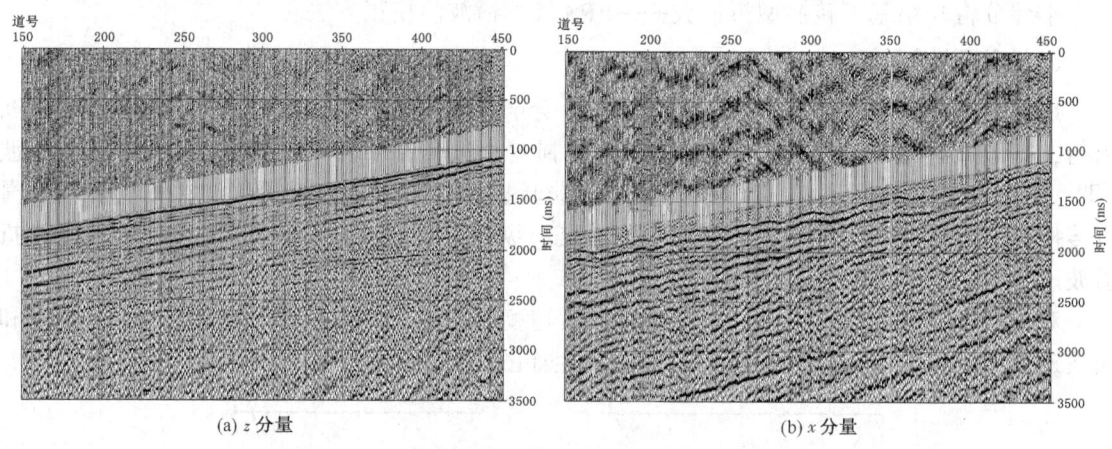

图 9-14　某地区典型单炮记录的 z 分量和 x 分量

2. 静校正方法

利用 PPP 和 PPS 折射波计算静校正量的方法步骤为：（1）利用垂直分量初至，进行时距曲线拟合，分离出非转换型纵波折射波时间；（2）将纵波交叉时分离成炮点纵波延迟时和检波点纵波延迟时；（3）利用水平分量记录计算出检波点横波延迟时；（4）利用延迟时计算近地表纵波速度和横波速度；（5）计算炮点纵波静校正量、检波点纵波静校正量和检波点横波静校正量。

图 9-15 为 x 分量转换型折射波静校正与野外模型法静校正对比图，转换型折射波效果要明显优于野外模型法静校正效果。

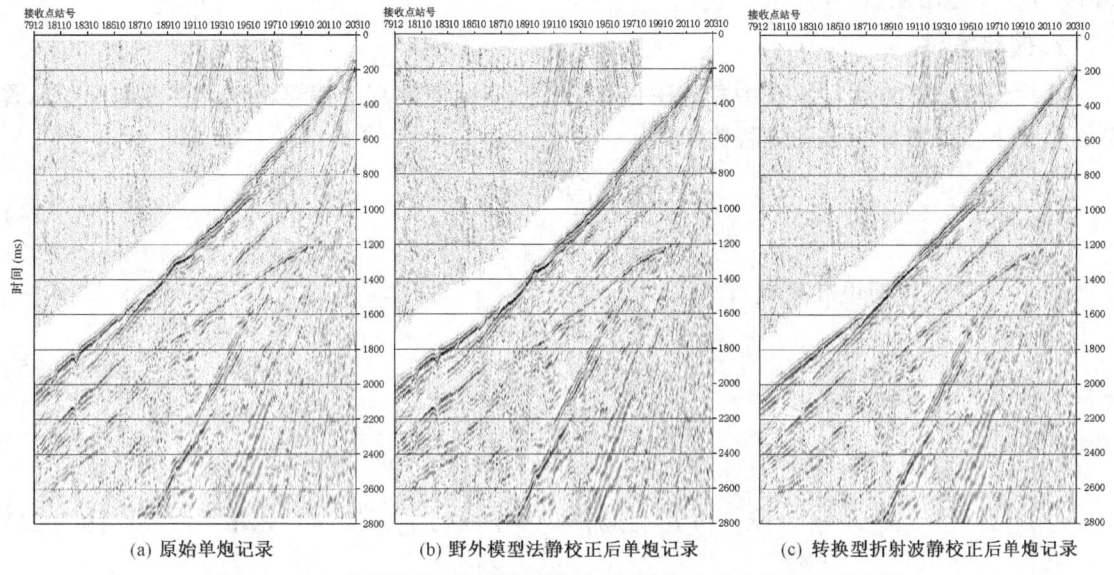

(a) 原始单炮记录　　(b) 野外模型法静校正后单炮记录　　(c) 转换型折射波静校正后单炮记录

图 9-15　x 分量转换型折射波静校正与野外模型法静校正对比图

七、转换波叠后偏移

经合适的正常时差校正或倾角时差校正后的叠加剖面，接近于零炮检距剖面，在此基础上的 PS 转换波叠后偏移方法基本与纵波叠后偏移方法相同，所不同的是偏移速度。Harrison（1993）通过分析，指出转换波叠后偏移只有在纵波与横波速度比值为常数时，才可以使用爆炸反射界面模型。

1. 偏移速度

考虑纵波与横波速度比值恒定的水平层状介质，如图 9-16 所示，研究点绕射的 PS 转换波。P 波以速度 v_{Pi} 经过路径 a_i 到达绕射点，转换成 S 波以速度 v_{Si} 沿路径 b_i 返回 CCP。

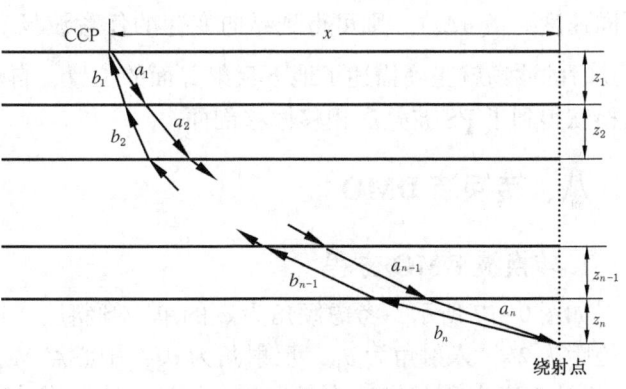

图 9-16　点绕射的 PS 转换波射线路径
（据 Harrison，1992）

经过推导可以得到 PS 波的偏移速度公式为（Harrison，1992）

$$v_{\text{mig}}^{(n)} = 2\left(\frac{\sum_{i=1}^{n} \dfrac{v_{Pi}^2 v_{Si}}{v_{Pi}+v_{Si}}\tau_i \cdot \sum_{i=1}^{n} \dfrac{v_{Pi} v_{Si}^2}{v_{Pi}+v_{Si}}\tau_i}{t_0 \sum_{i=1}^{n} v_{Pi} v_{Si} \tau_i} \right)^{\frac{1}{2}} \tag{9-22}$$

其中

$$\tau_i = \frac{v_{Pi}+v_{Si}}{v_{Pi} v_{Si}}\Delta z_i, \quad t_0 = \sum_{i=1}^{n}\tau_i \tag{9-23}$$

式中 n——地层层数。

2. 偏移方法

叠后偏移方法有多种,其中相移法偏移的优点是具有较高的偏移精度。在零炮检距地震剖面情况下,二维标量波动方程为

$$\frac{\partial^2 P}{\partial x^2} + \frac{\partial^2 P}{\partial z^2} = \frac{1}{v^2}\frac{\partial^2 P}{\partial t^2} \tag{9-24}$$

对 x、t 作二维傅里叶变换有

$$\frac{\partial \overline{P}}{\partial z^2} + K_z^2 \overline{P} = 0 \tag{9-25}$$

其中

$$K_z^2 = \frac{\omega^2}{v_{\text{mig}}^2} - K_x^2, \overline{P}(K_x,z,\omega) = \int_{-\infty}^{+\infty} P(x,z,t)e^{-i(\omega t - K_x x)}dxdt \tag{9-26}$$

对于零炮检距情况,只是考虑上行波,可得

$$\overline{P}(K_x,z+\Delta z,\omega) = \overline{P}(K_x,z,\omega)e^{-iK_z\Delta z} \tag{9-27}$$

如果已知 $P(K_x,z_i,\omega)$ 和相移因子 $e^{-iK_z\Delta z}$,由上面波场向下延拓到地下任意深度,如果 Δz 足够小,在 Δz 内速度不变,以深度步长 Δz 从 $z=0$ 逐步向地下深处延拓,每延拓一步取不同速度 $v_{\text{mig}}(n\Delta z)$,则可得到纵向变速的任意波场。根据爆炸反射界面成像原理,延拓到 $t=0$ 时的波场就正确描述了地下反射界面的位置,自动实现了偏移成像,再对 $\overline{P}$ 作傅里叶反变换就得到了 PS 波叠后相移偏移剖面。

八、转换波 DMO

1. 转换波 DMO 方程

如图 9-17 所示,考虑倾角为 φ 的单一倾斜层,在 S 处激发纵波,在 G 处接收横波。令炮检距为 $2h$,入射角为 θ_P,反射角为 θ_S,中心点 M 点坐标为 x,M 点到倾斜界面的距离为 d,纵波速度为 v_P,横波速度为 v_S,纵波速度与横波速度的比值为 γ。

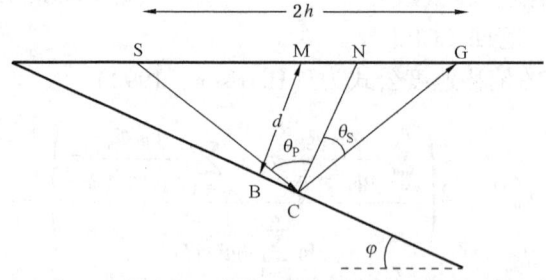

图 9-17 来自一个倾斜界面的转换波传播示意图

由图可得转换波旅行时 t 的表达式为

$$t = \frac{1}{v_P}\left[d\left(\frac{1}{\cos\theta_P} + \frac{\gamma}{\cos\theta_S}\right) + h\sin\varphi\left(\frac{\gamma}{\cos\theta_S} - \frac{1}{\cos\theta_P}\right)\right] \quad (9-28)$$

根据斯涅耳定律可得

$$p = \frac{\sin\theta_P}{v_P} = \frac{\gamma\sin\theta_S}{v_S} \quad (9-29)$$

令转换波等效速度 v_e 满足如下表达式

$$\frac{1}{v_e} = \frac{1}{2}\left(\frac{1}{v_P} + \frac{1}{v_S}\right) \quad (9-30)$$

将式(9-29)和式(9-30)代入式(9-28)，将 t^2 按泰勒级数展开成关于 h 的幂级数，并取二阶近似可得

$$t^2 = t_0^2 + \frac{4(\gamma-1)t_0\sin\varphi}{(\gamma+1)v_e}h + \frac{16\gamma}{(\gamma+1)^2v_e^2}h^2 + \frac{4[(\gamma-1)^2 - 4\gamma]\sin^2\varphi}{(\gamma+1)^2v_e^2}h^2 \quad (9-31)$$

上式中右边第三项与倾角无关，第一、四项与倾角有关，所以可以将上述旅行时方程分解为与正常时差和倾角时差有关的两个方程：

$$t^2 = t_n^2 + \frac{16\gamma}{(1+\gamma)^2v_e^2}h^2 \quad (9-32)$$

$$t_n^2 = t_0^2 + \frac{4(\gamma-1)t_0\sin\varphi}{(\gamma+1)v_e}h + \frac{4[(\gamma-1)^2 - 4\gamma]\sin^2\varphi}{(\gamma+1)^2v_e^2}h^2 \quad (9-33)$$

式中　t_n——正常时差校正后的时间。

可以利用式(9-32)进行 NMO 校正，利用式(9-33)进行 DMO 校正。当 $\gamma=1$ 时，上述方程均可退化到常规纵波的旅行时方程。

2. f-k 域 DMO 校正方法

设 $P(t,x,h)$ 为 NMO 前的波场，$P_n(t_n,x_n,h)$ 为 NMO 后的波场，$P_0(t_0,x_0,h)$ 为 DMO 后的波场（自激自收波场），且有

$$P(t,x,h) = P_n(t_n,x_n,h) = P_0(t_0,x_0,h) \quad (9-34)$$

时间—空间域中倾斜层的倾角 φ 与频率—波数域中斜率 s 之间的关系式为

$$\sin\varphi = \frac{sv_e}{2} = \frac{kv_e}{2\omega} \quad (9-35)$$

$P_0(t_0,x_0,h)$ 的二维傅里叶变换可写为

$$P_0(\omega,k,h) = \iint e^{i(\omega t_0 - kx)} P_0(t_0,x_0,h)\,dt_0\,dx \quad (9-36)$$

对上式作变量代换，用 t_n 代替 t_0，利用式(9-33)、式(9-34)和式(9-35)，并对转换点水平距离进行适当修正，得

$$P_0(\omega,k,h) = \iint A^{-1} e^{i(\omega A t_n + Bk - kx)} P(t_n,x,h) \mathrm{d}t_n \mathrm{d}x \qquad (9-37)$$

其中

$$A = \left[1 + \frac{\gamma}{(\gamma+1)^2} \frac{4h^2 k^2}{\omega^2 t_n^2}\right]^{1/2}, B = \frac{(1-\gamma)h}{(1+\gamma)\left[1 - \frac{4\gamma^2 h^2}{\gamma^2 v^2 t_n^2 + (1+\gamma)^2 h^2}\right]} \qquad (9-38)$$

对式(9-37) 进行二维傅里叶反变换得到 DMO 后的波场。

图 9-18 为转换波 ACP 叠加偏移、CCP 叠加偏移和 DMO 叠加偏移方法效果对比图，图 9-18(a) 为地质模型，模型的速度为常速，其中纵波速度为 2500m/s，横波速度为 1000m/s。根据此地质模型首先合成转换波单炮记录，其中炮间距和道间距均为 20m，最小炮检距为 0，最大炮检距为 1200m。对合成的转换波记录分别进行 ACP 叠加偏移处理、CCP 叠加偏移处理和 DMO 叠加偏移处理，处理剖面分别如图 9-18(b)、(c) 和 (d) 所示，显然，CCP 叠加偏移效果优于 ACP 叠加偏移效果，DMO 叠加偏移效果优于 CCP 叠加偏移效果。

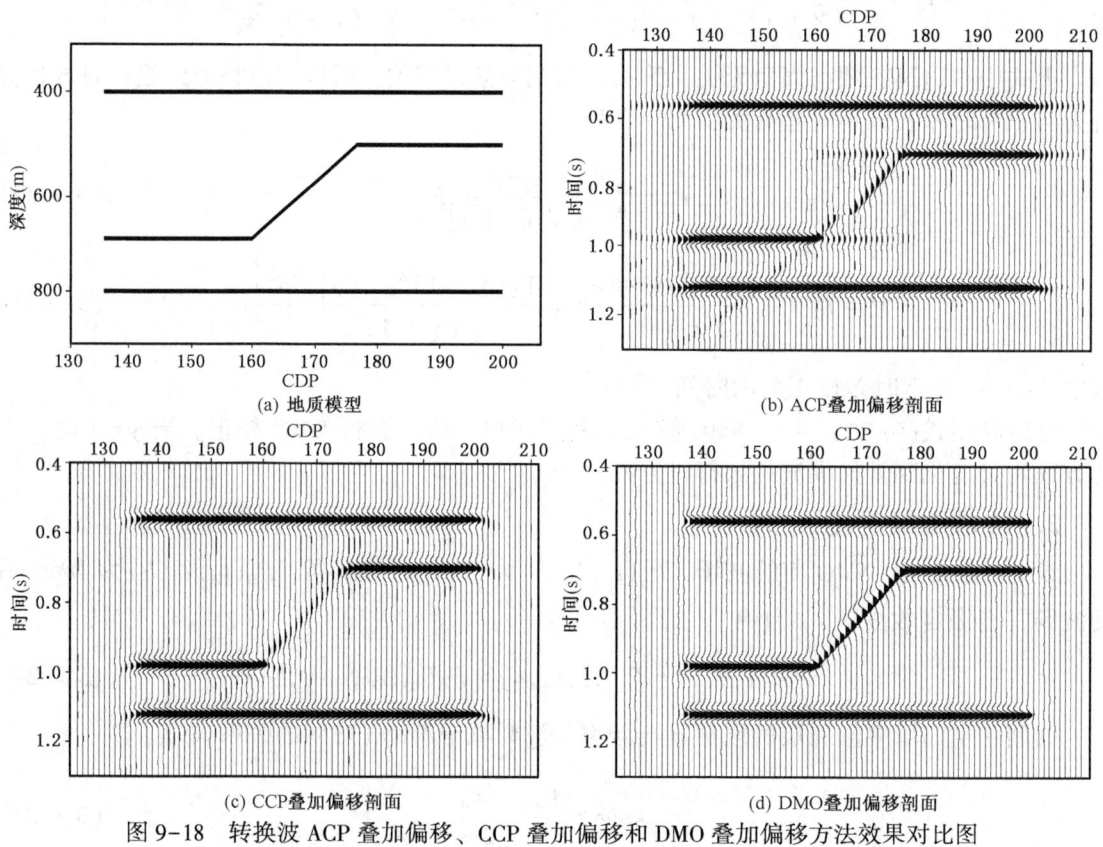

图 9-18　转换波 ACP 叠加偏移、CCP 叠加偏移和 DMO 叠加偏移方法效果对比图
(据 Yuan J, 2001)

九、转换波叠前时间偏移

1. 等效偏移距法 (EOM)

此方法建立在 Kirchhoff 叠前时间偏移基础之上，主要分两步：第一步把输入地震道集

映射到共转换散射点（common conversion scatter point，CCSP）道集；第二步对 CCSP 道集进行求和，从而完成完整的叠前时间偏移。该方法的关键在于如何运用等效偏移距，将双平方根方程转化为单平方根方程。

如图 9-19 所示，h_s、h_r 和 h_e 分别为表示震源 S、接收点 G、等效偏移距点 E 和 CCSP 之间的水平距离；共转换散射点的虚拟深度为 Z_0，P 波和 S 波的偏移速度分别为 v_{Pmig} 和 v_{Smig}；偏移速度比为 $\gamma_{mig} = \dfrac{v_{Pmig}}{v_{Smig}}$。双平方根旅行时方程为

$$T = \frac{(Z_0^2 + h_s^2)^{1/2}}{v_{Pmig}} + \frac{(Z_0^2 + h_r^2)^{1/2}}{v_{Smig}} \qquad (9-39)$$

由于 $T_s + T_r = T_{es} + T_{er}$，则

$$T = \frac{(Z_0^2 + h_e^2)^{1/2}}{v_{Pmig}} + \frac{(Z_0^2 + h_e^2)^{1/2}}{v_{Smig}} = \frac{(Z_0^2 + h_s^2)^{1/2}}{v_{Pmig}} + \frac{(Z_0^2 + h_r^2)^{1/2}}{v_{Smig}} \qquad (9-40)$$

等效偏移距可通过平方根旅行时方程（9-39）计算出，为

$$h_e = \left[\frac{T^2 v_{Pmig}^2}{(1 + \gamma_{mig})^2} - Z_0^2\right]^{1/2} \qquad (9-41)$$

其中

$$Z_0^2 = \frac{C_2^2 - 2C_1 \pm C_2(C_2^2 + 4h_s^2 - 4C_1)^{1/2}}{2} \qquad (9-42)$$

$$C_1 = \frac{T^2 v_{Pmig}^2 + h_s^2 - \gamma_{mig}^2 h_r^2}{1 - \gamma_{mig}^2}, \quad C_2 = \frac{2T v_{Pmig}}{1 - \gamma_{mig}^2} \qquad (9-43)$$

在 CCSP 道集中，双程旅行时和等效偏移距之间关系为一双曲线，可表示为

$$T^2 = T_0^2 + \frac{(2h_e)^2}{v_{sem}} \qquad (9-44)$$

其中

$$T_0 = \frac{(1 + \gamma_{mig}) Z_0}{v_{Pmig}}, \quad v_{sem} = \frac{2 v_{Pmig}}{1 + \gamma_{mig}} \qquad (9-45)$$

v_{sem} 和 v_{Pmig} 分别从速度分析和常规处理中获得，γ_{mig} 和 v_{Smig} 可从上面的公式得到

$$\gamma_{mig} = \frac{2 v_{Pmig}}{v_{sem}} - 1, \quad v_{Smig} = \frac{v_{Pmig} v_{sem}}{2 v_{Pmig} - v_{sem}} \qquad (9-46)$$

2. 虚拟偏移距法（POM）

虚拟偏移距偏移（pseudo-offset migration，POM）是 Wang 等（2001）在转换波偏移中引入虚拟的偏移距进行偏移的方法。基于 Kirchhoff 求和的 POM 的实现也包含两步：第一步把输入的地震道集映射到 CCSP 道集；第二步对 POM 道集沿着旅行时轨迹对振幅求和，来完成 POM 叠前时间偏移。

图 9-20 中显示了 POM 的几何射线关系，S_P 和 R_P 分别为虚拟震源和虚拟检波器，D 是散射点。在第一步 POM 映射的过程中必须满足两个条件：

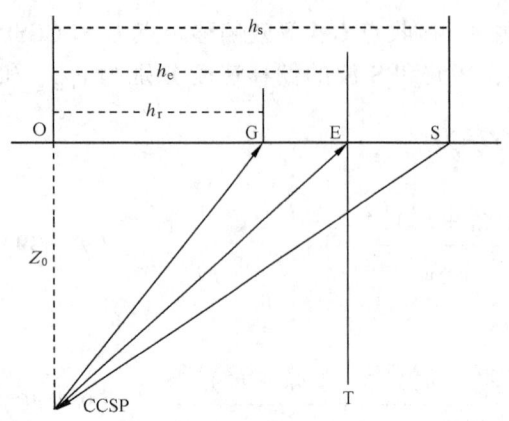

图 9-19 转换散射点等效偏移距的几何射线关系

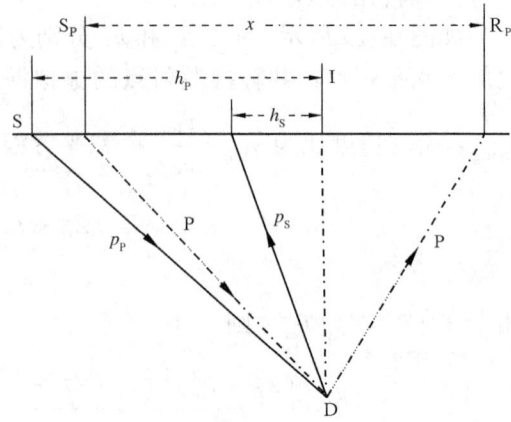

图 9-20 虚拟偏移距 x 的几何关系

（1）从 S_P 到 D 和从 D 到 R_P 的总旅行时与从 S 到 D 和从 D 到 R 的总旅行时是相等的，即

$$t_P(p) + t_S(p) = t_P(p_P) + t_S(p_S)$$

（2）从 S_P 到 D 和从 D 到 R_P 有相同的射线参数 p，虚拟偏移距定义为

$$x = h_P(p) + h_S(p)$$
$$t = t_P(p) + t_S(p) \tag{9-47}$$

转换波（C 波）的旅行时 t，可以通过双曲线近似或者高阶近似公式得到，这里给出单层均匀介质的近似公式为

$$t^2 = t_{C0}^2 + \frac{x^2}{v_{C2}^2(t_0)}\left\{1 - \frac{Ax^2}{t_{C0}^2 + Ax^2 / \left[1 - \frac{1}{r_0(t_{C0})}\right]}\right\} \tag{9-48}$$

其中

$$A = \frac{[r_0(t_{C0}) - 1]^2}{4 r_0(t_{C0}) v_{C2}^2(t_{C0})}$$

式中 t_{C0}——C 波从接收点到反射点的双程垂直旅行时；

$v_{C2}(t_{C0})$——C 波的均方根速度，通过速度分析可以得到；

$r_0(t_{C0})$——垂直旅行时的平均比，它一般通过 P 波和 C 波同相轴的相关性求得。

当偏移距与深度的比值较小时，方程（9-42）对于 C 波反射旅行时近似的精度很高。

图 9-21(a) 和图 9-21(b) 分别为转换波 DMO 加叠后时间偏移与转换波 POM 叠前时间偏移结果对比，由图可见，在盐丘边界聚焦很好，绕射波能正确归位。

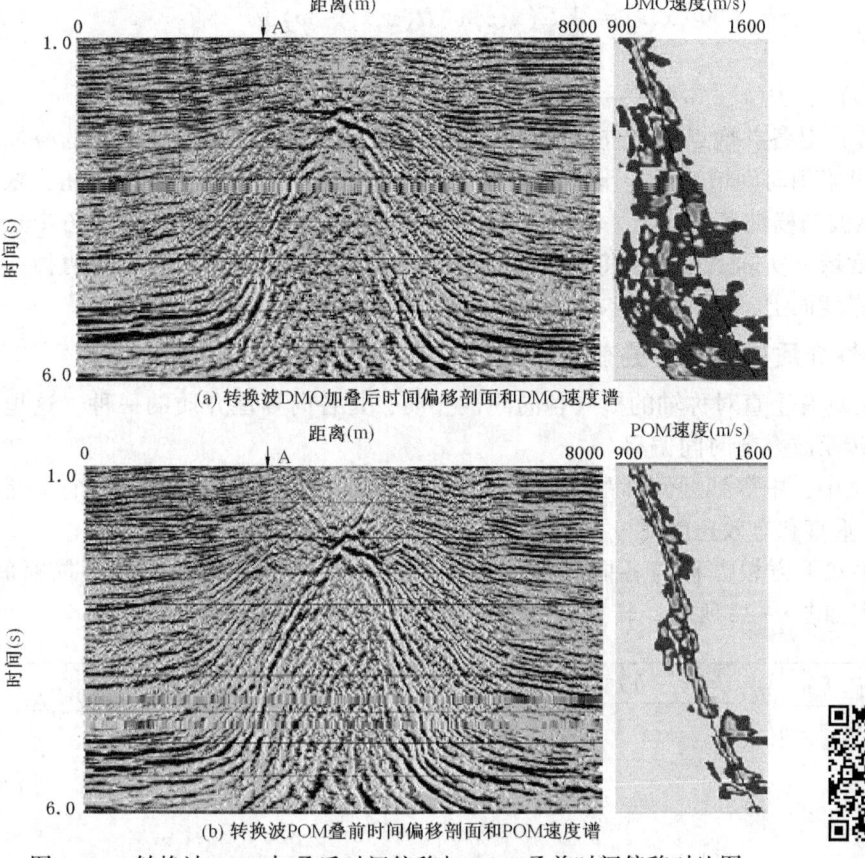

图 9-21 转换波 DMO 加叠后时间偏移与 POM 叠前时间偏移对比图

3. 转换波共炮点记录叠前相移法偏移

PS 波叠前成像有其特殊性，入射波是以纵波速度传播的 P 波［记为震源函数 $S(x,t)$］，反射波是以横波速度传播的 S 波［记为观测波场 $R(x,t)$］。波场延拓时，对 $S(x,t)$ 使用波场正向延拓算法，用纵波速度进行下延；对 $R(x,t)$ 使用波场反向延拓算法，用横波速度进行下延。每外推一个延拓步长时，用互相关成像法。故 PS 波共炮点记录的叠前成像法可分为以下步骤：

（1）用单平方根方程式

$$\frac{\mathrm{d}S}{\mathrm{d}z} = -\frac{\mathrm{i}\omega}{v_\mathrm{P}(z)}\left[1-\left(\frac{v_\mathrm{P}(z)k_x}{\omega}\right)^2\right]^{1/2} S \qquad (9-49)$$

将震源函数 $S(x,t)$ 延拓到地下任意深度 z，式中 $v_\mathrm{P}(z)$ 为纵波速度。

（2）用单平方根方程式

$$\frac{\mathrm{d}R}{\mathrm{d}z} = -\frac{\mathrm{i}\omega}{v_\mathrm{S}(z)}\left[1-\left(\frac{v_\mathrm{S}(z)k_x}{\omega}\right)^2\right]^{1/2} R \qquad (9-50)$$

将观测记录 $R(x,t)$ 延拓到地下任意深度 z，式中 $v_\mathrm{S}(z)$ 为横波速度。

（3）在点 (x,z) 处，将两种波场作零延迟互相关，便得到偏移图像

$$\Phi(x,z) = \int_{-\infty}^{+\infty} U(x,z,\omega)D(x,z,-\omega)\mathrm{d}\omega \qquad (9-51)$$

式中 $U(x,z,\omega)$ 和 $D(x,z,\omega)$ ——x-ω 域的上行波波场和下行波波场。

用式(9-51)对各共炮点记录进行成像处理后，再作叠加，就可得到连续的叠加偏移剖面。成像过程可采用时间域波场异步延拓法进行。设下行波波场以 Δt_P 步长延拓，根据关系式 $\Delta z = v\Delta t$ 及纵波与横波速度比 $v_\mathrm{P}/v_\mathrm{S} = \gamma$，可取 $\Delta t_\mathrm{S} = \gamma \Delta t_\mathrm{P}$ 为上行波的波场延拓步长。这样处理换算到深度域，实际上相当于将两种波场按同一个 Δz 步长延拓，必然使两种波场同时刻延拓到同一深度面上，并以下行波的到达时间为准满足时间一致性成像。

4. 各向异性介质中转换波叠前时间偏移

VTI 介质是具有垂直对称轴的横向各向同性介质，是各向异性介质的一种。这里主要讨论 VTI 介质中转换波叠前时间偏移。

在 VTI 介质中，中等到远偏移距排列的转换波时差主要由 4 个参数决定，它们是转换波叠加速度 v_C2、垂直和有效速度比 γ_0 和 γ_eff 及各向异性参数 χ_eff。

VTI 介质中双平方根方程与各向同性介质中的相似，它能有效地实现叠前时间偏移。VTI 介质的模型如图 9-22 所示，转换波绕射方程为（Li 等，2001）

$$t_\mathrm{C} = \sqrt{\left(\frac{t_\mathrm{C0}}{1+\gamma_0}\right)^2 + \frac{(x+h)^2}{v_\mathrm{P2}^2} - 2\eta_\mathrm{eff}\Delta t_\mathrm{P}^2} + \sqrt{\left(\frac{\gamma_0 t_\mathrm{C0}}{1+\gamma_0}\right)^2 + \frac{(x+h)^2}{v_\mathrm{S2}^2} - 2\zeta_\mathrm{eff}\Delta t_\mathrm{S}^2}$$

$$(9-52)$$

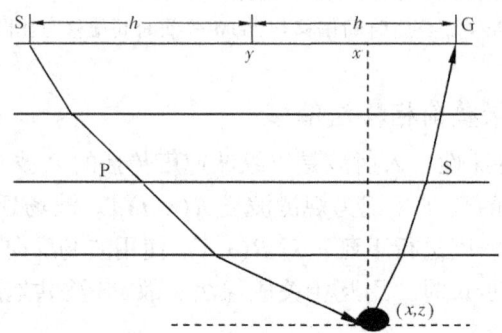

图 9-22 层状 VTI 介质中转换波的散射

其中

$$\eta_\mathrm{eff} = \frac{1}{8t_\mathrm{P0}v_\mathrm{P2}^4}\left[\sum_{i=1}^n v_{\mathrm{P2}i}^4 \Delta t_{\mathrm{P0}i}(1+8\eta_i) - t_\mathrm{P0}v_\mathrm{P2}^4\right] \qquad (9-53\mathrm{a})$$

$$\zeta_\mathrm{eff} = \frac{-1}{8t_\mathrm{S0}v_\mathrm{S2}^4}\left[\sum_{i=1}^n v_{\mathrm{S2}i}^4 \Delta t_{\mathrm{S0}i}(1+8\zeta_i) - t_\mathrm{S0}v_\mathrm{S2}^4\right] \qquad (9-53\mathrm{b})$$

$$\Delta t_\mathrm{P}^2 = \frac{(x+h)^4}{v_\mathrm{P2}^2\left[\dfrac{t_\mathrm{C0}^2 v_\mathrm{P2}^2}{(1+\gamma_0)^2} + (1+2\eta_\mathrm{eff})(x+h)^2\right]} \qquad (9-53\mathrm{c})$$

$$\Delta t_{\mathrm{S}}^2 = \frac{(x-h)^4}{v_{\mathrm{S}2}^2 \left[\dfrac{t_{\mathrm{C}0}^2 v_{\mathrm{S}2}^2 \gamma_0^2}{(1+\gamma_0)^2} + (x-h)^2 \right]} \qquad (9-53\mathrm{d})$$

式中 h——半炮检距。

尽管方程（9-52）是近似式，但对于远偏移距直到 $x/h=2.0$ 是精确的（Yuan J, 2000）。

给出了 $v_{\mathrm{P}2}$，$v_{\mathrm{S}2}$，γ_0，η_{eff} 和 ζ_{eff} 后，方程（9-52）可用来实现 Kirchhoff 叠前时间偏移。与各向同性介质偏移一样，各向异性 Kirchhoff 叠前时间偏移可以通过沿绕射曲线对振幅加权求和来实现，其计算公式为

$$I(\tau,y,h) = \int W(\tau,y,b,h) \frac{\partial}{\partial t} u(\tau = t_{\mathrm{C}}, y, b, h) \mathrm{d}b \qquad (9-54)$$

其中
$$b = x - y$$

式中 I——成像函数；

W——权函数；

b——成像点到中心点的距离；

u——输入数据；

t_{C}——方程（9-52）定义的各向异性绕射曲线。

十、叠前深度偏移

多波数据中不同的波型对应于同一地层的反射波时间不同，反射振幅和连续性也有差异，在时间剖面上对比时很难确定其唯一性，给多波资料的地质解释带来很大困难。因此进行叠前深度域成像处理，利用地层深度唯一性的特点进行多波数据的对比解释，既有利于提高多波数据成像精度，也有利于对多波数据的地质解释。

与常规纵波叠前深度偏移类似，转换波叠前深度偏移也包括速度建模、震源函数确定和延拓成像。

多波速度建模可通过以下几个步骤完成：

（1）首先建立 P 波均方根速度模型，再根据转换波速度和 P 波速度建立 S 波的均方根速度模型。

（2）将此 P 波和 S 波均方根速度转换成层速度作为初始模型，利用相移法叠前偏移速度分析方法建立 P 波和 S 波深度偏移的深度速度模型。

波动方程延拓方法有多种，可采用有限差分法实现波场延拓（李录明，2005）。采用延拓方程在频率—空间域将炮点震源函数正向延拓，将地面接收到的炮集记录做反向延拓，利用时间一致性成像条件，采用零时移波场互相关法，可得炮集叠前深度偏移剖面：

$$C(x,z) = \int_{-\infty}^{+\infty} S(x,z,\omega) R(x,z,-\omega) \mathrm{d}\omega \qquad (9-55)$$

式中 $S(x,z,\omega)$ 和 $R(x,z,\omega)$ ——频率—空间域的震源函数和炮集地震记录。

延拓时所用的速度模型根据所处理的波类型而定，对于 P-S 转换波，震源函数用 P 波速度模型延拓，地面记录则用 S 波速度模型延拓。

十一、弹性波逆时偏移

逆时偏移是实现复杂构造准确成像的重要方法。相比于声波逆时偏移，弹性波逆时偏移可以提供更为丰富、准确的转换波和横波成像信息。下面简要介绍弹性波逆时偏移中的关键技术。

（1）弹性波波场延拓。弹性波逆时偏移以波动方程波场延拓为基础，波动方程的求解精度直接影响波场延拓和逆时偏移成像精度。基于最小二乘的时空域优化有限差分方法（Ren 和 Liu，2015），能有效提高波动方程的正演模拟精度，有助于提高弹性波逆时偏移成像效果。

（2）弹性波波场分离。为了获得具有明确物理意义的弹性波偏移剖面，需要对纵、横波进行分离解耦。现有的波场分离方法中，波数域波场分离方法（Zhang 和 McMechan，2010）、间接分离方法（Wang 和 McMechan，2015）、改进的空间域分离方法（Zhu，2017）具有较好的保幅性，保存了原始弹性波场特征，对深层构造成像效果更好。

（3）弹性波逆时偏移成像条件。目前逆时偏移成像条件主要包括：互相关成像条件、震源归一化互相关成像条件、反褶积成像条件、角度域成像条件。Chattopadhyay 和 McMechan（2008）提出的震源归一化的逆时偏移成像条件，成像能量具有更好的一致性，得到了广泛应用；在 Wang 和 McMechan（2015）的矢量弹性波逆时偏移成像条件的基础上，Du 等（2017）发展了基于矢量波场的标量成像条件，更好地解决成像剖面中的极性问题。

（4）低频噪声压制。针对逆时偏移成像剖面中的低频噪声，除了直接滤波方法（Zhang 和 Sun，2009），行波分离成像条件及角度域共成像点道集的应用（Liu 等，2011；Wang 等，2016；王鹏飞和何兵寿，2017）也改善了成像质量。

（5）减少存储和提高效率。针对弹性波逆时偏移的计算量及存储需求较大的特点，有效边界存储技术（Clapp，2009）、检波点技术（Symes，2007）等在声波偏移中应用的技术也被逐步引入到弹性波逆时偏移中（Nguyen 和 McMechan，2015），提高了计算效率。

（6）弹性波速度模型建立。逆时偏移成像效果与纵波、横波速度模型的精度密切相关。弹性波全波形反演技术是获得高精度速度模型的有效方法。基于包络的全波形反演方法可以用于建立低频速度模型。基于波场分离的弹性波全波形反演方法，通过单独匹配纵波和横波波场、采用不同波模式计算参数梯度来缓解参数间耦合，进而提高反演精度（Ren 和 Liu，2016）。

另外，最小二乘逆时偏移方法也在弹性介质中得到应用，进一步提高了偏移成像精度（Ren 等，2017）。开发弹性波逆时偏移的潜在优势，展示其实际应用效果，则是下一步研究重点。

思考题和习题

1. 简述纵波和转换波勘探联合勘探的优点。
2. 简述转换波传播的特点。

3. 简述转换波资料处理流程。

4. 一个水平界面情况下转换点坐标可以表示为关于 x/z 的幂级数展开式，试推导出式(9-6)。

5. 当采用双曲方程对来自同一个水平界面的反射纵波和转换波进行动校正时，相同非零炮检距处纵波的动校正拉伸要大于转换波的动校正拉伸，试证明这一结论。

6. 证明图 9-17 中半炮检距可由如下公式表示

$$h = \frac{d(\tan\theta_P + \tan\theta_S)}{2\cos\varphi + \sin\varphi(\tan\theta_P - \tan\theta_S)}$$

参 考 文 献

董敏煜, 2002. 多波多分量地震勘探 [M]. 北京: 石油工业出版社.

耿建华, 马在田, 1995. 在 f-k 域实现转换波（P-SV，SV-P）DMO [J]. 石油地球物理勘探, 30 (1): 62-65.

郭向宇, 凌云, 魏修成, 2002. PS 转换波共转换点的几种计算方法及实际应用 [J]. 石油物探, 41 (2): 141-148.

黄中玉, 朱海龙, 2003. 转换波叠前偏移技术新进展 [J]. 勘探地球物理进展, 26 (3): 167-172.

李录明, 罗省贤, 1995. P-SV 波转换波速度分析及解释方法 [J]. 石油地球物理勘探, 30 (1): 66-74.

李录明, 罗省贤, 2005. 转换波叠前深度偏移 [J]. 勘探地球物理进展, 28 (3): 183-187.

刘洋, 魏修成, 2003. 转换波地震勘探的若干问题与对策 [J]. 勘探地球物理进展, 26 (4): 247-251.

刘洋, 魏修成, 2005. 转换波三参数速度分析和动校正方法 [J]. 石油地球物理勘探, 40 (5): 504-509.

刘洋, 魏修成, 2008. 转换型折射波传播规律及其在转换波静校正中的应用研究 [J]. 中国科学（D 辑: 地球科学）, 38（增刊 I）: 204-210.

罗省贤, 贺振华, 1991. 转换 P-SV 波叠前偏移 [J]. 石油地球物理勘探, 26 (4): 465-472.

孙沛勇, 李承楚, 1998. 利用倾角分解法实现转换波 DMO [J]. 石油地球物理勘探, 33 (2): 265-271.

王鹏飞, 何兵寿, 2017. 基于行波分离的三维弹性波矢量场点积互相关成像条件 [J]. 石油地球物理勘探, 52 (3): 477-483.

魏修成, 刘洋, 2000. 高精度转换波速度分析 [J]. 石油勘探与开发, 27 (2): 57-59.

吴潇, 刘洋, 蔡晓慧, 2018. 弹性波波场分离方法对比及其在逆时偏移成像中的应用 [J]. 石油地球物理勘探, 53 (4): 710-721.

张耀辉, 1992. P-SV 波的共转换点道集的抽取 [J]. 石油物探, 31 (3): 87-101.

周竹生, 王卫华, 1993. 一种快速、高精度的共转换点轨迹计算方法 [J]. 石油地球物理勘探, 28 (1): 37-45.

Alfaraj M, Larner K, 1991. Dip moveout for mode-converted waves [C]. Expanded Abstracts of 61st Annual International Meeting, SEG, 1191-1193.

Bancroft J C, Geiger H D, Margrave G F, 1998. The equivalent offset method of prestack time migration [J]. Geophysics, 63 (6): 2042-2053.

Cary P W, Eaton D W S, 1993. A simple method for resolving large converted-wave (P-SV) statics [J]. Geophysics, 58 (3): 429-433.

Caldwell J, 1999. Marine multi-component seismology [J]. The Leading Edge, 18 (11): 1274-1282.

Chattopadhyay S, McMechan G A, 2008. Imaging conditions for prestack reverse-time migration [J]. Geophysics, 73 (3): S81-S89.

Clapp R G, 2009. Reverse time migration with random boundaries [C]. Expanded Abstracts of 79th Annual International Meeting, SEG, 2809-2813.

Du Q, Guo C, Zhao Q, et al, 2017. Vector-based elastic reverse time migration based on scalar imaging condition [J]. Geophysics, 82 (2): S111-S127.

Frasier C, Winterstein D, 1990. Analysis of conventional and converted mode reflections at Putah sink, California using three-component data [J]. Geophysics, 55 (6): 646-659.

Harrison M P. 1992. Processing of P-SV surface seismic data: anisotropy analysis, dip moveout and migration [D]. University of Calgary.

Li X, Bancroft J C, 1997. Converted wave migration and common conversion point binning by equivalent offset [C]. Expanded Abstracts of 67th Annual International Meeting, SEG, 1587-1590.

Li X, Druzhinin A, 2000. Apractical approach to P-SV prestack time migration and velocity analysis for transverse isotropy [C]. Expanded Abstracts of 70th Annual International Meeting, SEG, 1142-1145.

Li X, Yuan J, 2001. Converted-wave imaging in inhomogeneous, anisotropic media: part I -parameter estimation [C]. Expanded Abstracts of 63rd EAGE Conference, 109.

Li X, Yuan J, 2001. Converted-wave imaging in inhomogeneous, anisotropic media: part II -prestack migration [C]. Expanded Abstracts of 63rd EAGE Conference, 114.

Li Y, 2002. A new method for converted wave statics correction [C]. Expanded Abstracts of 72nd Annual International Meeting, SEG, 979-981.

Liu F, Zhang G, Morton S A, et al, 2011. An effective imaging condition for reverse-time migration using wavefield decomposition [J]. Geophysics, 76 (1): S29-S39.

Mari J L, 1984. Estimation of static corrections for shear-wave profiling using the dispersion properties of Love waves [J]. Geophysics, 49 (8): 1169-1179.

Nguyen B D, McMechan G A, 2015. Five ways to avoid storing source wavefield snapshots in 2D elastic prestack reverse time migration [J]. Geophysics, 80 (1): S1-S18.

Ren Z, Liu Y, 2015. Acoustic and elastic modeling by optimal time-space domain staggered-grid finite-difference schemes [J]. Geophysics, 80 (1): T17-T40.

Ren Z, Liu Y, 2016. A hierarchical elastic full-waveform inversion scheme based on wavefield separation and the multistep-length approach [J]. Geophysics, 81 (3): R99-R123.

Ren Z, Liu Y, Sen M K, 2017. Least-squares reverse time migration in elastic media [J]. Geophysical Journal International, 208 (2): 1103-1125.

Stewart R R, Gaiser J E, Brown R J, et al, 2002. Converted-wave seismic exploration: methods [J]. Geophysics, 67 (5): 1348-1363.

Stewart R R, Gaiser J E, Brown R J, et al, 2003. Converted-wave seismic exploration: applications [J]. Geophysics, 68 (1): 40-57.

Symes W W, 2007. Reverse time migration with optimal checkpointing [J]. Geophysics, 72 (5): SM213-SM221.

Tessmer G, Behle A, 1998. Common reflection point data-stacking technique for converted waves [J]. Geophysical Prospecting, 36 (7): 671-688.

Thosmen L, 1999. Converted-wave reflection seismology over inhomogeneous anisotropic media [J]. Geophysics, 64 (3): 678-690.

Wang S W, Bancroft J C, Lawton D C, 1996. Converted-wave (P-SV) prestack migration and migration velocity analysis [C]. Expanded Abstracts of 66th Annual International Meeting, SEG, 1575-1578.

Wang W, McMechan G A, Tang C, et al, 2016. Up/down and P/S decompositions of elastic wavefields using complex seismic traces with applications to calculating Poynting vectors and angle-domain common-image gathers from reverse time migrations [J]. Geophysics, 81 (4): S181-S194.

Wang W, Mcmechan G A, Zhang Q, 2015. Comparison of two algorithms for isotropic elastic P and S vector decomposition [J]. Geophysics, 80 (1): T147-T160.

Wang W, Pham L D, 2001. Converted-wave prestack imaging and velocity analysis by pseudo-offset migration [C]. Expanded Abstracts of 63rd EAGE Conference, L-12.

Wang W, Pham L D, 2002. Converted-wave prestack time migration for isotropic and anisotropic media [C]. Expanded Abstracts of 72nd Annual International Meeting, SEG, 990-993.

Yuan J, 2001. Analysis of four-component seafloor seismic data for seismic anisotropy [D]. University of Edinburgh.

Yuan J, Li X, 2001. PS-wave conversion-point equation in layered anisotropic media [C]. Expanded Abstracts of 71st Annual International Meeting, SEG, 157-160.

Zhu H, 2017. Elastic wavefield separation based on the Helmholtz decomposition [J]. Geophysics, 82 (2): S173-S183.

Zhang Q, McMechan G A, 2010. 2D and 3D elastic wavefield vector decomposition in the wavenumber domain for VTI media [J]. Geophysics, 75 (3): D13-D26.

Zhang Y, 1996. Nonhyperbolic converted wave velocity analysis and normal moveout [C]. Expanded Abstracts of 66th Annual International Meeting, SEG, 1555-1558.

Zhang Y, Sun J, 2009. Practical issues in reverse time migration: true amplitude gathers, noise removal and harmonic source encoding [J]. First Break, 27 (1): 53-59.

第十章
地震反演处理

反演本身是一个数学上的概念，在地震资料处理的许多环节都会提到反演，在广义上讲，整个地震资料的处理过程本身就是一个反演过程。本章所述反演处理主要是指地震资料的反演处理，包括叠后地震资料波阻抗反演、叠前地震资料 AVO 反演、角道集叠加地震资料弹性阻抗反演。

地震资料经过噪声压制、静校正、反褶积、动校正、叠加、偏移等处理后，最终得到的资料就是偏移剖面。偏移剖面可以用于构造解释，研究地层构造变化。偏移处理的最终目标是对地下介质的构造进行成像，本质上就是对地下介质的反射系数进行成像。但是由于野外采集的地震数据是有限频带的，因而也不可能实现反射系数的完全成像，偏移结果相当于地下介质反射系数序列与地震子波的褶积。对于石油勘探来说，仅有地下介质的构造信息是不够的。人们希望获得地下的弹性参数信息，如地下介质的纵波速度、横波速度、密度等，这些地下介质的弹性参数有助于划分岩性、研究储层的孔隙度、渗透率等储层参数，提高油气藏的预测精度和油藏描述的精度。地震反演处理就是利用地震资料借助于反演方法求取地下介质的各种弹性参数。

第一节 反演的基本概念

为了详细地介绍反演的概念，首先介绍正问题和反问题的概念，看如下几个例子：

【例 10-1】 这是一个非常简单的线性方程组 $Ax=b$，这里 A 是一个 $n\times n$ 的矩阵，x 和 b 是两个 n 维向量。矩阵 A 将 x 和 b 联系起来，也即 x 和 b 通过 A 实现了某种对应关系，对于这种对应关系可以提出两种问题。

问题 1：已知 x，求 $b=Ax$。

问题 2：已知 b，求 $x=A^{-1}b$。

注意在问题 1 中已知的是 x，而问题 2 中未知的是 x；问题 1 中未知的是 b，而问题 2 中已知的是 b。

【例 10-2】 对于一元二次方程：$x^2+bx+c=0$，假设方程有两个根 x_1、x_2，这个方程将 x_1、x_2 和方程的系数 b、c 联系起来。针对这个方程可提两种问题。

问题 1：已知系数 b、c，求方程的根 x_1、x_2。

$$x_1 = -\frac{b}{2}+\sqrt{\frac{b^2-4c}{4}}, x_2 = -\frac{b}{2}-\sqrt{\frac{b^2-4c}{4}}$$

问题 2：已知方程的两个根 x_1、x_2，求系数 b、c。

$$b = -(x_1 + x_2), c = x_1 \cdot x_2$$

同例 10-1 一样，这里的两个问题也有类似的对应性，即问题 1 中的已知，在问题 2 中是未知，而问题 1 中的未知，在问题 2 中是已知。

【例 10-3】 叠后地震记录可以看成地震子波和反射系数的褶积

$$x(t) = w(t) * r(t) \tag{10-1}$$

式中　$x(t)$、$w(t)$、$r(t)$——地震记录、地震子波和反射系数。

如果地震子波 $w(t)$ 已知，关系式(10-1) 定义了 $x(t)$ 和 $r(t)$ 的一个关系，可以提两种问题。

问题 1：已知反射系数 $r(t)$，求地震记录 $x(t)$，这就是合成地震记录问题。

问题 2：已知地震记录 $x(t)$，求反射系数 $r(t)$，这就是反褶积的问题。

对于上述两个问题，问题 1 中的已知是问题 2 的未知，问题 1 中的未知是问题 1 的已知。

在上述 3 个例子中，都有一个关系式联系着两个量，针对这个关系式可以提出两个相对的问题，这两个问题之间有这样的关系：问题 1 的已知是问题 2 的未知；问题 1 的未知是问题 2 的已知。其中一个问题称为正问题，另一个问题称为反问题。一般把物理上容易实现、数学上容易计算的问题作为正问题，把物理上不容易实现、数学上不容易计算的问题作为反问题。如在例 10-3 中，问题 1 被称为正问题，问题 2 被称作反问题。因为地震记录可以通过激发接收得到，即物理上可以实现褶积过程，而反褶积的过程在物理上是不容易实现的。在数学计算上，褶积要比反褶积容易计算。由此可见，反问题和正问题总是成对出现，不可能只有反问题没有正问题。

正问题的演绎、推理、求解过程称为正演，反问题的演绎、推理、求解过程称为反演。波阻抗反演是指已知叠后地震资料求解波阻抗的过程，对应的正演是已知波阻抗合成叠后地震资料的过程。

地球物理反演是指在地球物理学中利用地球表面观测到的物理数据推测地球内部介质物理状态的空间变化及物性结构。正问题是利用模型参数值，求理论响应，正演过程可描述为：给定模型参数值，利用系统动力学推导模型参数和理论响应的关系式，在计算机上计算出系统的理论响应。反问题是利用观测到的数据，求模型参数值。反演过程可描述为：利用观测数据，根据反演理论推导出相应的反演算法，在计算机上计算出模型参数值（图 10-1）。

反演在许多领域中都有很好的应用。在模式识别、大气测量、无损探伤、量子力学、图像处理、医学研究，特别是地球物理勘探中有着重要的应用。目前许多数学家、工程技术人员和地球物理学者带着不同的工具涉足于这一领域的研究。

许多实际问题都可以归结为反问题，这与研究客观世界的方式有关。在地球物理学和有关科学中，一般都要通过实验来研究问题。在一定条件下进行实验，其输出一般是代表观测结果的数据，这些反映物理世界的某些特征的数据一般称为观测数据。为了从这些数据中做出论断，必须了解所研究的物理系统的特征分布与观测数据之间的关系，描述这个关系的方程构成了正演系统，由观测数据求解物理系统的特性这一问题就归结为反问题。反演理论是由物理系统的观测数据求解这个系统的有用信息的一套数学方法技术。它与实验数据分析、数学模型与实验数据拟合有着直接的联系。每一个科学家只要从事与物理世界有关的数据分

正问题

给定：模型参数的值或估算值
确定：理论响应

正演过程

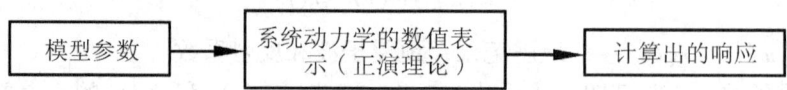

反问题

给定：现场观测数据（地球系统响应）
确定：地球模型参数

反演过程

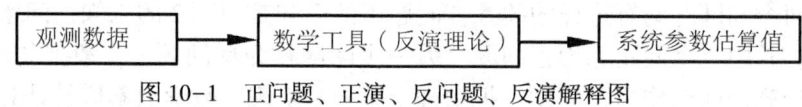

图 10-1　正问题、正演、反问题、反演解释图

析，实际上都在使用反演理论，从简单地用一条线去拟合一组数据，到复杂的波动方程偏移。

地震勘探的目的是了解地球内部的构造与物性参数，寻找地下油气资源等。其方法原理是在地表用人工震源激发地震波，它在地下介质中向各个方向传播，当介质发生变化时，就会产生反射、散射、透射、衍射，从而使部分地震波返回地面。当地面放置一系列检波器时就可以接收到反射波、折射波及散射波等，获得所谓"观测地震记录"。地震勘探就是从这些地震资料中提取地下构造的影像及物性参数，从而达到圈闭油气藏的目的。地震波在地下介质中的传播可以用弹性动力学中的各种波方程来描述，地震资料的形成过程就可以用波动方程的正演来模拟，而地下构造成像及地层物性参数提取问题就可以用波动方程反演来实现。

第二节　叠后地震反演

叠后地震反演是已知叠加偏移后的地震资料求取波阻抗剖面。对应的正问题是已知波阻抗求叠后地震记录。长期以来，叠后地震资料主要用于构造解释，研究地下反射界面的几何形态，在构造油气勘探中发挥了巨大的作用。随着油气田勘探程度的深入，地震勘探技术已由构造勘探深入到岩性勘探。构造勘探利用地震剖面研究地质构造，进而研究圈闭油气藏。而岩性勘探是指通过地震资料研究地下介质的性质（如速度、密度、波阻抗、孔隙度、渗透率等），进一步研究圈闭油气藏。波阻抗反演，就是利用叠后地震资料求取地下介质的波阻抗，进而对地下介质的速度、孔隙度、岩性等参数进行预测，实现岩性勘探。

一、叠后地震资料正演

叠后地震资料正演就是，假设已知地下介质的波阻抗来合成叠后地震资料。假设地下介质是水平层状介质，地下介质的波阻抗为 $AI(t)$（图10-2），这里 t 是时间深度，用双程旅行时表示的深度。离散后变为 $AI(t_i)$, $i=1,2,\cdots,n+1$，t_i 代表离散后第 i 网格点的时间。设相应的速度为 $v(t_i)$，密度为 $\rho(t_i)$，则有

$$AI(t_i) = \rho(t_i)v(t_i), \quad i=1,2,\cdots,n+1 \quad (10-2)$$

根据弹性波理论，在平面波垂直入射的情况下，界面的反射系数由界面两侧的波阻抗决定，即

$$r(t_i) = \frac{AI(t_{i+1}) - AI(t_i)}{AI(t_{i+1}) + AI(t_i)} \quad (10-3)$$

假设地震子波 $w(t)$ 已知，叠后地震记录是反射系数与地震子波的褶积

$$x(t) = \sum_{i=1}^{n} r(t_i) w(t-t_i) = r(t) * w(t) \quad (10-4)$$

式中　$x(t)$——合成的地震记录；
　　　$w(t)$——地震子波。

这样，利用式(10-3)，式(10-4) 就能实现由波阻抗 $AI(t)$ 到叠后地震记录 $x(t)$ 的正演过程（图10-3）。将时间 t 进行离散可将式(10-4) 写成矩阵的形式

$$\boldsymbol{X} = \boldsymbol{W}\boldsymbol{R} \quad (10-5)$$

这里 $\boldsymbol{X} = (x_1, x_2, \cdots, x_n)^T$ 是地震记录序列，$\boldsymbol{R} = (r_1, r_2, \cdots, r_n)^T$ 是反射系数序列，$\boldsymbol{W} = (w_{i,j})_{n\times n}$，$w_{i,j} = w(t_i - t_j)$。从式(10-5) 可以看出，地震记录和反射系数是线性关系。

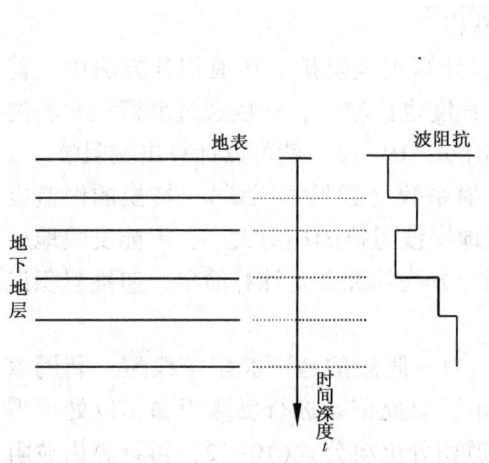

图10-2　地下地层与波阻抗的对应关系

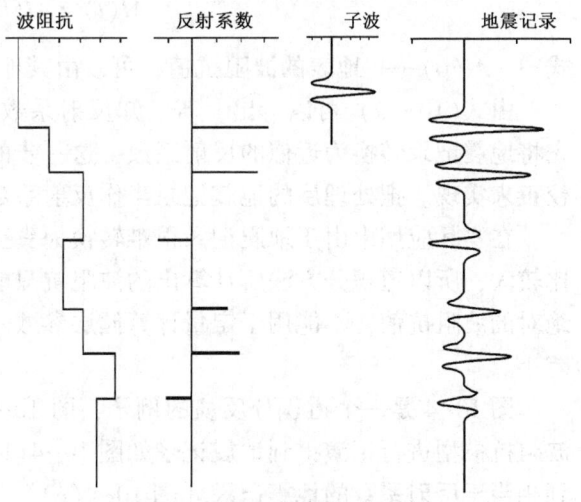

图10-3　合成地震记录示意图

二、道积分反演

道积分是最简单的波阻抗反演方法，该方法可以由地震道直接计算出地层的相对波阻抗。假设地下介质的波阻抗是时间深度的连续函数时，在波阻抗与反射系数关系式(10-3)中，可以认为

$$2AI(t_i) \approx AI(t_{i+1}) + AI(t_i) \tag{10-6}$$

$$AI(t_{i+1}) - AI(t_i) \approx \Delta t \frac{dAI(t_i)}{dt} \tag{10-7}$$

式中　Δt——采样间隔。

对于常规地震资料来说，Δt 是常数。在讨论相对波阻抗时，在式(10-7) 中，不乘 Δt 不会影响波阻抗的相对关系，式(10-7) 也可以写为

$$AI(t_{i+1}) - AI(t_i) \approx \frac{dAI(t_i)}{dt} \tag{10-8}$$

这样，波阻抗与反射系数关系式(10-3) 变为

$$r(t) \approx \frac{dAI(t)}{dt} \frac{1}{2AI(t)} \tag{10-9}$$

$$r(t) \approx \frac{1}{2} \frac{d\ln AI(t)}{dt} \tag{10-10}$$

对式(10-10) 两边同时积分得

$$\ln AI(t) - \ln AI(0) = 2\int_0^t r(\tau) d\tau \tag{10-11}$$

$$AI(t) = AI(0) e^{2\int_0^t r(\tau) d\tau} \tag{10-12}$$

式中　$AI(0)$——地表的波阻抗值，可以由其他资料获得。

由式(10-12) 可以看出，若已知反射系数就可以计算出波阻抗。在道积分方法中，首先将地震记录转换为近似的反射系数，这一步的近似程度也比较大，一般通过反褶积和相位校正来实现。把处理后的地震记录当作反射系数，利用式(10-12) 就可以计算出波阻抗。

在实际应用中由于地震记录很难转换为真正的反射系数（详见第三章），转换的误差也比较大，所以道积分方法所计算出的波阻抗只能表征地层波阻抗的相对大小，不能反映地层绝对的波阻抗值，不能用于定量计算储层参数。道积分方法的优点是计算简单、递推累积误差小。

图 10-4 是一个道积分反演的例子，图 10-4(a) 为一假想的地下波阻抗模型，利用该波阻抗模型进行正演得到地震记录如图 10-4(b) 所示，对此记录进行反褶积和相位处理得到相当于反射系数的地震记录 [图 10-4(c)]，利用道积分反演公式(10-12) 可计算出波阻抗如图 10-4(d) 所示。

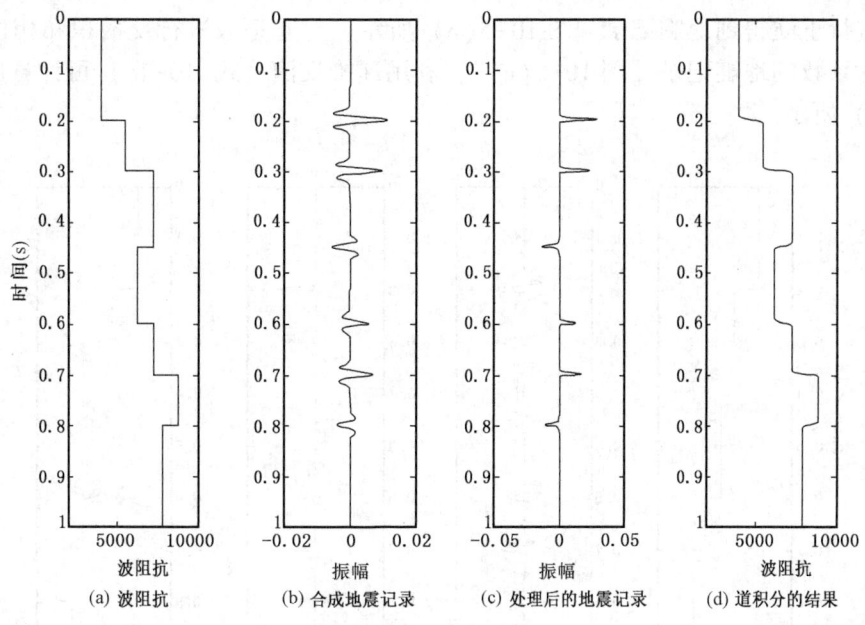

图 10-4　道积分处理

三、递推反演

基于反射系数递推计算地层波阻抗的地震反演方法称为递推反演。递推反演首先利用地震记录估算地层的反射系数序列（详见第三章），然后利用反射系数递推计算波阻抗。由反射系数与波阻抗的关系式(10-3) 可得

$$AI(t_{i+1}) - AI(t_i) = r(t_i)[AI(t_{i+1}) + AI(t_i)]$$

$$AI(t_{i+1})[1 - r(t_i)] = AI(t_i)[1 + r(t_i)]$$

$$AI(t_{i+1}) = AI(t_i) \frac{1 + r(t_i)}{1 - r(t_i)} \qquad (10-13)$$

这就是波阻抗递推公式，当第 i 个反射界面的反射系数 $r(t_i)$ 已知时，可以利用式(10-13)由第 i 层的波阻抗 $AI(t_i)$ 计算出第 $i+1$ 层的波阻抗 $AI(t_{i+1})$，进一步可得

$$AI(t_{i+1}) = AI(t_1) \prod_{k=1}^{i} \frac{1 + r(t_k)}{1 - r(t_k)} \qquad (10-14)$$

如果第一个点的波阻抗已知，就可以利用式(10-14) 计算地下任意一层的波阻抗。

递推反演是对地震资料的转换处理过程，其结果的分辨率、信噪比以及可靠程度完全依赖于地震资料本身的品质，因此用于反演的地震资料应具有较宽的频带、较低的噪声、相对振幅保持和准确成像。测井资料，尤其是声波测井和密度测井资料，是地震横向预测的对比标准和解释依据，在反演处理之前应进行仔细的编辑和校正，使其能够正确反映岩层的物理特征。

图 10-5 是一个递推反演的例子，图 10-5(a) 为一假想的地下波阻抗模型，利用该波阻抗模型进行正演得到地震记录如图 10-5(b) 所示，对此记录进行反褶积和相位处理得到相当于反射系数的地震记录 [图 10-5(c)]，利用递推反演公式(10-14) 可计算出波阻抗如图 10-5(d) 所示。

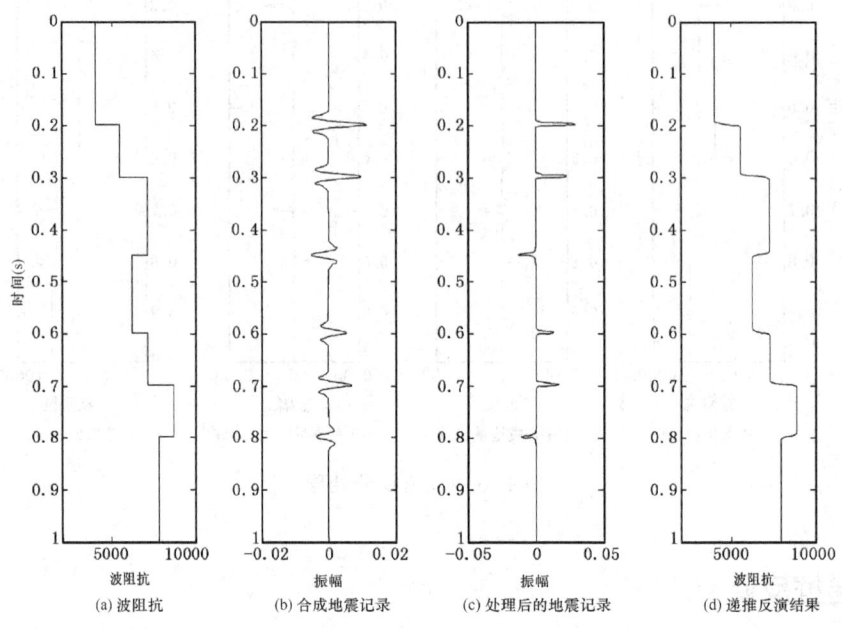

图 10-5 递推反演处理

四、最小二乘波阻抗反演

道积分反演和递推反演都是先要求取反射系数，然后由反射系数计算波阻抗。反射系数估计的质量对波阻抗的求取具有至关重要的作用。下面介绍一种直接由叠后地震记录求取波阻抗的反演方法。

为了方便描述反演方法，在离散域描述问题。假设波阻抗向量为 $AI = (AI_1, AI_2, \cdots, AI_n)^T$，地震记录向量为 $X = (x_1, x_2, \cdots, x_n)^T$，式(10-3) 和式(10-5) 描述了一个正演模拟过程。任意给定一个波阻抗向量 AI，可以利用式(10-3) 和式(10-5) 计算得到一个地震记录向量 X，这就定义了一个正演过程，记为 F。这样正演过程就可以写为

$$X = F(AI) = \begin{pmatrix} f_1(AI) \\ f_2(AI) \\ \cdots \\ f_n(AI) \end{pmatrix} = \begin{pmatrix} f_1(AI_1, AI_2, \cdots, AI_n) \\ f_2(AI_1, AI_2, \cdots, AI_n) \\ \cdots \\ f_n(AI_1, AI_2, \cdots, AI_n) \end{pmatrix} \qquad (10-15)$$

波阻抗反演就是已知地震记录 X，求解波阻抗 AI。在求解过程中假设地震子波是已知的，也即式(10-5) 中的矩阵 W 已知。最小二乘波阻抗反演方法的基本思想是，要求得这样的波阻抗，由这个波阻抗正演得到的地震记录和已知地震记录在最小二乘意义下达到极小。假

设已知地震记录为 X^*，最小二乘反演就是求下列目标泛函的极小

$$\text{OBJ} = \|F(AI) - X^*\|^2 = \sum_{i=1}^{n} (f_i(AI) - x_i^*)^2 \qquad (10-16)$$

由于 F 是非线性映射，式(10-16) 的极小不能直接求得。一般采用迭代的方法，也即要构造一个波阻抗序列 AI^k，这里 k 为迭代次数，当 k 充分大时，AI^k 能够收敛到波阻抗的真值，使得泛函式(10-16) 达到极小。可以采用逐步线性化的思想来构造波阻抗序列 AI^k，假设已经计算得到了 AI^k，利用 Taylor 展开有

$$F(AI) \approx F(AI^k) + F'(AI^k)(AI - AI^k) \qquad (10-17)$$

将式(10-17) 代入式(10-16) 得

$$\|F(AI^k) + F'(AI^k)(AI - AI^k) - X^*\|^2 \qquad (10-18)$$

泛函式(10-18) 的极小问题已经变成了线性最小二乘问题，为了求取式(10-18) 的极小，对泛函式(10-18) 求导并令其等于零，得到

$$(F'(AI^k))^T (F(AI^k) + F'(AI^k)(AI - AI^k) - X^*) = 0 \qquad (10-19)$$

整理得到

$$(F'(AI^k))^T F'(AI^k)(AI - AI^k) = (F'(AI^k))^T (X^* - F(AI^k)) \qquad (10-20)$$

$$AI = AI^k + ((F'(AI^k))^T F'(AI^k))^{-1} (F'(AI^k))^T (X^* - F(AI^k)) \qquad (10-21)$$

利用式(10-21) 就能够由一个波阻抗 AI^k 计算得到一个新的波阻抗 AI，令其为 AI^{k+1}，这样就得到了波阻抗反演的迭代公式

$$AI^{k+1} = AI^k + ((F'(AI^k))^T F'(AI^k))^{-1} (F'(AI^k))^T (X^* - F(AI^k)) \qquad (10-22)$$

利用迭代公式(10-22) 就可以由一个波阻抗的初值迭代反演出波阻抗。注意这里 $F'(AI^k)$ 是导数矩阵，这个矩阵可以通过链式求导法则计算得到。利用式(10-22) 进行迭代求解时，首先要猜测一个初始波阻抗值 AI^0，然后利用式(10-22) 进行迭代求解。还要给出迭代终止条件。一般可以指定迭代次数或波阻抗的更新量作为迭代终止条件。当达到指定的迭代次数或波阻抗更新量较小时即迭代终止。

图 10-6 是一个最小二乘波阻抗反演的例子。图 10-6(a) 是一个假设的地下波阻抗模型。图 10-6(b) 是合成的地震记录，相当于地震资料处理后得到叠后地震资料。假设地震子波已知，利用最小二乘波阻抗反演还需要已知初始模型。图 10-6(c) 是构造的初始波阻抗模型。可以看出，初始波阻抗模型不能反映地下介质的真实情况。利用最小二乘波阻抗反演方法对地震资料图 10-6(b) 进行处理，迭代 10 次后得到的波阻抗如图 10-6(d) 所示。对比图 10-6(d) 和图 10-6(a) 可以看出，反演得到的波阻抗和真实的波阻抗完全一致。说明最小二乘波阻抗反演方法能够由叠后地震资料有效地计算得到波阻抗。

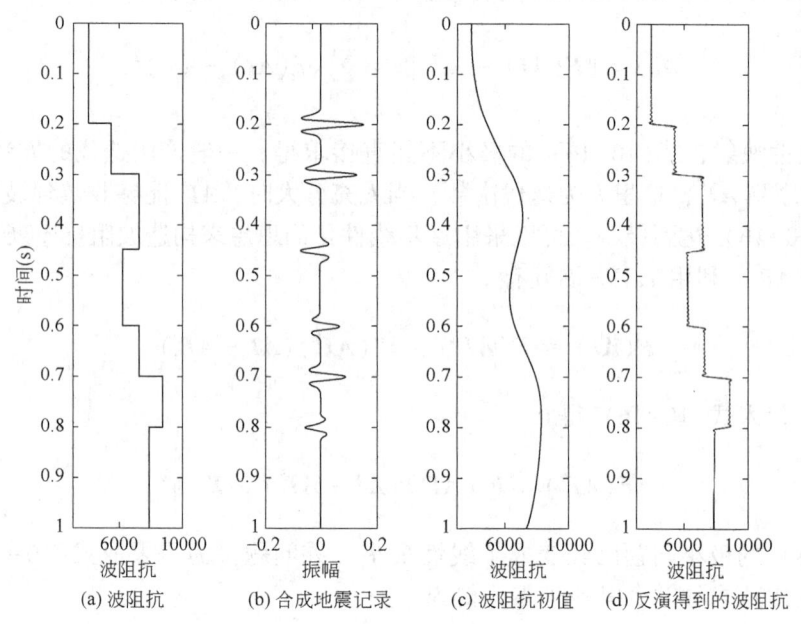

图 10-6　波阻抗反演处理

五、测井约束波阻抗反演

前面介绍了几种叠后地震资料波阻抗反演方法，在这些方法中，都是由一个地震道反演得到一个波阻抗曲线。在数值模拟实验中可以得到很好的反演效果，但是如果将这些方法直接应用于实际数据，一般很难得到较好的反演结果。主要原因有：实际地震资料都是有限频带的；实际地震资料都含有噪声；实际数据中子波是未知的。为了更好地实现实际地震资料反演，发展了测井资料约束的波阻抗反演方法。对于不同的实际情况，可采用不同的处理流程。对于没有测井资料的工区，首先要解决的第一个问题是子波问题。子波的求取可参考第三章的相关方法来求取。得到子波后，可以直接利用上述描述的任意方法对叠后地震数据进行处理，这时反演并不能准确得到地下波阻抗的真值。只能得到波阻抗的一个相对变化，相当于对真实的波阻抗进行了一个带通滤波。图 10-7(a) 给出了一个假想的波阻抗，对图中曲线进行低通滤波（6Hz-8Hz）得到波阻抗的低频部分如图 10-7(b) 所示，从这条曲线可以看出它是波阻抗的低频部分，它只能反映波阻抗的变化趋势，不能反映波阻抗的细节变化。对图 10-7(a) 进行带通滤波（6Hz-8Hz-60Hz-70Hz）得到相对波阻抗如图 10-7(c) 所示，从图中可以看出，它不能反映地下波阻抗的真实值，只能反映波阻抗的相对变化。通过在频率域合并，利用曲线图 10-7(b) 和图 10-7(c) 可以求得波阻抗曲线图 10-7(d)。这条曲线能够反映波阻抗的绝对变化。在没有测井资料的工区可以通过叠加速度或偏移速度对波阻抗的低频部分进行估计，然后再与反演得到相对波阻抗进行合并得到工区内的绝对波阻抗。

前面描述了无井工区波阻抗反演的处理流程。很多时候，波阻抗反演所在工区范围有一些测井资料，可以通过测井资料及地震剖面解释资料构建波阻抗的低频分量。在这样的工区要求已知叠后地震数据、地震数据层位解释资料及其在测井资料上的位置、测

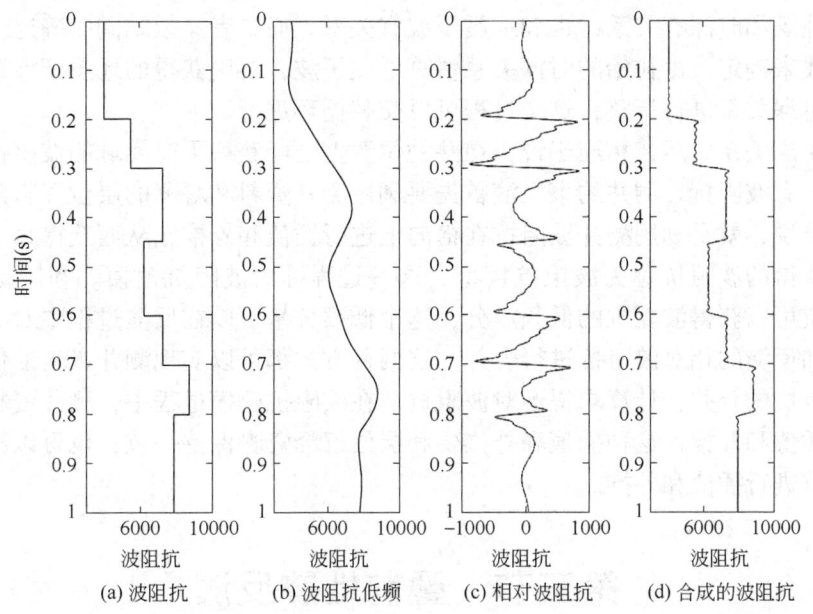

图 10-7 波阻抗与相对波阻抗

井资料（声波时差和密度资料），求取地下介质的波阻抗。为实现这一目标，首先要进行时深标定。测井资料都是用长度来表示深度，而地震资料使用双程旅行时表示深度。这样测井资料和地震资料在深度方向上不能直接对应，需要一个时深关系才能将地震资料和测井资料对应上，这就是所谓的时深标定。如果有 VSP 资料，可以利用 VSP 资料所获得的时深关系进行初始标定，再通过合成地震记录进行微调时深关系。如果没有 VSP 时深关系资料，可从测井声波时差资料出发，通过频散校正得到初始的时深关系，再通过合成地震记录进行微调时深关系。在利用合成地震记录进行标定时，还涉及子波的问题。在有测井资料的工区，子波一般是利用井旁地震资料反演得到。利用测井资料可以获得井位置的波阻抗，根据波阻抗和反射系数的关系式(10-3) 可以获得反射系数 $r(t)$。而地震记录和反射系数的关系可写为

$$s(t) = w(t) * r(t) \tag{10-23}$$

在井的位置上，地震记录 $s(t)$ 和反射系数 $r(t)$ 都已知，因而很容易利用上式反演出地震子波。在频率域只需做个除法就可以。在频率域地震记录 $s(\omega)$ 和反射系数 $r(\omega)$ 的关系为

$$s(\omega) = w(\omega) r(\omega) \tag{10-24}$$

因而地震子波

$$w(\omega) = \frac{s(\omega)}{r(\omega)} \tag{10-25}$$

通过合成地震记录进行标定就是使得利用测井资料合成的地震记录和井旁地震记录一致。而二者的一致性既和时深有关系，也和地震子波有关系。而二者又很难同时确定，一般采用交互迭代的方式来确定，由初始的时深关系估算地震子波，再由获得的地震子波重新合成地震记录，再对时深关系进行调整，这个过程可以交替循环进行。

获得了时深关系之后，相当于说，在井的位置上已经获得了时间域的波阻抗，但是没有井的地方还没有波阻抗。测井约束反演首先要利用测井资料和解释的层位资料建立一个波阻抗模型。简单说，就是利用测井波阻抗在横向上进行插值和外推，从而获得每个位置的波阻抗。这样所获得的波阻抗称为波阻抗模型，这一过程称为波阻抗建模。利用这一波阻抗模型，通过滤波可以获得波阻抗的低频成分，这个低频分量可以在反演过程中对波阻抗进行约束，也可以和反演的相对波阻抗进行合并。这两种方式都可以实现测井资料的低频分量和反演的相对波阻抗的合并，计算求得绝对波阻抗。在波阻抗建模过程中，测井资料插值和外推不是简单的插值和外推，这种插值和外推要和层位解释资料保持一致，也可以描述为将测井资料按着层位进行插值和外推。

第三节 叠前地震反演

上一节对叠后地震资料的反演处理方法进行了介绍，叠后反演都是在叠加数据的基础上进行的，并且假设叠后地震道等于地震子波与反射系数的褶积，就是假设地震道是通过自激自收方式，也就是炮检距为零时得到的。上述假设和实际情况具有较大的误差。实际叠后地震道是通过叠加得到的，是不同炮检距接收的具有共同反射点的地震道经过动校正后叠加得到的，是不同入射角的共同反射点的地震道经过动校正叠加得到的。经过动校正后，消除了炮检距对旅行时的影响，最后时间都校正到了自激自收的双程旅行时。但是对振幅没有做校正，如果反射振幅不随入射角而发生变化，不同入射角的反射系数都等于入射角为零时的反射系数，则叠后地震道的褶积模型是正确的。弹性波理论表明，反射振幅是随入射角的不同而变化的，因而叠后地震道是不同角度反射振幅的平均，它的振幅不是自激自收的反射振幅，叠后地震道也不满足褶积模型，因此基于叠后地震资料的反演结果具有较大的误差，需要发展叠前地震反演技术。

用多次覆盖方法采集的地震数据对地下的同一反射点都观测了多次，同一反射点地震数据中包含了不同入射角的反射数据，不同的入射角对应着不同的炮检距。根据弹性波理论可以导出不同入射角的反射系数和透射系数公式，这就是 Zoeppritz 方程，该方程表明反射系数和透射系数是随入射角变化的。因此，在不同炮检距上，反射振幅是变化的，反射振幅随入射角的变化规律是和反射界面上下介质的岩性密切相关的，通过研究反射振幅随偏移距的变化规律，可以研究地下介质的岩性信息。地震反射波振幅与炮检距的关系简称 AVO（Amplitude Versus Offset），利用地震反射波振幅与炮检距的关系寻找油气这项技术称为 AVO 技术。已知叠前地震记录，求取反射振幅与偏移距的变化规律，进一步求解反射界面上下介质的物性参数信息，这一过程称为 AVO 反演。

一、AVO 正演

AVO 正演是指在水平层状介质的条件下，已知地下各层介质的密度、纵波速度、横波速度，计算共中心点道集（或角道集）反射波叠前地震记录。

1. Zoeppritz 方程

叠前共反射点道集正演模拟的基本问题就是水平单界面的反射问题（图 10-8）。图中 α_1、β_1、ρ_1 和 α_2、β_2、ρ_2 分别是上下层介质的纵波速度、横波速度和密度。研究纵波入射时反射纵波的反射系数与入射角度 θ_1、上下层介质的纵波速度、横波速度和密度的关系。由弹性波理论可知，它们的关系满足 Zoeppritz 方程

$$\begin{bmatrix} \sin\theta_1 & \cos\theta_3 & -\sin\theta_2 & \cos\theta_4 \\ \cos\theta_1 & -\sin\theta_3 & \cos\theta_2 & \sin\theta_4 \\ \sin2\theta_1 & \dfrac{\alpha_1}{\beta_1}\cos2\theta_3 & \dfrac{\alpha_1\beta_2^2\rho_2}{\alpha_2\beta_1^2\rho_1}\sin2\theta_2 & -\dfrac{\alpha_1\beta_2\rho_2}{\beta_1^2\rho_1}\sin2\theta_4 \\ \cos2\theta_3 & -\dfrac{\alpha_1}{\beta_1}\sin2\theta_3 & -\dfrac{\alpha_2\rho_2}{\alpha_1\rho_1}\cos2\theta_4 & -\dfrac{\beta_2\rho_2}{\alpha_1\rho_1}\sin2\theta_4 \end{bmatrix} \begin{bmatrix} R_{PP} \\ R_{PS} \\ T_{PP} \\ T_{PS} \end{bmatrix} = \begin{bmatrix} -\sin\theta_1 \\ \cos\theta_1 \\ \sin2\theta_1 \\ -\cos2\theta_3 \end{bmatrix}$$

(10-26)

这就是精确 AVO 计算公式。式中 R_{PP}，R_{PS}，T_{PP}，T_{PS} 分别为纵波反射系数、横波反射系数、纵波透射系数、横波透射系数。式(10-26) 是一个四阶的方程组，通过方程组求解可求得 R_{PP}，R_{PS}，T_{PP}，T_{PS}。在 AVO 正演模拟中，主要用纵波反射系数 R_{PP}。

精确的 Zoeppritz 方程全面考虑了平面纵波入射时在水平界面两侧产生的纵横波反射和透射能量之间的关系，它是 AVO 正演的理论基础。该方程解析地表述了平面波反射系数与入射角的关系，但其 Zoeppritz 方程过于复杂，也难于直接看清各参数对反射系数的影响，方程组解析解的表达式十分复杂，

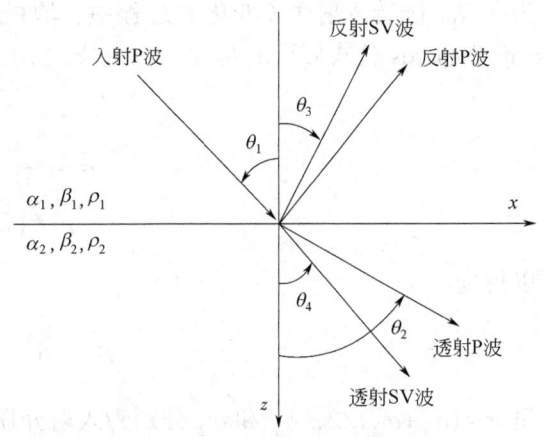

图 10-8　入射、反射和透射关系图

很难直接分析介质参数对振幅系数的影响。因此很多学者从不同的方面对 Zoeppritz 方程进行简化，这一方面节省了计算工作量，另一方面更有利于 AVO 技术的研究和应用。虽然近似公式的表达式不尽相同，但其精度无太多差异。

2. Aki & Richards 近似式

假设岩性参数变化量 $\Delta\rho/\rho$、$\Delta\alpha/\alpha$ 和 $\Delta\beta/\beta$ 都远远小于 1，Aki and Richards（1980）得到 Zoeppritz 方程解的近似公式如下

$$R_{PP} = A\frac{\Delta\alpha}{\alpha} + B\frac{\Delta\beta}{\beta} + C\frac{\Delta\rho}{\rho} \tag{10-27}$$

其中

$$\left.\begin{aligned}&\theta = (\theta_1 + \theta_2)/2 \\ &\Delta\alpha = \alpha_2 - \alpha_1, \alpha = (\alpha_2 + \alpha_1)/2 \\ &\Delta\beta = \beta_2 - \beta_1, \beta = (\beta_2 + \beta_1)/2 \\ &\Delta\rho = \rho_2 - \rho_1, \rho = (\rho_2 + \rho_1)/2 \\ &A = \frac{1}{2\cos^2\theta} \\ &B = -4\frac{\beta^2}{\alpha^2}\sin^2\theta \\ &C = \frac{1}{2}\left(1 - 4\frac{\beta^2}{\alpha^2}\sin^2\theta\right)\end{aligned}\right\} \quad (10-28)$$

Aki & Richards 公式强调的是岩性参数变化量 $\Delta\rho/\rho$、$\Delta\alpha/\alpha$ 和 $\Delta\beta/\beta$ 对反射系数的影响。

3. Shuey 近似式

Shuey 于 1985 年根据 Aki and Richards 提出的 Zoeppritz 近似公式，做了进一步的研究，认为在 R_{PP} 随着入射角 θ 变化的过程中，泊松比 σ 是与之关系最密切的一个弹性参数。在 Aki & Richards 公式假设的基础上，由公式

$$\sigma = \frac{1 - 2\dfrac{\beta^2}{\alpha^2}}{2\left(1 - \dfrac{\beta^2}{\alpha^2}\right)} \quad (10-29)$$

可以得到

$$\beta^2 = \alpha^2 \frac{1 - 2\sigma}{2(1 - \sigma)} \quad (10-30)$$

这里 $\sigma = (\sigma_1+\sigma_2)/2$，$\sigma_1$ 和 σ_2 分别为入射介质和透射介质的泊松比。当地层用纵波速度 α、泊松比 σ 及密度 ρ 描述时，Zoeppritz 简化公式可重新改写成小角度项、中等角度项和大角度项三部分之和，即 Shuey 公式

$$R_{PP} = R_0 + \left[A_0 R_0 + \frac{\Delta\sigma}{(1-\sigma)^2}\right]\sin^2\theta + \frac{1}{2}\frac{\Delta\alpha}{\alpha}(\tan^2\theta - \sin^2\theta) \quad (10-31)$$

其中

$$\left.\begin{aligned}&R_0 = \frac{1}{2}\left(\frac{\Delta\alpha}{\alpha} + \frac{\Delta\rho}{\rho}\right) \\ &A_0 = B - 2(1+B)\frac{1-2\sigma}{1-\sigma} \\ &B = \frac{\Delta\alpha/\alpha}{\Delta\alpha/\alpha + \Delta\rho/\rho}\end{aligned}\right\} \quad (10-32)$$

界面两侧泊松比的差 $\Delta\sigma$ 是一个至关重要的因素。公式中把反射系数视为小角度项（第一

项)、中等角度项（第二项）和大角度项（第三项）之和，在实际应用中经常忽略大角度项，Shuey 公式可进一步简化为

$$R_{PP} = P + G\sin^2\theta \quad (10-33)$$

Shuey 简化公式表明，在入射角小于中等角度（<30°）时，纵波反射系数与入射角正弦的平方呈线性关系。其中

$$P = R_0; G = A_0 R_0 + \frac{\Delta\sigma}{(1-\sigma)^2} \quad (10-34)$$

4. CMP 道集与角度道集

前面介绍了叠前地震模拟的三种公式，Zoeppritz 方程具有最高的精度，但是计算量大。而 Aki & Richards 近似公式和 Shuey 近似公式具有近似误差，但是计算速度快。为了展示近似公式的近似程度，这里展示一个数值模拟的例子。假设地层参数为：$\alpha_1 = 2500\text{m/s}$，$\beta_1 = 1500\text{m/s}$，$\rho_1 = 2.1\text{g/cm}^3$，$\alpha_2 = 3000\text{m/s}$，$\beta_2 = 1800\text{m/s}$，$\rho_2 = 2.2\text{g/cm}^3$。利用 Zoeppritz 方程和两种近似计算得到的反射系数曲线如图 10-9 所示。从图中可以看出，在小角度时，近似公式误差较小；在大角度时，近似误差较大。在具体的应用中，可以根据实际情况来选择。

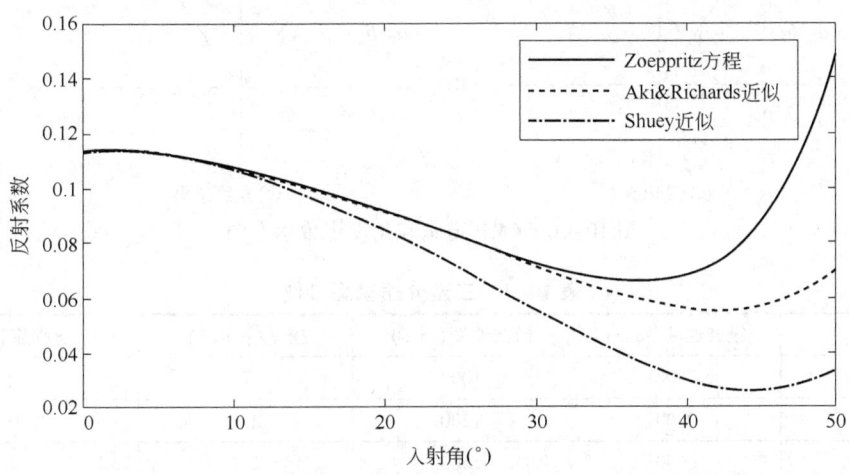

图 10-9　Zoeppritz 方程精确公式与近似公式对比

在叠前反演中，可以在两种道集上来进行，一种是 CMP 道集，一种是角度道集。可以用一个三层水平层状介质来说明 CMP 道集和角度道集的差异。CMP 道集比较熟悉，它是按着中心点位置不变，而炮检距变化抽取的道集，它可以通过对共炮点道集进行重新排序直接得到 CMP 道集，CMP 道集中的每一道都是野外检波器接收到的一道数据。而角度道集中的每一道不是野外直接接收到的数据，它需要对野外采集的数据经过适当的处理才能得到，可以由 CMP 道集通过射线追踪方法转换得到，也可以在叠前偏移过程中形成角度道集。利用 CMP 道集转换的方法要求假设地下介质是水平层状介质，而通过叠前偏移形成角度道集的方法具有更好的适应性，可以适应复杂构造的情况。CMP 道集的横坐标是炮检距，角度道集的横坐标是入射角。利用 AVO 正演公式合成地震记录的思想都是先计算反射系数，再通过褶积的方法合成地震记录。

对图 10-10(a) 中的模型来说，CMP 道集的合成地震记录公式为

$$s(t) = w(t) * [r_1(\theta_1)\delta(t-t_1) + r_2(\theta_2)\delta(t-t_2)] \qquad (10-35)$$

对于给定的炮检距,通过射线追踪可以计算出 θ_1、θ_2,利用 Zoeppritz 方程或其近似式可以计算出 $r_1(\theta_1)$、$r_2(\theta_2)$,$w(t)$ 是地震子波,t_1,t_2 分别是两个反射界面的双程旅行时,$\delta(\cdot)$ 是 δ-函数。注意,由于叠前反演通常是在动校正之后的道集上进行,因而这里合成的地震记录也是动校正之后的道集。对图 10-10(b) 中的模型来说,角度道集的合成地震记录公式为

$$s(t) = w(t) * [r_1(\theta)\delta(t-t_1) + r_2(\theta)\delta(t-t_2)] \qquad (10-36)$$

对于给定的入射角 θ,利用 Zoeppritz 方程或其近似式可以计算出 $r_1(\theta)$、$r_2(\theta)$,其他和式(10-35) 中的含义一样。表 10-1 列出了一个三层介质的模型参数,根据这组模型参数利用 Zoeppritz 方程合成 CMP 道集和角度道集地震记录如图 10-11 所示。由图中可以看出,CMP 道集和角度道集中的反射振幅有很大的差别,CMP 道集的横坐标是炮检距,角度道集的横坐标是入射角。

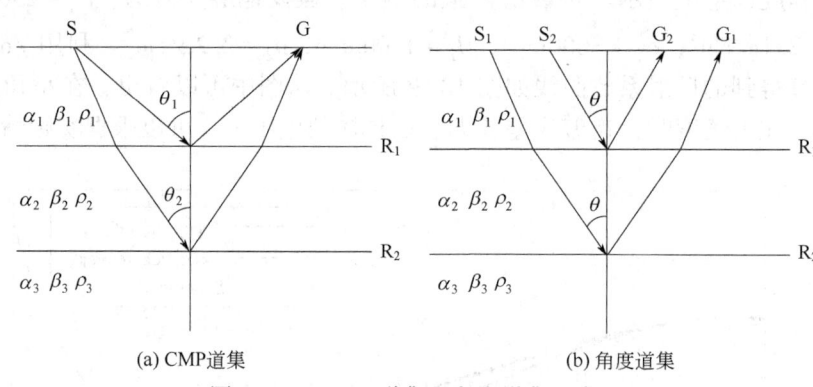

图 10-10　CMP 道集和角度道集示意图

表 10-1　三层介质模型参数

介质	纵波速度(m/s)	横波速度(m/s)	密度(g/cm^3)	双程旅行时(s)
层 1	2000	1000	2	0.3
层 2	2500	1200	2.1	0.3
层 3	3000	1600	2.2	

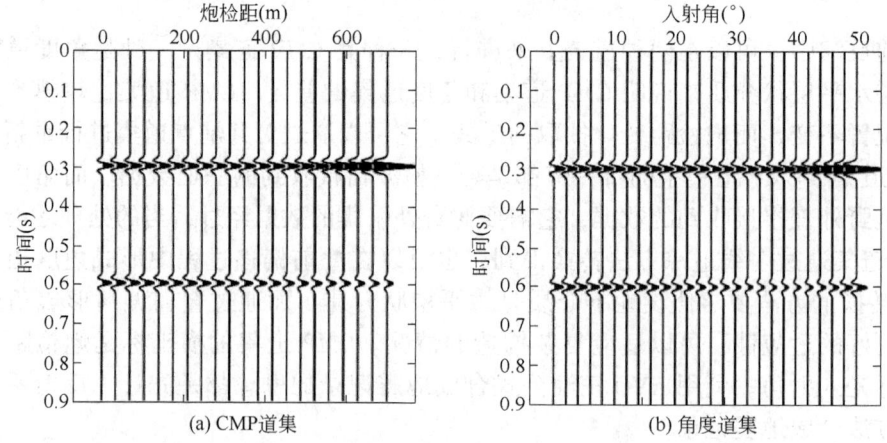

图 10-11　表 10-1 模型参数模拟的 CMP 道集和角度道集

二、AVO 反演

AVO 反演是上述正演过程的逆过程，已知叠前道集求取地下地层的弹性参数（纵波速度、横波速度、密度）。反演过程和正演过程密切相关，如前所述，正演可以合成 CMP 道集，也可以合成角度道集，正演公式可以是精确公式，也可以是近似公式。前面只介绍了两种非常经典的 AVO 近似公式，实际上，AVO 的近似公式非常多，弹性参数的具体形式也多种多样。在 Zoeppritz 方程中利用纵波速度、横波速度、密度描述地下介质，在一些近似公式中，有用纵波阻抗（$\alpha\rho$）、横波阻抗（$\beta\rho$）描述地下介质，也有用剪切模量、体积模量和密度来描述地下介质的。由此可见，有很多不同形式的正演过程，正演过程不同对应的反演过程也不相同，但是基本思想是一致的，本小节主要讨论角道集数据的反演问题。

这里研究利用角道集数据反演纵波速度、横波速度和密度的问题，正演所用的计算公式是 Aki & Richards 近似式(10-27)。在这个公式中，反射系数和纵波速度、横波速度、密度的关系是非线性的，这给弹性参数的反演带来了困难。为了便于反演，假设横波、纵波的速度比已知，也即 $\dfrac{\beta^2}{\alpha^2}$ 已知。这样式(10-28) 中 A、B、C 只和角度有关，给定角度就可以计算出 A、B、C。令

$$\left.\begin{aligned} R_\alpha &= \frac{\alpha_2 - \alpha_1}{\alpha_2 + \alpha_1} \\ R_\beta &= \frac{\beta_2 - \beta_1}{\beta_2 + \beta_1} \\ R_\rho &= \frac{\rho_2 - \rho_1}{\rho_2 + \rho_1} \end{aligned}\right\} \qquad (10-37)$$

式中，R_α 与纵波速度 α 的关系和反射系数与波阻抗的关系完全一致。R_β 与横波速度 β、R_ρ 与密度 ρ 之间也有类似的关系。在反演过程中可以利用这一关系式由 R_α、R_β、R_ρ 分别反演纵波速度、横波速度、密度。

式(10-27) 可以重写为

$$R(\theta) = 2A(\theta)R_\alpha + 2B(\theta)R_\beta + 2C(\theta)R_\rho \qquad (10-38)$$

写成这种形式后，变量的依赖关系更加清晰。

假设地下介质的纵波速度、横波速度、密度分别为 α_i、β_i、ρ_i，$i=1,2,\cdots,n$。根据纵波速度、横波速度、密度和 R_α、R_β、R_ρ 的关系，对于每一个界面有

$$\left.\begin{aligned} R_{\alpha,i} &= \frac{\alpha_{i+1} - \alpha_i}{\alpha_{i+1} + \alpha_i} \\ R_{\beta,i} &= \frac{\beta_{i+1} - \beta_i}{\beta_{i+1} + \beta_i} \\ R_{\rho,i} &= \frac{\rho_{i+1} - \rho_i}{\rho_{i+1} + \rho_i} \end{aligned}\right\} \qquad (10-39)$$

假设共有 m 个角度：θ_1，θ_2，$\cdots$，θ_m，每个角度对应的反射系数为 $R_i(\theta_j)$，则有

$$R_i(\theta_j) = 2A(\theta_j)R_{\alpha,i} + 2B(\theta_j)R_{\beta,i} + 2C(\theta_j)R_{\rho,i} \tag{10-40}$$

假设地震子波为 w_i，每个角度的地震记录为 $s_i(\theta_j)$，则有

$$s_i(\theta_j) = \sum_k w_{i-k} R_k(\theta_j) \tag{10-41}$$

对于固定的 θ_j 来说，式(10-41) 就是褶积公式。这样由式(10-39)、式(10-40) 和式(10-41) 构成了一整套由纵波速度、横波速度、密度分别为 α_i、β_i、ρ_i 计算角道集地震记录 $s_i(\theta_j)$ 的正演公式。

对应的反演问题就是已知角道集地震记录 $s_i(\theta_j)$ 求取纵波速度、横波速度、密度的问题，反演过程可以看成是上述正演过程的逆过程。这里介绍一种三步法 AVO 反演方法，该方法不是由地震记录直接求取纵波速度、横波速度及密度，而是先由地震记录反演反射系数，再由反射系数反演 R_α、R_β、R_ρ，最后再由 R_α、R_β、R_ρ 反演出纵波速度、横波速度及密度。

1. 反射系数反演

反射系数反演就是基于正演公式(10-41) 由角道集地震记录计算反射系数，这个问题本质上就是一个反褶积的问题，可以利用本书第三章的相关方法来实现。对每个角度 θ_j 分别进行反褶积可以计算得到 $R_i(\theta_j)$。

2. R_α、R_β、R_ρ 反演

假设已经得到了每个角度的反射系数 $R_i(\theta_j)$，假设有 4 个角度，对于每个反射界面 i 有

$$\left.\begin{aligned}
2A(\theta_1)R_{\alpha,i} + 2B(\theta_1)R_{\beta,i} + 2C(\theta_1)R_{\rho,i} &= R_i(\theta_1) \\
2A(\theta_2)R_{\alpha,i} + 2B(\theta_2)R_{\beta,i} + 2C(\theta_2)R_{\rho,i} &= R_i(\theta_2) \\
2A(\theta_3)R_{\alpha,i} + 2B(\theta_3)R_{\beta,i} + 2C(\theta_3)R_{\rho,i} &= R_i(\theta_3) \\
2A(\theta_4)R_{\alpha,i} + 2B(\theta_4)R_{\beta,i} + 2C(\theta_4)R_{\rho,i} &= R_i(\theta_4)
\end{aligned}\right\} \tag{10-42}$$

写成矩阵的形式有

$$\begin{pmatrix} 2A(\theta_1) & 2B(\theta_1) & 2C(\theta_1) \\ 2A(\theta_2) & 2B(\theta_2) & 2C(\theta_2) \\ 2A(\theta_3) & 2B(\theta_3) & 2C(\theta_3) \\ 2A(\theta_4) & 2B(\theta_4) & 2C(\theta_4) \end{pmatrix} \begin{pmatrix} R_{\alpha,i} \\ R_{\beta,i} \\ R_{\rho,i} \end{pmatrix} = \begin{pmatrix} R_i(\theta_1) \\ R_i(\theta_2) \\ R_i(\theta_3) \\ R_i(\theta_4) \end{pmatrix} \tag{10-43}$$

由此公式可以看出，对于固定的反射界面 i，由 $R_i(\theta_j)$ 计算 $R_{\alpha,i}$、$R_{\beta,i}$、$R_{\rho,i}$ 就是一个方程组求解问题。角道集的道数，也即角度的个数，一般大于 3 个，因而方程组（10-43）一般是一个超定的问题。由于方程的个数大于未知数的个数，再加之噪声的影响，这个方程组常常是无解的，通常求它的最小二乘解。

定义目标函数

$$O(R_{\alpha,i}, R_{\beta,i}, R_{\rho,i}) = \sum_j [2A(\theta_j)R_{\alpha,i} + 2B(\theta_j)R_{\beta,i} + 2C(\theta_j)R_{\rho,i} - R_i(\theta_j)]^2 \tag{10-44}$$

对于固定的反射界面 i，式(10-44)可以看成是 $R_{\alpha,i}$、$R_{\beta,i}$、$R_{\rho,i}$ 的函数，能够使得目标函数式(10-44)达到极小的 $R_{\alpha,i}$、$R_{\beta,i}$、$R_{\rho,i}$ 就是方程组（10-43）的最小二乘解。求目标函数式(10-44)的极小点可以求得 $R_{\alpha,i}$、$R_{\beta,i}$、$R_{\rho,i}$。目标函数达到极小时，目标函数关于 $R_{\alpha,i}$、$R_{\beta,i}$、$R_{\rho,i}$ 的导数为零，因而有

$$\left.\begin{aligned}\frac{\partial O}{\partial R_{\alpha,i}} &= 2\sum_j [2A(\theta_j)R_{\alpha,i} + 2B(\theta_j)R_{\beta,i} + 2C(\theta_j)R_{\rho,i} - R_i(\theta_j)]2A(\theta_j) = 0 \\ \frac{\partial O}{\partial R_{\beta,i}} &= 2\sum_j [2A(\theta_j)R_{\alpha,i} + 2B(\theta_j)R_{\beta,i} + 2C(\theta_j)R_{\rho,i} - R_i(\theta_j)]2B(\theta_j) = 0 \\ \frac{\partial O}{\partial R_{\rho,i}} &= 2\sum_j [2A(\theta_j)R_{\alpha,i} + 2B(\theta_j)R_{\beta,i} + 2C(\theta_j)R_{\rho,i} - R_i(\theta_j)]2C(\theta_j) = 0\end{aligned}\right\}$$

$$(10-45)$$

令

$$\boldsymbol{D} = \begin{pmatrix} 2A(\theta_1) & 2B(\theta_1) & 2C(\theta_1) \\ 2A(\theta_2) & 2B(\theta_2) & 2C(\theta_2) \\ 2A(\theta_3) & 2B(\theta_3) & 2C(\theta_3) \\ 2A(\theta_4) & 2B(\theta_4) & 2C(\theta_4) \end{pmatrix} \qquad (10-46)$$

$$\boldsymbol{P} = \begin{pmatrix} R_{\alpha,i} \\ R_{\beta,i} \\ R_{\rho,i} \end{pmatrix} \qquad (10-47)$$

$$\boldsymbol{R} = \begin{pmatrix} R_i(\theta_1) \\ R_i(\theta_2) \\ R_i(\theta_3) \\ R_i(\theta_4) \end{pmatrix} \qquad (10-48)$$

则式(10-45)可写为

$$\boldsymbol{D}^\mathrm{T}\boldsymbol{D}\boldsymbol{P} = \boldsymbol{D}^\mathrm{T}\boldsymbol{R} \qquad (10-49)$$

这里，$\boldsymbol{D}^\mathrm{T}$ 是 $\boldsymbol{D}$ 转置，矩阵 $\boldsymbol{D}$ 和向量 $\boldsymbol{R}$ 都是已知的，因而通过方程组（10-49）的求解可以

计算出 P，也就是计算出了 $R_{\alpha,i}$、$R_{\beta,i}$、$R_{\rho,i}$，对于每个反射界面 i 进行上述处理，就能计算出 $R_{\alpha,i}$、$R_{\beta,i}$、$R_{\rho,i}$，$i=1$，2，$\cdots$，$n-1$。

3. 纵波速度、横波速度及密度反演

由式(10-39)可知，$R_{\alpha,i}$ 与纵波速度 α_i 的关系和反射系数与波阻抗的关系完全一致，可以利用波阻抗反演方法实现纵波速度的求取。在本章第二节中介绍的道积分方法和递推反演方法都可以直接应用于纵波速度的反演。同理，可以用同样的方法由 $R_{\beta,i}$ 反演横波速度，由 $R_{\rho,i}$ 反演密度。

下面通过一个例子来说明反演过程。假设地下介质模型参数见表10-1，假设角道集中各道数据对应的角度分别为 5°、10°、15°、20°、25°、30°。利用式(10-39)可以计算得到 R_α、R_β、R_ρ（图10-12），利用式(10-40)可以计算得到各个角度的反射系数 $R_i(\theta_j)$ 如图10-13(a)所示，再利用式(10-41)可计算出各个角度的地震记录如图10-13(b)所示，这就相当于从野外地震资料提取得到的角道集地震记录。AVO反演就是要从角道集地震记录中求取纵波速度、横波速度和密度。首先对角道集地震数据进行反褶积处理得到各个角度的反射系数如图10-14所示，再利用式(10-49)进行反演可以得到 R_α、R_β、R_ρ（图10-15）。再利用递推反演方法可以由 R_α、R_β、R_ρ 计算出纵波速度、横波速度和密度如图10-16所示。

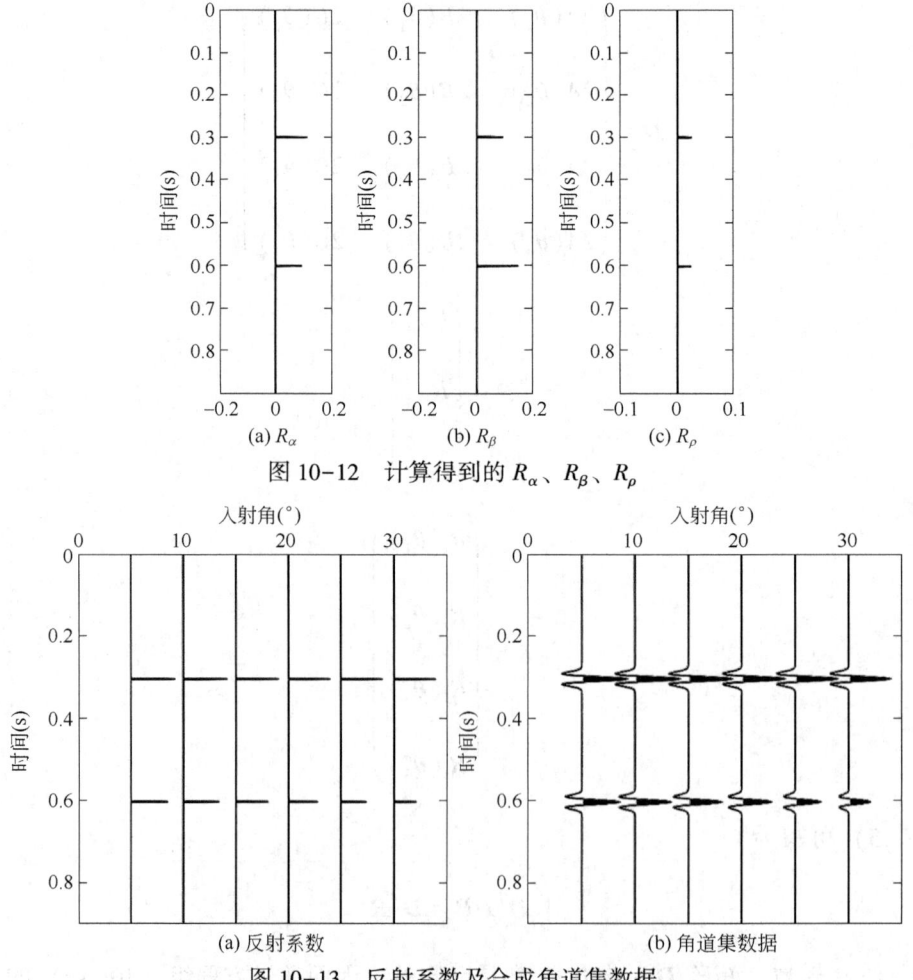

图10-12 计算得到的 R_α、R_β、R_ρ

图10-13 反射系数及合成角道集数据

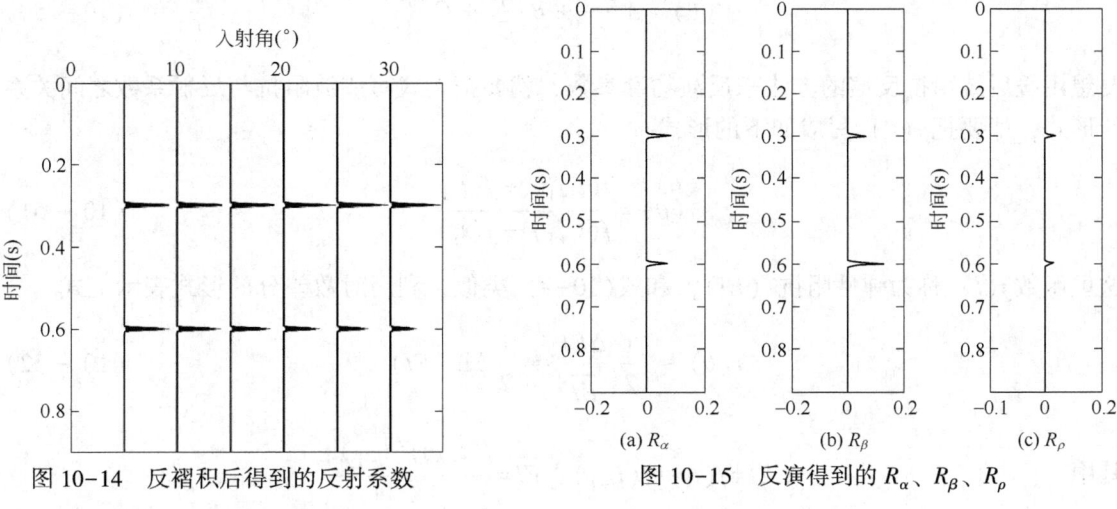

图 10-14 反褶积后得到的反射系数

图 10-15 反演得到的 R_α、R_β、R_ρ

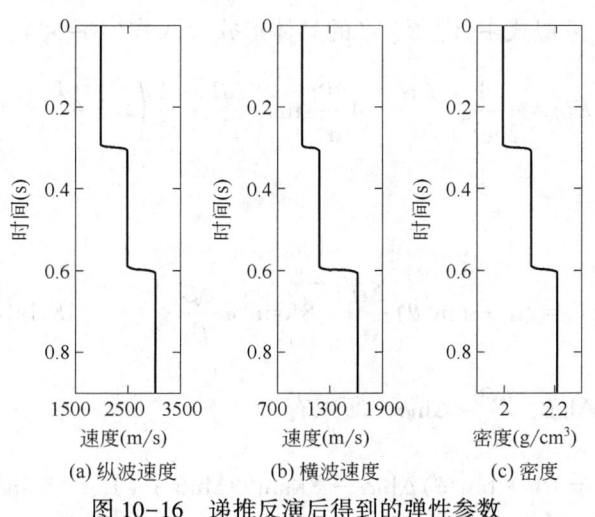

(a) 纵波速度　(b) 横波速度　(c) 密度

图 10-16 递推反演后得到的弹性参数

第四节　弹性阻抗反演

和 AVO 反演相类似，弹性阻抗反演也是由叠前共中心点道集计算地下地层的物性参数，实际上是 AVO 反演的另一种实现方式，它的反演过程和叠后波阻抗反演过程完全一致，可以认为是在不同入射角的部分叠加剖面上做波阻抗反演。弹性阻抗（elastic impedance，EI）是纵波速度、横波速度、密度的函数和入射角的函数，通过弹性阻抗反演可以求得不同入射角的弹性阻抗值，进一步分析弹性阻抗值随入射角的变化规律，相对于波阻抗，更有利于岩性分析。

由上节可知，振幅随入射角的变化规律可用 Zoeppritz 方程来描述，Aki and Richards（1980）给出了 Zoeppritz 方程的一种近似公式

$$R(\theta) = A\frac{\Delta\alpha}{\alpha} + B\frac{\Delta\beta}{\beta} + C\frac{\Delta\rho}{\rho} \qquad (10-50)$$

要想用叠后波阻抗反演的方法来反演物性参数，就要把上式写成波阻抗与反射系数之间关系的形式，即要把 $r(\theta)$ 写成如下的形式

$$r(\theta) = \frac{f(t_{i+1}) - f(t_i)}{f(t_{i+1}) + f(t_i)} \qquad (10-51)$$

这里函数 $f(t)$ 称为弹性阻抗（EI），和式（10-9）类似，利用对数差分的形式表示上式

$$r(\theta) \approx \frac{1}{2}\frac{\Delta EI}{\overline{EI}} \approx \frac{1}{2}\Delta\ln(EI) \qquad (10-52)$$

其中 $\Delta EI = f(t_i) - f(t_{i-1})$；$\overline{EI} = \frac{f(t_i) + f(t_{i-1})}{2}$

式中 Δ——求差，以下公式中的 Δ 也代表同样的含义。

将 Aki & Richards 近似式中 A、B、C 的具体形式代入式（10-50），结合式（10-52）得

$$\frac{1}{2}\Delta\ln(EI) = \frac{1}{2\cos^2\theta}\frac{\Delta\alpha}{\alpha} - 4\frac{\beta^2}{\alpha^2}\sin^2\theta\frac{\Delta\beta}{\beta} + \frac{1}{2}\left(1 - 4\frac{\beta^2}{\alpha^2}\sin^2\theta\right)\frac{\Delta\rho}{\rho} \qquad (10-53)$$

令 $K = \frac{\beta^2}{\alpha^2}$，有

$$\Delta\ln(EI) = (1 + \tan^2\theta)\frac{\Delta\alpha}{\alpha} - 8K\sin^2\theta\frac{\Delta\beta}{\beta} + (1 - 4K\sin^2\theta)\frac{\Delta\rho}{\rho} \qquad (10-54)$$

因为 $\frac{\Delta\alpha}{\alpha} \approx \Delta\ln\alpha$，$\frac{\Delta\beta}{\beta} \approx \Delta\ln\beta$，$\frac{\Delta\rho}{\rho} \approx \Delta\ln\rho$，所以有

$$\Delta\ln(EI) = (1 + \tan^2\theta)\Delta\ln\alpha - 8K\sin^2\theta\Delta\ln\beta + (1 - 4K\sin^2\theta)\Delta\ln\rho$$

$$\Delta\ln(EI) = \Delta\ln\alpha^{(1+\tan^2\theta)} + \Delta\ln\beta^{-8K\sin^2\theta} + \Delta\ln\rho^{(1-4K\sin^2\theta)}$$

$$\Delta\ln(EI) = \Delta\ln[\alpha^{(1+\tan^2\theta)}\beta^{(-8K\sin^2\theta)}\rho^{(1-4K\sin^2\theta)}]$$

$$EI = \alpha^{(1+\tan^2\theta)}\beta^{(-8K\sin^2\theta)}\rho^{(1-4K\sin^2\theta)} \qquad (10-55)$$

$$EI = \alpha[\alpha^{(\tan^2\theta)}\beta^{(-8K\sin^2\theta)}\rho^{(1-4K\sin^2\theta)}] \qquad (10-56)$$

这样就得到了弹性阻抗的表达式，由此式可以看出，弹性阻抗是纵波速度、横波速度、密度和入射角的函数，随入射角变化的反射系数和弹性阻抗的关系可写为

$$r(\theta, t_i) = \frac{EI(t_i) - EI(t_{i-1})}{EI(t_i) + EI(t_{i-1})} \qquad (10-57)$$

某一入射角的地震记录 $d(\theta, t)$ 和弹性阻抗的关系，与叠后地震记录类似，有下面的公式

$$d(\theta, t) = \sum_{i=1}^{n} r(\theta, t_i)w(t - t_i) = r(\theta, t) * w(t) \qquad (10-58)$$

此公式和叠后地震记录的正演公式完全一致，如果已知某一入射角的地震记录 $d(\theta,t)$ 就可以完全按叠后波阻抗反演的方法求得弹性阻抗。

某一入射角的地震记录 $d(\theta,t)$ 可以通过角道集部分叠加得到。共中心点道集中通过射线追踪可以变换为角道集，即把时间—偏移距域的地震记录变换到时间—角度的地震记录，然后进行部分角道集叠加，如将 15°~25° 范围内的地震记录动校正后进行叠加作为角度 20° 的地震记录，在不同角度范围进行叠加就可得到不同角度的角道集叠加记录。有了角道集叠加记录就可以按波阻抗反演的方法进行反演得到不同角度的弹性阻抗。

弹性阻抗是对波阻抗的推广，它是入射角的函数，波阻抗是入射角为零时弹性阻抗的特例，弹性阻抗反演使得波阻抗反演从叠后发展到叠前，角道集叠加剖面可保留地震波的许多 AVO 特征，弥补了从传统叠加资料里无法得到岩性参数这一缺点，结合弹性阻抗和波阻抗可以更好地解释地下介质的岩性及其含油气性。图 10-17 是实际测井资料得到的波阻抗和 30°的弹性阻抗曲线，弹性阻抗和波阻抗的曲线形状是一致的，但绝对数值不一样。为了比较波阻抗和弹性阻抗的相对变化，将弹性阻抗标定到声阻抗的数值，标定后的弹性阻抗与波阻抗的比较如图 10-18 所示，在含油砂岩中，弹性阻抗低于波阻抗，这说明弹性阻抗可以很好地指示油气，图 10-19 是实际资料反演的 30°弹性阻抗，在此剖面上可进一步进行岩性解释和油气预测。

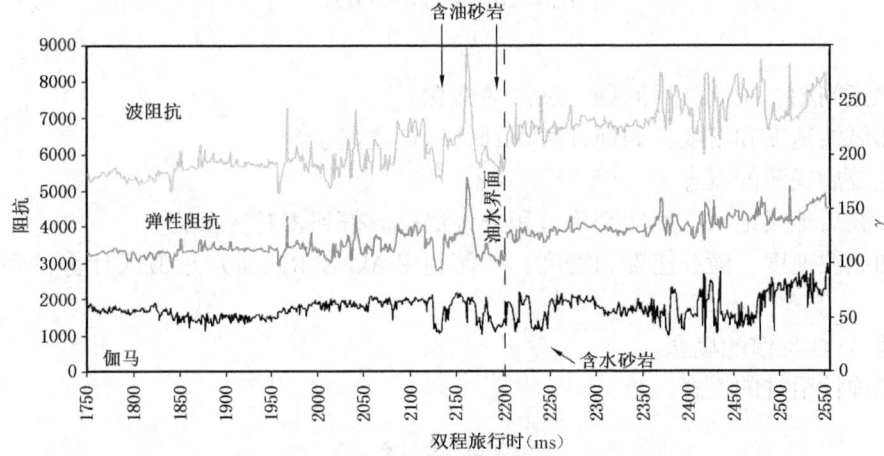

图 10-17　测井得到的波阻抗、弹性阻抗比较图（据 Connolly，1999）

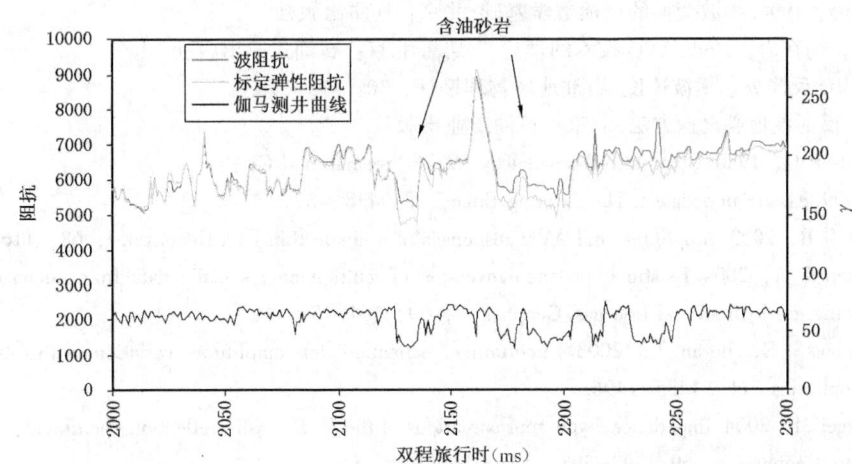

图 10-18　测井得到的波阻抗、弹性阻抗比较图，弹性阻抗曲线被标定到波阻抗曲线（据 Connolly，1999）

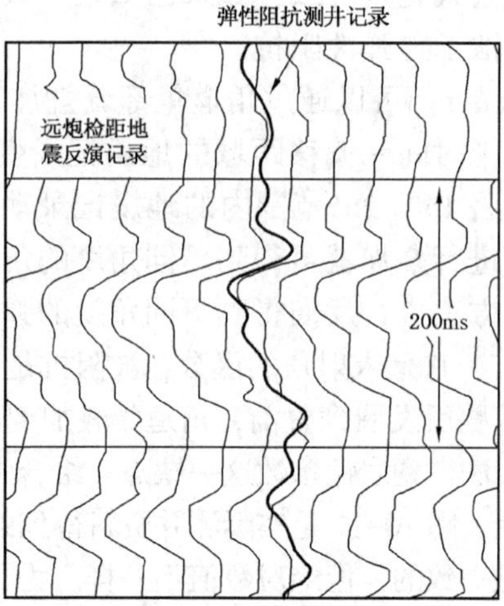

图 10-19 弹性阻抗反演结果（据 Connolly，1999）

思考题和习题

1. 简述正问题、正演、反问题、反演的概念。
2. 已知纵波速度和密度，如何计算得到叠后地震记录？
3. 简述叠后反演的概念。
4. 已知叠后地震记录，如何利用道积分方法反演得到相对波阻抗？
5. 已知纵波速度、横波速度和密度，如何利用 Aki & Richards 近似式计算得到角道集地震数据？
6. 简述 AVO 反演的概念。
7. 简述弹性阻抗的概念。

参 考 文 献

李世雄，刘家琦，1994. 小波变换的反演数学基础. 北京：地质出版社.

殷八金，曾灏，杨在岩，1995. AVO 技术的理论与实践. 北京：石油工业出版社.

钟森，1995. AVO 反演纵、横波速度. 石油地球物理勘探，30：373-378.

周绪文，1989. 反射波地震勘探方法. 北京：石油工业出版社.

Aki K, Richards P G, 1980. Quantitative seismology. W. H. Freeman and Co.

Connolly P, 1999. Elastic impedance. The Leading Edge, 18：438-452.

Liu Y, Schmitt D R, 2003. Amplitude and AVO responses of a single thin bed. Geophysics, 68：1161-1168.

Lu S, McMechan G A, 2004. Elastic impedance inversion of multichannel seismic data from unconsolidated sediments containing gas hydrate and free gas. Geophysics, 69：164-179.

Riedel M, Dosso S E, Beran L, 2003. Uncertainty estimation for amplitude variation with offset (AVO) inversion. Geophysics, 68：1485-1496.

Santos L T, Tygel M, 2004. Impedance-type approximations of the P-P elastic reflection coefficient：Modeling and AVO inversion. Geophysics, 69：592-598.

Shuey R T, 1985. A simplification of the Zoeppritz equations. Geophysics, 50：609-614.

第十一章 开发地震数据处理

随着勘探地震向开发地震方向的发展，开发地震显得越来越重要。本章将介绍用于油藏开发阶段的垂直地震剖面法（VSP）、井间地震和时移地震技术以及它们的数据处理技术。

常规地面地震勘探是在地表激发、地表接收 [图 11-1(a)]，主要利用反射波资料研究地下介质的构造与岩性。垂直地震剖面法（VSP）是在地面激发、井中接收 [图 11-1(b)]，利用直达波和反射波研究井及井旁的构造及岩性。而井间地震要求在有两口井的地方采集地震数据，在其中一口井中激发，在另一口井中接收 [图 11-1(c)]，利用直达波及反射波研究两口井之间介质的岩性及构造。时移地震则是在同一地区、油藏开发的不同时期重复进行地震勘探以监测油藏内流体变化情况的地震技术。

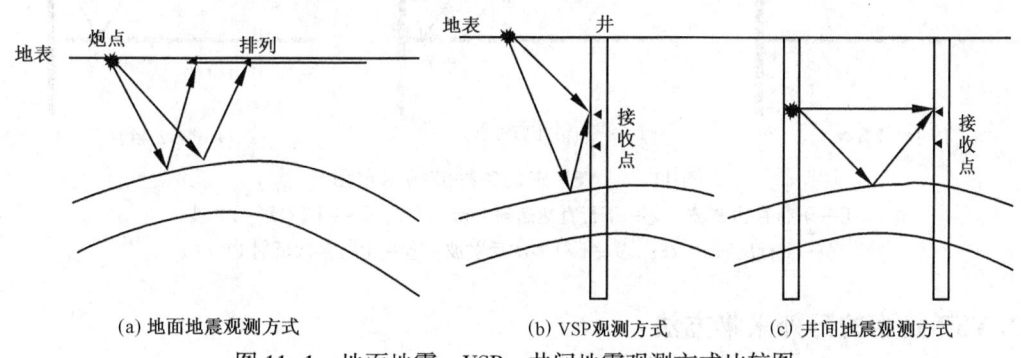

(a) 地面地震观测方式　　(b) VSP观测方式　　(c) 井间地震观测方式

图 11-1　地面地震、VSP、井间地震观测方式比较图

由于地面地震勘探、垂直地震剖面（VSP）、井间地震在数据采集方式、获得的数据类型、用于的地质目的不尽相同，因此它们的数据处理还存在一定的差异，具有明显的特色，本章将分别简单介绍它们的数据处理方法，同时也介绍时移地震数据的处理方法。

第一节　VSP 地震数据处理

一、VSP 技术简介

1. VSP 技术的概念

VSP（vertical seismic profiling，垂直地震剖面）技术是震源位于地表激发，在井中不同深度上观测地震信号的方法。同地面地震勘探相比，由于地震反射波传播少经过一次地表低降速带，而且传播距离短，因而能量衰减少，在井旁一定范围内有更高的空间分辨率。VSP

技术能够提供准确的速度参数、层位、井孔周围的构造、岩性及储层的分布范围，是地震剖面与地质层位之间的桥梁，为利用地面地震反射信息进行构造精细解释、储层横向预测和油藏描述提供可靠的资料。

2. VSP 中的各种波场

VSP 方法以弹性波理论为基础，通常在地面激发地震波、井中接收地震波，也就是说，它在垂直方向观测人工波场。如图 11-2 所示，根据传播到检波器的方向，在垂直地震剖面中出现的地震波，可以分为上行波和下行波。上行波可分为一次反射波和多次反射波；下行波又可分为直达波和下行反射波；上行波和下行波中分别包含纵波和横波。VSP 数据处理的主要任务，是从这些波场中分离出上行反射纵波和上行反射横波，并对它们进行成像。

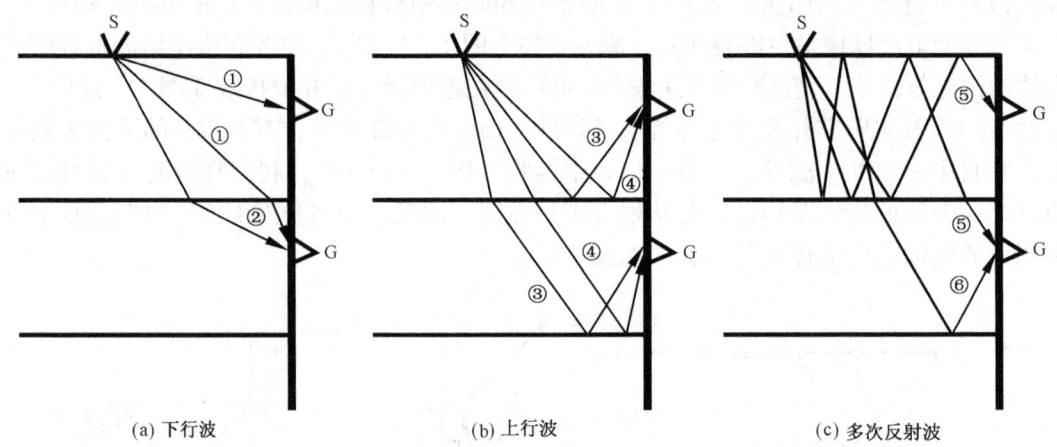

图 11-2　VSP 中的各种波场示意图
①—下行直达 P 波；②—下行直达透射转换 PS 波；③—上行反射 PP 波；
④—上行反射 PS 波；⑤—下行多次反射波；⑥—上行多次反射 PP 波

3. VSP 技术的野外采集方法

大多数 VSP 是在垂直（或接近垂直）的井中观测。常规的 VSP 包括零井源距（零偏）VSP 和非零井源距（非零偏）VSP。随着 VSP 技术的发展，出现了变井源距（变偏移距）VSP、方位 VSP、三维 VSP、逆 VSP 等技术，以及针对海上斜井的方向 VSP 和在各向异性方面具有独到长处的多分量 VSP。VSP 技术总的发展趋势是向"四多"——"多测线、多分量、多方位、多偏移距"方向发展。

（1）零偏 VSP（zero-offset VSP）：近似在探井井口激发，激发点距井口较近。因为检波器的深度是已知的，因此能建立起精确的时深关系，从而能可靠地识别反射层位和计算层速度。其主要任务是求取各种速度、识别地面地震剖面上的多次波、标定地质层位和计算井旁的 Q 值等。零偏 VSP 又称为零井源距 VSP。

（2）非零偏 VSP（offset VSP）：激发点与探井井口有一定距离。针对明确的地质任务，分析要查明构造的特征，论证野外方法，确定偏移距及其方位，使需要查明的构造在接收范围之内。非零偏 VSP 主要任务是查明井旁的地质构造细节，它是二维观测，可以处理获得一小段局部地震剖面，以很高的垂向和横向分辨率描述井旁一定距离内的构造和岩性变化。非零偏 VSP 又称为非零井源距 VSP。

（3）变偏移距 VSP（walkaway VSP）：激发点沿过井测线逐次移动激发、采集。它可以抽成两种剖面，即共炮点剖面和共检波点剖面。

（4）方位 VSP（azimuthal VSP）：在井旁不同方位激发，用以勘探地质情况在方位上的变化特征，计算地层的各向异性参数。

（5）三维 VSP（3D VSP）：思路和地面三维相似，检波器在井中接收，分辨率比地面地震要高得多。激发点按所设计的观测系统，围绕井孔逐点激发和采集。

（6）逆 VSP（reverse VSP，RVSP）和随钻 VSP（seismic while drilling，SWD）：逆 VSP 是指井下激发、地面接收地震波的技术。SWD 技术是用钻井时的钻头作为震源，检波器在地面实时接收信号的逆 VSP 技术。应用 SWD 技术可以在钻探、钻孔施工中，探测前方地层及构造情况，确定钻头轨迹，对进入高压带和破碎带进行预报，以提供钻井工艺措施信息。

（7）方向 VSP（directional VSP）：海上的方向 VSP，针对斜井，船在行驶中激发，使激发位置位于检波器之上，另外在井口处还布置一个震源。

（8）多分量 VSP（multi-component VSP）：类似于地面多波多分量地震勘探，根据震源和检波器的特点，可以将 VSP 分为九分量 VSP、四分量 VSP 和三分量 VSP。

近年来发展起来的 DAS VSP，它利用分布式光纤声波传感（distributed acoustic sensing，DAS）技术，将光纤本身作为传感器进行信号采集。光纤一次布设成功后即可长期进行时移观测，一次激发即可完成全井段采集接收工作。而常规井下三分量磁电式检波器采集由于受级数限制，一般需要几次才能完成全井段的采集接收工作，增加了地面激发次数和施工成本。相比于常规检波器接收技术，分布式光纤传感技术以其低成本、大阵列和可重复采集等优势更适合进行 VSP 井中地震勘探，近年来受到广泛关注。

二、VSP 地震数据处理技术

1. VSP 数据处理要求

（1）增强信号，压制噪声，提高信噪比。

（2）进行波场分离，VSP 的下行波比上行波强，应该分离出上行波，并加以应用。这一点是与地面地震所不同的。

（3）提取速度、振幅、频率等特征，从下行波中提取比较理想的子波。

（4）数据成像。

2. VSP 数据处理内容

VSP 数据处理一般分为预处理、常规处理和特殊处理三类：

第一类，预处理。主要内容包括解编、相关、编辑、增益恢复等。

第二类，常规处理，即 VSP 数据的例行处理。主要用于零偏 VSP 数据处理，包括同深度叠加、初至拾取、静态时移和排齐、震源子波整形、带通滤波、振幅处理、分离上行波和下行波、垂直叠加等。常规处理得到成果资料是 VSP 解释工作中最基本的资料。

第三类，特殊处理，即为满足用户特殊要求的处理或特殊的 VSP 数据处理。主要包括非零偏 VSP 数据处理、斜井 VSP 数据处理、变偏移距 VSP 数据处理、三分量 VSP 数据处理、逆 VSP 数据处理、三维 VSP 数据处理以及各向异性 VSP 处理等。

VSP 数据处理没有一个统一的标准处理流程，一般是根据 VSP 数据的观测系统、记录条件、激发因素、处理目的及地质任务来确定处理内容和安排处理顺序。

由于目前零偏 VSP 和非零偏 VSP 开展较多，所以将介绍零偏、非零偏 VSP 数据处理方法，非零偏 VSP 数据处理方法可以推广到三维 VSP 数据处理方法中去。

考虑到波场分离在 VSP 数据处理中的重要作用，先介绍 VSP 波场分离方法，然后介绍零偏和非零偏 VSP 数据处理方法。

三、VSP 波场分离方法

波场分离是 VSP 地震数据处理的关键。目前的 VSP 波场分离方法主要是根据波的视速度和偏振差异而形成的。利用地震波视速度特性的波场分离方法主要包括 f-k 滤波、中值滤波和 τ-p 域滤波等；利用地震波偏振特性的波场分离方法主要为偏振投影法；利用视速度和偏振特性的波场分离法主要包括变速视慢度波场分离和 τ-p 偏振滤波等。

1. f-k 滤波

f-k 滤波分离 VSP 上行波和下行波的基本原理如图 11-3 所示。图 11-3(a) 为原始 VSP 波场示意图，下行波较强，用粗实线表示；上行波较弱，用细实线表示。图 11-3(b) 是对图 11-3(a) 作二维傅里叶变换，将时间—空间域的数据变换到频率—波数域，这时下行波位于正波数平面，上行波位于负波数平面。图 11-3(c) 是对图 11-3(b) 作滤波处理，滤掉正波数平面的下行波，保留负波数平面的上行波。图 11-3(d) 是对图 11-3(c) 作二维傅里叶反变换回到时间—空间域的结果，下行波已经基本被滤掉，上行波得到相对增强。

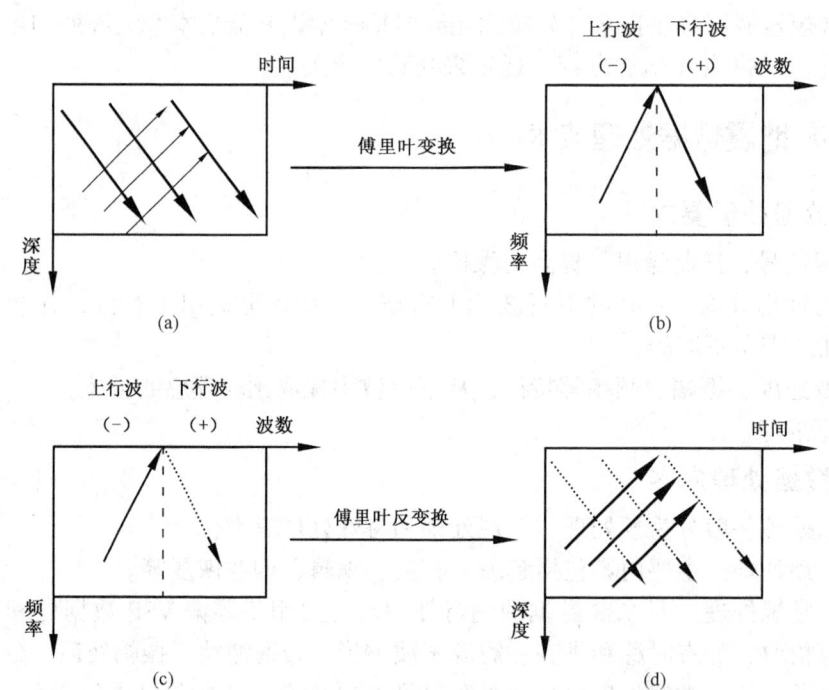

图 11-3　f-k 滤波分离 VSP 上行波和下行波原理示意图

2. 中值滤波

先介绍中值滤波的基本原理。假设有一离散数据序列 d_i ($i=1,2\cdots,m$)，设中值滤波的算子长度（又称跨度）为 n，则对第 j 点进行中值滤波过程为：

(1) 取以第 j 点为中心的 n 个样值作为输入。

（2）对这 n 个样值按数值由小到大（或由大到小）进行排序。

（3）取排序后 n 个数据中心位置的样值作为该点的滤波输出；一般取 n 为奇数，这时输出即为中心位置的样值；如果 n 为偶数，输出应为中间两个位置样值的平均值。

中值滤波用于 VSP 分离上行波和下行波处理过程如图 11-4 所示，具体步骤为：

（1）将初始数据［图 11-4(a)］按照使初至时间校正到同一时间的原则进行时移，使下行波沿垂直方向排齐［图 11-4(b)］。图中向下的粗实线为下行波，粗线表示能量强；向上的细实线表示上行波，细线表示能量弱。

（2）对图 11-4(b) 沿垂直方向作中值滤波，得到图 11-4(c)，此时垂直排齐的下行波得到增强，用向下的粗实线表示，上行波极大减弱，用向上的虚线表示。只要中值滤波跨度选择得合适，就可达到突出上行波和削弱下行波、分离出上行波的目的。

（3）将中值滤波的结果［图 11-4(c)］按原来的时移时间反向时移，得到主要是下行波的数据［图 11-4(d)］。

（4）从初始数据［图 11-4(a)］中减去下行波数据［图 11-4(d)］，得到上行波数据［图 11-4(e)］。

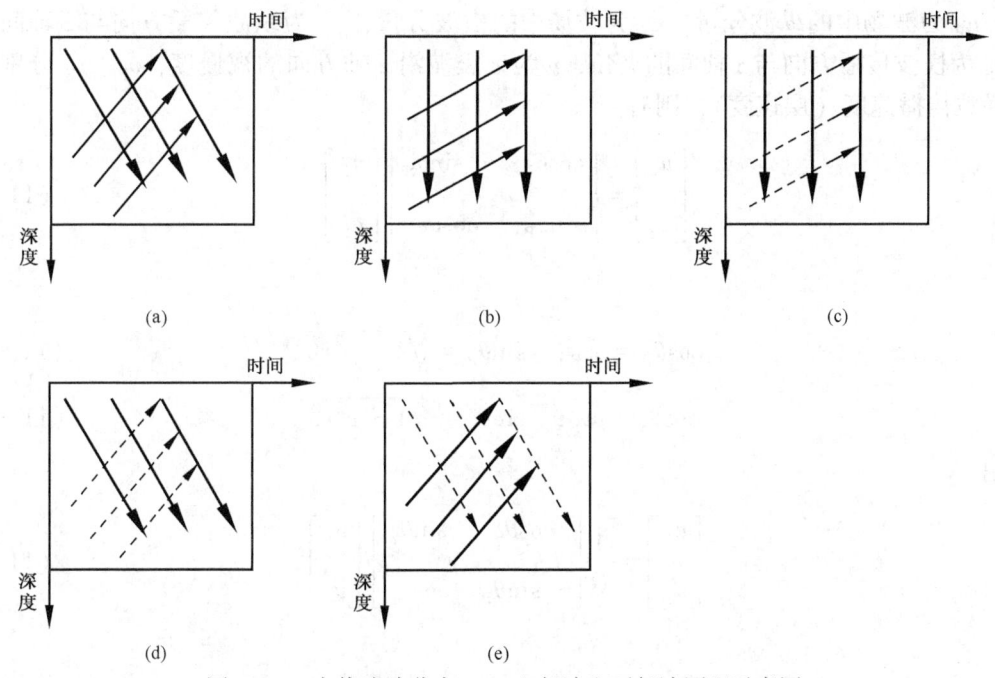

图 11-4　中值滤波分离 VSP 上行波和下行波原理示意图

3. τ-p 域滤波

τ-p 域滤波是利用上行波和下行波的视速度来进行滤波的一种方法。在 τ-p 变换中，τ 和 p 分别指的是 z-t 平面中直线 $t=\tau+pz$ 的截距和斜率。

将 z-t 域函数变换到 τ-p 域函数的正变换公式为

$$U(p,\tau) = \int_{-\infty}^{\infty} u(z, pz+t)\,\mathrm{d}z \qquad (11-1)$$

逆变换公式为

$$u'(z,t) = \int_{-\infty}^{\infty} \frac{\mathrm{d}}{\mathrm{d}t} H[U_w(p, t-pz)] \mathrm{d}p \tag{11-2}$$

式中 u、U——z-t 域和 τ-p 域的函数;

u'——分离后重建的波场;

H——希尔伯特变换;

$U_w(p, t-pz)$——加窗的 τ-p 平面中的函数。

下面介绍 τ-p 域分离上行波和下行波的基本原理。对于 z-t 域内的直线同相轴,在 τ-p 域内能量可聚焦到一点。由于上行波和下行波视速度符号相反(时距曲线图中斜率符号相反),所以在 τ-p 域内它们分别位于负 p 半平面和正 p 半平面。如果选择 τ-p 域中的负 p 半平面或正 p 半平面做反变换,就可分别重建上行波或下行波,达到波场分离的目的。

4. 变速视慢度波场分离

在实际 VSP 数据处理中,径向分量是由两个不定向的原始水平分量按下行纵波能量准则合成而来,其参照极性通常与垂直分量极性一致。所以,这里采用使下行纵波在垂直分量和径向分量中极性相同的坐标系。以 u_v 代表位移矢量的垂直分量,u_r 代表位移矢量的径向分量,u_P 为波场中的纵波分量,u_S 为波场中的横波分量,θ_P 为纵波传播方向与 z 轴间的夹角,θ_S 为横波传播方向与 z 轴间的夹角,p 为地震波沿 z 轴方向的视慢度,v_P、v_S 分别为纵波、横波传播速度(层速度),则有

$$\begin{bmatrix} u_v \\ u_r \end{bmatrix} = \begin{bmatrix} \cos\theta_P & -\sin\theta_S \\ \sin\theta_P & \cos\theta_S \end{bmatrix} \begin{bmatrix} u_P \\ u_S \end{bmatrix} \tag{11-3}$$

其中

$$\cos\theta_P = pv_P; \quad \sin\theta_P = \sqrt{1 - p^2 v_P^2} \tag{11-4a}$$

$$\cos\theta_S = pv_S; \quad \sin\theta_S = \sqrt{1 - p^2 v_S^2} \tag{11-4b}$$

可解出

$$\begin{bmatrix} u_P \\ u_S \end{bmatrix} = \frac{1}{Q} \begin{bmatrix} \cos\theta_S & \sin\theta_S \\ -\sin\theta_P & \cos\theta_P \end{bmatrix} \begin{bmatrix} u_v \\ u_r \end{bmatrix} \tag{11-5}$$

式中

$$Q = \sin\theta_P \sin\theta_S + \cos\theta_P \cos\theta_S \tag{11-6a}$$

$$F = \frac{1}{Q} \begin{bmatrix} \cos\theta_S & \sin\theta_S \\ -\sin\theta_P & \cos\theta_P \end{bmatrix} = F(p, v_P, v_S) \tag{11-6b}$$

该矩阵为波场分离矩阵,它是地震波视慢度 p 和波速 v_P、v_S 的函数,由此矩阵进行波场分离的方法称为视慢度波场分离法。若 v_P、v_S 取常数,称为常速波场分离;若 v_P、v_S 取为随检波点位置变化的函数时,则为变速视慢度波场分离。由于这种方法可在多种域(如 f-k 域、τ-p 域等)内实现,且速度可变,称为多空间变速波场分离法。

图 11-5 为波场分离前的记录,图 11-6 为波场分离后的记录,经过波场分离后,由图

上可见信噪比较高的上行 PP 波和 PS 波。

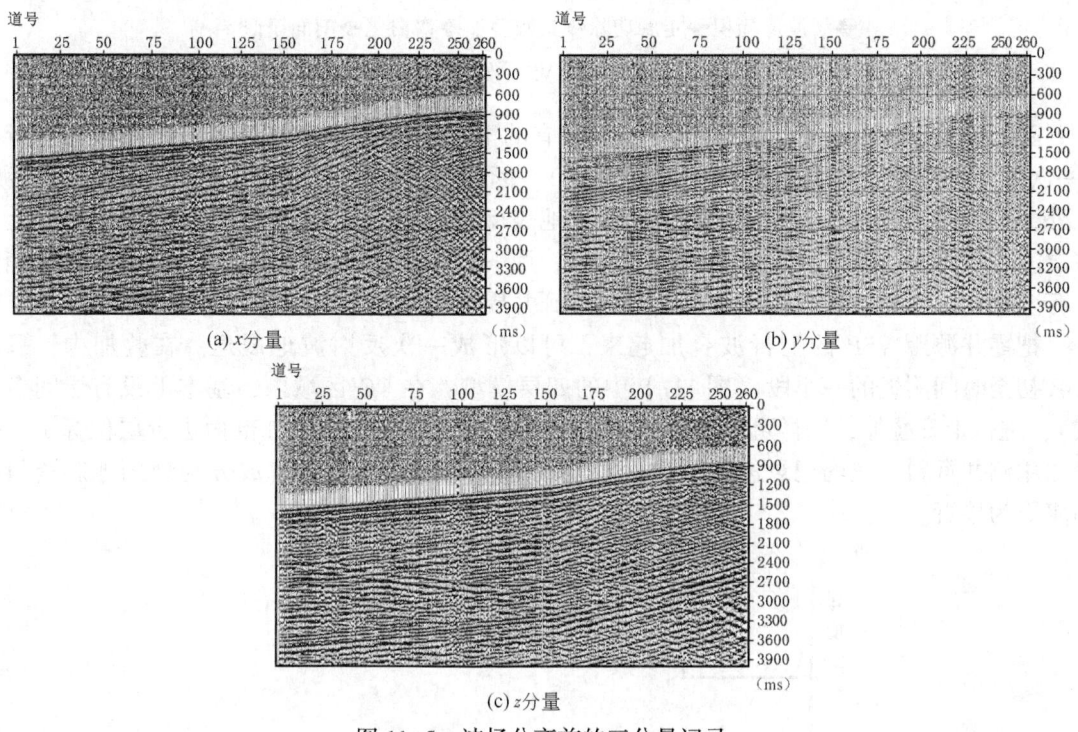

图 11-5 波场分离前的三分量记录

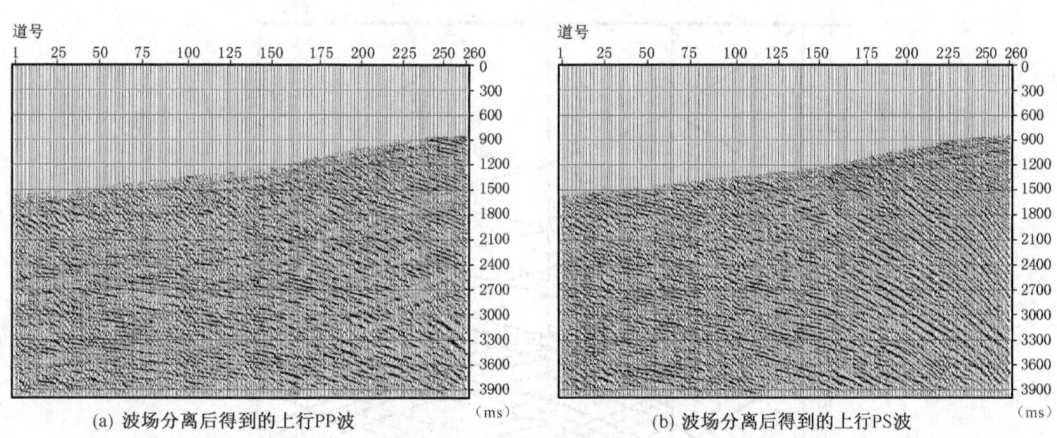

图 11-6 波场分离后的记录

四、零偏 VSP 数据处理

较常用的零偏 VSP 数据处理流程如图 11-7 所示。

对于零井源距 VSP 剖面，可用初至波（直达波）旅行时的斜率计算层速度。反射波的斜率方向和直达波相反。利用斜率的方向，可以进行上、下行波的波场分离（下行波包含直达下行波和偶数次反射下行波；上行波包括一次反射上行波和奇数次反射上行波）。可以采用前面介绍的方法来进行波场分离。

数据输入➡静校正➡振幅恢复➡初至拾取➡速度计算➡波场分离
➡子波反褶积➡走廊切除➡走廊叠加➡谱白化➡剖面镶嵌

图 11-7 零偏 VSP 数据处理流程

除了纵波、横波的直达波和管波外，所有的下行波都是多次波。由于已知输入下行波（一次波和多次波）和期望输出（一个脉冲），因此，可以用维纳滤波有效地消除多次波。此外，上行多次波只比下行多次波多一次近地表反射（地面接近于一个平界面），因此上行多次波和下行多次波的波形基本相当，所以，用下行波设计的反褶积因子，也能有效地消除上行多次波。同样的反褶积因子，也可以用到井周边的地面地震资料中去消除多次波。

把零井源距 VSP 的上行波叠加起来，可以形成一次反射波地震道。在叠加中，只取 VSP 初至时间附近的一小段（图 11-8 中的四层模型，在 CC′区域内，基本上没有层间多次波），进行走廊叠加，这样可以避开微屈多次反射。用 VSP 走廊叠加剖面进行层位标定，一般比用测井资料合成的记录进行层位标定要准确，因为 VSP 的频率成分与地面地震资料的频率更为接近。

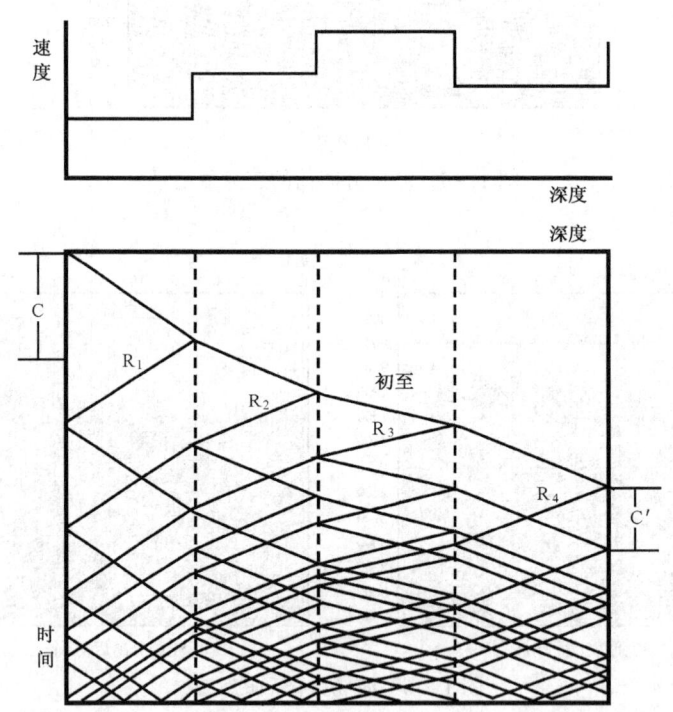

图 11-8 一个四层模型及其观测到的零偏 VSP 波场时距曲线示意图

五、非零偏 VSP 数据处理

常用的非零偏 VSP 数据处理流程如图 11-9 所示。

通过非零偏 VSP 数据处理可以获得井旁二维地震剖面，它以较高的垂向和水平方向的分辨率给出井旁附近的构造和岩性变化。非零偏 VSP 的处理和解释比零偏移距 VSP 复杂得多，下面将介绍检波器定向方法、非零偏移距 VSP-CDP 成像方法和偏移成像方法，它的基本原理和方法可以推广到三维 VSP。

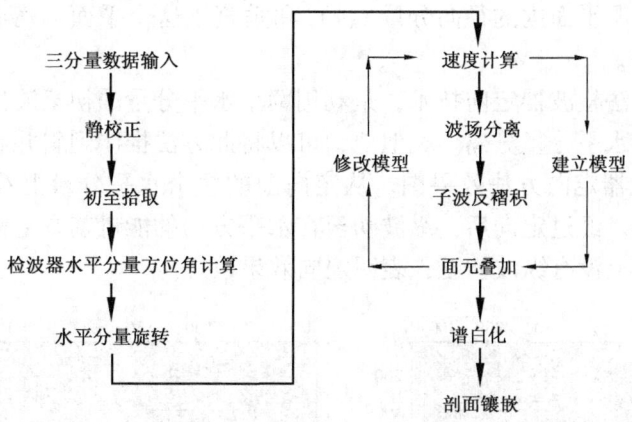

图 11-9 非零偏 VSP 数据处理流程

1. 检波器定向技术

在 VSP 三分量测量中，当井下三分量检波器从一个深度移到另一个深度时，水平分量检波器的方位是随机取向的。因此，在使用三分量记录前，必须计算出每一深度处检波器水平分量的方位，并将水平分量校正到指定方位上。

以垂直井为例，如图 11-10 所示，x 表示径向方向，y 表示切向方向，h_1 和 h_2 表示检波器实际水平方向，它与正确方位间存在夹角为 φ。要进行检波器定向，首先要求出 φ。设 $h_1(t)$ 和 $h_2(t)$ 分别为两个水平分量的样点值，偏振合成能量在确定的时窗范围内为

$$E = \sum [h_1(t)\cos\varphi + h_2(t)\sin\varphi]^2 \quad (11-7)$$

要使偏振角 φ 方向上能量 E 最大，则令

$$\frac{\partial E}{\partial \varphi} = 0 \quad (11-8)$$

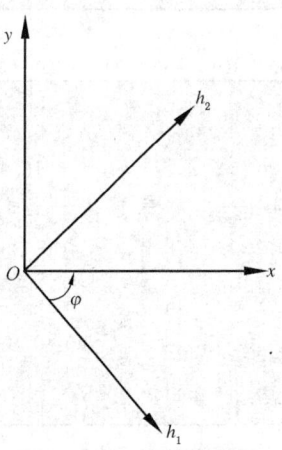

图 11-10 检波器定向水平分量坐标示意图

经化简，得

$$\tan(2\varphi) = \frac{2\sum h_1(t)h_2(t)}{\sum [h_1^2(t) - h_2^2(t)]} \quad (11-9)$$

或者可以直接由下式求解

$$\tan\varphi = \frac{\sum |h_2(t)|}{\sum |h_1(t)|} \quad (11-10)$$

在求解过程中，利用垂直分量初至波形特征，可以确定唯一的 φ 值。

在获得检波器定位角之后，应用以下旋转公式

$$x(t) = h_1(t)\cos\varphi + h_2(t)\sin\varphi \quad (11-11a)$$

$$y'(t) = -h_1(t)\sin\varphi + h_2(t)\cos\varphi \qquad (11-11b)$$

将水平分量定位到井源平面内的径向分量 $x(t)$ 和垂直于这个平面的切向分量 $y(t)$ 上,式中 φ 为检波器定位角。

上述旋转分析方法检波器定向技术,是利用两个水平分量的初至波信息,通过旋转分析来进行检波器定向和水平分量分离。类似地,可以将此方法推广到斜井和水平井中。

图 11-11 为检波器定向方法效果图。从定向前的两个水平分量上看,纵波初至在两个水平分量上都有投影。经过定向后,纵波初至在水平方向的能量基本上都定向到径向 x 分量上,切向 y 分量基本上没有纵波初至,表明定向效果较好。

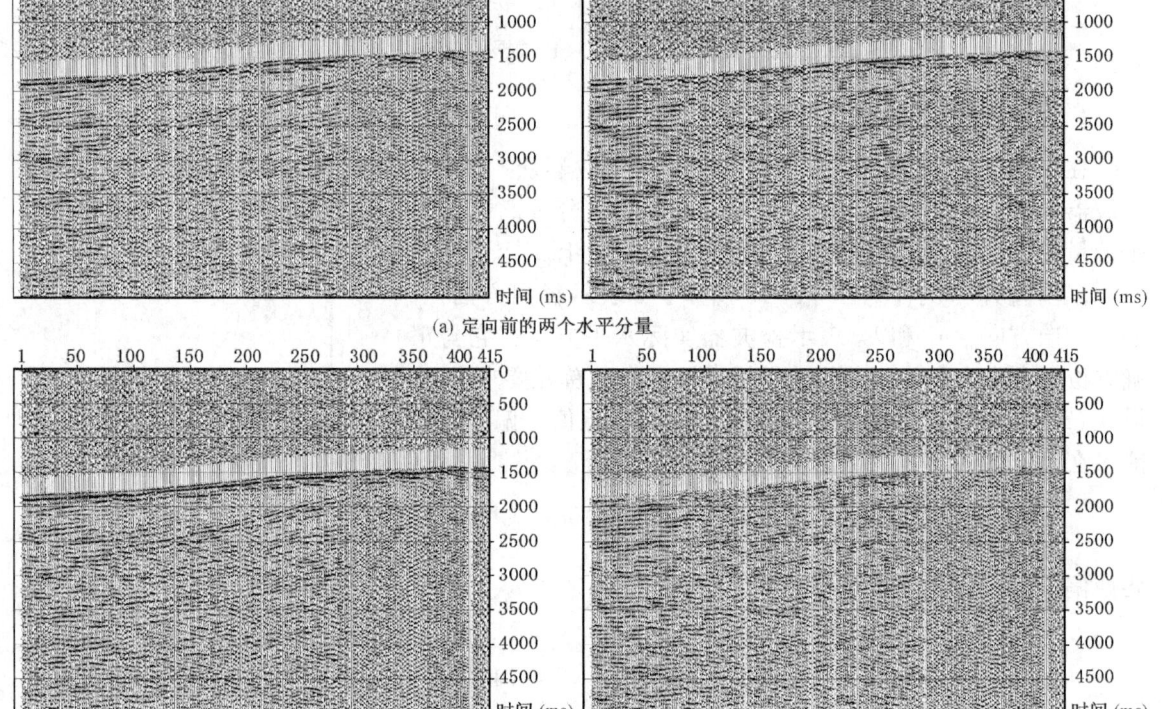

图 11-11 水平分量定向前后水平分量记录对比

2. VSP-CDP 成像方法

1) 常规 VSP-CDP 成像原理

为了消除偏移距的影响和减少多解性,需将非零偏 VSP 记录的上行波数据中每个深度道的每个样点,从深度—时间域 (z,t) 变换到反射点的偏移距及对应于深度的双程垂直时间域 (x,T),这种处理称为 NMO 校正。在变换后的 (x,T) 空间,按 Δx 和 Δt 分成网格,把属于某个 CDP 附近的样点进行叠加,作为该点的输出。在每个网格点上重复这种处理,最后得到 VSP-CDP 叠加剖面。这也便于 VSP 记录和地面地震剖面进行对比。由于纵波、横波传播速度不同,旅行路径不同,在进行井旁成像时,应依据不同类型波的特点,采用不同的计算方法。下面分别说明常规纵波和转换波的 VSP-CDP 方法原理。

首先介绍纵波 VSP-CDP 方法原理。假设常速水平地层，已知界面深度为 y，检波器深度为 z，震源偏移距为 x_0，直达波旅行时为 t_g，则根据图 11-12(a) 所示的几何关系，利用反射点深度 z 和反射时间 t 计算反射点偏移距 x 和反射点双程垂直时间 T 的公式分别为

$$x = x_0(A - z)/(2A) \quad (11-12)$$

$$T = (A + z)/v \quad (11-13)$$

其中

$$v = (z^2 + x_0^2)^{\frac{1}{2}}/t_g; A = 2y - z = \sqrt{v^2 t^2 - x_0^2} \quad (11-14)$$

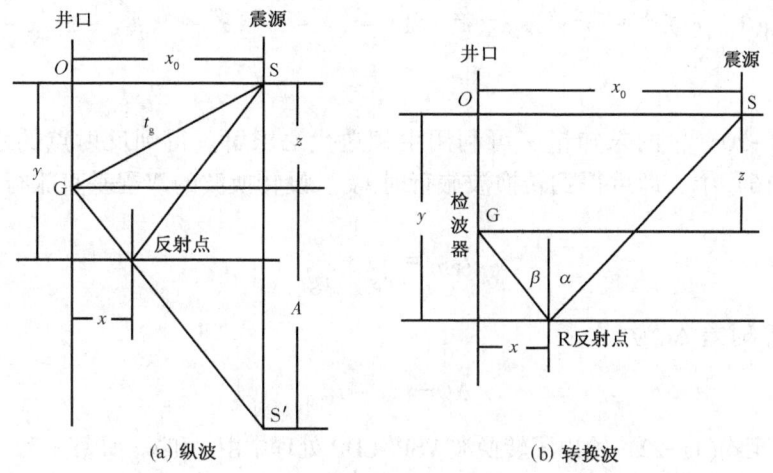

图 11-12 VSP 纵波和转换波旅行时几何关系

下面介绍转换波的 VSP-CDP 方法原理。如图 11-12(b) 所示，设 y 为地下界面的法向深度，v_P 和 v_S 分别为纵波和横波的速度，令二者速度之比 r 为

$$r = v_P/v_S \quad (11-15)$$

转换波旅行时由下行纵波传播时间 t_1 和上行横波传播时间 t_2 两部分组成，由几何地震学可得转换波的旅行时 t_{PS} 为

$$t_{PS} = t_1 + t_2 = \frac{\sqrt{y^2 + (x_0 - x)^2}}{v_P} + \frac{\sqrt{(y - z)^2 + x^2}}{v_S} \quad (11-16)$$

式中　z——检波器深度；

　　　x_0——震源到井口的水平距离；

　　　x——反射点的水平位移。

根据斯涅耳定律

$$r = v_P/v_S = \sin\alpha/\sin\beta \quad (11-17)$$

其中

$$\sin\alpha = \frac{x_0 - x}{\sqrt{y^2 + (x_0 - x)^2}} \quad (11-18a)$$

$$\sin\beta = \frac{x}{\sqrt{(y-z)^2 + x^2}} \quad (11-18b)$$

将式(11-18a) 和式(11-18b) 代入式(11-17)，可得

$$r = \frac{(x_0 - x)\sqrt{(y-z)^2 + x^2}}{x\sqrt{y^2 + (x_0 - x)^2}} \quad (11-19)$$

对上式加以整理，可以得出关于反射点水平位移 x 的一元四次方程

$$(r^2 - 1)x^4 + 2x_0(1 - r^2)x^3 + [r^2 y^2 + x_0^2(r^2 - 1) - (y-z)^2]x^2 + 2x_0(y-z)^2 x - x_0^2(y-z)^2 = 0 \quad (11-20)$$

方程式(11-20) 中的未知量 x 可利用牛顿迭代法求解。得到反射点的水平位移 x 后，代入到式(11-16) 中，即可得到转换波旅行时 t_{PS}。设转换波的双程垂直旅行时 t_{PS0} 为

$$t_{PS0} = \frac{y}{v_P} + \frac{y}{v_S} \quad (11-21)$$

则转换波的正常时差 Δt 为

$$\Delta t = t_{PS} - t_{PS0} \quad (11-22)$$

式(11-15)至式(11-22) 给出了转换波 VSP-CDP 处理中由 z 和 t_{PS} 计算 x 和 t_{PS0} 的公式。

2) 常规方法的缺陷

在 VSP 测量中，有零井源距和非零井源距之分。其中，零井源距 VSP 观测中，激发点位于井口附近；若地层为水平，观测井为直井，则上、下行波都沿垂向传播，地震波速度为垂向速度，波射线为垂向直射线。非零井源距观测时，激发点位于离开井口某个位置处，上、下行波都不是垂向传播。在非均匀地层条件下，根据费马原理，波沿最小传播时间的路径传播，传播路径表现为折线或曲线。若以均匀层近似，用直达波计算地震波速度，即以激发点与接收点之间的直线距离除以地震波旅行时间，会表现为垂向传播时速度低，非垂向传播时速度高。其结果导致用垂向速度做 VSP 数据的动校正后，水平地层的反射波同相轴也会出现弯曲现象。

当井中检波器按一定间隔布置到井下时，可以采用等效层状模型，用零井源距下行直达波初至时间计算地层速度。非零井源距资料可以按层状模型计算动校正量，射线路径为折线。当处理中采用等效层状模型时，要求高密度的零井源距 VSP 观测，故其精度受检波点密度所限制。因为等效层间隔是相邻检波器的距离，所以检波点越密，等效层间隔越小，精度越高，反之精度越低。由于地层实际变化要大于通常检波器布置的密度，所以这种方法不但不能保证用零井源距得到的速度计算非零井源距下行直达波时间与实测时间一致，还会造成 VSP-CDP 剖面上的误差。另外，由于工程费用问题，实际施工中检波点一般只布置在目的层附近，若在非目的层处布置检波点，其间隔也较大。在三维 VSP 观测时，激发点很多，但受检波器级数的限制，检波点的布置更少。这些因素影响

了等效层状模型的应用效果。

3) 基于非均匀介质模型的成像方法

随着井源距的增大,直接用下行初至时间计算非零井源距中地震波速度要大于垂向速度,这种现象启发人们采用与井源距有关的等效速度。由于近地表速度变化快,因此用速度随深度变化的等效速度函数会优于均匀介质。另外还需指出的是,这里非零井源距中地震波速度大于垂向速度的表面现象是层状介质的必然结果。

采用基于非均匀介质模型——连续速度模型的方法,可以有效提高成像精度。该模型在浅层(井中最浅接收点以上的地层)采用连续速度模型,观测井段(井中最浅接收点和最深接收点之间的地层)采用层状均匀介质模型,深层(井中最深接收点以下的地层)采用观测井段层状均匀速度模型进行外推。在计算中,对某一特定深度的检波点,等效速度函数采用深度的线性函数形式。

为了计算出速度模型参数,首先要分别拾取零井源距及非零井源距下行纵波的初至时间。对某一特定深度的检波点,等效速度函数采用深度的线性函数形式

$$v_z = v_0(1 + \beta z) \qquad (11-23)$$

设零井源距初至时间为 t_0,非零井源距初至时间为 t_1,井源距为 x,深度为 z,可用以下公式求取速度参数

$$v_0 \beta t_0 = \ln(1 + \beta z) \qquad (11-24)$$

令 $\alpha = v_0 \beta t_1 = \dfrac{t_1}{t_0}\ln(1+\beta z)$,可得

$$x^2 \beta^2 + 1 + (1 + \beta z)^2 - (1 + \beta z)(e^\alpha + e^{-\alpha}) = 0 \qquad (11-25)$$

上式中只含有未知数 β,可求得其解,再利用线性速度函数,可求得任意深度的等效速度 v_z。每个检波点都可求得相应的等效连续速度函数,据此可计算波至时间。这样求得的等效连续速度,可同时满足零井源距和非零井源距 VSP 中计算的波至时间与拾取的波至时间相同。

在求出速度模型后,为了实现纵波、转换波 VSP-CDP 水平叠加归位,需按以下 4 个步骤来完成:(1)输入上行 PP 和 PS 波数据和速度模型;(2)计算每个炮点—检波点对的反射点位置,求取动校正量;(3)对某个深度的一道记录作动校正;(4)将动校正后的纵波、转换波资料作水平归位,实现纵波共反射点叠加和转换波共转换点水平叠加,最终得到纵波和转换波 VSP-CDP 剖面。

图 11-13 为采用本方法处理得到的 VSP-CDP 剖面,纵波和转换波成像边界清楚,浅层无弯曲现象,克服了常规浅层基于均匀速度模型处理的弊端。

3. VSP 偏移

一般说来,常规地面地震偏移方法都可以推广到 VSP 数据偏移中去,VSP 偏移的重点和难点在于如何确定准确的偏移速度模型。限于篇幅,仅介绍克希霍夫积分偏移成像方法和逆时偏移成像方法。

1) VSP 克希霍夫积分偏移成像方法

克希霍夫积分公式为

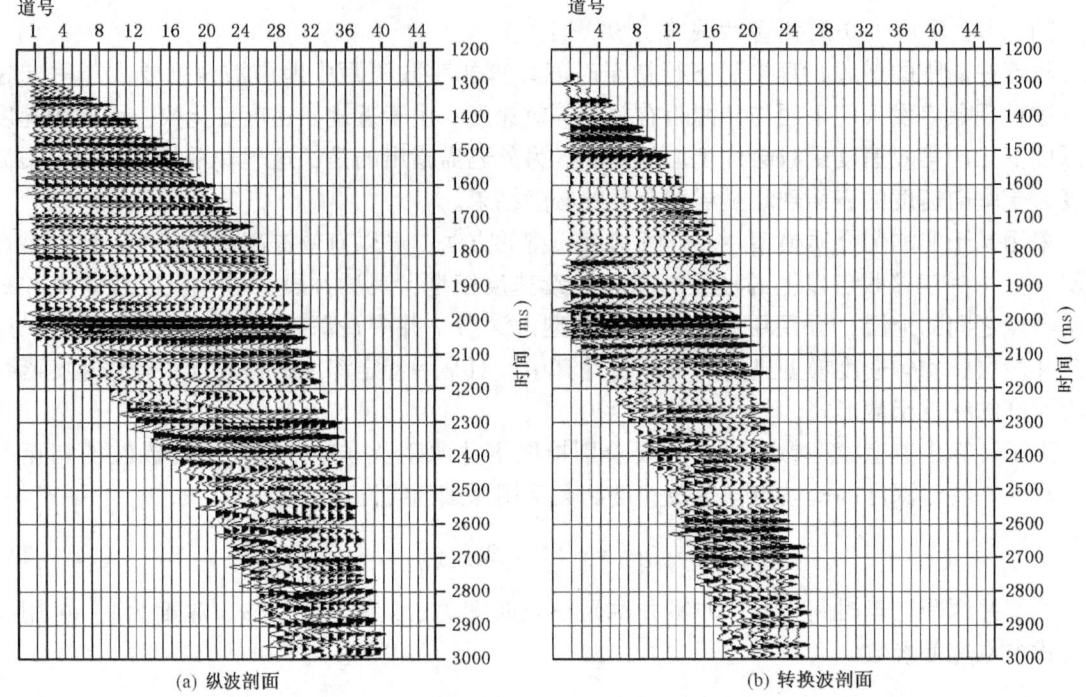

图 11-13 基于连续介质速度模型处理得到的实际 VSP-CDP 剖面

$$u(r_1, r'_0, t) = -\frac{1}{v} \int dx_0 \int dx'_0 \left[\frac{\partial R}{\partial n} \frac{\partial R'}{\partial n} \frac{1}{\sqrt{RR'}} \frac{\partial u\left(r_0, r'_0, t + \frac{R+R'}{v}\right)}{\partial t} \right] \quad (11-26)$$

其中

$$R = |r_1 - r_0|; \ R' = |r_1 - r'_0| \quad (11-27)$$

式中，v 为速度，r_0 为接收点位置，r'_0 为震源点位置。

若地下存在反射界面 z_r，在 $r = r_1$ 处，该点的入射波传播时间等于反射波出射时间。这时 $t=0$，则 VSP 偏移成像公式 $l(r_1)$ 为

$$l(r_1) = -\frac{1}{v} \sum \sum \left[\frac{1}{\sqrt{RR'}} \frac{\partial u\left(r_0, r'_0, t + \frac{R+R'}{v}\right)}{\partial t} \right] \quad (11-28)$$

利用上述公式可以实现 VSP 波场偏移。

2) VSP 逆时偏移成像方法

VSP 逆时偏移成像与地面逆时偏移成像原理类似，其难点之一在于 VSP 有效覆盖次数低且不均匀、偏移孔径小，易产生低频噪声和偏移画弧等成像噪声。当利用炮点正传波场和检波点反传波场中传播方向接近的波进行成像时，就会产生低频噪声。常规波场分解成像条件把这两个波场按传播方向进行分解，然后选择不同方向的波进行互相关成像，从而有效压制低频噪声，但低频噪声依然存在。以二维为例，如图 11-14(a) 所示，常规波场分解成像条件将炮点正传波场和检波点反传波场分解为上、下行两个方向，然后利用分解得到的不同

方向波场进行互相关成像。由于上、下行波在 x 轴方向的传播方向接近,因此在这个方向附近仍然会存在低频噪声。同理,波场分解为左、右行方向进行成像[图 11-14(b)],会在 z 轴方向附近存在低频噪声,波场分解为四方向进行成像[图 11-14(c)],会在 x 轴、z 轴方向附近存在低频噪声。当将波场分解为八方向、利用不相邻两个方向的波场进行成像时,就可以有效压制低频噪声。研究还表明,通过对分解的八方向波场进行选择性成像,可以有效压制 VSP 偏移成像中的画弧。如图 11-15 所示,相比于常规成像方法,波场八方向分解成像能有效压制低频噪声和偏移画弧等成像噪声。

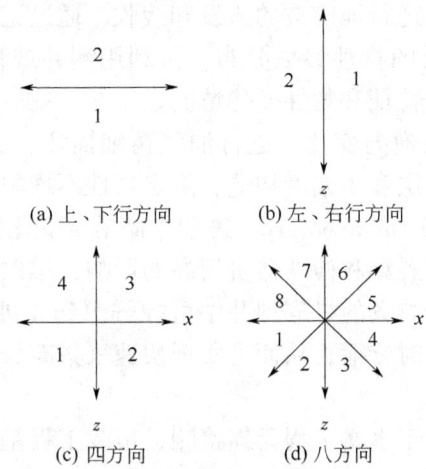

图 11-14 波场分解成像条件中波场分解方向示意图

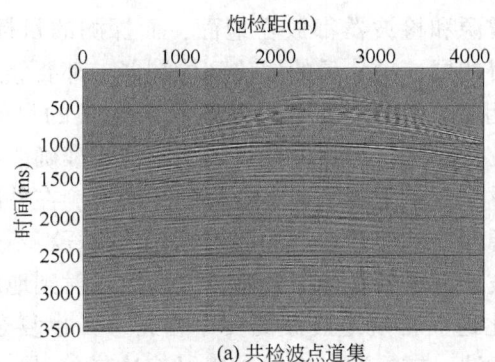

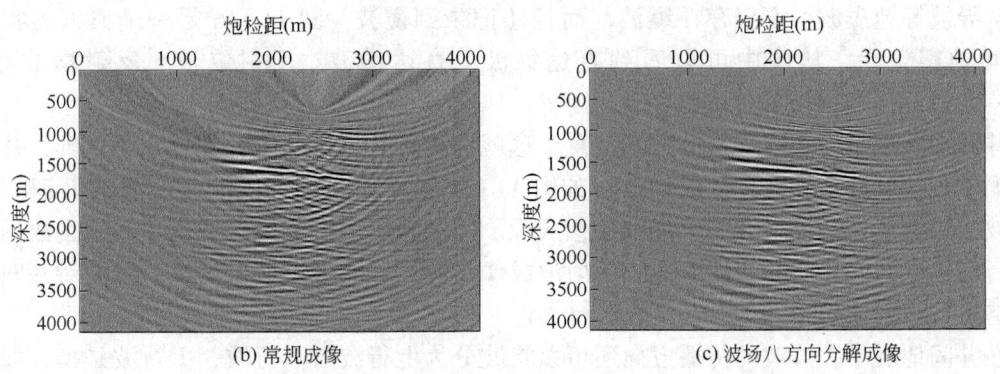

图 11-15 实际 VSP 纵波逆时偏移成像

第二节 井间地震数据处理

一、井间地震的基本概念

井间地震技术是油气田勘探开发领域的一项新技术，它将发射系统和接收系统分别下入井中，在目的层内和邻近地段进行地震波的激发和接收，通过记录地震波的走时、振幅、频率等参数重新构建出井间介质的物性参数分布，再利用测井或地面地震资料，经过反复模拟，可以了解地下介质的结构特征和物性变化情况。

井间地震技术是研究储层横向变化、进行油藏精细描述、实施流体动态监测的有力工具。它能够查明小断块、小断层和小幅度构造，圈定岩性不均匀体，确定裂隙，识别高孔隙度层，是监测 EOR（Enhanced Oil Recovery）进程中储集层变化的有效手段。

早期井间地震研究受井下震源和检波器费用高的影响，难以看到实用价值。现在已经有大功率、高性能、宽频带、全波场的推靠型井中可控震源和先进的三分量多级检波器阵列，同时通过采用光纤电缆进行实时传播，从而可实现快速采集高分辨率全波场井间数据，较大程度地降低了采集费用。

井间地震技术还广泛应用于水文工程无损检测、市政工程基底地质调查、矿产资源勘探等领域。

1. 井间地震的波场特征

在地面地震勘探中，震源和检波器都放在地面，而探测的目标是在地下 1000m 以下的地方，地震波从震源传到目的层，再从目的层传到检波器，都要经过上覆层，也就是说，地震波要受到上覆层介质的污染，利用地面地震资料研究地下的目的层，要受到上覆层的影响。如果上覆层速度横向变化剧烈，这将导致目的层成像不准确。另一方面，表层介质对地震波中的高频成分吸收严重，这就限制了地震资料的分辨率。在井间地震中，将震源和检波器都放置在地下井中，震源和检波器都在目的层附近，地震资料不受上覆层的影响，具有较高的频率。由于震源和检波器都放置在地下井中，地震波入射到地层反射界面的入射角都比较大，使得井间地震波场比地面常规地震波场要丰富得多，也复杂得多。在井间地震记录上，不仅存在直达波、反射波、转换波、透射波以及多次转换波，还存在界面波、绕射波、管波、导波等地震波，不仅存在纵波，而且还记录到横波。图 11-16 是一个典型的实际单炮井间地震记录，从图中可以看到直达纵波、直达横波、反射纵波、反射横波等波。图 11-17 展示了各种波的传播路径。

井间地震记录中含有丰富的波场信息，这就为进行多种信息的处理打下了基础，井间地震观测中记录到的各种波型及成像方法如图 11-17 所示。目前井间地震主要的处理方法是初至波的层析成像和反射波的叠加和偏移成像。井间地震层析成像是利用井间地震数据的初至旅行时求取井间介质的速度分布，反射波成像是利用井间地震数据的反射纵波对井间介质的构造进行精细成像。

在井间地震中，按波的传播方向还可以将波分为上行波与下行波，上行波是指，如果某种地震波传播到检波器时它的传播方向和垂直向上方向的夹角小于 90°，则该波被称为上行波。下行波正好和上行波相反，如果某种地震波传播到检波器时它的传播方向和垂直向下方向的夹角小于90°，则该波被称为下行波（图11-18）。

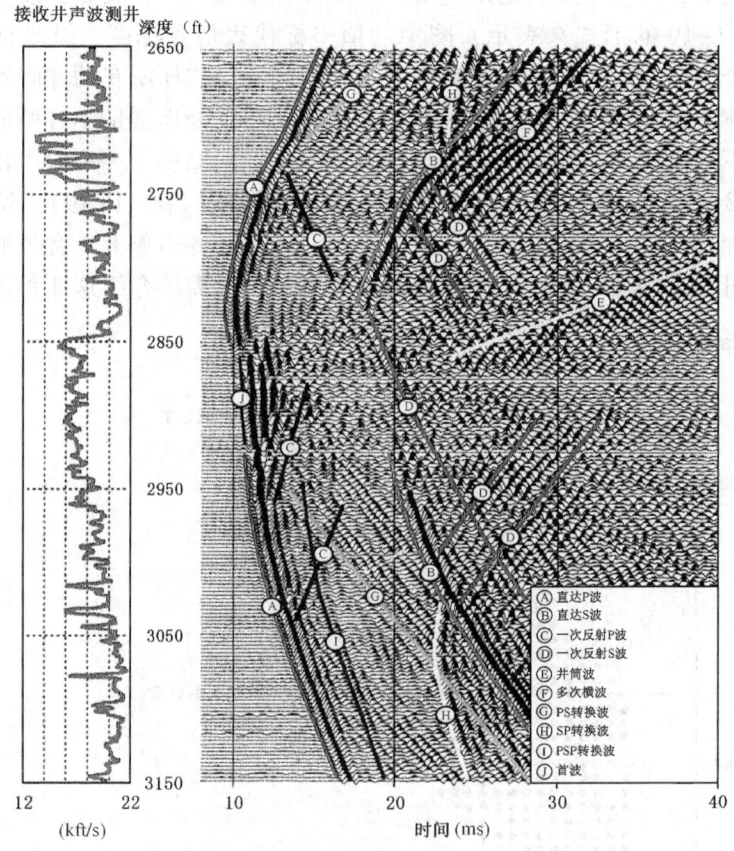

图 11-16　井间地震观测中记录到的各种波型（据 Schaack et al，1995）　彩图 11-16

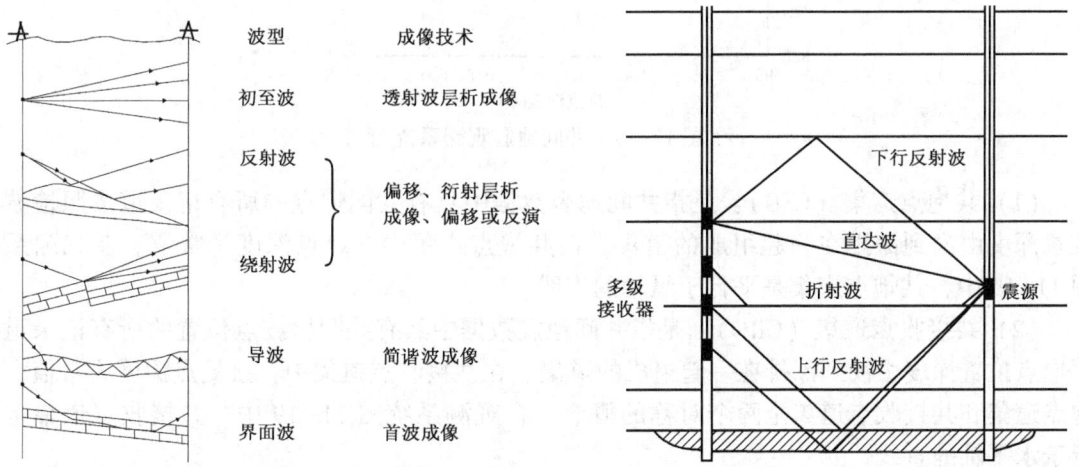

图 11-17　井间地震数据记录到的各种波及用途　　图 11-18　井间地震中几种类型的波及其射线路径

2. 井间地震中的各种道集

井间地震野外观测中每选定一个炮点和一个检波器位置，就可以获得一个地震道记录。在两口井都是直井的情况下，每一个地震道对应着一个炮点深度和一个检波点深度。井间地震的观测系统可以用图11-19的形式来表示，图中的横坐标代表炮点深度，纵坐标代表接收点深度，图中的每一个圆点代表一个地震道，都有一个时间轴，这样所有的井间地震数据实际上是一个三维数据体，对这样一个数据体无论是数据显示还是处理都是不方便的，所谓道集，就是将数据体按不同方式抽取的部分地震道的集合。在井间地震中，一般可将地震道抽成：共炮点道集、共接收点道集、共间距道集和共中间深度道集（图11-19）。这样无论是数据显示还是数据处理都可以在道集上进行，另一方面，在不同的道集上，有效波和噪声具有不同的分布规律，可以利用这一点在不同的道集上去噪。下面简单介绍这四种道集：

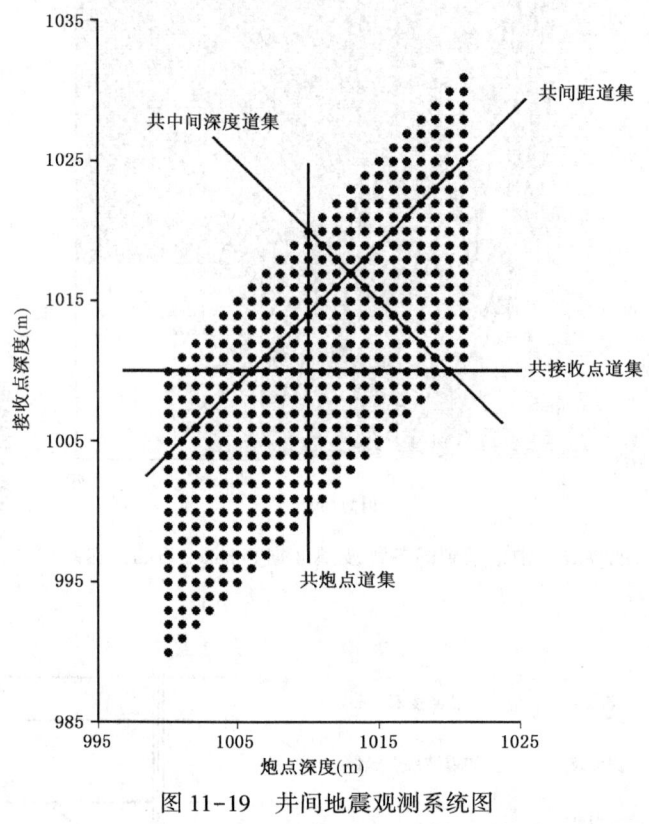

图 11-19 井间地震观测系统图

（1）共炮点道集（CSG）：是指井间地震数据中具有共同炮点的所有记录道按照检波器位置深度由浅到深排在一起组成的道集。在共炮点道集中，炮点深度为常值。在观测系统图11-19中，共炮点道集是平行于纵轴的直线。

（2）共接收点道集（CRG）：是指井间地震数据中具有共同检波点位置的所有记录道按照炮点位置深度由浅到深排在一起组成的道集。在共接收点道集中，接受点深度为常值。共炮点道集和共接收点道集是两个对称的概念。在观测系统图11-19中，共接收点道集是平行于水平轴的直线。

（3）共间距道集（CIG）：在井间地震中定义炮点和检波器位置深度的差值为间距。每一个地震记录都有一个震源深度和一个检波器深度，也就对应一个间距。共间距道集就是指具有相等间距的道集按照震源深度或检波器深度由浅到深排列形成的道集。在共间距道集中，炮点深度与检波点深度的差为常值。在观测系统图11-19中，共间距道集是和水平轴正方向成45°的直线。

（4）共中间深度道集（CMG）：中间深度是指一个地震道的震源深度和检波器深度的平均值。共中间深度道集是指具有相同中间深度的地震道按照炮点深度增加和检波器位置深度减小排列，或者按照炮点深度减小和检波器位置深度增加排列形成的道集。在共中间深度道集中，炮点深度与检波点深度的和为常值。在观测系统图11-19中，共间距道集是和水平轴正方向成135°的直线。

二、井间地震的层析成像

地震层析技术，又称地震CT，是近年来地震勘探中出现的一种新方法。狭义的层析方法是来自医学上的断层层析技术（这里"断层"含义是"切片"，而非地质上的"断层"）。

医学层析（CT）经历了漫长的历史，早在1914年波兰放射学家K. Mayer试图作出层面图像。1917年J. Radon奠定了CT的数学基础。1972年英国EMI有限公司的G. N. Housfield制成了世界上第一台CT装置。70年代中期，层析技术迈入新的阶段，从医学推广（渗透）到光学干涉、无损检测、物质结构、显微成像、地球物理等领域，被称为70年代世界科学的重大突破。1974年劳伦斯、利弗莫尔国立实验室的丹斯等人提出引入X-射线层析成像技术，采用无线电波对怀俄明州的煤层进行层析成像试验。

1983年，G. McMechan提出了"井间地震波层析"，开创了地震层析的新纪元。1984年D. L. Anderson利用全球1000多个台网记录给出上地幔三维速度分布，同年Bishop等研究了速度与深度的层析成像技术，标志着地震层析成像技术研究进入新的发展阶段。

地震层析成像分为射线理论层析和波动方程层析两类。射线理论层析也叫初至旅行时层析成像，它是在已知初至波旅行时的条件下利用射线理论求取井间介质的速度分布。波动方程层析是在已知初至波附近波场的情况下利用波动理论求取井间介质的速度分布。当地质体的尺度与地震波波长相比可忽略时，可用射线理论层析，二者相当时要用波动理论层析。射线理论层析进一步还可分为两类：直射线层析和曲射线层析。直射线层析成像是假设井间介质速度变化较小，射线可以近似为直线。当介质速度变化较大时，直射线层析近似程度较大，此时要通过射线追踪求取射线路经，这就是曲射线层析成像。

井间地震射线理论层析成像的基本思想是，首先在实际资料上进行初至拾取，得到一个实测的旅行时，构成一个初始速度模型（从测井资料或地面资料中提取），对这个模型进行射线追踪就可得到一个合成的旅行时。将合成的旅行时与实测的旅行时作差，若这个差不满足给定的条件，则可以利用某种方法求解出一个速度修正量，利用该修正量修正速度就得到了一个新的速度模型，在新的速度模型上，再进行射线追踪等上述过程，直到满足误差要求，便认为这个模型就是人们要寻找的速度分布。

射线理论层析忽略了地震波动力学特征，浪费了大部分的有用信息。波动方程层析是建立在波动方程反演的基础上，利用波动方程描述地震波在地下介质的传播，通过波动方程反演，在已知地震记录的条件下，求解出地下介质的速度分布。

1. 射线追踪

假定井间速度模型已知，对于给定的炮点位置和接收点位置，如何求取地震波从炮点到接收点的最小旅行时传播路径，这就是射线追踪问题。对于这个问题已有很多射线追踪方法，比较典型的有解析追踪法、打靶法、弯曲法、有限差分法。解析追踪法就是当地下介质速度分布函数具有简单的形式时，最短走时路径方程即射线方程的解可用解析式表达。此方法的优点是计算资源占用少，但此方法只能对少数特殊的速度分布实现射线追踪，如速度是常梯度、慢度平方是常梯度，以及慢度平方是多项式的情形，因而适用范围较小。打靶法的基本思想是通过调整初值，即射线入射角度，来搜索终点。打靶法的缺点是不但可能出现盲区，也可能出现追踪路径并非时间最短路径的情况，使用时要具体分析，并做适当处理。弯曲法的基本思想是首先假设一条连接炮点到检波点的曲线作为初始路径，然后路径进行修正使得旅行时变小，这样循环往复直到修正量很小为止。对于速度分布函数复杂情况和两点距离较远的情况，弯曲法不如打靶法有效。1988 年，Vidle 提出有限差分法计算旅行时，开拓了一条新的途径。他的工作包括两个部分，第一部分，将地质模型网格化，从震源点开始，以方阵形式，层层用有限差分求程函方程，得到计算的旅行时。第二部分，依据射线路径与波前垂直的原理计算射线路径，从接收点开始，沿旅行时数据的最大梯度求取最小旅行时路径。下面详细介绍打靶法射线追踪。

射线追踪最后要解决的问题是给定炮点位置和接收点位置求射线路径。打靶法的基本思想是，对于给定的炮点位置，通过调整射线的出射角度，搜索炮点位置。有一个射线出射角度就对应一条射线，就有一个接收位置与之相对应，调整入射角度，使得接收位置和接收点位置距离满足误差要求，此时所对应的射线就是所要求的射线路径。如图 11-20 所示，假设激发点在 S 点，接收点在 R 点，要求从 S 到 R 的射线路径，给定初始猜测出射角度 α_1，通过求解一个微分方程，可以求得一条射线 l_1 和点 R_1，根据 R_1 和 R 的距离，可以求得一个新的出射角 α_2，通过求解一个微分方程，可以求得一条新的射线 l_2 和点 R_2，如此迭代下去，当第 n 次迭代得到的点 R_n 和 R 距离足够小时，此时对应的射线 l_n 就是所要求的由炮点 S 到接收点 R 的射线路径。

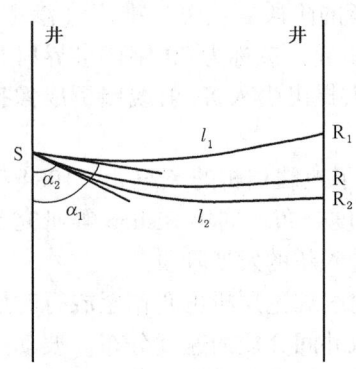

图 11-20　打靶法射线追踪示意图

由上面的讨论可知，如果对于给定的出射角度能有方法求出射线路径（初值问题），就可以按照打靶法的思想求出炮点到检波点之间的射线路径。下面介绍一种求解初至问题的方法。根据射线理论，初值问题可以用下面的一阶微分方程组来描述

$$\left.\begin{aligned}\frac{\mathrm{d}x(t)}{\mathrm{d}t} &= v(x,z)\cos\alpha \\ \frac{\mathrm{d}z(t)}{\mathrm{d}t} &= v(x,z)\sin\alpha \\ \frac{\mathrm{d}\alpha(t)}{\mathrm{d}t} &= \frac{\partial v}{\partial x}\sin\alpha - \frac{\partial v}{\partial z}\cos\alpha\end{aligned}\right\} \qquad (11-29)$$

式中　t——旅行时参数；

　　　$v(x,z)$ ——井间介质的速度分布；

　　　$x(t)$，$z(t)$ ——射线路径的参数方程；

$\alpha(t)$ ——t 时刻过点 $(x(t),z(t))$ 射线的切线与 x 轴的夹角。

所谓求解射线路径就是求出函数 $x(t)$，$z(t)$，式（11-29）不能直接求解，要给出初始条件才能定解，即给定 x_0，z_0，α_0，(x_0,z_0) 相当于炮点位置，α_0 相当于射线的出射角度。当给定初值 x_0，z_0，α_0 时，式（11-29）可用龙格—库塔法求其数值解。

2. 层析成像

层析成像简单地说就是利用旅行时求速度，对于井间地震来说，就是要利用每一道地震记录的初至旅行时求取井间介质的速度。层析成像一般采用迭代的方法来求速度，首先假设一个初始速度模型 $v^0(x,z)$，对于每一道可以利用射线追踪的方法求出一个射线路径，记为 l_i，$i=1,2,\cdots,n$，同时对于每一道可以通过拾取的方法得到实测旅行时 t_i，$i=1,2,\cdots,n$，这样有

$$t_i = \int_{l_i} \frac{1}{v(x,z)} \mathrm{d}l = \int_{l_i} s(x,z) \mathrm{d}l, \quad i=1,2,\cdots,n \tag{11-30}$$

这里，$s(x,z)$ 是慢度分布（速度的倒数）。为了求出慢度函数 $s(x,z)$，首先将慢度函数 $s(x,z)$ 离散（图 11-21）。这样就将解慢度函数 $s(x,z)$ 的问题变为求解离散网格上的慢度值 s_j，$j=1,2,\cdots,m$。假设第 i 条射线穿过第 j 个网格的长度为 a_{ij}，则式（11-30）可写成离散的形式

$$t_i = \sum_{j=0}^{m} s_j a_{ij}, \quad i=1,2,\cdots,n \tag{11-31}$$

令 $\boldsymbol{T}=(t_1,t_2,\cdots,t_n)^{\mathrm{T}}$，$\boldsymbol{S}=(s_1,s_2,\cdots,s_m)^{\mathrm{T}}$，$\boldsymbol{A}=(a_{ij})_{n\times m}$，则式（11-31）可写成矩阵的形式

$$\boldsymbol{AS}=\boldsymbol{T} \tag{11-32}$$

由前面讨论可知，这里的 $\boldsymbol{A}$，$\boldsymbol{T}$ 是已知的，通过方程组求解就可求解出慢度向量 $\boldsymbol{S}$，这就相当于求解出了一个新的速度函数。可以把这

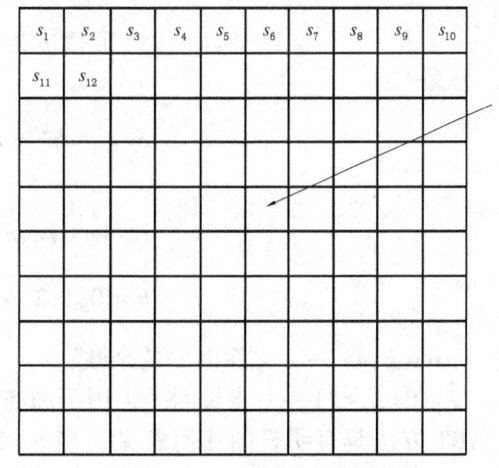

图 11-21 慢度离散示意图

个速度作为初始速度进一步迭代，当计算旅行时和观测旅行时残差满足要求时，此时所求出的速度就是要求的速度。

通过上面讨论可知，层析成像问题最终归结为方程组（11-32）的求解问题，虽然有很多方程组求解的方法，但对于层析成像形成的方程组有它自己特殊性，常规求解方法在计算效率或稳定性等方面有问题。层析成像形成的系数矩阵是一个大型的、稀疏的、无规则的、病态的矩阵，而且方程组是一个超定的方程组。下面就介绍一种在层析成像中较为有效的求解病态方程组的方法——代数重构技术（也叫 ART 方法）。ART 方法是一种迭代方法，只要矩阵 $\boldsymbol{A}$ 是非奇异的，在不计舍入误差影响的前提下，这种迭代法总是收敛的，这种方法特别适用于病态方程组的求解。

对于方程组（11-32），定义 $\boldsymbol{a}_i=(a_{i,1},a_{i,2},\cdots,a_{i,m})^{\mathrm{T}}$，方程组（11-32）的第 i 个方程可写为

$$\boldsymbol{a}_i^{\mathrm{T}} \boldsymbol{S} = t_i \tag{11-33}$$

假设已经迭代了 k 次，S^k 已知，对于一个固定的 i，设待求的慢度向量为 S^{k+1} 具有如下的形式

$$S^{k+1} = S^k + \beta a_i \qquad (11-34)$$

这里 β 是待定参数。S^{k+1} 也应满足式(11-33)，有

$$a_i^T S^{k+1} = a_i^T (S^k + \beta a_i) = t_i \qquad (11-35)$$

所以有

$$\beta = \frac{t_i - a_i^T S^k}{a_i^T a_i} \qquad (11-36)$$

将式(11-36)代入式(11-34)有

$$S^{k+1} = S^k + \frac{t_i - a_i^T S^k}{a_i^T a_i} a_i \qquad (11-37)$$

这就是 ART 方法的迭代公式，具体可把 ART 方法写成如下的形式

$$\left.\begin{array}{l} S^0 \text{ 取慢度初值} \\ S^{k+1} = S^k + \lambda_k \dfrac{t_i - a_i^T S^k}{a_i^T a_i} a_i \\ i = \mathrm{mod}(k,n) + 1 \\ k = 0,1,2,\cdots \end{array}\right\} \qquad (11-38)$$

式中 $\mathrm{mod}(k,n)$ —— k 除以 n 的余数；
$\lambda_k(0<\lambda_k<2)$ —— 步长因子，用于加速收敛。

ART 方法具有明显的几何意义，当 $n=2$，$m=2$ 时，方程组（11-32）可写成如下的形式

$$\left.\begin{array}{l} y = m_1 x + b_1 \\ y = m_2 x + b_2 \end{array}\right\}$$

就是已知 m_1，m_2，b_1，b_2 求解 x，y，在平面上就是求两条直线的交点，ART 方法求解交点的示意图见图 11-22。

在 ART 方法的基础上还有很多改进的算法，比较著名的就是 SIRT 方法（同时迭代重构技术）。前面讲的 ART 方法是逐行校正的，即每次校正只用到方程组中的一个方程，而 SIRT 方法是利用所有方程同时进行校正，它的迭代格式如下

$$\left.\begin{array}{l} S^0 \text{ 取慢度初值} \\ S_j^{k+1} = S_j^k + \dfrac{1}{M_j} \sum\limits_{i=1}^{n} \dfrac{t_i - a_i^T S^k}{a_i^T a_i} a_{ij} \\ j = 1,2,\cdots,m, \quad k = 0,1,2,\cdots \end{array}\right\} \qquad (11-39)$$

式中 M_j——A 中第 j 列非零元素的个数,下标 j 代表向量中第 j 个元素。

下面看一个数值模拟的例子,图 11-23 为一含楔状体的模型,其中 $v_1 = 2200\text{m/s}$,$v_2 = 2800\text{m/s}$,$v_3 = 2500\text{m/s}$,$v_4 = 2300\text{m/s}$,激发井位于 $x = 0\text{m}$,炮点从 0m 到 750m,炮点距为 15m,共 50 炮,接收井位于 $x = 300\text{m}$,检波点从 0m 到 750m,检波点距为 15m,共 50 个检波点。图 11-24 为第 25 炮的波前,从该图中可以看到,上层介质的旅行时等值线分布较密,下层介质的旅行时等值线分布较疏。在界面处,由于入射角较大,产生了折射波,折射波波前对应于图中的直线部分。图 11-25 为应用 SIRT 方法得到的速度剖面。

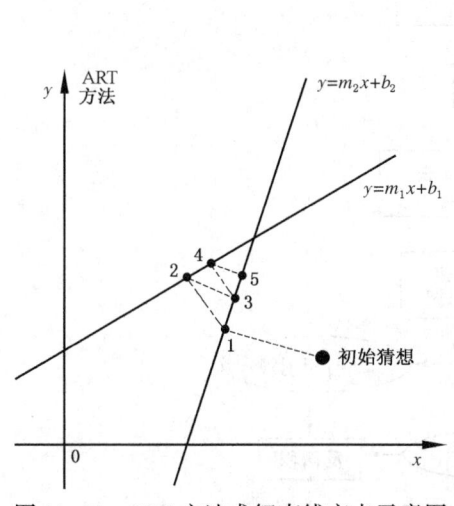

图 11-22 ART 方法求解直线交点示意图

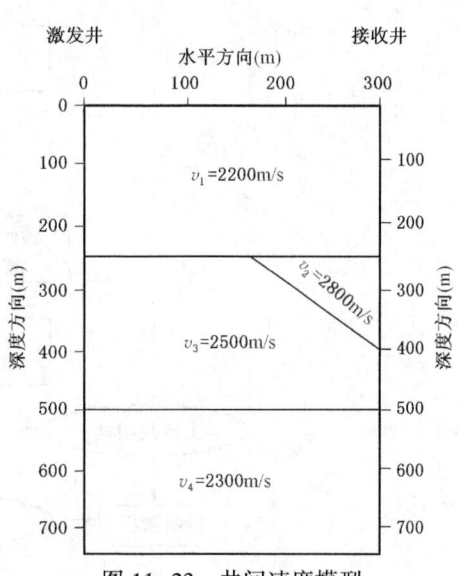

图 11-23 井间速度模型

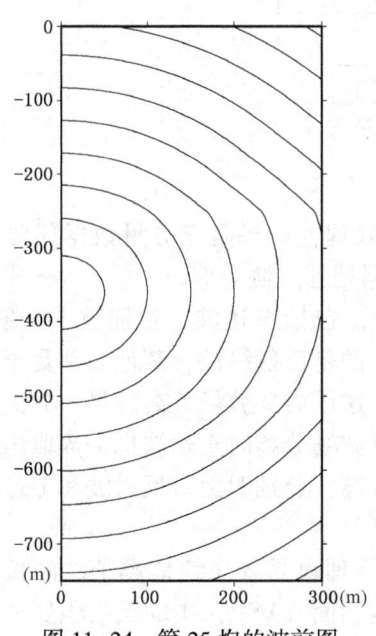

图 11-24 第 25 炮的波前图

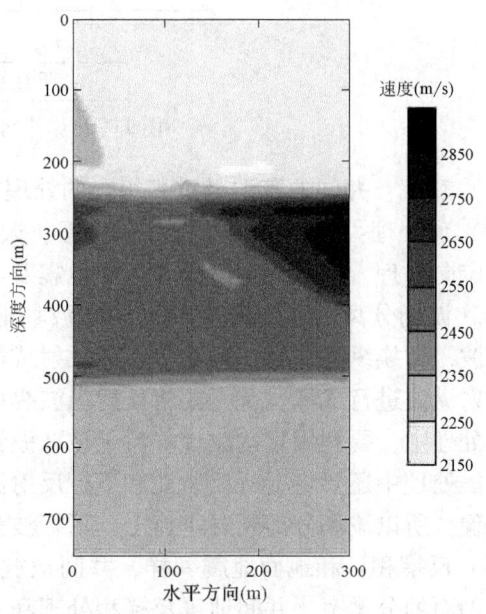

图 11-25 SIRT 层析成像得到的速度剖面

三、井间地震的反射成像

井间地震反射成像就是利用井间地震记录中的反射波对井间的精细构造进行成像,和地面地震相比,井间地震记录的主频比地面地震高出一个量级,具有高分辨率的特点,最后得到的像和地面地震的叠加剖面或偏移剖面类似。

井间地震数据反射波成像的处理过程主要包括解编、预处理、波场分离、反褶积、叠加或偏移成像。图 11-26 给出了井间地震的一个简单处理流程。

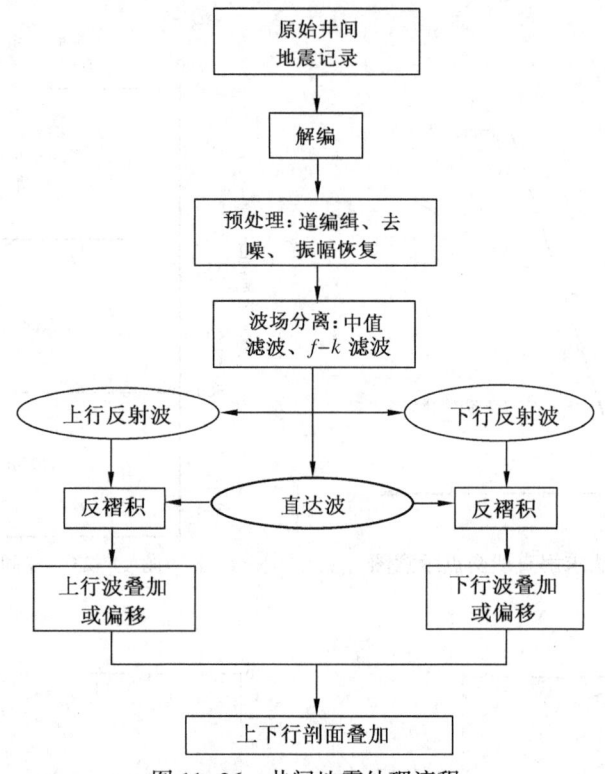

图 11-26 井间地震处理流程

(1) 解编:井间地震记录重新组合的处理方式。

(2) 预处理:包括道编辑、去噪处理、振幅恢复处理,如果是三分量数据还要进行三分量重定向处理,这些处理过程和地面地震及 VSP 数据处理方法类似。

(3) 波场分离:井间地震数据中的波场非常复杂,包括直达波、折射波、反射纵波、反射横波、转换纵波、转换横波等,而反射成像所要用的是反射纵波,其他波都是干扰,要利用反射纵波进行成像,首先要将反射纵波提取出来,这就需要波场分离。另一方面,在做反褶积处理中,要利用直达波计算反子波滤波器,所以波场分离时直达波也要提取出来。在井间地震处理中还要将上行反射波和下行反射波进行分离,分别对上行反射波和下行反射波进行成像,所以波场分离还要进行上、下行波分离。

(4) 反褶积:和地面地震一样,井间地震反褶积处理也是要压缩地震子波的长度,提高成像剖面的分辨率,井间地震反褶积处理和垂直地震剖面(VSP)中的反褶积处理方法是一样的。

（5）叠加或偏移成像：叠加成像是在水平层状介质的假设条件下，实现地震记录到反射点的一个转换叠加过程，其基本原理类似于 VSP-CDP 叠加成像，主要方法有 XSP-CDP 叠加成像和 CMD-CDP 叠加成像。井间地震偏移一般都做叠前偏移，它突破了叠加成像的水平层状介质的假设条件，可以考虑复杂介质。井间地震数据的偏移方法主要有逆时偏移和积分法偏移两种。

下面主要介绍井间地震的波场分离、叠加方法和偏移方法。

1. 井间地震波场分离

波场分离是井间地震数据处理的一个重要环节，也是井间地震数据处理的一项重要的基础性工作。井间地震数据反射波成像处理的目的就是要从井间地震波场中提取出反射波信息（这里包括上行反射波和下行反射波），最终得到具有高分辨率的井间地震剖面。目前波场分离的方法主要有波场分离、视速度滤波和三维滤波。这些方法都是根据地震波旅行时特性和地震波同相轴在地震剖面上的斜率来设计的。井间地震的波场分离方法和垂直地震剖面（VSP）中的波场分离方法一致。详细方法参见本章第一节。下面主要介绍井间地震中直达波和反射波在不同道集中的特点。

共炮点道集是井间地震数据处理的基本道集。假设井间模型如图 11-27 所示，该模型共有三层介质两个反射界面，井间距 100m。在共炮点道集上（图 11-28），直达波近似为双曲线，反射波近似为直线。在共接收点道集上（图 11-29），直达波和反射波的特点与在共炮点道集上的特点一样。在共中间深度道集上（图 11-30），反射波为直线。在共间距道集上（图 11-31），直达波为几条直线段。

2. XSP-CDP 叠加成像

井间地震反射叠加成像由 VSP-CDP 发展而来，其原理与处理方法均与 VSP-CDP 很相似。XSP-CDP 处理一般包括三步：（1）将反射波资料抽成共炮点道集；（2）对每一炮集，按照通常 VSP-CDP 的方法叠加成像；（3）把每一炮的叠加像再进行叠加，形成 CDP 像。下面就均匀介质单反射界面导出其计算公式。

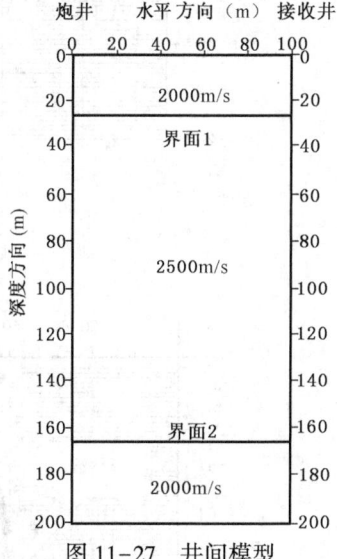

图 11-27 井间模型

井间地震叠加成像就是将深度—时间域的地震记录转换到反射点位置的空间—空间域，然后进行叠加，对于单道地震记录来说，就是要将地震道上某一时刻的反射放到产生反射的位置上。有一道地震记录就有对应的炮点和检波点，在图 11-32 中 S 是炮点，R 是接收点，假设炮点深度和检波点深度分别为 z_S，z_R，井间距为 X_0，井间介质的速度为 v，假设地震道上 t 时刻有反射，下面就导出产生这个反射的位置，这个位置到激发井的距离用 x 表示，这个反射界面的深度用 z 表示。

首先做震源 S 关于反射界面的虚震源 S′（图 11-32），则

$$A = \sqrt{v^2 t^2 - X_0^2} \tag{11-40}$$

$$A = z - z_R + z - z_S \tag{11-41}$$

所以有

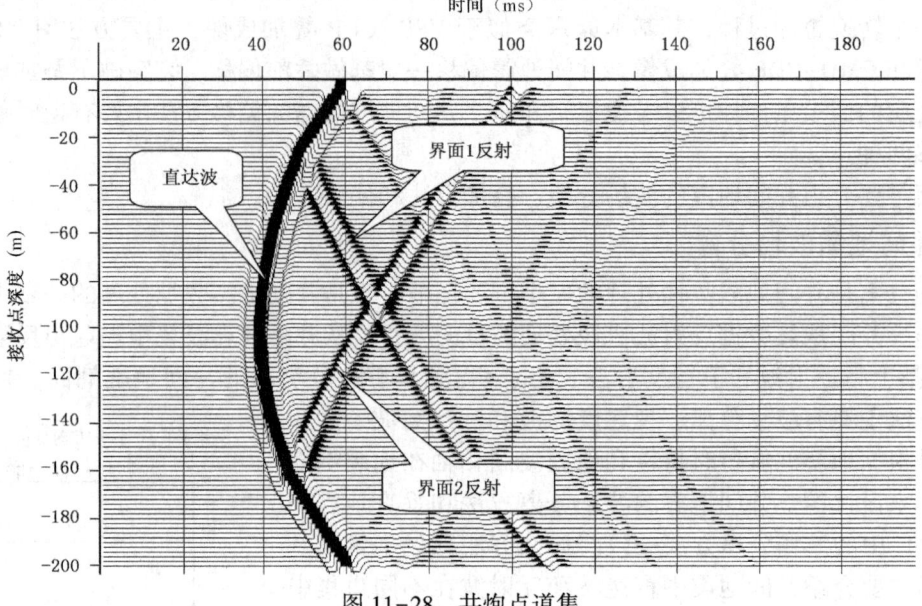

图 11-28 共炮点道集
炮点深度 100m

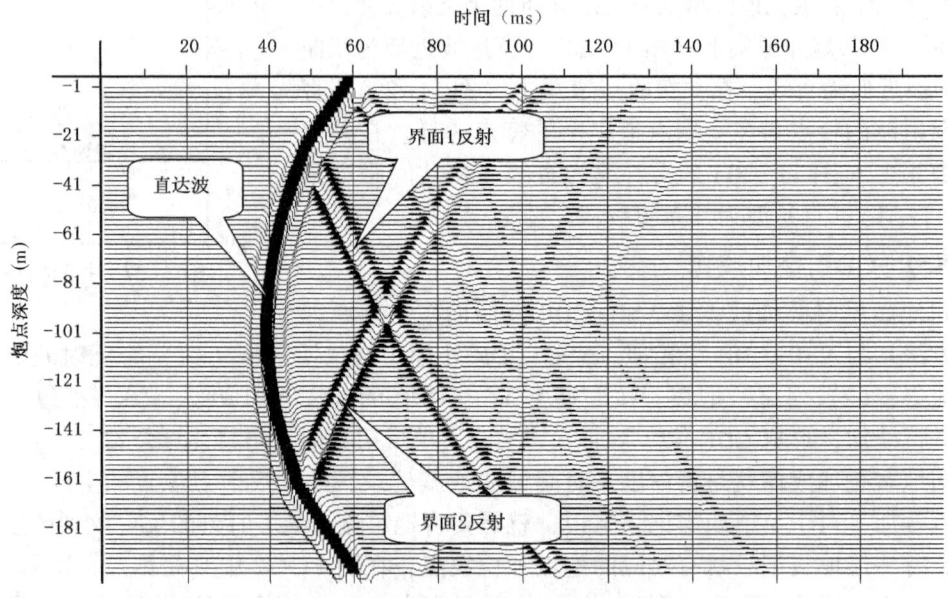

图 11-29 共接收点道集
接收点深度 100m

$$z = \frac{A + z_R + z_S}{2} \quad (11-42)$$

另外

$$\frac{x}{X_0} = \frac{z - z_S}{A} \quad (11-43)$$

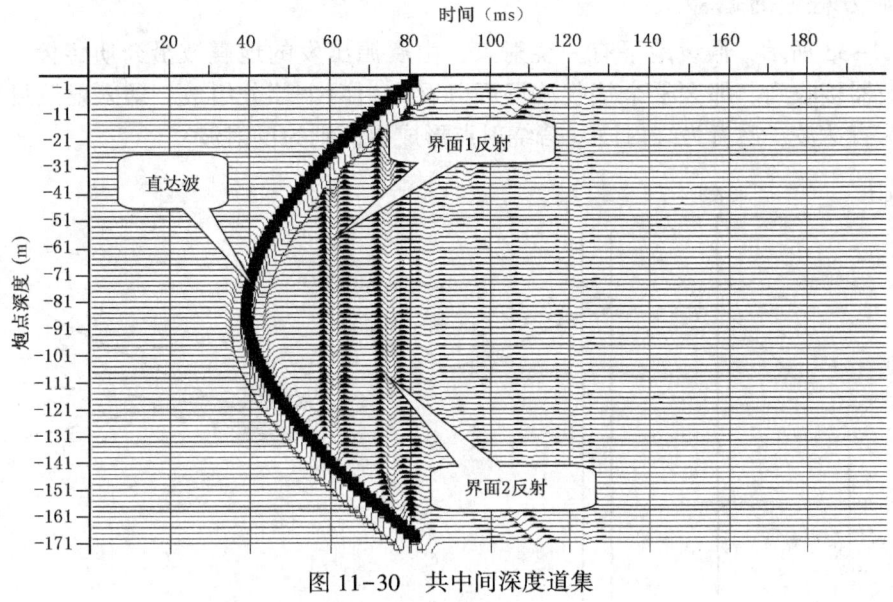

图 11-30 共中间深度道集
中间深度 80m

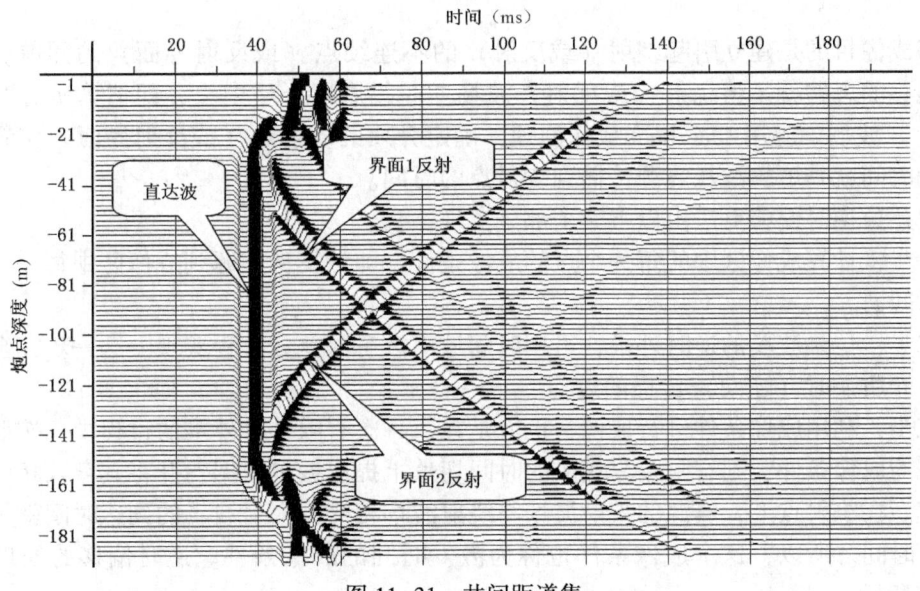

图 11-31 共间距道集
间距 11m

$$x = \frac{z - z_S}{A} X_0 \qquad (11-44)$$

由式(11-42)和式(11-43)可以对任意给定的时刻,计算出反射点的位置。具体计算时,首先要将井间介质网格化,对于每道地震记录的每个时刻 t 的振幅值,利用式(11-42)、式(11-43)将它放到相应的网格上,如果在一个网格上有多个振幅值就进行叠加。这样就能实现井间地震的叠加成像。

3. 波动方程逆时偏移

如图 11-33 所示，假设地下有一绕射点，由震源出发的地震波沿介质传播，经过绕射点，被检波器接收到。那么整个接收波场可以看作由两个部分组成，即入射波场和绕射波场，前者为直达波，后者为绕射波（若绕射点形成界面则为反射波）。

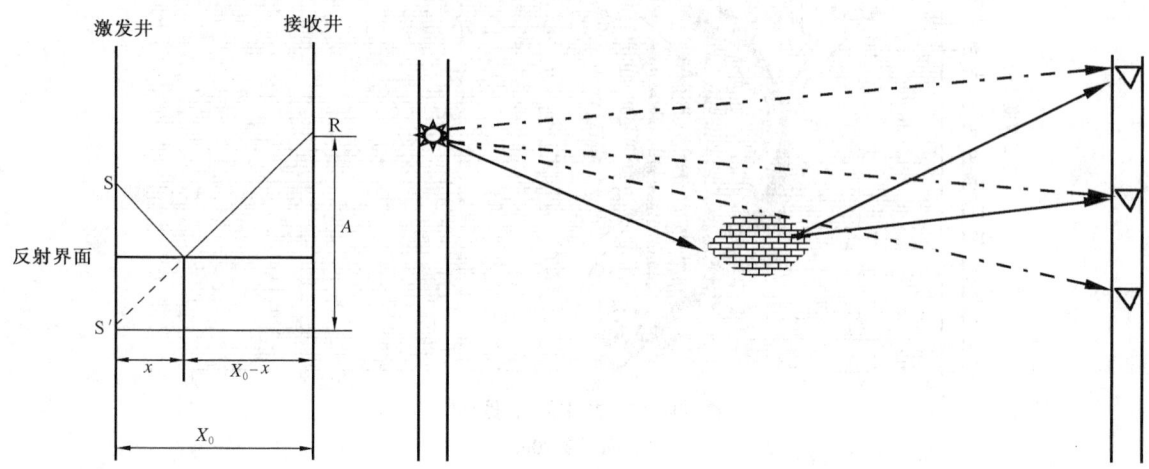

图 11-32　推导 XSP 转换公式示意图　　　　图 11-33　波动方程逆时偏移示意图

偏移成像目的是建立引起绕射（或反射）的不连续点（或反射界面）的图像。波动方程逆时偏移的思路就是将绕射（或反射）波场逆时投影回介质中去，即估算所有时间的绕射（反射）波场。应用 Claerbout 成像原理，确定介质的绕射点（或反射界面）位置：绕射波产生的时间就是地震波从震源传播到绕射点的时间。

有限差分逆时偏移算法由以下三个部分实现：

第一步，计算成像区中的每一个点的成像条件，即计算从震源到成像区中每一个点的射线旅行时间 t_s。

第二步，记录波场的逆时外推，可用时间域声波有限差分方程实现。这一步完全模拟记录波场沿介质逆时（逆向）传播的过程。

第三步，利用成像条件进行成像，也就是在每一次有限差分外推的过程中，按照第一步计算出来的成像条件，到有限差分相应的时间切片上提取振幅数据，并将其存入相应的空间记录位置。在绕射点上，震源的入射波场与绕射波场相交，入射波场的到达时间就是反射波场的激发时间。所以，这个成像条件也称为激发时间的成像条件。逆时偏移的处理流程如图 11-34 所示。

4. 波动方程积分法偏移

波动方程积分法偏移是以等时线扫描偏移方法为基础的。对于一个确定的震源位置 S 和接收点位置 R 及旅行时间 t 来说，可能的反射点轨迹为一椭圆，炮点和接收点分别为椭圆的两个焦点。这个椭圆轨迹称为等时线轨迹（Claerbout，1991）。按照旅行时间对应于该震源和接收点的记录上取振幅时，就会使等时线上的点成像。从 Huygens 原理来说，它是一个二次震源的集合，如图 11-35 所示。具体实现时，将某一记录道上 t 时刻的反射波根据其震源位置 S 和接收点位置 R，放到对应的等时线轨迹上。对不同的震源—接收点的记录道进行同样的处理时，介质中的某一点会有若干个椭圆轨迹在此经过，不同的波阵面之间会发生干涉。如果该点为一个绕射点（或在反射面上），则波阵面之间同相叠加而形成强振幅斑点。在没有反射体与散射体界面的区域，波阵面由于随机叠加而趋于抵消。

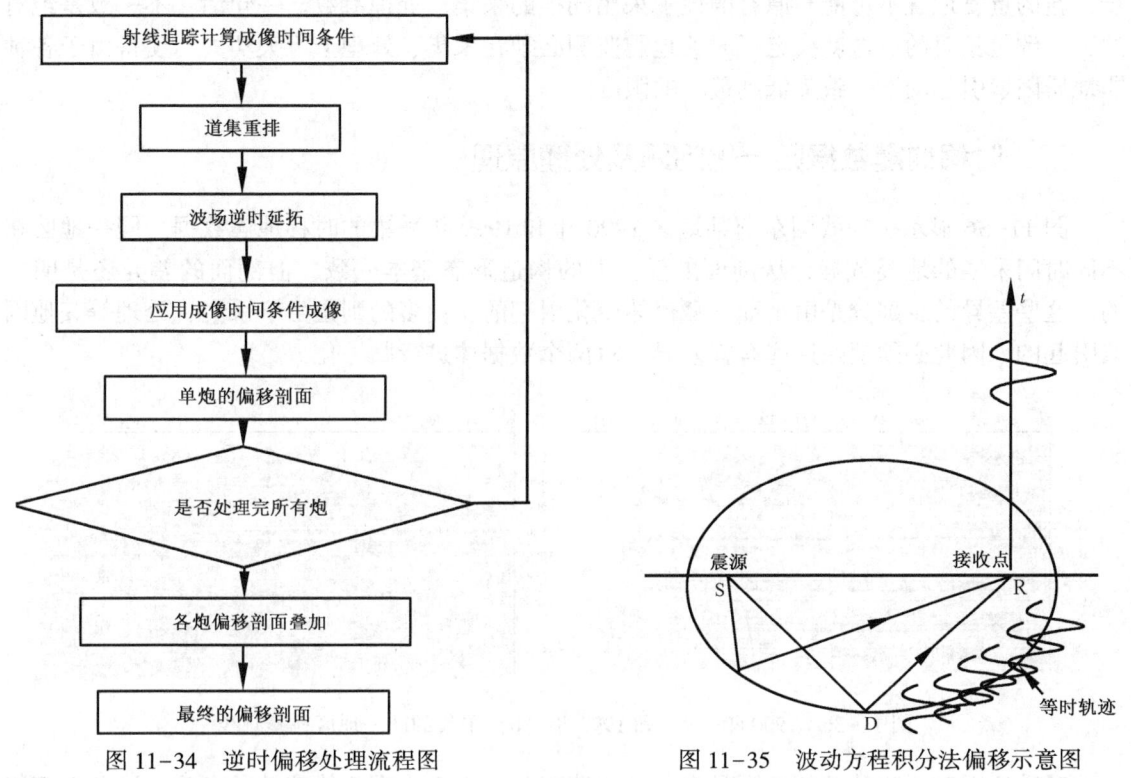

图 11-34　逆时偏移处理流程图　　　　　图 11-35　波动方程积分法偏移示意图

第三节　时移地震数据处理

一、时移地震的基本概念

时移地震油藏监测方法是在油气田生产过程中，在油藏开发的不同时期重复进行地震勘探，不同时间的地震响应随时间的变化可以表征油藏内流体性质的变化，通过特殊的时移地震处理、差异分析和成像以及计算机可视化技术来描述油藏内部物性参数（孔隙度、渗透率、饱和度、压力、温度）的变化。

从理论上讲，时间延迟的地震成像相减后，油气藏的静态性质（如构造、岩性性质等）被消去，从而导致了油气藏动态流体性质（流体饱和度、压力、温度等）的直接成像。因此在油气藏生产中以时间延迟的形式进行重复三维（二维或其他）地震勘探，可以对由于油气藏生产引起的油气藏内部物性参数（流体饱和度、压力和温度等）的变化进行描述，并追踪流体流动的前缘，从而对油气藏进行动态监测与管理。

但是实际问题中，时移地震数据是间隔性采集和处理的，两次采集很难保证完全一致。地下水位的变化会造成地表条件的不一致，环境的变化会造成环境噪声的不一致，震源形状、瞬时位置或放炮方式的不精确会造成能量分布的不一致，采集仪器的不同会造成不同的仪器噪声和不同的频谱特征，观测系统的差别会导致两个数据体难以比较等。所有这些不一致都会造成反演结果之间的差异可能仅代表噪声而无实际物理意义。特别是由于技术的进步，新的重复地震不可能与原有的地震采用同样的采集、处理参数。一句话，不一致是绝对的，一致是相对的。这就决定了时移地震监测必须在采集、处理上下大功夫，使得由于各种非地质因素引起的不一致降低到最小的限度。

二、时移地震数据归一化问题及处理原理

图 11-36 显示了在我国东部某地区 1990 年和 1999 年采集的时移地震数据。同一地区在不同时间采集的地震数据，从剖面上看，大的构造形态基本一致，但剖面的差异还是明显的。这些差异的少部分是由于油气藏流体变化引起的，更多的则是由于采集、处理等其他因素引起的，因此必须消除这些有害差异，对两个数据体进行归一化。

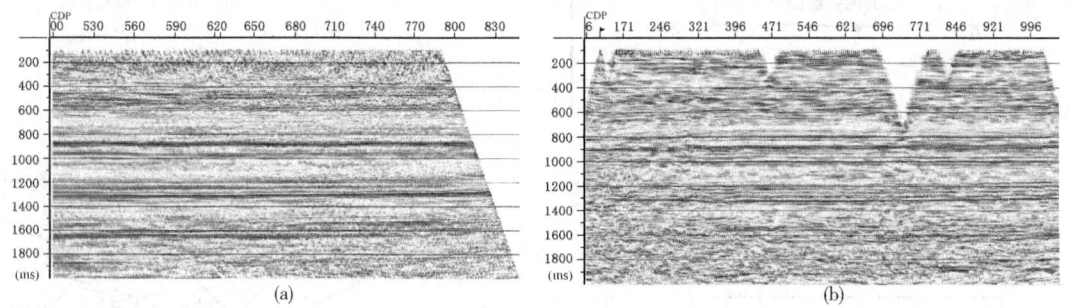

图 11-36　1990 年（a）和 1999 年（b）采集的同一地区地震测线

时移地震归一化处理的原则是在非油气藏部分，由于没有流体流动的变化，因此在理想条件下，两次不同时间采集的地震数据应该一致，时间、振幅、速度、频率和相位应该相同，而地震信号变化是油气藏部分由于抽油生产或注气注水等引起的。实际数据的间隔性导致了地震剖面上非油气藏部分地震波到达时间、振幅、速度、频率、相位等地震属性也发生变化，为了获得真正由于油气藏部分油气水变化引起的地震属性差异，对非油气藏部分的时移地震数据进行归一化校正，使其尽可能保持剖面一致，剩下油气藏部分的差异则可解释为由于油藏内部流体运动引起的变化。为了实现这一目的，时移地震数据在归一化处理过程中必须进行一致性处理，具体要求如下。

1. 仔细调查地震资料非一致性的原因

地震资料中非储层因素所引起的不一致问题主要有：采集因素和处理因素两类。采集因素引起的有采集环境和采集方法。

受采集环境影响的因素有：

环境噪声，是指施工现场的人为因素和气候因素造成的噪声，主要有风吹草动、人车行走、井场机器振动、工业电干扰等。

近地表因素，是指时间和季节的变化使近地表的低速带和潜水面发生变化，近地表的干燥或潮湿、潜水面的深浅都引起低速带的速度和厚度的变化。

受采集方法影响的因素有：

记录设备，是指记录设备的型号（仪器和检波器）不同、录制因素不同都将产生地震信号的差异。

采集参数的变化，包括测量定位精度（几次测量位置不重合）、激发和接受因素等。

2. 保持地震数据处理的一致性

影响时移地震数据一致性的处理因素有静校正、切除参数、振幅均衡、反褶积、成像速度、多道去噪等。

当采集方法不同时，应采用等效的处理方法、速度模型和反褶积参数等重新处理所有的时移地震资料，包括测网的规格化、能量及相位的匹配。

3. 归一化处理

归一化处理是将时移地震数据进行匹配，它实际上是设计一个或多个滤波器。通常设计滤波器所用的资料是没有受到储层流体影响的静态反射地震资料，归一化处理后，除在储层处有变化外，两个数据体的其他部分都应该一致。在差值数据体上，所有静态的非储层的同相轴应该消失，有差异的地方仅仅是动态变化的油藏部分。

4. 尽可能进行零时重复性试验

零时重复性试验是检测处理流程有效性的一种有效方法，它是指在非常短的时间间隔内，按同一采集方式采集多套地震资料，将处理后的多套测量资料相减，如果剩余反射能量为"零"或很小时，则认为地震资料的采集和处理的重复性好。

三、时移地震数据归一化处理方法

时移地震数据处理的目的就是最大限度地提高地震数据的一致性，使地震数据差异正确地反映油藏流体变化，通常包括下述两方面工作。

1. 面元一致性处理

由于地震数据重复采集的时间不同，地面设施、技术装备等因素可能发生了变化，使得观测系统、采集参数很难和原有数据完全一样，另外，目前已有相当多的三维地震数据，它们不是针对时移地震油藏监测而采集的，采集和处理参数与重复采集时的参数很难完全相同，对于三维地震而言主要表现为反射面元的大小和位置不一样，对于二维数据则表现为反射点的位置不同。为了使重复采集的地震数据具有可比性，需要把来自地下不同反射面元或反射点的地震数据校正到同样的反射面元或反射点，这一处理又称之为面元重置。面元一致性处理的方法也很多，有相关抽道法、线性插值法、f-k域插值法、t-x域动态求差插值法等，每一种方法都有它本身的优点和不足，适用于不同的情况，但每种方法的处理目的都是在保证尽量不损害地震振幅信息的前提下，使时移地震数据有最佳一致性。不同采集时间面元差异可用图 11-37 表示。图 11-37 表示由于两次采集的观测系统不同，两次采集数据面元大小和方向也不相同。

当观测系统不同时，无论采用何种面元一致性处理方法，都会产生误差。为了提高数据的重复性，在地震采集时应尽量采用高密度的采集系统进行接收。对好的目标监测区应尽量采用相同的观测系统进行数据采集，

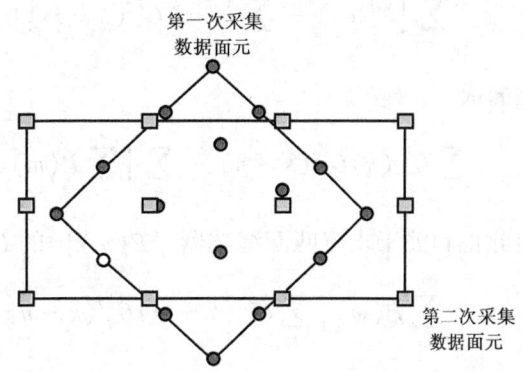

图 11-37　不同采集时间面元差异示意图

提高地震数据采集重复性。当地震储层存在严重的各向异性时，面元一致性处理时需要考虑方向性。

2. 互均衡处理

互均衡处理指地震监测过程中，包括匹配滤波、振幅标定和静态时移等各种校正的一个综合过程。互均衡处理应该使两次三维地震在非油藏部分的能量、时间、频率、相位等趋于一致。

时移地震数据的时间、振幅、频率和相位归一化是时移地震数据处理的主要方面，是时移地震成功与否的关键。针对时移地震数据的时间、振幅、频率和相位方面的差异，利用多个校正归一化算子分别对地震剖面的主要差异方面逐个进行匹配校正。处理方法是寻找一种最佳匹配滤波器，对每条测线的有效震源信号整形，使其与参考测线的震源信号相同，求出对应的校正匹配算子，再进行校正。校正归一化算子可以是一个全局滤波器在所有的测线和所有的道集上整体完成匹配两个数据体，也可以是单线单道上进行局部化校正得到局部滤波器。最佳滤波器的计算方法描述如下。

设同一地区不同时期 Y_1，Y_2 得到的地震数据分别为 $G^{Y_1}(t)$，$G^{Y_2}(t)$ 等，相应的第 Y 年份第 i 条测线、第 j 道的地震记录记为 $G_{i,j}^Y(t)$。取 Y_1 年份的地震记录为参考地震道，使 Y_2 年份相应道的地震记录与之匹配。因此选取归一化算子 P 使得目标泛函

$$E(t) = \| G^{Y_1}(t) - PG^{Y_2}(t) \| \tag{11-45}$$

极小。

对于整体归一化的振幅校正，则可以通过极小化泛函（11-45）得到全局的归一化算子 P，而对于进行局部归一化的相位校正，则可以通过极小化泛函组

$$E_{i,j}(t) = \| G_{i,j}^{Y_1}(t) - P_{i,j} G_{i,j}^{Y_2}(t) \| \tag{11-46}$$

得到一算子族 $\{P_{i,j}\}$ 构成的算子 $P = \{P_{i,j}\}$。

为求式(11-45)或式(11-46)极小，考虑离散化处理方法，求一长度为 L 的匹配滤波器 $\{P(m)\}$，$m=1,2,\cdots,L$，使

$$E = \sum_k \left[G^{Y_1}(k) - \sum_m P(m) G^{Y_2}(k-m) \right]^2 = \min \tag{11-47}$$

计算泛函 E 关于 $P(n)$ 的 Frechet 导数 $\dfrac{\partial E}{\partial P(n)}$，$n=1,2,\cdots,L$。令 $\dfrac{\partial E}{\partial P(n)}=0$，则得到

$$\sum_k \left[G^{Y_1}(k) - \sum_m P(m) G^{Y_2}(k-m) \right] \cdot \left[-G^{Y_2}(k-n) \right] = 0, \quad n=1,2,\cdots,L$$

化简成

$$\sum_k G^{Y_1}(k) G^{Y_2}(k-n) - \sum_m \left[\sum_k P(m) G^{Y_2}(k-m) G^{Y_2}(k-n) \right] = 0, \quad n=1,2,\cdots,L$$

因此得到关于求解匹配滤波器 $\{P(m)\}$ 的 L 个方程的方程组

$$\sum_m P(m) \left[\sum_k G^{Y_2}(k-m) G^{Y_2}(k-n) \right] = \sum_k G^{Y_1}(k) G^{Y_2}(k-n), \quad n=1,2,\cdots,L$$

$$\tag{11-48}$$

求解方程组（11-48），则可以计算得到匹配滤波器 $\{P(m)\}$，$m=1,2,\cdots,L$。用

$$G_{\text{nor}}^{Y_2}(k) = \sum_{m=1}^{L} P(m) G^{Y_2}(k-m) \qquad (11-49)$$

校正相应的地震剖面。

把作为参考标准的一组地震数据称为参考数据，要进行校正的地震数据称为监测数据。时移地震互均衡处理基本步骤可以描述为：在参考地震数据和监测地震数据中不包含油藏部分而又尽量接近油藏部分且有较稳定地震反射的区域内选取一个时窗，在此时窗内让两次地震数据尽可能匹配，计算出匹配滤波算子，在将得到的滤波算子作用于监测数据。

互均衡技术包括时移校正、频率校正、空间位移校正、相位校正、振幅校正等方面，每一方面又有不同的方法。时移校正包括互相关时移校正方法、最小平方时移校正方法。频率校正通过提取共同振幅谱并进行平滑处理实现。空间位移校正利用空间互相关校正法实现。相位校正包括相位旋转校正方法和最小平方校正方法。振幅校正包括振幅谱包络校正方法和均方根振幅校正法。

一般时移地震处理的主要步骤与流程见图 11-38。

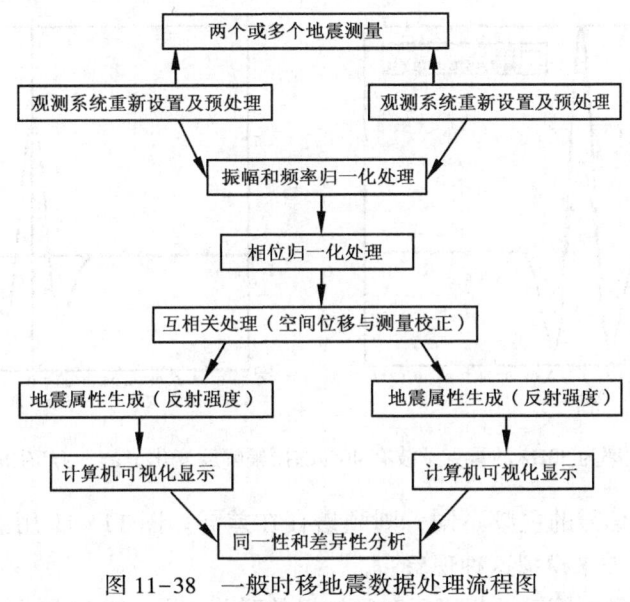

图 11-38　一般时移地震数据处理流程图

四、非一致因素与处理试验分析

为了更好地消除时移地震不希望有的差异，从子波出发，来研究这些因素对地震波在时间、振幅、频率、相位等方面的影响。然后，对各种情况采用相应的方法进行校正和效果分析。

1. 非一致因素影响研究

（1）时移。图 11-39 用 30Hz 的雷克子波进行 4 个采样点时移来描述这种现象，最大差

异达到原来幅度的120%。

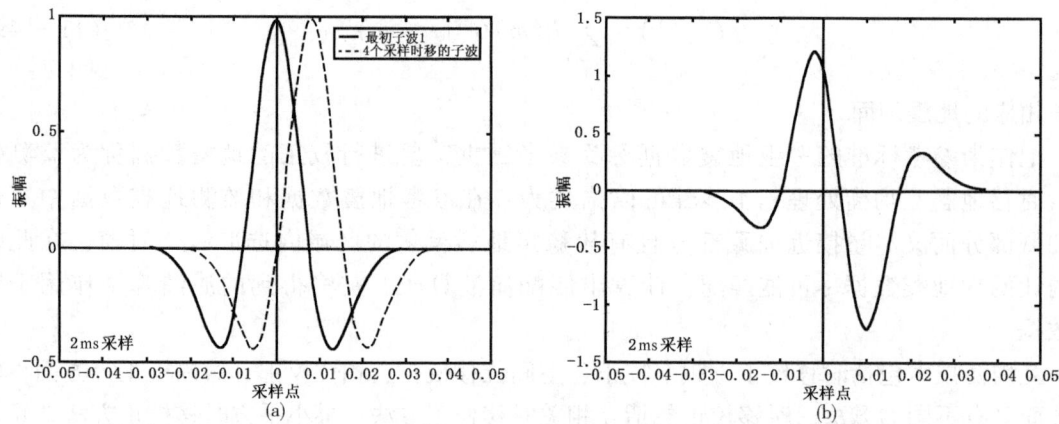

图11-39 频率为30Hz的雷克子波有四个采样点的时移（a）与产生的差异（b）

（2）振幅。所用震源能量的不同、接收仪器参数的不同都会造成地震波在振幅上的差异。图11-40用30Hz的雷克子波进行振幅幅度变化描述了这种现象，变化后的幅度为原来的40%，差异为原来的60%。

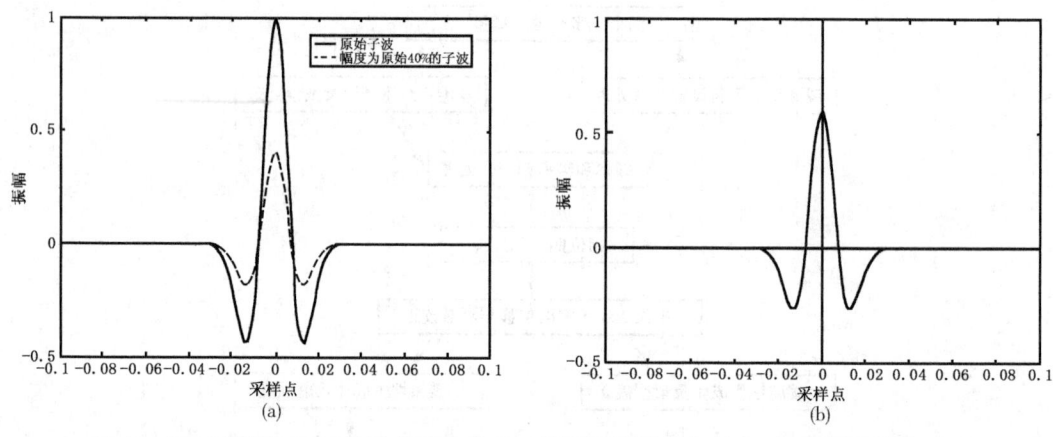

图11-40 频率为30Hz的雷克子波有40%的振幅幅度变化（a）与产生的差异（b）

（3）频率。地震信号的主频不同，则频谱存在差异。图11-41用主频分别为30Hz和42.5Hz的两个雷克子波来模拟这种现象。

（4）相位。相位发生旋转，相当于时间域里的时移。图11-42用主频30Hz的雷克子波进行60°相位旋转来模拟这种现象，最大差异达原来幅度的90%。

2. 互均衡处理

对以上差异采用下面几种方法校正。

（1）振幅平衡。原理是使两次接收的信号能量一致。校正因子可以是时变的，也可采用统一的校正因子。当采用统一校正因子时，公式如下

$$c = E_1/E_2$$

式中 E_1，E_2——两测线的能量。

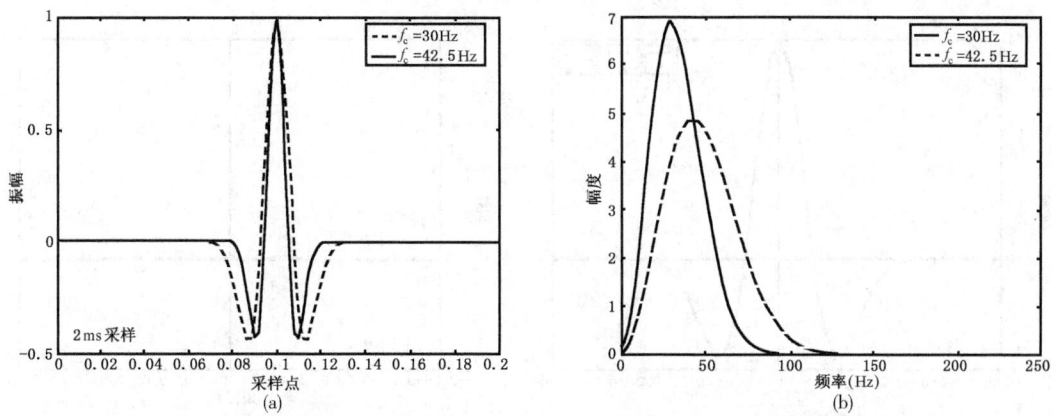

图 11-41 主频分别为 30Hz 和 42.5Hz 的两个雷克子波（a）与相应的频谱（b）

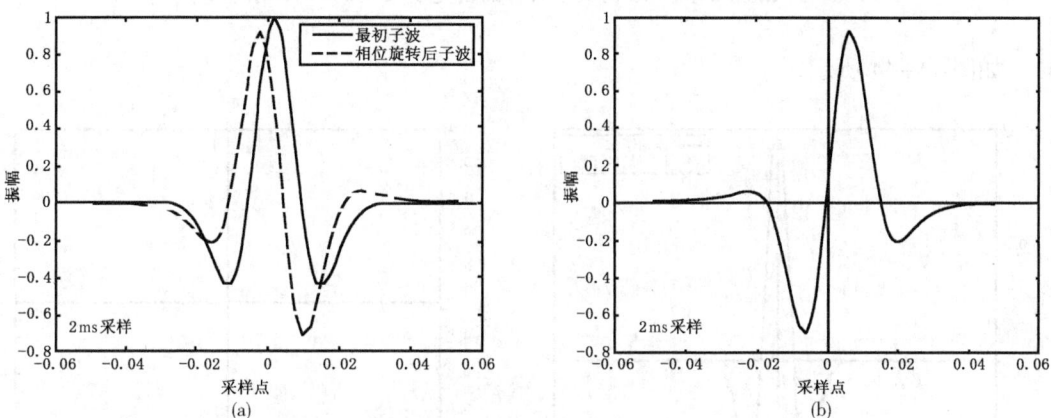

图 11-42 主频 30Hz 的雷克子波发生 60°相位旋转（a）与产生的差异（b）

将校正因子作用到第二条测线上就完成了振幅校正。

（2）匹配滤波。匹配滤波，也称整形滤波，能对时移、相位和频谱差异进行校正。求取褶积滤波因子 h，满足 r 在最小平方意义下最小

$$r = hx_1 - x_2$$

式中 x_1，x_2——两向量或矩阵，分别代表时窗内的两地震道或两测线。

两地震道之间进行的是局部匹配，两测线之间进行的是整体匹配。

（3）互相关技术。在给定的时窗内计算两道的互相关函数 $R(t)$，并求得互相关函数的瞬时振幅 $A(t)$。瞬时振幅 $A(t)$ 的极值处所对应的时间 τ 即为时移量。它可以用作空间校正，与匹配滤波达到的效果相似。

（4）相位校正方法。借助希尔伯特变换可以进行相位旋转，定义两个地震道的相似性，利用扫描方法估计最佳相位角，进行相位校正。

3. 互均衡效果分析

对前节中非一致因素的时间、振幅、频率、相位四方面影响，用上述的互均衡技术进行校正。

（1）时移。采用匹配滤波方法或互相关技术都可进行时移校正。如图 11-43 所示，校正后只存在 1%~4%的剩余差异。

（2）振幅。用振幅平衡方法进行振幅校正。计算统一的校正因子，校正后不存在剩余

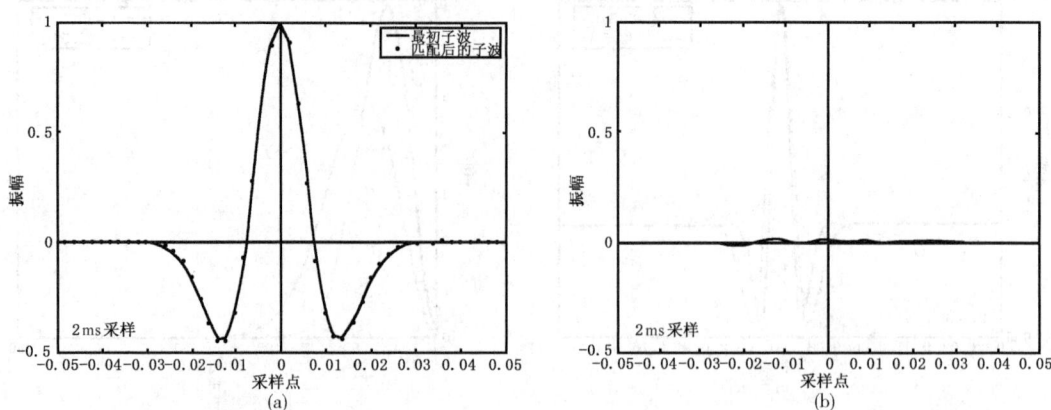

图 11-43　匹配后的两个最初发生时移的雷克子波（a）与剩余差异（b）

差异，如图 11-44 所示。

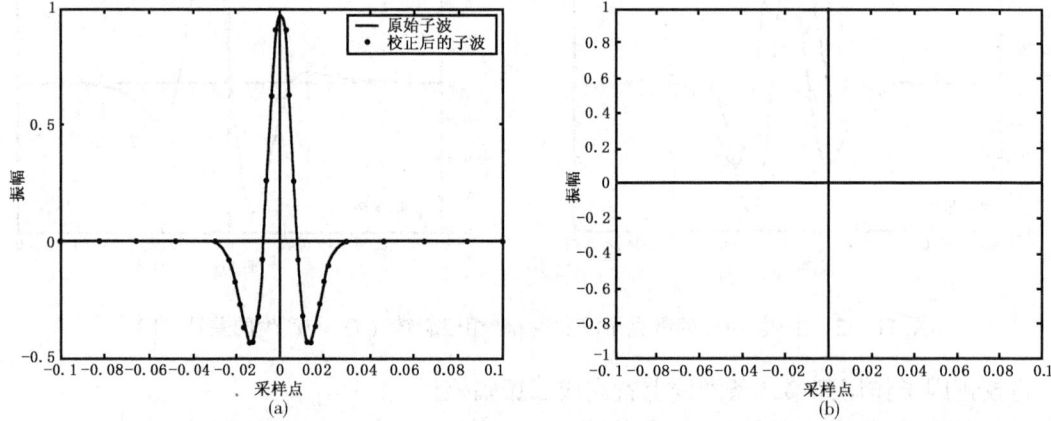

图 11-44　振幅平衡后的两个最初存在振幅差异的雷克子波（a）与剩余差异（b）

（3）频率。用匹配滤波方法进行校正。校正后的子波与频谱都一致，如图 11-45 所示。

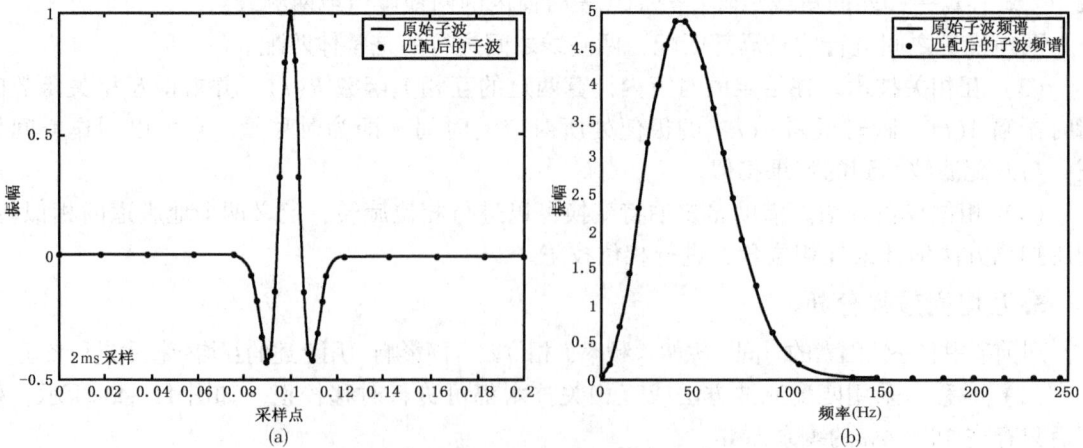

图 11-45　匹配后的两个频率存在差异的雷克子波（a）与各自的频谱（b）

（4）相位校正。利用相位扫描方法进行相位校正，结果见图11-46。

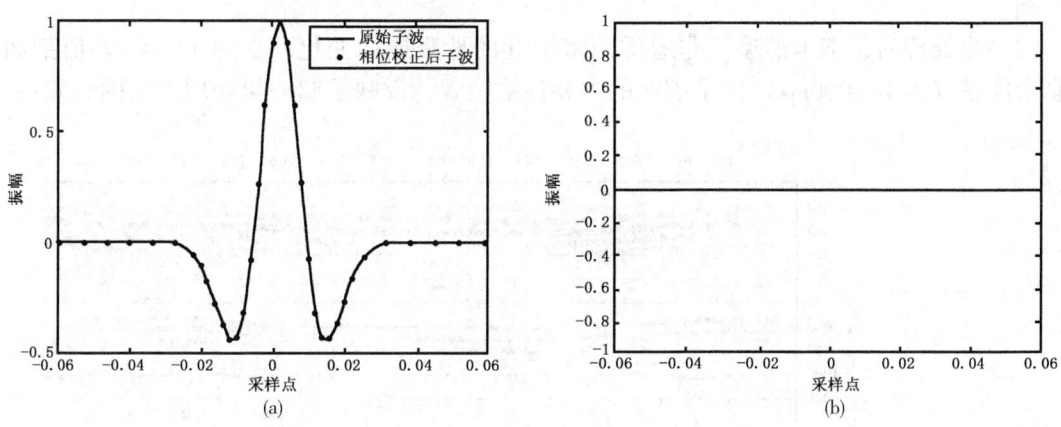

图11-46　相位校正后的两个最初存在振幅差异的雷克子波（a）与剩余差异（b）

五、时移地震数据归一化处理实例

从图11-36中1990年和1999年采集的时移地震数据选择840~1040ms时窗进行时移地震处理试验。处理前的同一测线抽相同的CDP显示剖面如图11-47所示。图中时窗内上半部分是不随时间变化的标志层，下半部分是有可能随时间变化、产生差异的油藏部分。

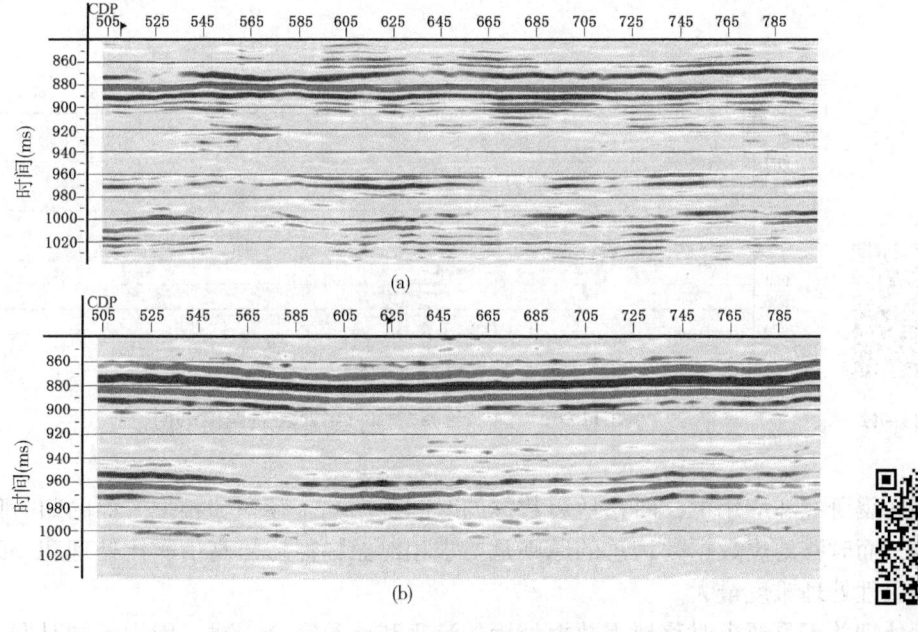

图11-47　新（b）、老（a）测线抽相同CDP显示剖面

彩图 11-47

图11-47中可以看出新老剖面的频率、相位、振幅等主要地震属性均差别较大，特别是该区非油藏部分（860~900ms范围内）存在差别，说明时移地震属性受非地质因素

影响较大。经过归一化处理后（图 11-48），基础数据与监测数据的地震属性得到了较好的均衡。

归一化处理后，基本消除了非地质因素引起的地震属性变化，在图 11-49 差值剖面上的剩余能量（940~1000ms）正是该区的主要油藏位置，反映了归一化处理方法的有效性。

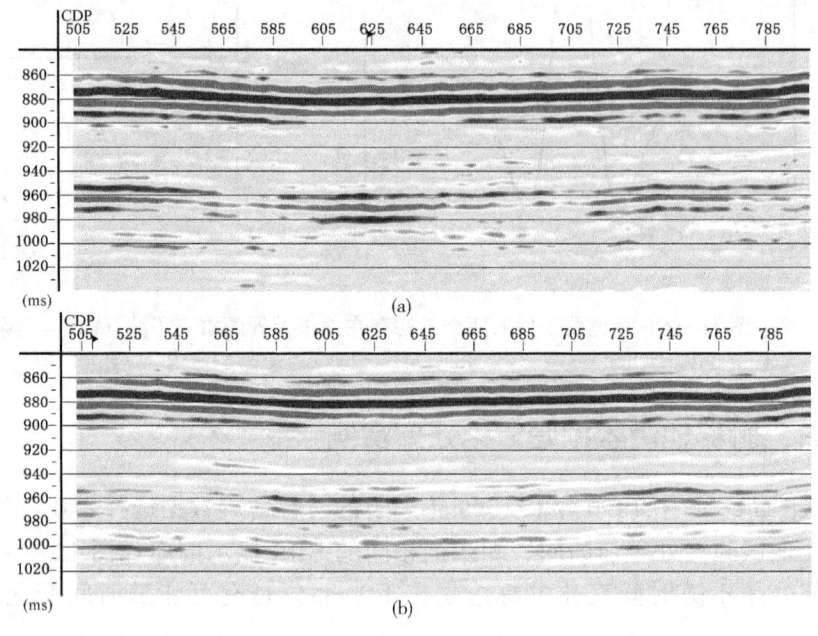

彩图 11-48　　　　图 11-48　新（b）、老（a）测线抽相同 CDP 后归一化处理剖面

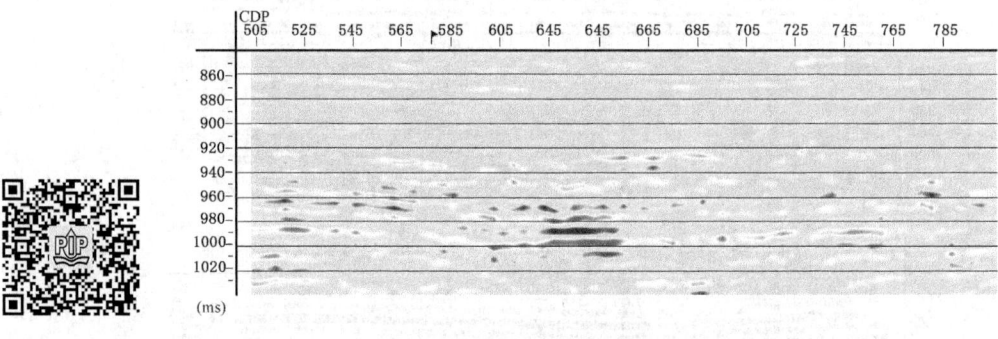

彩图 11-49　　　　图 11-49　新、老测线归一化处理后差值剖面

在时移地震研究和应用中，时移地震数据的时间、振幅、频率和相位方面的归一化是最关键的一步，而时移地震数据处理总的原则是要求相对振幅保持、高信噪比处理和一致性处理，其中一致性处理难度最大。

一致性处理并不是要求时移地震数据处理的流程和参数完全一致，因为不同时期采集的资料不可能用完全相同的处理流程和参数消除非地质因素造成的不一致性问题。一致性处理原则是尽可能保证非油藏部分地震数据的一致性和重复性，突出表现油藏部分地震属性的流体变化差异。

思考题和习题

1. 简述从零偏 VSP 记录上识别一次反射波和多次反射波的方法。
2. 简述中值滤波分离零偏 VSP 上行波和下行波的基本原理。
3. 简述频率—波数域滤波分离零偏 VSP 上行波和下行波的基本原理。
4. 简述炮点偏移距和检波点深度对 VSP 纵波和转换波成像范围的影响。
5. 写出井间地震中几种典型的波（6 种以上）。
6. 写出井间地震中 4 种道集类型。
7. 简述射线追踪的基本含义及其实现方法。
8. 简述层析成像的基本含义及其实现方法。
9. 简述井间地震反射成像的基本流程。
10. 简述 XSP-CDP 叠加成像的基本原理。
11. 简述时移地震油藏监测的概念。
12. 时移地震数据处理基于的原理是什么？
13. 时移地震数据差异主要表现在哪几个方面？一般如何消除这些差异？
14. 时移地震处理互均衡方法中匹配滤波器的计算方法是什么？

参 考 文 献

蔡晓慧，刘洋，王建民，等，2015. 基于自适应优化有限差分方法的全波 VSP 逆时偏移 [J]. 地球物理学报，58（9）：3317-3334.

陈小宏，牟永光，1998. 四维地震油藏监测技术及其应用 [J]. 石油地球物理勘探，33（6）：707-715.

陈小宏，1999. 四维地震数据的归一化方法及实例处理 [J]. 石油学报，20（3）：22-26.

程乾生，1993. 信号数字处理的数学原理 [M]. 北京：石油工业出版社.

邓怀群，2000. 时间推移地震勘探中的互均化技术 [J]. 天然气工业，20（1）：20-24.

郭建，2004. VSP 技术应用现状及发展趋势 [J]. 勘探地球物理进展，27（1）：1-8.

姜天平，1985. 多道中值滤波在分离 VSP 波场的应用 [J]. 石油地球物理勘探，20（4）：433-436.

李承楚，1986. 关于中值滤波的理论基础 [J]. 石油地球物理勘探，21（4）：372-379.

李彦鹏，李飞，李建国，等，2020. DAS 技术在井中地震勘探的应用 [J]. 石油物探，59（2）：242-249.

牟永光，等，2007. 地震数据处理方法 [M]. 北京：石油工业出版社.

王一博，郑忆康，薛清峰，等，2016. 基于 Hilbert 变换的全波场分离逆时偏移成像 [J]. 地球物理学报，59（11）：4200-4211.

魏修成，刘洋，2003. 等效连续速度模型在地震资料处理中的应用 [J]. 勘探地球物理进展，26（4）：260-267.

渥·伊尔马滋，1994. 地震数据处理 [M]. 袁明德，黄绪德，译. 北京：石油工业出版社.

吴律，1993. τ-p 变换及应用 [M]. 北京：石油工业出版社.

谢里夫，吉尔达特，等，1999. 勘探地震学 [M]. 初英，李承楚，等译. 北京：石油工业出版社.

谢明道，1991. 垂直地震剖面法应用技术 [M]. 北京：石油工业出版社.

薛浩，刘洋，2018. 基于优化时空域频散关系的声波方程有限差分最小二乘逆时偏移 [J]. 石油地球物理勘探，53（4）：745-753.

杨文采，李幼铭，等，1993. 应用地震层析成像 [M]. 北京：地质出版社.

尧德中，周熙襄，1993. VSP 记录的纵横波分离方法与应用［J］. 石油地球物理勘探，28（5）：623-628.

《油气勘探译丛》编辑部，1984. 垂直地震剖面［M］. 北京：石油工业部科学技术情报研究所.

詹正彬，刘江平，朱培民，1990. 一种分离纵横波的方法［J］. 石油地球物理勘探，25（3）：286-295.

郅东彪，1990. 非零井源距 VSP 三分量记录的处理［J］. 石油物探，29（4）：27-32.

朱光明，1988. 垂直地震剖面方法［M］. 北京：石油工业出版社.

庄东海，2002. 四维地震资料处理及其关键［J］. 地球物理学进展，14（2）：33-43.

邹达理，骆毅，1989. 偏振投影法及其在 VSP 中的应用［J］. 石油地球物理勘探，24（1）：36-40.

Amano H, 1995. An analytical solution to separate P-waves and S-waves in VSP wavefields［J］. Geophysics, 60（4）：955-967.

Aminzadeh F, 1986. A recursive method for the separation of upgoing and downgoing waves of vertical seismic profiling data［J］. Geophysics, 51（12）：2206-2218.

Burkhart T, Hoover A R, Flemings P B, 2000. Case History: Time-lapse（4-D）seismic monitoring of primary production of turbidite reservoir at South Timbalier Block 295, offshore Louisiana, Gulf of Mexico［J］. Geophysics, 65（2）：351-367.

Daley T M, Majer E L, Peterson J E, 2004. Crosswell seismic imaging in a contaminated basalt aquifer［J］. Geophysics, 69（1）：16-24.

Devaney J, Oristaglio M L, 1986. A plane-wave decomposition for elastic wave fields applied to the separation of P-waves and S-waves in vector seismic data［J］. Geophysics, 51（2）：419-423.

Dillon P B, 1988. Vertical seismic profile migration using the Kirchhoff integral［J］. Geophysics, 53（6）：786-799.

Esmersoy C, 1990. Inversion of P and SV waves from multicomponent offset vertical seismic profiles［J］. Geophysics, 55（1）：39-50.

Harlan W S, 1988. Separation of signal and noise applied to vertical seismic profiles［J］. Geophysics, 53（7）：932-946.

Liu Y, Xue H, Zhang L, 2018. Suppressing low-frequency and smearing artifacts of VSP reverse time migration using multidirectional wavefield decomposition［C］. SEG 2018 Workshop: SEG Borehole Geophysics Workshop, 3-6.

MacBeth C, Li X, Zeng X, et al, 1997. Processing of a nine-component near-offset VSP for seismic anisotropy［J］. Geophysics, 62（2）：676-689.

Mateeva A, Lopez J, Mestayer J, et al, 2013. Ditributed acoustic sensing for reservoir monitoring with VSP［J］. The Leading Edge, 32（10）：1278-1283.

Mateeva A, Lopez J, Potters H, et al, 2014. Distributed acoustic sensing for reservoir monitoring with vertical seismic profiling［J］. Geophysical Prospecting, 62（4）：679-692.

Moon W, Carswell A, Tang R, et al, 1986. Radon transform wave field separation for vertical seismic profiling data［J］. Geophysics, 51（4）：940-947.

Qicheng D, Bruce M, Jeff M, et al, 2005. Imaging complex structure with crosswell seismic in Jianghan oil field［J］. The Leading Edge, 24：18-23.

Rickett J E, Lumley D E, 2001. Corss-equalization data processing for time-lapse seismic reservoir monitoring: A case study from the Gulf of Mexico［J］. Geophysics, 66（4）：1015-1025.

Ross C P, Cunningham G B, Weber D P, 1996. Inside the corssequalization black box［J］. The Leading Edge, 12：1233-1239.

Schaack M V, Harris J M, Rector J W, et al, 1995. High-resolution crosswell imaging of a west Texas carbonate reservoir: Part 2-Wavefield modeling and analysis［J］. Geophysics, 60（3）：682-691.

Seeman H L, 1983. Vertical seismic profiling: Separation of upgoing and downgoing acoustic waves in a stratified medium [J]. Geophysics, 48 (5): 555-568.

Shi Y, Wang Y, 2016. Reverse time migration of 3D vertical seismic profile data [J]. Geophysics, 81 (1): S31-S38.

Suprajitno M, Greenhalgh S A, 1985. Separation of upgoing and downgoing waves in vertical seismic profiling by contour-slice filtering [J]. Geophysics, 50 (6): 950-962.

Wei X C, Li X Y, Liu Y, 2005. The application of equivalent velocity and slowness in VSP data processing [C]. Expanded Abstracts of 75th Annual International SEG Meeting, 2621-2624.

Xue H, Liu Y, 2018. Reverse-time migration using multidirectional decomposition method [J]. Applied Geophysics, 15 (2): 222-233.

Zhou H, 2003. Multiscale traveltime tomography [J]. Geophysics, 68: 1639-1649.